地质灾害治理工程设计

门玉明　王勇智　郝建斌　李寻昌　编著

北　京
冶　金　工　业　出　版　社
2023

内 容 提 要

本书依据我国“以防为主、防治结合、综合治理”的地质灾害防治方针，详细阐述了滑坡、崩塌、泥石流、地裂缝等地质灾害的治理原则与措施，内容侧重于对地质灾害治理工程设计主要理论及方法的介绍。

本书供从事地质灾害治理工程设计的广大技术人员，高校地质工程、勘查技术与工程、地质灾害与科学、防灾减灾与防护工程、土木工程、公路工程、铁道工程、水利水电工程等专业的师生参考。

图书在版编目(CIP)数据

地质灾害治理工程设计/门玉明等编著．—北京：冶金工业出版社，2011.9（2023.1 重印）

ISBN 978-7-5024-5716-7

Ⅰ.①地…　Ⅱ.①门…　Ⅲ.①地质—自然灾害—灾害防治　Ⅳ.①P694

中国版本图书馆 CIP 数据核字(2011)第 160339 号

地质灾害治理工程设计

出版发行	冶金工业出版社	**电　　话**	(010)64027926
地　　址	北京市东城区嵩祝院北巷 39 号	**邮　　编**	100009
网　　址	www.mip1953.com	**电子信箱**	service@mip1953.com

责任编辑　杨　敏　美术编辑　彭子赫　版式设计　葛新霞

责任校对　石　静　责任印制　窦　唯

北京建宏印刷有限公司印刷

2011 年 9 月第 1 版，2023 年 1 月第 8 次印刷

710mm×1000mm　1/16；24 印张；467 千字；370 页

定价 65.00 元

投稿电话　(010)64027932　投稿信箱　tougao@cnmip.com.cn

营销中心电话　(010)64044283

冶金工业出版社天猫旗舰店　yjgycbs.tmall.com

（本书如有印装质量问题，本社营销中心负责退换）

前　言

我国是一个幅员辽阔、人口众多的发展中国家，同时又是一个多山之国。由于地质环境复杂，地质构造发育，各种各样的地质灾害频繁发生，给人民的生命财产造成了巨大损失。随着国民经济的发展，人口、资源、环境的矛盾日益突出。人口的迅速增长，给地质环境带来了极大的压力，资源的大量开发、各类工程的大规模建设又影响或破坏了环境，给地质灾害的发生提供了诱发条件。近年来，我国的滑坡、崩塌、泥石流和地面塌陷等地质灾害正随着资源的开发而加剧。

为了做好我国地质灾害的防治工作，国家计划委员会、科技部和国土资源部在《全国地质灾害防治工作规划纲要》中提出：要把地质灾害防治重点放在人口密集、建设集中和对国家建设有重大影响的城市、矿山、工程、交通干线、大江大河等地区和地质灾害多发区，并抓好一些重大地质灾害防治的典型工程，取得成效，积累经验，逐步推广。确定我国地质灾害的防治方针为"以防为主、防治结合、综合治理"，以提高我国地质灾害的防治能力和水平，尽可能避免或减轻地质灾害造成的危害和损失。

由于国家对地质灾害防治工作越来越重视，地质灾害防治工作任务非常繁重，各相关单位对这方面的人才需求越来越迫切。为此，国内一些高等院校的地质工程专业为本科生及研究生相继开设了有关地质灾害防治方面的课程。但是截至目前，在国内尚未见到有关地质灾害治理工程设计方面的著作。因此，作者深感到急需这样一本参考书，以供从事地质灾害治理工程设计的广大技术人员学习参考。

广义的地质灾害包括地震、地面沉降与地面塌陷、崩塌、滑坡和泥石流、地裂缝、水土流失、沙漠化、煤田地下火灾、水体污染等灾害。本书限于篇幅，主要介绍崩塌、滑坡、泥石流和地面塌陷的治理工程设计，以及地裂缝灾害的综合治理措施。本书由门玉明、王勇智、郝建斌、李寻昌编著。其中第 1 章、第 3 章的 3.1 ~ 3.3 节、3.10 ~ 3.13 节、第 6 章、第 7 章由门玉明教授编写，第 2 章、第 3 章的 3.4

~3.9节、第4章由王勇智博士编写，第5章和第8章由郝建斌博士编写，第9章由李寻昌博士编写，门玉明负责全书的统稿。

本书供从事地质灾害治理工程设计的广大技术人员，高校地质工程、勘查技术与工程、地质灾害与科学、防灾减灾与防护工程、土木工程、公路工程、铁道工程、水利水电工程等专业的师生参考。

在编撰过程中，参考了有关文献，在此对文献的作者表示衷心的感谢。

由于时间仓促，并限于作者的水平，书中不足之处，欢迎读者批评和指正。

作　者
2011年4月

目　　录

1 绪　　论

1.1 地质灾害的定义及分类

1.1.1 地质灾害的定义

地质灾害是指在自然或者人为因素的作用下形成的，对人类生命和财产安全、环境造成破坏和损失的地质作用（现象）。地质灾害包括崩塌、滑坡、泥石流、地裂缝、地面沉降、地面塌陷、岩爆、坑道突水、突泥、突瓦斯、煤层自燃、黄土湿陷、岩土膨胀、砂土液化、土地冻融、水土流失、土地沙漠化及沼泽化、土壤盐碱化，以及地震、火山、地热害等。这里所说的地质作用是指促使组成地壳的物质成分、构造和表面形态等不断变化和发展的各种作用。根据发生作用的部位可分为内动力地质作用和外动力地质作用。内动力地质作用是指地壳深处产生的动力对地球内部及地表的作用，如地质构造运动等。外动力地质作用是指大气、水和生物在太阳能、重力能等影响下产生的动力对地壳表层的各种作用，如风化、剥蚀等。依据我国地质灾害已有案例和地质灾害的物质组成、动力作用、破坏形式和速率等，地质灾害可划分为10大类38亚类。在这些地质灾害中，常见的对人民生命和财产安全危害较大的主要有滑坡、崩塌、泥石流、地面塌陷、地裂缝、地面沉降六种灾害。

在近年来发生的各类严重地质灾害中，有半数以上与人类活动有关，随着人口的增长和经济建设的发展，由人为因素引发地质灾害的情况有着不断加剧的趋势，因此，除了要对自然因素影响下形成的地质灾害重视外，对于人为因素可能加剧地质灾害的问题同样要给予充分重视。

1.1.2 地质灾害的分类与分级

1.1.2.1 地质灾害的分类

地质灾害的分类有不同的角度与标准，目前所见的分类方法有：

（1）按其成因分类，可分为自然地质灾害和人为地质灾害。主要由降雨、融雪、地震等自然因素引发的地质灾害称为自然地质灾害；由工程开挖、堆载、爆破、弃土等人为作用引发的地质灾害称为人为地质灾害。人为地质灾害包括坑道冒水、地面沉降、滥伐森林引起的洪水泛滥、地表荒漠化等。

(2) 按照地质环境或地质体变化的速度分类，可分为突发性地质灾害与缓变性地质灾害两大类。前者如崩塌、滑坡、泥石流等，即习惯上的狭义地质灾害；后者如地裂缝、水土流失、土地沙漠化等，又称环境地质灾害。

(3) 根据地质灾害发生区的地理或地貌特征分类，可分为山地地质灾害和平原地质灾害。山地地质灾害主要有崩塌、滑坡、泥石流等；平原地质灾害主要有地面沉降、地裂缝等。

(4) 按照构成地质灾害的物质分类，可分为固体活动灾害、液体活动灾害和气体活动灾害。所谓固体活动灾害是指地震、地裂缝、构造断裂等灾害；液体活动灾害主要指火山喷发过程中熔岩流动引起的灾害；气体活动灾害是指地气灾害。

(5) 按地质灾害的生成空间分类，可分为地下地质灾害和地表地质灾害。

1.1.2.2 地质灾害的分级

我国《地质灾害防治条例》规定，按照人员伤亡、经济损失的大小，地质灾害可分为四个等级：

特大型——因灾死亡30人以上或者直接经济损失1000万元以上的；

大型——因灾死亡10人以上30人以下或者直接经济损失500万元以上1000万元以下的；

中型——因灾死亡3人以上10人以下或者直接经济损失100万元以上500万元以下的；

小型——因灾死亡3人以下或者直接经济损失100万元以下的。

对地质灾害进行分级，是地质灾害抢险救灾客观情况的需要，也为地质灾害分级管理、各级政府之间管理权限和救助责任的划分提供了依据，有利于更快、更有效地处理地质灾害灾情。

1.2 地质灾害的诱发因素

地质灾害具有隐蔽性强、突发性强和破坏性强等特点，一旦成灾，猝不及防、防不胜防，极易造成重大损失。

地质灾害的隐蔽性体现在人们对地质、地貌等控制滑坡、崩塌、泥石流等地质灾害发生的区域地质环境条件难以了解清楚，即使采用工程勘查等手段，也难以以点带面，而降雨、降雪、地震、人类工程活动的随机性又很大，因此，人们很难及时准确地捕捉到有关信息。尽管我们现在已经有了很多现代化手段，有卫星、雷达等高科技的监控措施，但对地质灾害的认识还难以达到人们所期望的准确率。

一些地质灾害，如崩塌、滑坡和泥石流的发生常具有突发性，有时会在人们毫无觉察的情况下突然发生，且一旦发生，具有很强的破坏作用。规模较大的地质灾害的摧毁力十分强大，其破坏力是人类难以抗衡的，常给人类生命财产造成重大损失。

任何事物的发生和发展都是有一定诱因的，地质灾害也不例外。地质灾害通常都是在一定的动力诱发（破坏）下发生的。诱发动力有的是天然的，有的是人为的。自然地质灾害发生的地点、规模和频度，受自然地质条件控制，是不以人类的意志为转移的。引发自然灾害的主要原因有：

（1）气候因素。气候因素是地质灾害发生的重要因素之一，如大气降水、气温变化等，其中降水与地质灾害形成的关系最为密切，降水量大小、强度、时间长短等均影响地质灾害的形成。

（2）地形地貌因素。地质灾害的形成、分布与地形地貌具有密切的关系。

（3）地质因素。地质因素是形成地质灾害的最主要的内因，地壳运动、地质构造变动、火山喷发、地震等因素都可以引发地质灾害。地质构造运动不仅控制着地质灾害的分布，而且还是地质灾害发生的主要原因。

人为地质灾害受人类工程开发活动制约，随着经济的发展，人类越来越多的工程活动破坏了自然地质结构，打破了原有岩土体中力的平衡，导致地质灾害的发生越来越频繁。人类工程活动主要包括房屋工程建设、高速公路建设、铁路工程建设、水利水电工程建设、矿产资源开采等。各种工程的建设严重破坏原始地质结构，切削山体坡角，成为地质灾害形成的主要诱发因素。一些专家认为，地下水超采、不合理开矿及工程建设等人为因素诱发的地质灾害，已占到我国每年地质灾害总量的50%以上，并呈现逐步增长的趋势。

人为诱发地质灾害的主要因素有：

（1）开挖边坡。如在修建公路、铁路，或依山建房等建设中，开挖边坡坡脚，形成人工高陡边坡，造成滑坡及崩塌；在沟道中随意堆放弃土或废渣，形成泥石流的物源，在强降雨情况下造成泥石流灾害。

（2）山区水库与渠道渗漏，增加了土壤的浸润和软化作用，降低了岩土体的抗剪强度，导致滑坡及泥石流发生。

（3）采掘矿产资源不规范，预留矿柱少，造成采空区坍塌，山体开裂，继而发生滑坡。或在沟道中随意堆放矿渣，不采取任何工程措施，造成泥石流隐患。

（4）其他破坏地质环境的活动。如采石放炮、堆填加载、乱砍滥伐等，也是导致发生地质灾害的因素。

以上各种人为因素，一些是因缺乏安全意识、盲目蛮干造成的，如在切坡过程中，缺少科学的设计方案和合理的施工方式，采取自下而上的施工顺序，破坏了坡体的自然平衡和稳定性，或为了节省投资，对坡面防护不到位；还有一些是由于政策不当引发的，近几年，各地在招商引资过程中，肆意侵占耕地的行为时有发生，由于随意建设各种工业园区和住宅区，造成植被、森林的严重破坏，引发水土流失。另一些因素是片面追求经济效益，不遵循可持续发展规律，如有些地方矿业秩序混乱，乱采乱挖现象屡禁不止，不按合理的开采程序进行开采，造成崩塌、地面塌陷等地质灾害。

1.3 我国地质灾害的基本状况

近年来，由于气候急剧变化以及全球进入地壳活动频繁期，世界范围内的降水、降雨量日渐增多，局部地区出现极端性气候的情况时有发生，这些重大因素的变化，都很容易造成局地自然灾害、地质灾害易发频发；特别是随着人类活动的加剧和活动范围的不断扩大，公路、铁路、建筑、采矿等工程建设造成的地质环境破坏越来越多。我国疆域辽阔，国土面积广大，孕育地质灾害的自然地质环境条件复杂多变，自然变异强烈，不同地区人类工程活动的性质和强度也各不相同，因此所形成的地质灾害的类型、发育强度及危害大小也差异甚大，我国的地质灾害种类多、分布广、影响大，是世界上地质灾害多发的国家之一。仅20世纪60年代以来的五十多年间，国内就发生过多起特大型地质灾害，给人民生命财产造成了重大损失。

1964年7月16日，兰州市西固区黄土丘陵地区发生泥石流，体积60万立方米，掩覆平房20栋，冲毁陈管营车站、铁路3.4km，农田40hm^2，火车停运36h，死157人。

1965年11月22~24日，云南禄劝县普福河谷支流烂沟因久雨发生滑坡、崩塌，滑崩体长6km，宽0.6~2km，体积4.5亿立方米，约1~2亿立方米土石方壅入普福河，形成高167m的堰塞坝，积水500万立方米，滑坡掩埋了5个村庄、1座石灰窑，死444人。

1981年7月9日，从攀枝花开往成都的442次直快列车，满载1000余名旅客，在四川甘洛县利子依达沟口突遇猛烈的泥石流，两个机车头、1节行李车和1节硬座车厢被泥石流冲入大渡河中，造成275人死亡，146人受伤，致使成昆铁路瘫痪15d，是世界铁路史上迄今为止由泥石流灾害导致的最严重的列车事故。泥石流冲过汹涌澎湃的大渡河直捣对岸，约有$29\times10^4m^3$泥石流固体物质堵断大渡河，形成高达26m的天然坝。约3h后坝体溃决，洪峰将汉源至乌斯河间的公路冲毁830m，直接经济损失达4000多万元。

1983年3月7日，甘肃省临夏回族自治州东乡族自治县洒勒山发生了体积约5000万立方米的黄土和第三系砂泥岩的高速远程滑坡，山体的一部分从高出那勒寺河三百余米的高处滑入河谷，大约在2min内，数以千万吨计的土体冲向河床，153hm^2地面顿时成了土海，摧毁了4个村庄和两座水库，造成227人死亡，

80余户居民中有70余户被压埋。

1985年6月12日凌晨3时52分，湖北秭归县新滩镇发生滑坡。滑坡体由块石、碎石、土等坡积物组成，滑面之下基岩为志留系砂岩、页岩，上部为泥盆系砂岩和石炭二叠系灰岩、夹页岩、煤系。滑坡体体积达3000万立方米，摧毁新滩古镇，产生了震级为1级的滑坡地震。倾入江中滑坡体达260万立方米，长江过水断面缩小三分之一，滑速约每秒10m（最高达31m/s），江中涌浪初始达33~39m，最大49m。由于滑前对滑坡进行了勘测研究和监测，并进行了预报，全镇无一人伤亡，滑坡共摧毁民房1569间，农田52hm^2，柑橘53万株。涌浪导致翻船和沉船77艘，死亡12人。总经济损失近1000万元。

1989年7月10日，四川华蓥市溪口镇东侧发生大滑坡，滑坡以每分钟15km的速度自高程820m的斜坡滑向高程300m的溪口镇，滑体约100万立方米，在滑移过程中解体、粉碎，形成碎屑流，所经之处摧毁农田、房屋，掩埋221人，直接经济损失数百万元。

1992年在云南省昭通县头寨沟发生400万立方米的玄武岩滑坡，滑坡滑下后变成碎屑流顺沟冲出约4km，摧毁沟口一个村庄，造成216人死亡。

2010年8月7日，甘南藏族自治州舟曲县突然出现强降雨，县城北面的罗家峪、三眼峪泥石流下泄，由北向南冲向县城，造成沿河房屋被冲毁，泥石流阻断白龙江，形成堰塞湖。此次泥石流灾害造成1900多人死亡，倒塌房屋120余户、300余间。

我国山区面积约占国土总面积的2/3，地表的起伏增加了重力作用，加上人类的不合理的经济活动的扩大，地表结构遭到严重破坏，使滑坡和泥石流成为一种分布较广的自然灾害。目前已查明我国发育有较大的泥石流2000多处，崩塌3000多处，滑坡2000多处，中小规模的崩塌、滑坡、泥石流多达数十万处。全国有350多个县的上万个村庄、100余座大型工厂、55座大型矿山、3000多公里铁路线受到泥石流、崩塌、滑坡等地质灾害的严重威胁。

我国除北京、天津、上海、河南、甘肃、宁夏、新疆以外的省、自治区、直辖市都发现了岩溶塌陷灾害。据不完全统计，全国岩溶塌陷总数近3000处，塌陷坑3万多个，塌陷面积300多平方公里。黑龙江、山西、安徽、江苏、山东等则是矿山采空塌陷严重发育区。在20个省、自治区内共发生过采空塌陷180处以上，塌陷面积超过1000多平方公里。

我国水资源分布不均衡，地下水开采量集中，开采布局不合理，造成个别地区地下水水位下降，水质恶化甚至水源枯竭，出现地面沉降、海水入侵、地裂缝和地面塌陷等地质灾害和地质环境问题。上海、天津、江苏、浙江、陕西等16个省、自治区、直辖市的46个城市出现地面沉降问题。陕西、河北、山东、广东、河南等17个省、自治区、直辖市出现地裂缝400多处，1000多条。

20 世纪 80 年代末至 90 年代初，我国崩塌、滑坡、泥石流等 15 种主要地质灾害所造成的经济损失每年达 100 多亿元，约 300～400 人死亡；90 年代中期以来，每年造成死亡的人数超过 1000 人，经济损失高达 200 多亿元。2008 年，全国共发生地质灾害 22758 起，造成 722 人死亡、失踪，直接经济损失 177.34 亿元。而从 2010 年 1 月到 7 月，全国共发生地质灾害 26009 起，其中滑坡 19101 起、崩塌 4756 起、泥石流 911 起、地面塌陷 332 起、地裂缝 161 起、地面沉降 36 起；造成人员伤亡的地质灾害 248 起，843 人死亡、失踪，直接经济损失 33.44 亿元。2010 年上半年，全国地质灾害数量是 2009 年同期的近 10 倍。

在国外，地质灾害造成重大损失的事例也不鲜见，如 1963 年发生在意大利北部瓦伊昂特的水库库岸滑坡，使近 3 亿立方米的岩体以 25～30m/s 的速度下滑，水库中 5000 万立方米的水被挤出，激起巨大涌浪，涌浪漫过高度达 262.2m 的大坝，使跃出坝顶百余米的洪水倾泻而下，冲毁了下游的一座城市和几个小镇，导致 2000 多人死亡。

俄罗斯、东欧国家、美国、日本等都是地质灾害分布广、发生频繁的国家。

地质灾害的频繁发生，危害极大，对其进行防治不仅关系到国家经济建设的发展，更关系到人民生命财产安全和社会稳定。近几年，全国各地已越来越重视地质灾害防治工作，经过国土资源部门的努力，地质灾害问题已有明显改善。特别是 2004 年以来，国务院颁发了《地质灾害防治条例》，该条例是我国第一部有关地质灾害防治的行政法规，它对于加强地质灾害防治的监督管理将起到重要的作用。《地质灾害防治条例》的颁布实施，有助于进一步规范我国的各项地质灾害防治活动，有助于我国地质灾害防治水平的进一步提高，有利于减轻地质灾害对我国国民经济和社会发展带来的危害，也将有利于更好地保护人民群众的生命财产安全。

1.4　地质灾害防治的工作原则

在地质灾害防治中，应当坚持以预防为主、避让与治理相结合和全面规划、突出重点的原则。这一工作原则是在认真总结我国地质灾害防治工作的主要经验和教训的基础上提出来的。

所谓预防为主、避让与治理相结合，就是说，对于纳入我国《地质灾害防治条例》范围内的所有地质灾害，均应采取各种措施包括法律的、组织的手段，特别是限制一些不合理的工程建设等人为经济技术活动，防止与减少人为地质灾害的产生，以预防为主，防患于未然。一旦发生了地质灾害，就要依法进行技术经济调查评估，需要避让的就避让，需要治理的就治理。对经济不发达、人员及经济损失不大但治理费用巨大的灾害体，尽量避让；对经济发达、可能造成人员财产与环境重大损失、治理费用远小于预期损失值、非治不可的灾害体，就要进行治理。所谓全面规划、突出重点，就是说要综合考虑不同地区地质灾害的特点和社会经济发展水平，进行全面统一规划，选择重点地区和重点工程进行重点防治，分步实施。坚持以人为本，把人民生命财产安全放在首位，最大限度地减少人员和财产损失，将受地质灾害威胁的城镇、人口集中居住区、风景名胜区、大中型工矿企业所在地和交通干线、重点水利电力工程等基础设施作为地质灾害防治重点，予以重点防护。

地质灾害治理工程与一般的建设工程无论是在研究对象还是设计内容上都有一定的差异。首先，两类工程活动的空间不同，地质灾害治理工程活动的空间主要是地表及地表以下几十米至几百米的地下空间，是在非自由的三维地质体内对岩体和土体等地质体进行改造和加固，而一般建设工程特别是工业与民用建筑工程的工程活动范围主要是地表以上的空间，是在自由的三维空间中利用各种建筑材料构筑建筑物；其次，两类工程建设的目的不同，地质灾害治理工程建设的目的是如何利用工程措施来防止岩体、土体、水体等地质体的滑动、流动、崩落等产生的破坏性活动，而一般建设工程特别是工业与民用建筑工程建设的目的是如何建造安全、牢固的建（构）筑物，为人类提供居住、生活和生产的空间；再则，地质灾害治理工程是非标准化设计，其设计是建立在对灾害体充分认识了解的基础上的，必须对每个灾害体进行具体的、针对性的设计，但是人们对于灾害体的认识是逐渐深入的，在防治工程的不同阶段，设计的依据和目的也经常是变化的，不同勘查阶段的成果，决定了设计也必须依据这些成果，随时进行调整和改进。但是，地质灾害治理工程毕竟是一种工程活动，它又必须遵循工程建设的基本原则和规律，一般建筑工程中的结构设计方法和构造措施对于地质灾害治理工程同样具有重要的参考价值，要做好地质灾害治理工程设计，除了具备较深入的地质基础理论和地质灾害的相关知识外，对工程设计理论同样要有较深入的了解。

1.5　地质灾害治理工程的工作程序及内容

地质灾害治理工程的工作程序可以归纳为以下几点：

（1）收集相关资料，进行现场踏勘。设计人员在接到设计任务后，首先应围绕本工程收集相关的资料，了解以往的工作深度，在初步阅读相关资料的基础上，进行现场踏勘。地质灾害治理工程由于场地条件一般都较为复杂，而勘查报告往往难以完全反映设计所需要的全部信息。此外，对勘查报告的判读也需要掌握现场情况，因此，对于设计人员来说，现场踏勘是必不可少的重要环节。在踏勘期间，还应对周围环境、交通及道路状况、地表及地下障碍物、当地同类工程的施工实例等进行调查。

（2）判读地质勘查报告。地质灾害勘查的目的是为了科学地确定地质体的规模、特征、稳定状态和发展趋势，为地质灾害治理工程设计提供科学的依据。翔实的勘查资料和准确的勘查结论是正确进行设计工作的前提。根据不同的设计阶段，地质勘查分为初勘、详勘和施工阶段的勘查，不同勘查阶段对应的工作量及其深度不同，因此，在不同的设计阶段，应对地质勘查报告的阶段和深度进行评判，看其是否满足该阶段设计工作的需要，是否与设计人员在野外的感性认识相吻合，如果两者有较大差距，或者所提供的参数不能满足工程设计的需要，设计人员就应该及时与勘查人员进行沟通，协商解决。

（3）进行方案论证和比选。地质灾害防治既是一项工程活动，又是一项经济活动。治理方案的确定应当在地质灾害勘查的基础上进行，主要包括以下内容：

1）治理工程的指导思想、原则和目标；

2）治理方式（如工程治理、生物治理等）和具体的治理方法；

3）施工组织（施工条件、方法、设备、进度、管理、监理等）；

4）工程投资概算；

5）工程效益（经济效益、社会效益、环境效益）分析；

6）保证措施（组织、技术、政策措施）等。

在地质灾害治理工程中，常常涉及多种方案的比较，不同方案的组合，其工程造价往往差别很大，设计人员应该使其最终方案在功能和造价上达到有机的统一。对于大中型地质灾害治理工程，必须进行充分的方案论证和比较，一般应不少于三套方案，应从技术的可行性、经济的合理性、施工的便利性和环境的保护性等方面进行比较，最后选择一套方案作为施工图设计的依据。

方案设计文件应满足编制初步设计文件的需要，对于投标方案，若标书有明确要求，设计文件深度应满足标书要求。

（4）初步设计。根据方案比选阶段确定的最终方案，进行初步设计。对于小型工程或技术简单的建筑工程，经有关主管部门同意，可按审批后的设计方案直接进入施工图设计。初步设计图纸应包含工程的总平面布置图、主要坐标或相关尺寸；相邻建筑物的层数及与相邻建筑物的距离；工程结构的剖面布置图、立面布置图、主要尺寸及用料，主要地层界线，基础形式及其埋置深度、基础坐落的地层、主要技术经济指标和工程量表，说明栏内应有尺寸单位、比例、场地施工坐标和测量坐标的关系、补充图例及必要的说明等。初步设计提交的文件应包括初步设计说明书、初步设计图纸、工程概算和计算书（供内部使用）。

初步设计文件应满足编制施工图设计文件的需要。

（5）施工图设计。施工图是在初步设计基础上的进一步扩充和深化，除了应包含初步设计的所有内容外，还应绘制出工程详图。施工图设计提交的文件应包括施工图设计说明书、设计图纸、工程预算书和计算书（供内部使用）。设计说明书应完整、清楚，图纸表述清晰、内容齐全，便于工程施工。

施工图设计文件应满足材料采购、非标准构件制作和施工的需要。对于将项目分别发包给几个设计单位或实施设计分包的情况，设计文件相互关联处的深度应当满足各承包或分包单位设计的需要。

（6）工程概预算。目前我国尚没有专门针对地质灾害治理工程的工程概预算定额，常用的定额有水利水电部门的，也有公路部门的，还有采用建筑部门定额的，这几种定额在概预算结果上有一定差别。因此在进行概预算时，应尽量考虑工程类别，选择比较接近的概预算定额。

（7）根据施工现场的实际情况进行必要的设计调整。地质灾害的复杂性决定施工图经常会根据现场情况进行调整，当施工过程中发现实际地质条件与设计条件不一致时，设计者应及时根据现场开挖后的实际情况做出合理的设计变更。变更应会同甲方、监理和施工方共同协商进行。

1.6　地质灾害治理工程设计文件的主要内容与编制深度要求

地质灾害治理工程设计一般应分为可行性研究（方案设计）、初步设计和施工图设计三个阶段；对于规模较小、类型简单的地质灾害治理工程，经有关主管部门同意，可在方案设计审批后直接进入施工图设计。

各阶段设计文件编制深度建议按以下要求进行。

1.6.1　可行性研究报告的主要内容与编制深度要求

1.6.1.1　可行性研究报告的主要内容

（1）可行性研究说明书，投资估算。

（2）方案设计图纸。

（3）设计委托或设计合同中规定的内容。

1.6.1.2　设计说明书的主要内容

（1）工程概况。

（2）工程地质勘查报告的主要内容。

（3）治理工程的必要性和迫切性。

（4）治理工程设计依据。

1）列出与工程设计有关的依据性文件的名称和文号，如项目的可行性研究报告，政府有关主管部门对立项报告的批文、设计任务书或协议书等；

2）设计所采用的主要法规和标准；

3）委托设计的内容和范围。

（5）治理工程方案及其比选。

（6）推荐方案的投资估算。

（7）工程效益分析。

1.6.1.3 设计图纸的深度要求

（1）治理工程平面布置图。

1）标明工程场地的平面位置及范围；

2）标明工程场地及四邻环境的关系（四邻原有及规划的道路和建筑物，场地内需保留的建筑物、古树名木、历史文化遗存，现有地形与标高、不良地质情况等）；

3）标明指北针、比例。

（2）治理工程剖面布置图。应与工程勘查中选取的剖面相结合，必要时，可增加剖面数量，所选的剖面应剖在空间关系比较复杂的部位，能反映治理工程在纵剖面上与灾害体的空间关系，截面高度及厚度尺寸。

（3）图纸名称、比例或比例尺。

1.6.2 初步设计文件的主要内容与编制深度要求

1.6.2.1 初步设计文件的主要内容

（1）初步设计说明书。

（2）设计图纸。

（3）工程概算书。

（4）计算书（经校审后内部保存）。

1.6.2.2 初步设计说明书的主要内容

（1）工程概况。

（2）设计基础资料。如气象与水文资料、地形地貌、地层岩性、地质构造、地震、地下水、灾害体的工程地质特征、成因、现状、发展趋势等。

（3）治理工程设计的主要依据。

1）设计中贯彻的国家政策、法规及相关的技术规范、规程等；

2）政府主管部门批准的批文、可行性研究报告、立项书等的文号或名称。

（4）初步设计中对可行性研究报告方案调整的内容和原因说明。

（5）初步设计指导思想和原则。

1）采用新技术、新材料和新结构的情况；

2）环境保护、交通组织以及抗震设防等主要设计原则。

（6）治理工程初步设计说明。对于必须采用分期建设的工程，应提出分期建设（应说明近期、远期的工程）的部署。

（7）主要技术经济指标。

（8）提请在设计审批时解决或确定的主要问题。特别是涉及平面布置中的指标和标准方面有待解决的问题，应阐述其情况及建议处理办法。

1.6.2.3　设计图纸的深度要求

（1）治理工程平面布置图。

1）保留的地形和地物；

2）测量坐标网、坐标值、场地范围的测量坐标（或定位尺寸），在市区内的治理工程应标明道路红线、建筑红线或用地界线；

3）场地四邻原有及规划道路的位置（主要坐标或定位尺寸）和主要建筑物及构筑物的位置、名称、层数、建筑间距；

4）指北针；

5）主要工程量表，该表也可列于设计说明内；

6）说明栏内注写：尺寸单位、比例、地形图的测绘单位、日期，坐标及高程系统名称，补充图例及其他必要的说明等。

（2）治理工程剖面布置图。应与工程勘查中选取的剖面相结合，必要时可增加剖面数量，应剖在空间关系比较复杂的部位，剖面图应准确、清楚地标示出剖到或看到的各相关部分内容，并应标示：

1）支挡结构的轴线编号；

2）图纸名称、比例。

（3）治理工程立面图。

1）两端的定位坐标和轴线编号；

2）立面外轮廓及主要支挡结构的可见部分，基础底面的地层变化情况；

3）平、剖面图未能表示的主要标高或高度。

（4）结构详图。

1）结构的纵剖面、定位尺寸、长度及配筋，现浇的预应力混凝土构件尚应绘出预应力筋定位图并提出锚固要求；

2）横剖面、定位尺寸、断面尺寸、配筋；

3）地基处理方案、基础埋置深度及持力层名称，若采用抗滑桩时，应说明桩的类型、桩嵌入滑面以下地层的深度及地层变化情况；

4）伸缩缝的设置。

（5）为满足特殊使用要求所做的结构处理，如伸缩缝、反滤层等。

（6）主要结构构件材料的选用。

（7）新技术、新结构、新材料的采用。

（8）采用的标准图集。

（9）其他需要说明的内容。

1.6.3 施工图设计文件的主要内容与编制深度要求

1.6.3.1 一般要求

(1) 施工图设计文件。

1) 合同要求所涉及的所有设计图纸以及图纸封面；

2) 合同要求的工程预算书。对于方案设计后直接进入施工图设计的项目，若合同未要求编制工程预算书，施工图设计文件应包括工程概算书。

(2) 图纸目录。应先列新绘制的图纸，后列选用的标准图和重复利用图。

(3) 设计说明。一般工程分别写在有关的图纸上。如重复利用某工程的施工图图纸及其说明时，应详细注明其编制单位、工程名称、设计编号和编制日期；列出主要技术经济指标表。

(4) 结构计算书（内部归档）。

1) 采用手算的结构计算书，应给出构件平面布置简图和计算简图；结构计算书内容应完整、清楚，计算步骤要条理分明，引用数据有可靠依据，采用计算图表及不常用的计算公式，应注明其来源出处，构件编号、计算结果应与图纸一致；

2) 当采用计算机程序计算时，应在计算书中注明所采用的计算程序名称、代号、版本及编制单位，计算程序必须经过有效审定（或鉴定），电算结果应经分析认可，总体输入信息、计算模型、几何简图、荷载简图和结果输出应整理成册；

3) 采用结构标准图或重复利用图时，宜根据图集的说明，结合工程进行必要的核算工作，且应作为结构计算书的内容；

4) 所有计算书应校审，并由设计、校对、审核人在计算书封面上签字，作为技术文件归档。

1.6.3.2 施工图设计说明书的主要内容

(1) 工程概况。

(2) 工程地质勘查报告的主要内容。

(3) 治理工程设计的主要依据。

1) 设计中贯彻的国家政策、法规及相关的技术规范、规程等；

2) 政府主管部门批准的批文、可行性研究报告、立项书、初步设计文件等的文号或名称。

(4) 治理工程施工图设计说明。

1) 工程结构的安全等级、混凝土和砌体结构施工质量控制等级；

2) 抗震设防类别、抗震设防烈度（设计基本地震加速度及设计地震分组）和钢筋混凝土结构的抗震等级；

3）有关地基概况、对不良地基的处理措施及技术要求、地基土的冰冻深度、地基基础的设计等级；

4）采用的设计荷载，包含特殊部位的最大使用荷载标准值；

5）所选用结构材料的品种、规格、性能及相应的产品标准。当为钢筋混凝土结构时，应说明受力钢筋的保护层厚度、锚固长度、搭接长度、接长方法，预应力构件的锚具种类、预留孔道做法、施工要求及锚具防腐措施等，并对某些构件或部位的材料提出特殊要求；

6）施工中应遵循的施工规范和注意事项。

（5）主要技术经济指标。

1.6.3.3 设计图纸的深度要求

（1）治理工程平面布置图。

1）保留的地形和地物；

2）测量坐标网、坐标值；

3）场地四界的测量坐标（或定位尺寸）、道路红线和建筑红线或用地界线的位置；

4）场地四邻原有及规划道路的位置（主要坐标值或定位尺寸），以及主要建筑物和构筑物的位置、名称、层数；

5）原有排水沟、挡土墙、护坡的定位（坐标或相互关系）尺寸；

6）指北针；

7）注明坐标及高程系统（如为场地建筑坐标网时，应注明与测量坐标网的相互关系）、补充图例等。

（2）治理工程剖面布置图。

1）应与工程勘查中选取的剖面相结合，必要时，可增加剖面数量，所选取的剖面位置应是具有代表性的部位；对通过平面、立面图均表达不清的部位，可绘制局部剖面；

2）桩、墙轴线和轴线编号；

3）剖切到或可见的主要结构和建筑物；

4）高度尺寸；

5）结构及排水沟等的标高；

6）节点构造详图索引号；

7）图纸名称、比例。

（3）治理工程立面图。

1）两端轴线编号，立面转折较复杂时可用展开立面表示，但应准确注明转角处的轴线编号；

2）立面外轮廓及主要结构和建筑构造部件的位置；

3）结构、排水沟的起点、变坡点、转折点和终点的设计标高（路面中心和排水沟顶及沟底）、纵坡度、纵坡距、关键性坐标；

4）挡土墙、抗滑桩或土坎顶部和底部的主要设计标高及护坡坡度；

5）平、剖面未能表示出来的标高或高度；

6）图纸名称、尺寸单位、比例、补充图例等。

（4）结构详图。

1）根据工程性质及复杂程度，必要时可选择绘制局部放大平面图；

2）结构平面较长较大时，可分区绘制，但须在各分区平面图适当位置上绘出分区组合示意图，并明显表示本分区部位编号；

3）有关平面节点详图或详图索引号；

4）其他凡在平、立、剖面或文字说明中无法交代或交代不清的结构和构造；

5）图纸名称、比例；

6）图纸的省略：如系对称平面，对称部分的内部尺寸可省略，对称轴部位用对称符号表示，但轴线号不得省略；

7）钢筋混凝土构件详图。

①现浇构件（现浇桩、板、墙等详图）应绘出：

a. 纵剖面、长度、定位尺寸、标高及配筋；现浇的预应力混凝土构件尚应绘出预应力筋定位图并提出锚固要求；

b. 横剖面、定位尺寸、断面尺寸、配筋；

c. 若钢筋较复杂不易表示清楚时，宜将钢筋分离绘出；

d. 对构件受力有影响的预留孔洞、预埋件，应注明其位置、尺寸、标高、孔洞边配筋及预埋件编号等；

e. 一般的现浇结构的桩、板、墙可采用“平面整体表示法”绘制，标注文字较密时，纵、横向梁宜分两幅平面绘制；

f. 除总说明已叙述外需特别说明的附加内容。

②预制构件应绘出：

a. 构件模板图。应表示模板尺寸、轴线关系、预留孔洞及预埋件位置、尺寸，预埋件编号、必要的标高等；后张预应力构件尚需表示预留孔道的定位尺寸、张拉端、锚固端等；

b. 构件配筋图。纵剖面表示钢筋形式、箍筋直径与间距，配筋复杂时宜将非预应力筋分离绘出；横剖面注明断面尺寸、钢筋规格、位置、数量等；

c. 需作补充说明的内容。

③节点构造详图。

a. 对于现浇钢筋混凝土结构应绘制节点构造详图（可采用标准设计通用详图集）；

b. 预制装配式结构的节点，桩、板与墙体锚拉等详图应绘出平、剖面图，注明相互定位关系，构件代号、连接材料、附加钢筋（或埋件）的规格、型号、性能、数量，并注明连接方法以及对施工安装、后浇混凝土的有关要求等；

c. 需作补充说明的内容。

④其他图纸。

a. 阶梯图：应绘出阶梯结构平面布置及剖面图，注明尺寸、标高；阶梯梁、梯板详图（可用列表法绘制）；

b. 预埋件：应绘出其平面、侧面，注明尺寸、钢材和锚筋的规格、型号、性能、焊接要求。

1.7　地质灾害治理工程设计方法概述

地质灾害治理工程设计涉及地质工程、土木工程、工程力学等方面的知识，是一个融合多学科理论的交叉学科。它需要设计人员既掌握较深入的基础地质和工程地质知识，又掌握一定的工程设计理论。

由于地质灾害治理工程设计的特殊性，使得地质灾害治理工程设计方法同时具备了地质工程和土木工程的特点。

就目前地质灾害治理工程的设计理论来说，可以分为确定性设计方法和非确定性设计方法。确定性设计方法就是不考虑设计参数实际存在的变异性，将设计参数作为确定值进行设计的方法，这种设计方法包括荷载-结构法、岩土体和结构相互作用分析法和工程类比法。非确定设计方法的代表是可靠性设计方法。

在地质灾害设计方法中，目前应用最多的还是传统的荷载-结构法。这类方法是将地质灾害体与结构分开计算，地质灾害体对工程结构的作用是以荷载的形式来体现的，如滑坡的推力、泥石流的冲击力、崩塌体的作用力等。根据岩土体稳定性分析计算出这些作用力后，将其施加在支挡结构上，应用材料力学或结构力学的理论，计算出作用于支挡结构中的内力，绘制出结构内力图，再据此进行支挡结构设计。如目前规范中规定的挡土墙设计方法、抗滑桩设计方法等，应用的都是荷载-结构法。荷载-结构法虽然没有考虑地质灾害体与工程结构的相互作用，但是由于它物理意义明确，使用简便，且人们在长期的应用中已经积累了较为丰富的实践经验，采用这一方法能够满足工程设计的需要，因而至今为广大地质灾害治理工程设计人员广泛使用，成为当前地质灾害治理工程设计的主要方法。

近年来，岩土体-结构相互作用理论已成为结构工程、岩土工程等领域的研究热点，并取得了许多成果，但将其用于地质灾害治理工程方面，在国内外还很少见到报道。由于用于加固岩土体的各类结构物与岩土体存在着强相互作用关系，因而研究岩土体与各类支挡结构物的相互作用，将有助于更加深入地认识岩土体的加固机理，提高地质灾害防治水平。

在地质灾害治理工程中，地质灾害体和结构之间存在着相互制约和相互影响的关系，在传统的设计方法中，不考虑两者之间的相互作用，这显然是一种比较粗糙的简化方法。随着科学技术的进步和国家对地质灾害治理工程的重视和投入不断加大，地质灾害治理工程的规模越来越大，由此而产生的地质灾害体和结构的相互作用问题已不可忽略，开展地质灾害体和支挡结构相互作用课题的研究，既是现代计算技术发展的必然结果，也是地质灾害科学与技术发展的需要。

目前关于地质灾害和支挡结构之间相互作用关系研究的文献并不多，所采用的方法也主要是以有限单元法为代表的数值分析方法。但是，由于岩土体和工程结构的刚度相差较大，两者在接触面上难以协调，现有的一些界面处理方法并不能完全反映这种差别对计算结果带来的影响，加之岩土体和结构本构模型的不完善性和计算参数的不确定性等因素，即使采用精确的三维数值方法，在目前也难以克服这一困难。因此，用数值计算方法得到的结果只能作为设计者的参考，而不能作为结构设计的最终依据。

工程类比法是在参照过去地质灾害治理工程实践经验的基础上进行的以工程类比为主的经验设计法，应用这种方法的前提必须是地质条件相似，灾害体的特征及规模相似，它一般只适用于小型地质灾害且工程措施类型简单的治理工程设计。

可靠性分析与设计是一门新兴的边缘学科，它以概率论、数理统计和随机过程理论为基础，对于结构和岩土体，它能考虑各种材料物理和力学参数的客观变异性，对其进行随机不确定性分析，从而更真实、更正确地反映结构和岩土体的力学效应，使设计对象既有足够的安全可靠性，又有适当的经济性。正因为它克服了传统设计中的一些不足与缺陷，使设计和分析更加合理，因而受到了国内外的广泛重视，并在工程设计中得到了越来越广泛的应用。

国外在可靠性设计方面的研究工作起步较早，早在1971年，由欧洲混凝土委员会（CEB）、国际预应力混凝土协会（FIP）、国际桥梁与结构工程协会（IABCE）、欧洲钢结构协会（CECM）等7个国际学术组织共同组成的“结构安全度联合委员会（JCSS）”，就在汲取当时一些结构可靠性分析研究成果的基础上，编制了《结构统一标准规范的国际体系》。美国、苏联、加拿大、英国以及北欧五国等国家也先后制定了相应的标准和规范。国际标准化协会（ISO）于1973年提出了《检验结构安全度总则（ISO2394）》，该文以后经过多次修订，于1980年改为《结构可靠性总则》，其最新版本《结构可靠度总原则》ISO/DIS2394:1998已正式颁布。这一国际标准反映了当代结构设计的国际新水平，为各国开展工程结构设计规范的改革起到了很好的协调和促进作用。

我国自1984年发布《建筑结构设计统一标准》GBJ68—84以来，在可靠性设计方面已经有了很大进步。至今大部分行业（如建筑、公路、铁路、水利水电等）的结构设计标准已经修订为采用概率极限状态设计法，使我国在这一领域处于国际先进行列之中。但是，目前可靠性理论还只是用于各类建筑结构设计中，在地质灾害治理工程设计中其成果甚少。随着各类工程设计规范的使用，对这一问题的研究已显得十分迫切。

在地质灾害治理工程设计中，不仅要进行力学分析和结构（或构件）的设计工作，还需要进行运筹、决策和规划工作。如在结构的选型过程中，需要根据我们所掌握的建筑材料、施工条件、设计水平和美学要求等客观条件进行具有较大主观色彩的决策。对于作用于结构上的荷载，也必须根据经济和安全的协调，以及结构失效带来的损失程度和可能造成的社会影响来进行综合评定。这些工作都绝非是单纯靠计算就能解决的。因此在研究和解决地质灾害治理工程设计问题时，必须有“人-事-物系统”的观点，包括人的观点、全局的观点、某些信息不确定性的观点、优化和控制的观点、综合各种知识和技术进行科学和决策的观点。由此可见，地质灾害治理工程设计，实际上是利用硬科学的手段（数学和力学）为工程决策服务，具有强烈的软科学性质，或者说，地质灾害治理工程设计应该是硬科学和软科学的结合。

在地质灾害治理工程中，常常涉及设计方案的优化问题，尽管近年来人们已经认识到应该用优化设计的理论来指导地质灾害防治工作，但在实际工作中却缺乏对这一问题的深入研究，致使优化设计仅限于经验的积累，缺少系统的理论指导。因此，从地质灾害治理工程的特点出发，将工程整体作为一个大系统，研究其中各个单元之间在工作或经济上存在的相互联系，对其进行整体全局优化，然后在全局优化的指导和控制下进行各个单元的优化，这不仅对于发展和完善地质灾害防治理论有重要的意义，也具有重要的应用价值和广泛的应用前景。

在岩土-结构相互作用和可靠性理论的基础上对地质灾害治理工程设计进行系统全局优化研究，在国内外还是一个空白。建立以岩土-结构相互作用理论为基础，以可靠度为目标函数，在系统全局优化设计理论基础上的地质灾害治理工程软设计理论，将为地质灾害治理工程优化设计提供新的理论和方法，它对于合理进行地质灾害治理工程设计决策，提高设计水平，节省工程投资，减少不必要的浪费，有着重要的意义。

随着各类工程的大规模建设和城市人口的不断增长，地质灾害治理工程问题日益受到人们的重视，由于地质灾害治理工程的投资较大，因而对其进行全局优化设计，对于提高工程的可靠度，降低工程造价，具有重要的意义，是地质灾害防治理论研究中的一个重要课题。

1.8 本书的主要内容

在30多种类型的地质灾害中，常见的对人民生命和财产安全危害较大的地质灾害有滑坡、崩塌、泥石流、地面塌陷、地裂缝、地面沉降六种灾害。本书主要介绍崩塌、滑坡、泥石流和采空区塌陷的治理工程设计。书中首先介绍了地质灾害治理工程勘查程序与技术要求，并重点对滑坡治理工程设计、崩塌治理工程设计、泥石流治理工程设计、采空区塌陷治理工程设计的基本理论和设计内容进行了介绍，对地裂缝灾害的综合治理措施作了简要介绍。在书的最后，对地质灾害治理工程监测设计和地质灾害治理工程概预算进行了介绍。

本书主要侧重于对地质灾害治理工程设计主要理论及方法的介绍，对于地质灾害成因、机理及工程地质勘查等内容，限于篇幅只做了简要介绍，如果读者在阅读本书或从事设计过程中遇到上述方面的问题，请参阅相关的书籍或规范。

2 地质灾害治理工程勘查程序及技术要求

2.1 概　　述

地质灾害治理工程勘查的目的在于查明各种地质灾害的工程地质条件、规模、范围、性质、原因、变形历史、危害程度及发展趋势。地质灾害治理工程勘查的结论直接影响到对各类地质灾害的稳定性评价和防治方案的选择，这不仅仅是一个技术问题，也是关系到地质灾害治理工作成败的关键问题。因此，在进行地质灾害治理工程设计之前，设计人员必须仔细阅读地质灾害勘查报告，并确定是否达到了与设计阶段相对应的勘查深度，是否满足本阶段设计工作的需要，勘查结论是否符合现场实际情况。如果不能满足设计工作的要求，就必须及时与勘查人员进行沟通，提出需要补充勘查的内容和相应的工作深度建议，以保证设计工作的顺利进行。

下面对常见的滑坡、崩塌、泥石流等地质灾害治理工程的勘查程序及技术要求进行简要的介绍，以便设计人员能够正确评估不同阶段的勘查深度，或根据不同的治理工程设计阶段对勘查工作提出符合工作阶段的要求。

2.2 滑坡治理工程勘查程序与技术要求

2.2.1 滑坡勘查的目的、主要任务及注意问题

滑坡勘查的目的是通过测绘、勘探和测试等手段，了解滑坡的性质、规模和动态特征等，为评价滑坡稳定性和滑坡治理设计提供依据。

滑坡勘查的主要任务是查清滑坡的类型、范围、形态，分析滑坡的成因和机制，获取合理的岩土体物理力学指标；分析滑坡的稳定性，预测滑坡的发展趋势，评估滑坡的灾情，研究滑坡的防治条件，提出滑坡防治及监测方案。

滑坡勘查成果是进行滑坡灾害治理项目决策、设计和施工的重要依据，直接关系到滑坡治理工程的经济效益、社会效益和环境效益。滑坡勘查应做到以下几点：

（1）以灾情评估为重点。在勘查时，应重点做好滑坡灾情的评估，给出各种评估数据，详细分析滑坡可能造成的损失。首先要对可能产生的地质事件影响范

围和程度做出估计；然后对地质灾害影响范围内的生命、财产、工农业资产和工程设施（包括城乡居民数量、建筑设施、生命线工程、河道、水库、水源等）可能造成的损失做出评估；同时要对滑坡灾害区内的名胜古迹、文物的重要性和可能造成的破坏做出评估，以及对该滑坡灾害区的社会影响做出评估；还要对与人类活动有关的环境影响做出分析。实际上，滑坡灾情评估是要对经济影响、社会影响、环境影响做出综合评价。

（2）研究防治条件。滑坡的防治条件包括两个方面：一是能否防治；二是是否该治。

一般来说，内动力产生的滑坡，如地震滑坡，难以采用工程治理，只能采用躲避和防御措施，减轻它的危害和损失。外动力诱发的滑坡，一般可以采用工程手段加以治理。但要考虑值不值得治理的问题，该不该治理的依据是滑坡的治理效益。

滑坡治理效益有 3 个方面：1）经济效益；2）社会效益；3）环境效益。这 3 个方面都要在勘查报告中阐述清楚。

滑坡治理的经济效益是指如果对该滑坡进行治理所需要的投资额与对该滑坡不进行治理而可能产生滑坡时所造成的经济损失额之比。比例越小，防治效益就越高，越值得治理。若这个比例越大，说明投资越大，那么治理的意义就不大。孙广忠教授建议这个比例为 1∶20 比较合适，也有的专家认为比例为 1∶10 即可进行治理。这个差别是可能的，因为还应考虑滑坡治理的社会效益和环境效益。滑坡治理的社会效益是指治理后给社会造成的影响，如保护名胜古迹、文物以及该地区的社会影响；环境效益主要是考虑滑坡治理后对宏观经济效益及长远生态环境的影响。

（3）与防治方案相衔接。滑坡勘查要密切与滑坡防治方案研究相结合。研究防治方案的基本依据是滑坡的成因机制，而滑坡的成因机制，往往需要通过滑坡勘查才能查清条件等。因此，滑坡勘查是为滑坡防治方案研究做准备。

2.2.2　滑坡勘查中的主要问题

在滑坡勘查中必须查清：

（1）滑坡的规模及特征；

（2）滑坡体及周边外围的地层岩性；

（3）地下水的分布特征；

（4）滑动面的形态及滑坡体在各部位的厚度；

（5）滑坡形成的诱发因素；

（6）岩土的抗剪强度参数，特别是滑带土的抗剪强度参数。

这样才能为滑坡的防治设计提供充足的资料。

2.2.3 滑坡勘查的阶段

对应于滑坡防治工程的立项、可行性论证、设计、施工等阶段，可将滑坡的勘查一般分为：滑坡调查、可行性论证阶段勘查、设计阶段勘查、施工阶段勘查四个步骤。对于规模小，结构简单，治理工期短的滑坡，可根据实际情况合并勘查阶段，简化勘查程序。对于勘查各阶段的要求，分述如下：

（1）滑坡调查。滑坡调查是滑坡勘查的前期准备阶段，是滑坡防治工程项目的立项依据，包括区域环境地质调查和地面调查两部分。滑坡调查应以资料收集、地面调查为主，适当结合测绘与勘查手段，初步查明滑坡的分布范围、规模、结构特征、影响及诱发因素等，对其稳定性和危险性进行初步评估，对滑坡体的形态、结构、滑面（带）位置等问题提出初步的认识，并为可行性研究阶段进行工程地质勘查提供基础资料。

（2）可行性研究阶段勘查。可行性研究阶段勘查是滑坡防治工程勘查的重要阶段。可行性研究阶段的勘查是在地面调查的基础上进行的，论证对致灾地质体进行工程治理的必要性和可行性。勘查其产出的地质环境、边界条件、规模、岩（土）体结构、水文地质条件，进行稳定性评价，分析其成灾的可能性、成灾条件，调查其危害范围及实物指标，分析论证防治滑坡的必要性和可行性，提出工程防治方案建议，为可行性研究设计提供必要的地质资料。

（3）设计阶段勘查（详勘）。设计阶段勘查包括初步设计和施工图设计两个阶段，合称为设计阶段勘查。设计阶段勘查是在充分分析、利用可行性研究阶段勘查成果的基础上，结合治理工程的平面布置，进行重点勘查，对将要进行设计的治理工程轴线和场地展开有针对性的工程地质勘探和测试，重点查明滑坡岩（土）体结构、空间几何特征和体积、水文地质条件，提供工程设计需用的工程地质资料和岩（土）体物理力学参数，进行稳定性评价和滑坡推力计算，以满足工程设计图对地质资料的要求，对治理工程措施、结构形式、埋置深度和工程施工等提出工程地质方面的要求和建议。

（4）施工阶段勘查。施工阶段勘查包括防治工程实施期间，开挖和钻探所揭示的地质露头的地质编录、重大地质结论变化的补充勘探和竣工后的地形、地质状况测绘，编制施工前后地质变化对比图，并对其做出评价结论。施工阶段勘查应采用信息反馈法，结合防治工程实施，及时编录分析地质资料，将重大地质结论变化及时通知业主，情况紧急时及时通知施工和设计单位，采取必要的防范措施。施工阶段勘查应针对现场地质情况，及时提出改进施工方法的意见及处理措施，保障防治工程的施工适应实际工程地质条件的变化。

以上四个阶段，可根据实际情况和需要，酌情简化或合并，例如，对于规模小，结构简单，治理工期短的滑坡，可根据实际情况合并勘查阶段，简化勘查程序。

2.2.4　滑坡勘查各阶段的技术要求

根据《滑坡防治工程勘查规范》（DZ/T 0218—2006），现对滑坡勘查各个阶段技术要求作如下介绍。

2.2.4.1　滑坡调查阶段技术要求

（1）区域环境地质调查。区域环境地质调查应以收集资料为主要手段，要求初步了解滑坡区所处区域的地形地貌条件、地质构造条件、岩（土）体工程地质条件、水文地质条件、环境地质条件与人类工程活动。

（2）地面调查。地面调查应初步查清滑坡区的地形地貌特征，地质构造特征，滑坡边界特征、表部特征、内部特征与变形活动特征，滑坡周边地区人类工程经济活动，基本了解滑坡类型、形态与规模、运动形式、形成年代与稳定程度以及地下水的性质、入渗情况及渗流条件，在此基础上对滑坡影响范围，承灾体的易损性及滑坡的危险性进行初步评估。

2.2.4.2　可行性论证阶段勘查技术要求

A　一般规定

可行性论证阶段勘查要求基本了解滑坡所处地质环境条件，初步查明滑坡的岩（土）体结构、空间几何特征和体积、水文地质条件，提供滑坡基本物理力学参数，分析滑坡成因，进行稳定性评价，满足制定防治工程方案的地质要求。勘查过程中要求结合防治方案进行可行性论证，采用互动反馈方式，合理确定滑坡体（包括滑面或滑带土）物理力学指标，判定滑坡稳定状态，提出防治工程建议方案。

可行性论证阶段勘查应提交含对滑坡机理及防治方案论证的勘查报告。

B　地质环境条件调查技术要求

地质环境条件调查应以资料收集为主，要求确定工作区地貌单元的成因、形态类型，包括：斜坡形态、类型、结构、坡度，以及悬崖、沟谷、河谷、河漫滩、阶地、沟谷口冲积扇等微地貌组合特征、相对时代及其演化历史；了解地层层序、地质时代、成因类型，特别是易滑地层的分布与岩土特性和接触关系，以及可能形成滑动带的标志性岩层；了解区域断裂活动性、活动强度和特征，以及区域地应力、地震活动、地震加速度或基本烈度。分析区域新构造运动、现今构造活动，地震活动以及区域地应力场特征；核实调查主要活动断裂规模、性质、方向、活动强度和特征及其地貌地质证据，分析活动断裂与滑坡、崩塌灾害的关系；调查各种构造结构面、原生结构面和风化卸荷结构面的产状、形态、规模、性质、密度及其相互切割关系，分析各种结构面与边坡的几何关系及其对滑坡稳定性的影响；调查了解工程岩组的特性，包括：岩体产状、结构和工程地质性质，并应划分工程岩组类型及其与滑坡灾害的关系，确定软弱夹层和易滑岩组；了解社会经济活动，包括：城市、村镇、乡村、经济开发区、工矿区、自然保护区的经济发展规模、趋势及其与滑坡灾害的关系；充分收集水文、气象资料。应掌握多年平均降雨量、最大降雨量、暴雨及降雨季节期间勘查区沟谷的最大洪水流量、气温等信息。

C 滑坡工程地质测绘技术要求

滑坡工程地质测绘范围要求包括滑坡后壁至前缘剪出口及两侧缘壁之间的整个滑坡，并外延到滑坡可能影响的一定范围。当采用排水工程进行滑坡防治时，应对滑坡外围拟设置的地面排水沟或地下廊道洞口等防治工程所在的地区进行工程地质测绘。当滑坡威胁剪出口下部建筑物或可能对下部河流堵江，应测绘包括危害区的纵向控制性剖面。

滑坡工程地质测绘内容主要包括地形地貌测绘、岩（土）体工程地质结构特征测绘、滑坡裂缝测绘等。地形地貌测绘要求包括：宏观地形地貌（地面坡度与相对高差、沟谷与平台、鼓丘与洼地、阶地及堆积体、河道变迁及冲淤等）和微观地形地貌（滑坡后壁的位置、产状、高度及其壁面上的擦痕方向；滑坡两侧界线的位置与性状；前缘出露位置、形态、临空特征及剪出情况；后缘洼地、反坡、台坎、前缘鼓胀、侧缘翻边埂等）；岩（土）体工程地质结构特征测绘包括：周边地层、滑床岩（土）体结构；滑坡岩体结构与产状，或堆积体成因及岩性；软硬岩组合与分布、层间错动、风化与卸荷带；黏性土膨胀性、黄土柱状节理；滑带（面）层位及岩性；滑坡裂缝测绘要求包括：分布特征、长度、宽度、性状、力学属性及组合形态；并应对建筑物开裂、鼓胀或压缩变形进行测绘，现场做出与滑坡的关系判断。

另外，在滑坡工程地质测绘过程中，还要求调查滑坡体上植物类型（草、灌、乔等）及持水特性；马刀树和醉汉林分布部位；池塘与稻田分布及水体特征、坡耕地、果园分布及灌渠。以及滑坡区人类工程活动，包括：开挖切脚或斩腰、道路与车载、民居与给排水、陡坎与晒坝、工程弃渣及堆载、采矿或爆破、人防工程或窑洞。初步查明地表水入渗情况、产流条件、径流强度、冲刷作用，以及地表水的流通情况、灌溉、库水位及升降。开展简易入渗试验，提供初步入渗系数。

D 勘探和测试技术要求

通过勘探和测试，初步查明滑坡体结构及滑动面（带）的位置，了解地下水水位、流向和动态，采取岩土试样。

勘探可采用主-辅剖面法，不少于一条纵、横剖面布置勘探线。勘探线应由钻探、井探、槽探及物探等勘探点构成。纵向勘探线的布置应结合滑坡分区进行，不同滑坡单元均应有主勘探线控制，在其两侧可布置辅助勘探线。横向勘探线宜布置在滑坡中部至前缘剪出口之间。勘探点间距应根据滑坡结构复杂程度和规模确定，见表2-1。主勘探线与辅勘探线间距40～100m。主勘探线勘探点一般不宜少于3个，点间距可为40～80m。辅勘探线勘探点间距一般为40～160m。勘探点之间可用物探方法进行验证连接。

表2-1　滑坡勘查点线间距布置要求

勘查地质条件类型	勘探线	主勘探线间距离/m	主勘探线勘探点间距/m	辅勘探线勘探点间距/m
简　单	纵　向	60～100	60～100	80～160
	横　向	60～100	60～100	80～160
复　杂	纵　向	40～80	40～80	40～120
	横　向	40～80	40～80	40～120

勘探方法应采用钻探、井探或槽探相结合，并用物探沿剖面线进行探测验证。勘探孔的深度应穿过最下一层滑面，并进入滑床3～5m，拟布设抗滑桩或锚索部位的控制性钻孔进入滑床的深度宜大于滑体厚度的1/2，并不小于5m。

对结构复杂的大型滑坡体，可采用探硐进行勘探，并绘制大比例尺的展示图，进行照（录）像。在开挖探硐时，应选择合理的掘进和支护方式，严禁对滑坡产生过大扰动。

测试要求采取滑带与滑体岩土试样，测试其物理、水理与力学性质指标。在探井、探槽或探硐中，对滑带土应取原状土样。当无法采取原状土样时，可取保持天然含水量的扰动土样进行重塑样试验。

该阶段工作要求初步查明地下水的基本特征，包括：含水层分布、类型、富水性、渗透性、地下水位变化趋势，主要隔水层的岩性、厚度和分布，地下水水化学特点，泉点、地下水溢出带、斜坡潮湿带等分布及动态情况。该阶段工作同时要求结合钻孔和探井进行地下水位动态观测，并分析地下水的流向、径流和排泄条件、地下水渗透性等。

E　施工条件调查技术要求

施工条件调查要求结合可能采取的滑坡治理工程技术，调查施工现场、工地住房、工作道路的地形地貌，并进行安全评估，测图范围及精度视现场情况酌定。

对防治工程所需天然建筑材料（沙、砂石、砾石、块石、毛石等）的分布、质量和储量进行踏勘和评估。天然骨料缺乏或质量不符合工程要求时，须对人工料源进行初查。

施工条件调查还要求了解滑坡周围水源分布，评价治理工程及生活用水需水量和水质，提出供水建议。

F 可行性论证阶段勘查报告要求

滑坡勘查报告应包括：序言、地质环境条件、滑坡区工程地质和水文地质条件、滑坡体结构特征、滑带特征、滑坡变形破坏及稳定性评价、滑坡防治工程方案建议等。并提供相应的平面图、剖面图、专题图、地球物理勘探报告、钻孔柱状图、竖井和探硐展示图、滑体等厚线、地下水等水位线、岩（土）体物理力学测试报告、地下水动态监测报告、滑坡变形监测报告等原始附件。

2.2.4.3 设计阶段勘查技术要求

A 工程地质测绘技术要求

工程地质测绘应根据可行性论证推荐的防治方案，开展工程部署区大比例尺测绘。

地面排水工程测绘应沿排水沟工程轴线追索进行，内容包括：地形、坡度、岩（土）体结构、以纵剖面图测绘为主，比例尺宜为1∶100～1∶500。并在沿线不同单元处测绘横剖面图。地下排水工程的测绘应沿廊道工程轴线追索进行，结合钻探、井探、物探等，测绘纵向剖面图比例尺宜为1∶100～1∶500。对廊道口应提交进硐工程地质立面图，比例尺宜为1∶20～1∶100。

抗滑桩和锚固工程的测绘沿工程布置轴线进行，内容包括：地形、坡度、岩（土）体结构的测绘。结合钻探、井探和物探等，提交沿工程布置方向的地质剖面图，可测绘工程布置立面图（展示图），并提交工程区轴向工程地质剖面图，比例尺宜为1∶200～1∶500。

挡墙工程的测绘应沿工程布置轴线进行，内容包括地形、坡度、滑体结构、滑带的测绘，比例尺宜为1∶250～1∶1000。并提交工程区轴向工程地质剖面图，比例尺为1∶50～1∶100。

削方减载和回填压脚工程的测绘应提供工程区纵、横剖面图，包括地形、坡度、岩（土）体结构等，剖面间距为20～100m，并对不同的单元或转折地段应有剖面控制，比例尺宜为1∶50～1∶500。

B 勘探和测试技术要求

勘探应结合地质条件和防治工程方案，对初步勘查阶段的勘探线进行加密勘查，勘探点线间距布置要求见表2-2。纵向主勘探线勘探点间距宜加密为40～60m，并对纵向辅勘探线适度加密，勘探点间距宜为80～120m。横向勘探线重点布置在工程实施部位，勘探点间距宜为40～120m。

表 2-2　勘探点线间距布置要求

勘查地质条件类型	勘探线	主辅勘探线间距/m	主勘探线勘探点间距/m	辅勘探线勘探点间距/m
简　单	纵　向	60～100	60	120
	横　向		60～120	
复　杂	纵　向	40～80	40	80

勘探方法应采用钻探和井探相结合。钻探和井探的要求，滑带与滑体岩土物理、水理与力学性质指标测试的要求均与初勘阶段相同。

施工的钻孔应进行注（抽）水试验，并可作为地下水动态观测孔，宜延续至工程竣工后，以判定滑体的浸湿深度、渗透性变化以及滑坡稳定性。

C　设计阶段勘查报告和图件

设计阶段滑坡勘查报告应包括：序言、滑坡区工程地质和水文地质条件、滑坡体结构特征、滑带特征、滑坡变形破坏及稳定性评价、推力分析等。并提供岩（土）体物理力学测试、原位岩土力学试验、设计参数试验、地下水动态监测、滑坡变形监测等原始报告和附件。

结合滑坡防治工程，应专门提交供设计图使用的工程地质图册，并以纸质和电子文档形式提交，包括：各防治单元的平面图、立面图、剖面图、钻孔柱状图、探井和探硐展示图及综合工程地质图等图件。

2.2.4.4　施工阶段勘查技术要求

施工阶段勘查包括防治工程实施期间，开挖和钻探所揭示的地质露头的地质编录、重大地质结论变化的补充勘探和竣工后的地形地质状况测绘。

A　开挖露头测绘与钻孔技术要求

施工地质工作方法采用观察、素描、实测、摄影、录像等手段编录和测绘施工揭露的地质现象，对滑体、滑床、滑带、软弱岩层、破碎带及软弱结构面宜进行复核性岩土物理力学性质测试，可进行必要的变形监测或地下水观测。

根据施工设计图开挖最终形成的地质露头，应在工程实施前进行工程地质测绘，提交平面图、剖面图、断面图或展示图，并进行照（摄）像。

开挖过程中间揭露的滑带土、擦痕等典型滑坡地质形迹应及时加以编录、照（摄）像、留样。抗滑桩开挖的探井，在开挖过程中应及时进行工程地质编录、照（摄）像，特别应注意主滑带和滑坡体内各种软弱带。在主剖面线的探井内采取主滑带和软弱带原状样，进行抗剪强度试验，复核或校正原地质报告的结论。

对于一级防治工程，宜抽取锚杆（索）钻孔总数的5%，且不少于3孔，采用物探等手段，结合钻进判定滑带位置和进行岩（土）体质量划分。

锚杆（索）钻孔和抗滑桩竖井等探测的滑带位置与原地质资料误差比较大

时，应及时修正滑坡地质剖面图和工程布置图，并指导工程设计变更。

在实施喷锚网工程和砌石工程前，应进行地质露头工程地质测绘，并进行照（摄）像。

采用注浆等方法改性加固滑坡体后，应沿主勘探线进行钻探取样，提供改性后的滑坡体物理力学参数。对于回填形成的堆积体，应沿主勘探线进行钻探取样，提供物理力学参数。

B 补充工程地质勘查技术要求

施工期间发现滑坡重大地质结论变化，应进行补充工程地质勘查，提交补充工程地质勘查报告。重大地质结论变化包括：局部滑体变形加剧或滑动；滑坡岩（土）体结构与原报告差异大；滑动面埋深与原报告相差达20%以上等。

补充工程地质勘查主要针对变化区进行，采用工程地质测绘、物探、山地工程等查明地质体的空间形态、物质组成、结构特征、成因和稳定性，地下水存在状态与运动形式、岩（土）体的物理力学性质；应评估由于变化对滑坡整体稳定和局部稳定的影响。

勘查方法、工作量和进度应根据地质问题的复杂性、施工图设计阶段查明深度和场地条件等因素确定。应利用各种施工开挖工作面观察和搜集地质情况。当滑坡出现重大地质结论变化，应进行软弱面抗剪强度校核，重新进行整体稳定性评价和推力计算，评估由于变化对滑坡整体稳定和局部稳定的影响，对工程的设计方案和施工方案的变更提出建议。

补充工程地质勘查报告应根据工程实际存在的地质问题有针对性地进行确定，内容包括：前言，施工情况及问题经过，新发现的滑坡体结构特征、滑带特征，滑坡变形破坏特征，变化区滑体稳定性评价和推力分析，以及滑坡整体稳定性评价，滑坡防治工程方案变更或补充设计建议等。

补充工程地质勘查报告附件包括：平面图、剖面图、钻孔柱状图、探井和探硐展示图，以及地球物理勘探报告、岩（土）体物理力学测试报告、地下水动态监测报告、滑坡变形监测报告等原始资料。

2.2.5 滑坡稳定性的野外判别依据

在进行滑坡治理工程设计时，常需要对滑面抗剪强度参数进行反算，这就需要根据现场的状况提出较为符合实际的滑坡稳定性系数，为此，设计人员除需要对勘查报告中的指标进行认真的校核外，还应根据现场情况对滑坡的稳定程度提出独立的判断。

根据《环境地质调查规范》，在现场对滑坡进行野外稳定性判别可参照表2-3进行。也可以根据《工程地质手册（第4版）》中有关滑坡稳定性的判别依据进行判别（表2-4）。

表 2-3　滑坡稳定性野外判别表

滑坡要素	不稳定	较稳定	稳　定
滑坡前缘	滑坡前缘临空，坡度较陡且常处于地表径流的冲刷之下，有发展趋势并有季节性泉水出露，岩土潮湿、饱水	前缘临空，有间断季节性地表径流流经，岩土体较湿，斜坡坡度在30°～45°之间	前缘斜坡较缓，临空高差小，无地表径流流经和继续变形的迹象，岩土体干燥
滑　体	滑体平均坡度大于40°，坡面上有多条新发展的滑坡裂缝，其上建筑物、植被有新的变形迹象	滑体平均坡度在25°～40°间，坡面上局部有小的裂缝，其上建筑物、植被无新的变形迹象	滑体平均坡度小于25°，坡面上无裂缝发展，其上建筑物、植被未有新的变形迹象
滑坡后缘	后缘壁上可见擦痕或有明显位移迹象，后缘有裂缝发育	后缘有断续的小裂缝发育，后缘壁上有不明显变形迹象	后缘壁上无擦痕和明显位移迹象，原有的裂缝已被充填

表 2-4　根据地形地貌特征判断滑坡稳定性

滑坡要素	相对稳定	不稳定
滑坡体	坡度较缓，坡面较平整，草木丛生，土体密实，无松塌现象，两侧沟谷已下切深达基岩	坡度较陡，平均坡度30°，坡面高低不平，有陷落松塌现象，无高大直立树木，地表水泉湿地发育
滑坡壁	滑坡壁较高，长满了草木，无擦痕	滑坡壁不高，草木少，有坍塌现象，有擦痕
滑坡平台	平台宽大，且已夷平	平台面积不大，有向下缓倾或后倾现象
滑坡前缘及滑坡舌	前缘斜坡较缓，坡上有河水冲刷过的痕迹，并堆积了漫滩阶地，河水已远离舌部，舌部坡脚有清晰泉水	前缘斜坡较陡，常处于河水冲刷之下，无漫滩阶地，有时有季节性泉水出露

以上给出的滑坡稳定性仅是一种定性指标，设计人员还应在定性分析的基础上，根据现场的实际情况及经验，提出可用于滑坡反算的合理稳定系数。

2.3　崩塌治理工程勘查程序与技术要求

拟建工程场地或其附近存在对工程安全有影响的危岩或崩塌时，应进行危岩和崩塌勘查。危岩和崩塌勘查宜在可行性研究或初步勘查阶段进行，应查明产生崩塌的条件及规模、类型、范围，并对工程建设适宜性进行评价，提出防治方案的建议。

2.3.1　崩塌地质灾害的基本特征

2.3.1.1　崩塌及其运动形式

崩塌是指陡崖前缘的不稳定岩（土）体，主要在重力作用下或其他外力作用下，突然崩坠塌落的现象。未崩坠塌落之前的不稳定岩（土）体称为危岩体。

崩塌运动的形式主要有两种：一种是脱离母岩的岩块或土体以自由落体的方式而坠落；另一种是脱离母岩的岩体顺坡滚动而崩落。前者规模一般较小，从不足一立方米至数百立方米；后者规模较大，一般在数百立方米以上。

2.3.1.2　崩塌分类

崩塌按形成机理可分为：(1) 倾倒式崩塌；(2) 滑移式崩塌；(3) 鼓胀式崩塌；(4) 拉裂式崩塌；(5) 错断式崩塌。

这种分类反映了崩塌形成、发展的几个基本途径。各类崩塌在岩性、结构面特征、地形、受力状态、起始运动形式等方面都有不同特点，具体见表2-5。

表2-5　按崩塌形成机理分类及特征归纳表

类　型	岩　性	结构面	地　形	受力状态	起始运动形式
倾倒式崩塌	黄土、直立或陡倾坡内的岩层	多为垂直节理、陡倾坡内～直立层面	峡谷、直立岸坡、悬崖	主要受倾覆力矩作用	倾　倒
滑移式崩塌	多为软硬相间的岩层	有倾向临空面的结构面	陡坡通常大于55°	滑移面主要受剪切力	滑　移
鼓胀式崩塌	黄土、黏土、坚硬岩层下伏软弱岩层	上部垂直节理，下部为近水平的结构面	陡　坡	下部软岩受垂直挤压	鼓胀伴有下沉、滑移、倾斜
拉裂式崩塌	多见于软硬相间的岩层	多为风化裂隙和重力拉张裂隙	上部突出的悬崖	拉　张	拉　裂
错断式崩塌	坚硬岩层、黄土	垂直裂隙发育，通常无倾向临空面的结构面	大于45°的陡坡	自重引起的剪切力	错　落

表中列举了各类崩塌的五个方面的特征，其中岩体受力状态和起始运动形式是分类的主要依据，因受力状态和起始运动形式决定崩塌发展的模式，同时也是这五个方面特征共同形成的必然结果。

值得指出的是，上述五类是基本类型，可能出现一些过渡类型，如鼓胀-滑移式崩塌，鼓胀-倾倒式崩塌等。

此外，还可以根据崩塌产生的动力成因进行分类，具体分类见表2-6。

表2-6　按崩塌动力成因及动力形式分类表

依　据	分类名称		特 征 说 明
动力成因	自然动力型	地震型崩塌	因地震作用而诱发的崩塌
		卸荷型崩塌	由于斜坡岩体应力、地应力的卸荷回弹引起的崩塌
		降雨型崩塌	由于雨水集中渗灌降低了危岩体的稳定性而形成的崩塌
		侵蚀型崩塌	由于强烈侵蚀坡脚，造成山坡过陡或悬空而形成的崩塌
	工程动力型	切蚀型崩塌	因人工切削坡脚而造成的崩塌
		洞掘型崩塌	地下硐室开挖顶板下沉引起上覆岩体失稳而造成的崩塌
		爆破型崩塌	爆破振动引起的崩塌
动力形式	滑移式崩塌		危岩体因沿软弱基座蠕滑抛出而产生的崩塌
	坠落式崩塌		因软弱基座被掏空而产生的崩塌
	倾倒式崩塌		危岩体主要受倾伏力矩作用倾倒破坏产生的崩塌

2.3.2　崩塌（危岩体）灾害的测绘

（1）崩塌灾害测绘比例尺根据（《滑坡崩塌泥石流灾害详细调查规范》（1∶50000））。

1）测绘平面图比例尺宜在1∶500～1∶2000；

2）测绘剖面图比例尺宜在1∶100～1∶1000之间。

对主要裂缝应专门进行更大比例尺测绘和绘制素描图。

（2）崩塌测绘内容。崩塌的调查包括危岩体的调查以及已有崩塌堆积体的调查。测绘内容包括：

1）危岩体和崩塌类型、规模、范围，崩塌体的大小和崩落方向；

2）岩体基本质量等级、岩性特征和风化程度；

3）地质构造，岩（土）体结构类型，裂缝和结构面的产状、组合关系、闭合程度、力学属性、延展及贯穿情况；

4）崩塌前的迹象和崩塌原因。

（3）崩塌区的地质环境条件及诱发动力因素调查。

1）地形地貌特征；

2）地层岩性及地质构造特征：包括岩（土）体结构类型、斜坡组构类型。重点查明软弱（夹）层、断层、褶曲、裂隙、裂缝、岩溶、采空区、临空面、侧边界、底界（崩滑带）以及它们对崩塌的控制和影响；

3）水文地质条件；

4）崩塌变形发育史和崩塌类型。崩塌发生的次数、规模、发生时间、崩塌前兆、崩塌方向、崩塌运动距离、堆积场所、崩塌规模、诱发因素、变形发育史、崩塌发育史、灾情等；

5）查明人为孕灾因素（如切蚀、硐掘、爆破等）的强度、周期以及它们对崩塌变形破坏的作用和影响。

（4）先期崩塌体特征调查。先期崩塌体特征调查是指对已有崩塌的产出、运移、堆积特征及其灾害现状进行调查。

（5）潜在崩塌体（危岩体）可能的变形破坏及成灾情况调查。

1）查明危岩体的性状特征，包括危岩体赋存环境、形成条件，边界及内部组构（重点是软弱夹层及结构面的分布及特征）及含水情况；

2）查明山体裂缝的分布、组数及展布方向、长度、宽度和可测深度与推断深度；

3）查明危岩体稳定情况。根据危岩体块、段的位移及裂缝的深、宽变化迹象和块体稳定分析评价危岩体稳定性；

4）查明崩塌产生后沿可能的运移斜坡，在不同崩塌方量条件下崩塌运动的最大距离。在峡谷区，要重视气垫浮托效应和折射回弹效应的可能性及由此造成的特殊运动特征；

5）查明危岩体的风化、岩体结构、岩体质量特征；

6）查明崩塌可能到达并堆积的场地的形态、坡度、分布、高程、岩性、产状及该场地的最大堆积容量。在不同崩塌方量条件下，崩塌块石越过该堆积场地向下运移的可能性，最大可能崩塌方量的最终堆积场地；

7）初步划定崩塌造成的灾害范围，进行经济损失等调查和灾情趋势分析；

8）分析预测可能派生的灾害类型（如涌浪、堵河形成堰塞湖而导致滑坡、泥石流等二次灾害）、规模，及其成灾范围，进行经济损失调查评估。

（6）调查了解崩塌灾害的勘查、监测、工程治理措施等防治现状及效果，提出防治建议。

2.3.3 崩塌（危岩体）灾害的勘探

（1）勘探方法应以物探、剥土、探槽、探井等山地工程为主，可辅以适量的钻探验证。

（2）危岩体和崩塌体应有不低于1条的实测剖面，每条勘查剖面上的勘探点不少于3个。

（3）勘探孔的深度应穿过堆积体或探至拉裂缝尖灭处。

勘查成果包括：危岩体和崩塌区的范围、类型、稳定性与危险程度，以及防治措施的建议。

2.4　泥石流治理工程勘查程序与技术要求

泥石流地质灾害勘查的目的是查明泥石流发育的自然环境、形成条件，泥石流的基本特征和危害，为泥石流防治方案的选择和防治工程的设计提供基础资料。

泥石流勘查工作阶段划分为：泥石流调查、可行性论证阶段泥石流勘查、设计阶段泥石流勘查、施工阶段泥石流勘查、应急治理泥石流勘查（在突发或遇灾前兆过程中可采取）。

2.4.1　泥石流勘查各阶段的介绍

（1）泥石流调查。对暴发泥石流可能危及人民生命财产安全的沟谷，针对泥石流的形成要素和泥石流特征，通过调查与判别，区分泥石流沟（含潜在泥石流沟）和非泥石流沟，确定易发程度、危害等级并对泥石流沟、潜在泥石流沟的防治方案提出建议。

（2）可行性论证阶段泥石流勘查。在泥石流调查的基础上，对发育泥石流的自然地理、地质环境和泥石流的形成条件进行定量勘查，并查明泥石流的特征和危害，进一步论证泥石流工程治理方案的可行性，提出工程治理的建议方案和地域范围。

（3）设计阶段泥石流勘查。设计阶段泥石流勘查包括初步设计阶段勘查和施工图设计阶段勘查。初步设计阶段，结合可行性论证阶段优化的治理方案进行，同时围绕可能采用的工程措施、工程设计所需的泥石流参数和工程地质条件进行进一步勘查、论证和比选工程治理方案，提出工程措施建议。施工图设计阶段，对初设阶段勘查遗留的问题和工程设计中需增补的参数进行补充勘查，重点是工程建设地段的工程地质详勘。

（4）施工阶段泥石流勘查。在治理工程实施过程中，对施工揭示的地质信息加以综合，补充、修正和完善勘查资料；为变更设计进行补充勘查。

（5）应急治理泥石流勘查。在发现泥石流临兆之前或泥石流发生过程中及泥石流发生后，为消除或减轻泥石流危害和尽快恢复生产、生活秩序时而实施的应急治理工程所需开展针对性很强、非常规的勘查工作。

2.4.2　泥石流地质灾害治理工程勘查技术方法

泥石流地质灾害治理工程勘查一般包括工程地质测绘、水文测绘、泥石流流体勘查、勘探试验、施工条件调绘、监测等技术方法。根据泥石流地质灾害治理工程勘查的有关要求，对各类技术方法的一般规定进行介绍。

2.4.2.1　工程地质测绘

（1）遥感解释。在进行工程地质测绘前应利用卫星图像和航空相片解译泥石流的区域性分布、地貌和地质条件；有条件可用不同时相的影像图解译，对比解译泥石流发展过程、演化趋势；编制遥感图像解译图，航片比例尺宜为1:8000～1:34000。

（2）地形地貌测绘。对全流域及沟口以下可能受泥石流影响的地段，调绘与泥石流形成和活动有关的地形地貌要素（参见《泥石流灾害防治工程勘查规范》（DZ/T 0220—2006）（以下简称《规范》）附录E），编制相应地貌图与地质图，填绘纵剖面图与横断面图。测绘方法以沿沟追索、实测和填绘剖面为主。

（3）填图要求。流域平面填图比例尺宜为1:10000～1:50000，分区平面填图比例尺宜为1:500～1:5000；纵剖面图比例尺横向宜为1:500～1:2000，竖向宜为1:100～1:500；横断面图比例尺横向宜为1:200～1:500。所划分的单元在图上标注的尺寸最小为2mm。对小于2mm的重要单元，可采用扩大比例尺或符号的方法表示，在1:500～1:2000的地形图上可能修建拦挡工程和排导工程地段，其地质界线的地质点误差不应超过3mm，其他地段不应超过5mm。

2.4.2.2　水文测绘

（1）暴雨洪水。泥石流小流域一般无实测洪水资料，可根据较长的实测暴雨资料推求某一频率的设计洪峰流量。对缺乏实测暴雨资料的流域，可采用理论公式和该地区的经验公式计算不同频率的洪峰流量。

（2）溃决洪水流量。其包括水库、冰湖和堵河（沟）溃决洪水三种类型。溃决洪水流量据溃决前水头、溃口宽度、坝体长度、溃决类型（全堤溃决或局部溃决，一溃到底或不到底）采用理论公式计算或据经验公式估算，并结合实际调查进行校核（计算公式见《溃坝水力学》）。

（3）冰雪消融洪水。冰雪消融洪水可根据径流量与气温、冰雪面积的经验公式来计算；在高寒山区，一般流域均缺乏气温等资料，常采用形态调查法来测定；下游有水文观测资料的流域，可用类比法或流量分割法来确定。

2.4.2.3　泥石流流体勘查

（1）泥痕测绘。选择代表性沟道量测，量测沟谷弯曲处泥石流爬高泥痕、狭窄处最高泥痕及较稳定沟道处泥痕。据泥痕高度及沟道断面，计算过流断面面积，据上、下断面泥痕点计算泥位纵坡，作为计算泥石流流速、流量的基础数据。

（2）泥石流流体试验。

1）浆体重度测定。泥石流流体重度根据泥石流体样品采用称重法测定。泥石流体样品一般难以采到，可了解目击者回忆，根据泥痕和堆积物特征进行配制，采用体积比法测定；

2）粒度分析。对泥石流体样品中粒径大于2mm的粗颗粒进行筛分，粒径小于2mm的细颗粒用比重计法或吸管法测定颗粒成分。对泥石流体中固体物质的颗粒成分，从堆积体中取样测定。取样数量应结合粒径来确定；

3）黏度和静切力测定（必要时进行）。用泥石流浆体或人工配制的泥浆样品模拟泥石流浆体，其黏度可采用标准漏斗1006型黏度计或同轴圆心旋转式黏度计测定；其静切力可采用1007型静切力计量测。

（3）泥石流动力学参数计算。

1）流速。据勘查所得泥石流流体水力半径、纵坡、沟床糙率及重度等参数计算，也可按泥石流的性质和所在地域，选择适合的地区性经验公式计算；

2）流量。泥石流流量可采用形态调查法（据泥痕处的过流断面面积乘以流速）或按雨洪法（按暴雨洪水流量乘以泥石流修正系数）确定。暴雨小径流的地区性经验公式较多，暴雨洪水流量应采用适用的经验公式计算；

3）冲击力。可用《规范》附录I中公式计算泥石流整体冲击力、泥石流中大石块冲击力。泥石流中大石块冲击力的计算方法较多，除采用附录I所列公式外，还可采用其他公式加以验证；

4）弯道超高与冲高。泥石流流动在弯曲沟道外侧产生的超高值和泥石流正面遇阻的冲起高度可参见《规范》附录I中公式计算。

（4）堆积物试验。通过调查、实验，按《土工试验方法标准》（GB/T 50123—1999）确定泥石流堆积物的固体颗粒比重、土体重度、颗粒级配、天然含水量、界限含水量、天然孔隙比、压缩系数、渗透系数、抗剪强度和抗压强度等参数，供治理工程比选和设计使用。

（5）泥石流的形成区、流通区和堆积区测绘。

1）工程治理区实测剖面至少应按一纵三横控制；

2）重点区应有1～3个探槽或探坑（井）控制；

3）各区测绘内容参见《规范》附录E。

2.4.2.4　治理工程勘查勘探

勘探工程主要布置在泥石流堆积区和可能采取防治工程的地段。勘探工程以钻探为主，辅以物探和坑槽探等轻型山地工程，受交通、环境条件限制，在泥石流形成区一般不采用钻探工程，当存在可能成为固体物源或潜在不稳定斜坡必须采用时，勘探线及钻孔布置可参照“滑坡勘查”的有关规定执行。

（1）钻探。泥石流防治工程场址主勘探线钻孔，宜在工程地质测绘和地球物理勘探成果的指导下布设，孔距应能控制沟槽起伏和基岩构造线，间距一般30～50m。当松散堆积层深厚不必揭穿其厚度时，孔深应是设计建筑物最大高度的0.5～1.5倍；基岩浅埋时，孔深应进入基岩弱风化层5～10m。

（2）物探。物探工作除作为钻探工程的补充和验证外，在施工条件差、难以布置或不必布置钻探工程的泥石流形成区，可布置1～2条物探剖面，对松散堆积层的岩性、厚度、分层、基岩面深度及起伏进行推断。

（3）坑槽探。结合钻探和物探工程，在重点地段布置一定探坑或探槽，揭露泥石流在形成区、流通区和堆积区不同部位的物质沉积规律和粒度级配变化；了解松散层岩性、结构、厚度和基岩岩性、结构、风化程度及节理裂隙发育状况；现场采集具有代表性的原状岩、土试样。

2.4.2.5 试验及主要设计参数

（1）试验。对坝高超过10m以上的实体拦挡工程，宜进行抽水或注水试验，获取相关水文地质参数；在孔内或坑槽内采取岩样、土样和水样，进行分析测试，获取岩土体的物理力学性质参数；水样一般只做水质简分析，对于进行基建的防治工程应增加侵蚀性测定内容。

（2）对各类防治工程提供的主要设计参数。

1）各类拦挡坝。其主要设计参数包括：覆盖层和基岩的重度、承载力标准值、抗剪强度，基面摩擦系数；泥石流的性质与类型，发生频次，泥石流体的重度和物质组成，泥石流体的流速、流量和设计暴雨洪水频率，泥石流回淤坡度和固体物质颗粒成分；沟床清水冲刷线。

2）其他工程。

桩林：着重提供桩锚固段基岩的深度、风化程度和力学性质；

排导槽、渡槽：着重于泥石流运动的最小坡度、冲击力、弯道超高和冲高；

导流堤、护岸堤和防冲墩：着重于基岩的埋藏深度和性质、泥石流冲击力和弯道超高、墙背摩擦角；

停淤场：着重于淤积总量、淤积总高度和分期淤积高度。

2.4.2.6 施工条件调绘

（1）结合可能采取的泥石流防治工程技术，调绘施工场地、工地临时建筑和施工道路的地形地貌，并进行地质灾害危险性评估。测图范围和精度视场地情况而定。

（2）了解泥石流防治工程周围所需天然建筑材料分布情况，对砂石料质量和储量进行评价。如天然骨料缺少或不符合工程质量要求，须对就近的料场或人工料源进行初查。

（3）了解防治工程周围的水源状况并采样分析，对防治工程及生活用水的水质水量进行评价，提出供水方案建议。

上述勘查技术方法还要结合泥石流勘查不同的阶段，根据工程所处的勘查阶段的不同还有具体要求，具体的要求详见《规范》中的相关内容。

2.5 采空区治理工程勘查程序与技术要求

采空区治理工程勘查必须认真收集当地的地形、地貌、地震、气象、工程地质、水文地质、环境矿产资源分布与开采以及地基变形的现状等资料，通过调查、测绘、综合勘探、试验和现场测试等手段，查明采空区的分布、规模、特点和各地层岩土体物理、力学、水理性质及各项指标，为设计和施工提供准确的基础资料。

采空区的勘查阶段应与地质灾害设计阶段相适应，划分为可行性研究阶段勘查、初步设计阶段勘查和施工图设计阶段勘查。

2.5.1　可行性研究阶段勘查

该阶段首先要收集矿区开采边界资料，一般应通过调查了解勘查区内可能存在的矿产资源以及以往的开采情况、地下溶洞情况，确定采空区或溶洞的平面位置、埋深、地表变形等特征，对其稳定性进行初步评价。

该阶段的勘查应以工程地质调查、采矿及岩溶情况调查为重点，辅之以大比例尺航、卫片解译及适量的物探工作，必要时可以适当布置少量钻探工作。

可行性研究阶段勘查的主要内容和程序为：

（1）搜集勘查区内与采空区相关的气象、水文、地形、地貌、地质、构造、地震、采矿、溶洞等资料。

（2）现场调查采空区的分布范围、埋深、矿产采厚、地表变形特征及其与采空区相关的其他工程地质现象。

（3）采矿的历史与现状调查。

（4）对采空区的稳定性进行初步评价。

2.5.2　初步设计阶段勘查

初步设计阶段的采空区勘查应查明和进行下列工作：

（1）查明与采空区相关的气象、水文、地形、地貌、区域地质、构造、地震、采矿、溶洞等资料，采空区的范围、埋藏深度、矿产开采厚度、顶板岩性、覆岩破坏的高度。

（2）采空区的地表裂缝、塌陷等变形分布规律、发展趋势及其诱发因素，以及其他不良地质现象的类型、位置和规模。

（3）采矿方法、开采时间、顶板管理方式、采空区塌落、充填情况，估算出采空区的剩余空隙率。

（4）定性评价采空区的稳定性及其对地表建筑物和居民的危害程度。

（5）提出采空区的治理方案，提出下阶段的勘查工作重点。

初步设计阶段的勘查应以采矿和岩溶区调查、井上下调查测绘和物探工作为重点，辅之以钻探工作。在进行勘查工作之前，应认真研究可行性研究报告的设计方案，明确设计要求，编制出勘查纲要和实施计划，确定现场调查、测绘工作的内容和方法。

初步设计阶段勘查的主要内容和程序为：

(1) 重点搜集各种比例尺的地质图、矿产分布图、采掘工程平面图及其与地表变形有关的观测和计算资料、采空区附近的抽（排）水资料及其与地表变形有关的观测和计算资料、采空区附近抽（排）水资料及对采空区影响的评价资料等，补充搜集并研究勘查范围内水文地质、工程地质及其采矿资料，包括开采设计书、采掘工程平面图及其井上、下工程对照图等有关图件、资料。

(2) 调查勘查工作范围内的地层构成、产状、地质构造发育特点、水文地质条件、矿层的分布、层数、层厚、埋藏深度、分布范围、开采时间、开采方法、顶板管理措施及远景开采规划等。

(3) 应调查采空区地表开裂、陷落的特征和分布规律，包括地表沉陷坑、台阶、裂缝等的位置、形状、深度、延伸方向及其与采空区开采便捷、工作面推进方向的关系。

(4) 调查地表移动盆地的特征，划分出中间区和边缘区。

(5) 调查、核实采空区附近的抽（排）水状况及其对采空区稳定性的影响。

(6) 调查采空区上方和附近地面建筑物开裂、变形及其处理情况。

(7) 调查由于地表塌陷而引起的其他不良地质现象的类型、分布位置和规模等。

测绘采空区工程地质平面图，比例尺为1∶1000～1∶2000。

若采空区的有关资料齐全，能够充分说明采空区的位置、范围、大小及变形的基本特征以及变形的发展趋势和稳定条件时，可不进行物探等工作。否则应进行物探及钻探工作，以查明采空区的范围、埋藏深度、采空的空间、采空区上覆岩层和第四系厚度等。在钻探工作中应同时采取岩（土）样和水样，岩（土）样的测试内容应满足稳定性评价和治理工程设计的需要。岩石室内常规试验包括天然含水量、容重、饱和吸水率，抗拉、抗压、抗剪强度，软化系数及强度、弹性模量、泊松比等。特殊实验包括侧压力系数、碎胀系数、黏性模量、黏弹系数等。

2.5.3 施工图阶段勘查

施工图阶段的勘查为详细勘查，必须紧密结合施工图设计的要求，重点对工程部位进行详细勘查。在初步设计阶段勘查工作的基础上确定采空区形状、大小、范围、埋深及三带划分，建立采空区的三维地质结构模型，计算采空塌陷区剩余空隙体积。勘查内容包括：

(1) 补充查明初步勘查阶段未查明或有疑点的工程地质问题。

(2) 查明由于地表变形引起的各种不良地质现象类型、位置、规模、发展趋势及危害程度。

（3）确定采空区的稳定程度、变形值大小、变形阶段与发展趋势。

（4）对采空区的稳定性做出定量评价，确定采空区治理方案。

施工图勘查阶段应以钻探工作为主，辅之以必要的补充物探及调查测绘工作。该阶段的工作程序及内容包括：

（1）补充搜集并核实矿产的开采时间、采出率、顶板管理方式、采空塌陷时间及采空区内充填和积水情况：采空区附近的抽水、排水对采空区稳定性的影响。地表建筑物、农田压矿时，应搜集富矿层分布范围、富矿层层数、厚度、埋藏深度、富矿层产状、上覆地层岩性、厚度、地质构造等特点及开采计划等，调查核实建筑物及农田压矿数量。

（2）通过分析沉降观测资料，查明地表变形范围、变形规律，确定地表陷坑、塌陷台阶、塌陷裂缝的位置、形状、规模、深度、延伸方向及发展趋势；地表变形与采空区面积、采深和采厚、覆岩岩性、煤层倾角、采煤方法、区域地质构造、开采边界、工作面推进方向的关系；地表塌陷引起的不良地质现象的类型、分布位置、规模等。

测绘采空区工程地质平面图，比例尺为1:1000～1:2000。

（3）本阶段的物探工作应在初勘的基础上进行必要的补充，对采空区一场点加密测线、测点，线距应为10～20m，点距应为5～10m。

（4）本阶段的钻探工作布设间距可参照表2-7。

表2-7　详细勘查阶段钻孔间距表

场地复杂程度	简　单	一　般	复　杂
钻孔间距/m	60～80	40～60	20～40

2.5.4　采空区勘查报告的编制要求

采空区勘查报告的基本内容要服从设计文件的要求，报告要简明扼要，切合实际，论点充分有据，对任务书中所提出的要求要明确回答，进行稳定性评价时要充分利用勘查获取的各种资料及数据。在定性的基础上做出定量评价，最后提出治理设计工程最优方案。

勘查报告文字部分应包括下列内容：

（1）论述场地的自然地理条件、工程地质条件；评价采空区不同阶段的稳定条件、变形规律及可能造成的危害。

（2）论述由于采空区引起的不良地质现象对建筑物及构筑物的危害。

（3）论述工程地质调查、工程物探及钻探结果，确定采空区影响地表建筑物的长度、宽度，计算出采空区剩余空隙体积。

（4）论述采空区地面变形特征，预测变形的发展趋势，评价场地的稳定性。

（5）对于煤矿，应确定建筑物的压煤数量，提出将来开采矿体应采取的工程保护措施。

（6）提出采空区治理方案的建议。

（7）勘查工作的结论、建议与存在的问题。

勘查报告图表部分包括下列内容：

（1）采空区的工程地质平面图、纵断面图、横断面图。除规定必须标明的内容外，还应标示出地表移动盆地的位置及其边界、变形特征、地表塌陷引起的各种不良地质现象，比例尺采用1∶1000～1∶2000。

（2）采空区顶、底板等值线图，比例尺1∶1000～1∶2000。

（3）覆岩厚度等值线图，比例尺1∶1000～1∶2000。

（4）矿产厚度等值线图，比例尺1∶1000～1∶2000。

（5）预测沉降等值线图，比例尺1∶1000～1∶2000。

2.6 地裂缝治理工程勘查程序与技术要求

地裂缝成因比较复杂，有构造成因的，也有过量抽取地下水引起的，还可能由土地的潜蚀作用造成，也有混合成因的。我国的地裂缝分布十分广泛，在全国300多个市县都有地裂缝存在，其中最严重、最典型的是陕西省的西安市。在西安市内及郊区250km^{2}范围内，形成近平行、等距出现的北东东向地裂缝14条，地裂缝通过区域附近的建筑物均遭受到不同程度的破坏。

地裂缝按成因和对工程建筑的危害程度可以分为地震构造地裂缝、构造地裂缝、环境地裂缝和重力地裂缝四类（表2-8）。

表2-8 地裂缝的分类及其特征表

类 别	性质和特征	典型实例
地震构造地裂缝	是强烈地震时深部震源断裂在地表的破裂行迹，其性质和分布特征受震源断裂的控制，其产状与发震断裂基本一致，有明显的水平位移和垂直位移；一般以张性和张扭性为主，也有压性和压扭性的；裂缝呈雁行多组排列，断续延伸；在剖面上裂口上大下小，至地表下一定深度尖灭；其断距是上大下小，它与随深度而积累断距的地震断层有区别，是震源波动场的产物，破坏作用随深度减轻，破坏范围沿地裂缝带呈狭长的条带状分布	唐山地震产生了8km长的地震裂缝，海城地震产生了220km长的地震裂缝

续表 2-8

类 别	性质和特征	典型实例
构造地裂缝	是活动断裂在地表或隐伏在地表下一定深度处的活动行迹，它的活动性质和分布特征受活动断裂的控制，具有明显的方位走向，在地表呈断续延伸；有大小不等的水平位移（水平张裂和水平扭动）和垂直位移，在时序上时大时小，有强烈活动的黏滑时期，也有平静的蠕动滑移时期，其性质有张性的也有扭性的，在剖面上与活动断裂是贯通的，其断距上小下大，随深度逐渐增大；是活动断裂的直接产物。强烈活动期有严重的破坏作用，破坏范围主要沿地裂缝呈狭长的条带状分布。它与地震裂缝在成因上有一定差别	山西运城鸣条岗地裂缝长达12km，陕西的渭南、韩城、咸阳等地的地裂缝均长达数公里
环境地裂缝	或称城市环境地裂缝。成因为复合型的，具有构造地裂缝的所有特征，但受后期因人类活动引起的城市环境工程地质条件变化的严重影响。强化了它的活动性，加深了对城市和建筑的破坏作用，而这种破坏作用是继承已有的构造地裂缝进行的。城市环境地裂缝的成因是受构造断裂控制的，其他环境工程地质条件变化因素的诱发和激化的叠加作用的综合效果。它的分布规律与产状特征严格受隐伏断裂的控制，其活动量（活动总量和活动速率）受断裂活动的构造因素的影响，又受城市环境地质条件改变的影响，而且随着城市环境工程地质条件的不断恶化，在活动速率与形变的总量中，环境因素在城市破坏中逐渐起到了主要作用（城市环境工程地质条件的改变主要是城市由于过量开采地下水，地下水位持续大幅度下降造成的区域性地面沉降）	西安市、大同市、邯郸市是中国城市环境地裂缝的主要代表城市
重力地裂缝	由于重力作用在地表产生的破裂行迹。滑坡体周边的张裂缝、矿坑塌陷周边的环形裂缝，岸边滑移的裂缝、黄土湿陷变形造成的裂缝和地震时由于重力原因产生的一切裂缝均属此类。规模较小，几何形态各异，无方向性，一般为张性的，拉张剪切的变形缝，在它的活动期有一定的破坏作用	局部分布

地裂缝除重力裂缝外，凡属构造性地裂缝都有三向变形位移，即垂直沉降（倾滑）、水平张裂、水平扭动（顺扭或反扭）。三向变形中不同的地裂缝有不同的表现，地震裂缝以水平扭动为主，次为倾滑量，张裂量最小；构造地裂缝有的以水平位移为主，有的以倾滑为主；城市地裂缝以沉降为主，张裂次之，水平扭动量最小。地裂缝运动机制是以长期蠕滑运动为主，但也间有短期黏滑机制。地裂缝的活动有周期性，有活动高潮期，也有活动间歇期，其活动速率有显著的差异。其中城市地裂缝由于受环境工程地质条件变化的影响，其活动性呈现季节性周期变化，冬季活动速率大，夏季小，多呈现一年一周期。

同一地区不同的地裂缝有不同的活动速率，同一条地裂缝各段的活动速率也有显著差别，可以分区分段进行评价。

下面对地裂缝场地的勘查程序与要求作一简要介绍。

（1）勘查目的。

1）查明拟建场地及其附近地裂缝分布：出露位置、走向、产状（地表出露的地裂缝或隐伏的地裂缝）；

2）查明地裂缝活动规律性；

3）研究地裂缝成因；

4）查明地裂缝与断裂构造的关系；

5）进行工程评价与治理措施。

（2）勘查内容。

1）查明地裂缝分布特征，主次地裂缝的产状、组合关系，下延深度，断距、充填情况等；

2）调查地质环境条件及工程地质条件，包括采空区、水库蓄水、区域性地下水位变化等；

3）查明隐伏地裂缝的位置和隐伏深度；

4）调查已有建筑物受地裂缝的影响程度、建筑物破坏现状、破坏形式。

（3）勘查方法与要求。

1）通过现场调查与探井、探槽揭露地裂缝在平面上的分布及垂直剖面上的分布规律与发育情况；

2）利用钻孔（不少于3个钻孔）确定地裂缝的倾向、倾角；

3）对隐伏地裂缝，有一定断距的情况下，可布置较密集的钻孔，在有断陡处即为地裂缝位置，但此法在断距较大时才适用，断距较小时易与地层倾斜相混淆，因此在可能的条件下，常与探井相配合使用；

4）对查明隐伏地裂缝的位置及隐伏深度，还可采用以电法为主的综合物探方法。

（4）勘查的步骤。

1）收集拟建场地附近地裂缝研究、勘查资料，进行系统的综合分析；

2）现场地裂缝调查，了解拟建场地构造、地貌形态；地表破裂产生的时间、发展过程；地表破裂的形态、活动方式、垂直位移；追踪地表破裂的延伸方向、延伸距离；

3）采用槽探、钻探、人工浅层地震反射法勘探等方法，确定地表破裂与隐伏地裂缝的位置关系；

4）测量所有勘探点的平面坐标和高程，图示地裂缝的地面坐标值；

5）对于个别建筑，当有必要时，应进行地裂缝的补充勘查，查明这些建筑物至地裂缝的最近距离；补充勘查工作可根据存在的问题有针对性地开展；

6）补充勘查完成后，应获得地裂缝附近的每幢建筑物基础底面外沿至地裂缝的最近距离，并分区进行建筑适宜性评价。

(5) 地裂缝的工程评价。

1) 地裂缝破坏建筑物的机理与性状。地裂缝有三向位移形变，建筑物遭受其破坏主要因素是位移量最大的形变。对地震裂缝主要是水平扭动位移；对构造地裂缝可能是沿走向的水平的滑移，也可能是沿倾向的滑移；对城市地裂缝主要因素是垂直的差异沉降。例如西安地裂缝的年平均差异沉降为15.85mm，3倍于水平拉张，12倍于水平左旋扭动，对建筑物的主要破坏力是差异沉降，其次是水平拉张，年扭动量很小，很长历史时期才能看到它的破坏形迹，水平扭动不是破坏建筑物的主要应力。

地裂缝破坏建筑物有三个主要特征：建筑物上的破裂缝有很强的方向性，基本上沿着地裂缝的走向破裂；破裂变形缝连续性好，在走向方向上延伸相当长的距离；建筑物上的破裂形迹多为斜裂缝，与地下的地裂缝产状呈镜像构造关系。例如西安地裂缝是南倾南降的正断层运动，它穿过南北向墙体时，建筑物上裂缝倾向北，穿过东西向墙体时，建筑物上裂缝倾向西，只有当墙体与地裂缝平行时，才会在墙体的下缘或上缘出现水平裂缝。当地裂缝穿过耕地、地坪、马路时表现为一条有一定落差的张裂缝，或呈有一定宽度陡倾斜的破碎带。根据这些特征来和黄土湿陷、不均匀沉降等的局部的重力形变裂缝相区别。

2) 地裂缝建筑安全距离的确定。除重力地裂缝外，其余地裂缝都属构造成因，或构造因素与环境工程地质条件改变的复合成因。有三向变形，变形量较大，当代建筑水平还不能有效抵抗它的变形，因此各类建筑物不能跨越其上，必须避开地裂缝一定的距离，不致受它的活动变形的影响，才能保证建筑物的安全。这个避开的距离称建筑安全距离。所以地裂缝场地的工程评价与工程措施的关键是选定合理的安全距离，建筑安全距离主要是防止地表位错的问题。

选取合适的城市地裂缝的建筑安全距离在西安市已有丰富的经验，已制订出省级标准，在城市建筑与工程建筑中已执行多年，收到实际效果。

地裂缝的建筑安全距离是根据地裂缝活动影响带宽度决定的。根据多年来的宏观调查、实地开挖揭露、精密水准监测，发现地裂缝的活动变形带是不宽的，只需要采用小的建筑安全距离，即可保证建筑物的安全。例如西安地裂缝的主变形区为7m，平均最大影响宽度为13.33m，详见表2-9。

表2-9　西安地裂缝活动影响宽度调查表

调查方法	影响带/m		平均宽度/m	最大宽度/m
	主变形区	微变形区		
建筑物破裂宽度			9.73	累积宽度90%时，15
开挖揭露宽度			2.2	8.0

续表 2-9

调查方法	影响带/m		平均宽度/m	最大宽度/m
	主变形区	微变形区		
水准监测宽度	7.0，其中上盘5.0，下盘2.0	10.0，其中上盘5.0，下盘5.0	7.0，其中上盘5.0，下盘2.0	17.0
平　均	7.0	10	6.31	13.33

地震地裂缝是地震断层的一种，地震地裂缝与构造地裂缝可参照城市地裂缝的安全距离进行评价。

总之，地质灾害治理工程勘查是地质灾害治理工程设计的主要依据，勘查结论的正确与否直接影响到设计方案的选择及其最终的工程造价。因此，做好勘查与设计工作的配合，对于提高设计工作水平有着重要的作用。勘查工作不仅要满足对地质灾害现状评价的需要，更重要的是要满足设计工作的需要，在设计阶段，两者必须密切配合，设计人员要根据设计工作的需要，及时提出自己的要求，对于不满足设计要求的勘查成果，要及时和勘查技术人员沟通，进行必要的补充勘查；对于勘查结论有疑问的，也必须与勘查技术人员进行商讨，必要时双方共同到现场进行会商，以达到认识上的统一。

在勘查工作中，除了必须布置若干条纵向工程地质剖面外，在工程设置位置上还应有沿工程轴线布置的横向工程地质剖面，以反映沿工程轴线方向的工程地质条件变化特征，以便对支挡工程的高度、深度、沉降缝的设置等提供可靠的依据，这是在设计阶段必不可少的工作，但也是常常容易忽略的工作，应当引起勘查人员的重视。另外，对于一些陡坎、陡崖等，在小比例尺的工程地质平面图上不宜表达清楚的，必须补充大比例尺的局部工程地质剖面图，以便为设计人员提供准确的信息。地表较明显的地物标志，在工程地质平面及剖面图上都应明确标示，不能忽略，特别是对工程方案有重要影响的，如通信、输变电铁塔，不得移动的文物，道路、地表建筑物等，要准确标示出坐标位置、平面尺寸等关键数据，以便在设计方案选择时作为参考。

地质灾害勘查成果是进行地质灾害治理工程项目决策、设计和施工的重要依据，直接关系到治理工程的经济效益、社会效益和环境效益，设计人员必须进行认真的判读，在判读的基础上做好设计工作，使设计真正做到安全可靠、经济合理。

3 滑坡治理工程设计

3.1 概　　述

滑坡是在一定的地形地质条件下，由于各种自然的、人为的因素影响破坏了岩土体的力学平衡，使斜坡上的岩土体在重力或动力的作用下，沿着某一软弱面或软弱带向下滑动的不良地质现象。

关于滑坡的分级及分类，各部门目前尚不统一，下面是根据《滑坡防治工程设计与施工技术规范》（DZ/T 0219—2006）进行的分级分类。

根据滑坡体体积，可将滑坡分为4个等级：（1）小型滑坡。滑坡体积小于$10\times10^4m^3$。（2）中型滑坡。滑坡体积为$10\times10^4\sim100\times10^4m^3$。（3）大型滑坡。滑坡体积为$100\times10^4\sim1000\times10^4m^3$。（4）特大型滑坡（巨型滑坡）。滑坡体体积大于$1000\times10^4m^3$。

根据滑坡的滑动速度，将滑坡分为4类：（1）蠕动型滑坡。人们凭肉眼难以看见其运动，只能通过仪器观测才能发现的滑坡。（2）慢速滑坡。每天滑动数厘米至数十厘米，人们凭肉眼可直接观察到滑坡的活动。（3）中速滑坡。每小时滑动数十厘米至数米的滑坡。（4）高速滑坡。每秒滑动数米至数十米的滑坡。

产生滑坡的主要条件：一是地质条件与地貌条件；二是内外营力（动力）和人为作用的影响。第一个条件与以下几个方面有关：

（1）岩土类型。岩土体是产生滑坡的物质基础。一般来说，各类岩、土都有可能构成滑坡体，其中结构松散，抗剪强度和抗风化能力较低，在水的作用下其性质发生变化的岩、土，如松散覆盖层、黄土、红黏土、页岩、泥岩、煤系地层、凝灰岩、片岩、板岩、千枚岩等及软硬相间的岩层所构成的斜坡易发生滑坡。

（2）地质构造条件。组成斜坡的岩、土体只有被各种构造面切割分离成不连续状态时，才有可能形成向下滑动的条件。同时，构造面又为降雨等水流进入斜坡提供了通道。故各种节理、裂隙、层面、断层发育的斜坡，特别是当平行和垂直斜坡的陡倾角构造面及顺坡缓倾的构造面发育时，最易发生滑坡。

（3）地形地貌条件。只有处于一定的地貌部位，具备一定坡度的斜坡，才可能发生滑坡。一般江、河、湖（水库）、海、沟的斜坡，前缘开阔的山坡、铁路、公路和工程建筑物的边坡等都是易发生滑坡的地貌部位。坡度大于10°，小于45°，下陡中缓上陡、上部成环状的坡形是产生滑坡的有利地形。

（4）水文地质条件。地下水活动，在滑坡形成中起着主要作用。它的作用主要表现在：软化岩、土，降低岩、土体的强度，产生动水压力和孔隙水压力，潜蚀岩、土，增大岩、土容重，对透水岩层产生浮托力等。尤其是对滑面（带）的软化作用和降低强度的作用最突出。

就第二个条件而言，现今地壳运动的地区和人类工程活动的频繁地区是滑坡多发区，外界因素和作用，可以使产生滑坡的基本条件发生变化，从而诱发滑坡。主要的诱发因素有地震、降雨和融雪、地表水的冲刷、浸泡、河流等地表水体对斜坡坡脚的不断冲刷；不合理的人类工程活动，如开挖坡脚、坡体上部堆载、爆破、水库蓄（泄）水、矿山开采等都可诱发滑坡，还有如海啸、风暴潮、冻融等作用也可诱发滑坡。

通常下列地带是滑坡的易发和多发地区：

（1）江、河、湖（水库）、海、沟的岸坡地带，地形高差大的峡谷地区，山区、铁路、公路、工程建筑物的边坡地段等。这些地带为滑坡形成提供了有利的地形地貌条件；

（2）地质构造带之中，如断裂带、地震带等。通常、地震烈度大于7度的地区，坡度大于25°的坡体，在地震中极易发生滑坡；断裂带中的岩体破碎、裂隙发育，则非常有利于滑坡的形成；

（3）易滑（坡）的岩、土分布区。如松散覆盖层、黄土、泥岩、页岩、煤系地层、凝灰岩、片岩、板岩、千枚岩等岩、土的存在，为滑坡的形成提供了良好的物质基础；

（4）暴雨多发区或异常的强降雨地区。在这些地区，异常的降雨为滑坡发生提供了有利的诱发因素。

上述地带的叠加区域，就形成了滑坡的密集发育区。如中国从太行山到秦岭，经鄂西、四川、云南到藏东一带就是这种典型地区，滑坡发生密度极大，危害非常严重。

3.2　滑坡治理的一般原则

滑坡整治总的原则是：预防为主、治理为辅，力求做到防患于未然，在以防为主的前提下，尚须遵循以下几条具体原则：

（1）预防与整治相结合的原则。对大型滑坡或滑坡群，因防治工程费用大，根治困难，工期过长，应和绕避迁建方案进行比较，在确认有整治可能，且经济合理时，方可采用治理措施。

在选择建设场地、路线、厂址、坝址等工程设计的初期阶段，当勘查区域内存在滑坡隐患时，如果进行绕避，在技术上允许，经济上又合理时，则应尽量绕避。对老滑坡复活或工程活动可能引起滑坡的地段要有相应的预防措施。在滑坡的早期阶段，就应注意观测，及时采取截、排地下水以及整平坡面、夯实裂缝、防止条件恶化等简单预防措施，使其逐步稳定，或将建设物适度外移，减少在坡体前缘的开挖量。

（2）一次根治与分期整治相结合的原则。对于规模大且成因复杂的滑坡，应采取一次根治和分期整治相结合的原则，对于短期内不宜查清楚的滑坡，可以分轻重缓急次序，做出全面的整治规划，有计划地采用分期整治的方案进行治理，这样可以在前期过程中继续收集资料，为全面查清滑坡性质并最终提出彻底的根治方案提供基础资料。对于中小型滑坡，必须做到彻底根治，不留后患。

（3）早治及治小的原则。整治滑坡要针对病因采取综合治理措施，治早治小，宜早（治）不宜晚（治），防患于未然。一般滑坡滑带土都有随着变形发展而强度逐渐降低的过程，早治因强度大，则可治小，工程投资小而效益大。对牵引式滑坡及渐进破坏显著的滑坡尤其要早治。如拖延时间长，就可能酿成大患，造成最终不仅整治工程量大，且施工困难的被动局面。

（4）从实际出发、因地制宜的原则。要针对滑坡的特点，从实际出发，因地制宜，特别是对整治措施的选择，要考虑到当地的场地条件、材料来源、施工手段、施工技术等条件。

（5）全面规划、统筹考虑的原则。施工组织安排、施工方法、步骤、取土、弃土、施工季节等对治理工程都会带来不同的影响，既要统筹考虑，照顾全面，又要严格要求、保证质量。

（6）精心管理、加强观测的原则。对于已经治理的工程，仍然要精心管理，加强观测工作，观察工程效果及其新的变化动向，正确判断滑坡的演变规律，避免恶化发展。如果发现问题，应及时采取整治措施。对被损坏的工程设施应及时进行修补，使其始终处于完好状态。

总之，对于滑坡灾害应以预防为主，治理要早，措施得力，对治理后的工程仍要进行精心管理，保证治理的长期效果。

3.3　滑坡治理工程设计关键技术参数的选取

3.3.1　滑坡治理工程分级及设计安全系数的确定

滑坡治理工程分级及设计安全系数的选取对滑坡治理工程的安全可靠程度及工程投资起着重要的作用，合理确定滑坡治理工程分级及选取恰当的设计安全系数对于节省工程造价有着重要的意义。下面仅介绍我国国土资源部发布的地质矿产行业标准《滑坡防治工程设计与施工技术规范》（DZ/T 0219—2006）中的分级及分类规定。对于其他部门的设计工作应遵守相应行业的有关规定。

3.3.1.1 滑坡治理工程的级别划分

《滑坡防治工程设计与施工技术规范》（DZ/T 0219—2006）根据受灾对象、受灾程度、施工难度和工程投资等因素，将滑坡防治工程的级别划分为3级，具体如表3-1所示。

表3-1 一般滑坡防治工程分级表

级别		Ⅰ	Ⅱ	Ⅲ
危害对象		县级和县级以上城市	主要集镇，或大型工矿企业、重要桥梁、国道专项设施	一般集镇，县级或中型工矿企业、省道及一般专项设施
受灾程度	危害人数/人	>1000	1000~500	<500
	直接经济损失/万元	>1000	1000~500	<500
	潜在经济损失/万元	>10000	10000~5000	<5000
施工难度		复杂	一般	简单
工程投资/万元		>1000	1000~500	<500

3.3.1.2 设计安全系数的确定

安全系数是滑坡治理工程设计的重要参数，对安全系数的确定应从滑坡活动可能造成的后果，治理工程措施的目的，地表建筑物的重要性及其容许变形值，对滑坡性质、滑动因素、滑体和滑带岩土结构和强度等因素掌握的准确程度，控制滑坡发展的把握性以及工程修复的难易度等方面综合考虑。一般来说，对于规模较小、变形较快且易于查清性质的滑坡，安全系数值可取小值，而对于危害较大，滑动后可能产生严重后果，或对滑坡的了解程度不够深入时，安全系数可以适当取得大一些。《滑坡防治工程设计与施工技术规范》（DZ/T 0219—2006）中推荐的安全系数如表3-2所示。

表3-2 滑坡治理工程设计安全系数推荐表

安全系数类型	工程级别与工况											
	Ⅰ级防治工程				Ⅱ级防治工程				Ⅲ级防治工程			
	设计		校核		设计		校核		设计		校核	
	工况Ⅰ	工况Ⅱ	工况Ⅲ	工况Ⅳ	工况Ⅰ	工况Ⅱ	工况Ⅲ	工况Ⅳ	工况Ⅰ	工况Ⅱ	工况Ⅲ	工况Ⅳ
抗滑动	1.3~1.4	1.2~1.3	1.1~1.15	1.1~1.15	1.25~1.30	1.15~1.40	1.05~1.10	1.05~1.10	1.15~1.20	1.10~1.20	1.02~1.05	1.02~1.05

续表 3-2

安全系数类型	工程级别与工况											
	Ⅰ级防治工程				Ⅱ级防治工程				Ⅲ级防治工程			
	设　计		校　核		设　计		校　核		设　计		校　核	
	工况Ⅰ	工况Ⅱ	工况Ⅲ	工况Ⅳ	工况Ⅰ	工况Ⅱ	工况Ⅲ	工况Ⅳ	工况Ⅰ	工况Ⅱ	工况Ⅲ	工况Ⅳ
抗滑动	1.30～1.40	1.20～1.30	1.10～1.15	1.10～1.15	1.25～1.30	1.15～1.30	1.05～1.10	1.05～1.10	1.15～1.20	1.10～1.20	1.02～1.05	1.02～1.05
抗倾倒	1.70～2.00	1.50～1.70	1.30～1.50	1.30～1.50	1.60～1.90	1.40～1.60	1.20～1.40	1.20～1.40	1.50～1.80	1.30～1.50	1.10～1.30	1.10～1.30
抗剪断	2.20～2.50	1.90～2.20	1.40～1.50	1.40～1.50	2.10～2.40	1.80～2.10	1.30～1.40	1.30～1.40	2.0～2.3	1.70～2.0	1.20～1.30	1.20～1.30

注：1. 工况Ⅰ—自重；2. 工况Ⅱ—自重＋地下水；3. 工况Ⅲ—自重＋暴雨＋地下水；4. 工况Ⅳ—自重＋地震＋地下水。

3.3.2　滑坡治理工程的荷载及其强度标准

3.3.2.1　荷载

（1）滑坡体自重；

（2）滑坡体上建筑物等产生的附加荷载；

（3）地下水产生的荷载，包括静水压力和渗透压力等；

（4）地震荷载；

（5）动荷载，如汽车荷载等；

（6）库（江）水位。

3.3.2.2　荷载强度标准

（1）暴雨强度按 10～100a 的重现期计；

（2）地震荷载按 50～100a 超越概率为 10% 的地震加速度计；

（3）库水位按坝前高程计，并根据不同地段作调整。

滑坡防治工程暴雨和地震荷载强度取值标准参见表 3-3。

表 3-3　滑坡治理工程荷载强度标准值

滑坡防治工程级别	暴雨强度重现期/a		地震荷载（年超越概率 10%）	
	设　计	校　核	设　计	校　核
Ⅰ	50	100	50	
Ⅱ	20	50		
Ⅲ	10	20		

3.3.3　岩土物理力学指标的确定

在滑坡治理工程设计中，滑带岩土抗剪强度对滑坡稳定性评价结果具有决定性的作用。在滑坡推力计算时，常常由于内摩擦角的取值偏差了1°~2°，使得滑坡推力的计算值成倍增加，给滑坡治理方案的选择造成较大困难，如果最终所选之值与实际相比偏小，就可能造成工程的失败，而如果最终所选之值与实际相比偏大，又可能造成工程的严重浪费。如何正确确定滑带岩土的物理力学指标等几个关键技术参数，一直是滑坡勘查及治理工程设计中的重要问题。我国从上世纪50年代末开始研究以滑面重合剪、多次直剪、三轴切面剪和现场原位大面积直剪、环剪等多种方法来确定滑面的抗剪强度指标，但由于受试验条件所限，不可能完全模拟滑坡的不同受力状态和发展趋势，因此单纯地依靠试验还无法满足精确评价滑坡稳定性及进行治理工程设计的要求。为此，发展了以试验法、反算法和经验数据对比为基础的综合分析法，以此来确定滑动面的抗剪强度参数。下面将对确定滑坡治理工程设计中的几个关键技术参数的方法作一简要说明。

3.3.3.1 *确定滑带岩土物理力学指标的方法与原则*

滑带土的物理力学参数是滑坡稳定性评价和滑坡推力计算的重要参数，在滑坡勘查阶段，要在坑、井、孔中对每层滑面取样进行试验。

一般来说，土质滑坡中的试验内容应包括土的天然重度、饱和重度、天然含水量、饱和含水量、液限、塑限、塑性指数、颗粒成分、矿物成分、微观结构，以及天然和饱和状态下的黏聚力 c 和内摩擦角 φ 等。在滑坡抗剪强度测试时，除测定滑带土的峰值强度外，还应测定其在不同含水量下的残余抗剪强度。对于某些特殊土，还可根据土质条件或地区经验，适当增加试验项目，如对具有膨胀性的土应测试其自由膨胀率和膨胀力，对具有湿陷性的黄土还应测试其湿陷系数和等级。中型规模以上的滑坡宜进行滑坡体各岩土层的大型重度试验。岩质滑坡因其失稳破坏主要受构造结构面和软弱岩层控制，因此除岩层的重度外，其试验内容主要是测试结构面和软弱岩层的强度参数，不同含水状态下的黏聚力 c 和内摩擦角 φ，以及一些特殊岩层的崩解性、胀缩性等。

确定岩土抗剪强度的主要方法有试验仪器测定法、反算法和工程类比法。试验仪器测定法又分为室内试验和现场大型剪切试验。室内试验由于取样的随机性、试样易受扰动、加载条件与实际不一致，以及试件的尺寸效应等条件的限制，将其结果直接作为评价滑坡体真实变形的参数具有较大的局限性，在滑坡稳定性评价及滑坡推力计算中很少直接采用，一般只能作为选择抗剪强度指标的参考值；现场大型剪切试验效果虽然好一些，但同样存在加载过程难以控制、孔隙水压变化不易测量、试验经费过高等困难。相比之下，反算法作为一种天然的试验法，所得结果能在一定程度上反映滑坡的现状，是目前滑坡稳定性分析中确定抗剪强度指标的常用方法。但用这种方法确定的参数常常因人而异，所得结果一般只有计算上的意义，还不能完全代表真实的参数。比较合理的是将试验成果和反算结果相结合，在此基础上得出更加接近实际的计算参数。

3.3.3.2　滑带土的物理力学试验

滑带土的物理力学试验应符合《原状样取样技术标准》（JGJ 89—1992）的要求；岩土试验应符合《工程岩体试验方法标准》（GB/T 50266—1999）及《土工试验方法标准》（GB/T 50123—1999）的要求。

A　滑带土的取样要求

关于滑带土的取样要求，《滑坡防治工程勘查规范》（DZ/T 0218—2006）规定如下：

采用井探、硐探、槽探揭露的滑带应取原状土样进行试验，原状土样尺寸不小于200mm×200mm×200mm，土样不应少于6件。当无法采取原状土样时，可取保持天然含水量的扰动土样，做重塑土样试验。钻孔中采集土样应使用薄壁取土器，采用静力压入法，土样样品直径不应小于85mm，高度不应小于150mm，所采样品应及时蜡封。

每项岩（土）体室内物理力学试验不得少于6组。危害等级为一级且中型规模以上的滑坡应对其滑动面（带）进行不少于2组的原位大型抗剪强度试验。

对有易溶或膨胀岩（土）分布的滑坡，应进行不少于3组的滑带土易溶盐及膨胀性试验。

滑坡体大型重度试验宜采用容积法，试坑体积不小于500mm×500mm×500mm，试坑体积可用充填标准沙或注水测试。

采用井探、硐探、坑槽探揭露的滑带宜进行原位大面积直剪试验，可在天然含水状态和人工浸水状态下进行剪切。并应对现场开挖及制样过程、滑带形状、滑带土成分、力学性质进行详细测绘描述并照（摄）像。

原位大面积直剪试验剪切面积不小于2500cm^2。最小边长不宜小于50cm，试体高度不宜低于25cm。取原状土样进行试验。每组试验的试件数量不少于5个。

原位大面积直剪试验中基座或滑床的长度和宽度应大于试样的长度和宽度的15cm，且试样间的间距为边长2倍以上。

原位大面积直剪试验的推力方向应与滑体的滑动方向一致，着力点与剪切面的距离，或剪切缝的宽度不宜大于剪切方向试体长度的5%。

危害等级为一级且中型规模以上的滑坡应进行抽水试验，以获得滑坡体渗透系数。当无法抽取地下水时，在控制滑坡稳定的条件下，可采用注水试验方法。抽（注）水试验一般不得少于2组。

对滑坡及周围分布有煤层、膏盐等富含侵蚀性强的岩（土）体，应进行不少于3组地下水及地表水化学简分析及混凝土侵蚀性试验。当无法判定勘查区地表水和地下水的腐蚀性时，也应采集水样进行腐蚀性评价，水样数量3件。简分析样为500～1000mL，侵蚀性CO_2分析样为250～500mL，作侵蚀性CO_2分析的水样应加 2 ~3g 大理石粉。

B　滑带土的物理力学试验要求

对滑坡体宜分类进行不同岩（土）体的室内常规三轴压缩试验、直剪试验与压缩试验，确定 c、φ 值，压缩模量及其他强度与变形指标。

岩（土）体抗剪强度指标标准值取值时应根据滑坡所处变形滑动阶段及含水状态分别选用峰值强度指标、残余强度指标（或两者之间的强度指标）以及天然强度指标、饱和强度指标（或两者之间的强度指标）。

对于新生的即将滑动的滑坡，抗剪强度指标可根据滑带土的充水情况（持续充水或季节性充水）做固结不排水剪或不固结不排水剪试验，按峰值强度来确定。

对于已发生过多次滑动并仍在滑动的滑坡，如未完全稳定的老滑坡、裂隙黏土滑坡等，由于多次滑动，滑带土原状结构已遭破坏，稳定计算时需用残余强度，或根据实际情况取稍大于残余强度的某一值。

对介于上述两种情况之间的滑坡，滑带土的抗剪强度指标介于峰值强度和残余强度之间，确定起来比较困难一些，可以通过作滑面处原状土样的重合剪来求得，或根据滑坡当前所处的状态，进行滑带土的重塑土多次剪切试验，选用其中某几次剪的指标。

滑带土的抗剪强度指标不仅与滑坡的滑动过程和当前所处的状态有关，而且还与不同季节的含水量变化情况有关。即使对于同一滑动面，取样位置不同，抗剪强度指标也有差别。因此确定滑带土的抗剪强度指标时应按最不利情况考虑，同时对滑动面上的各段指标分别考虑。

当滑带土中粗颗粒含量较高时，其抗剪强度指标宜以现场大剪试验测试值为主，并参考室内试验值确定。若未进行现场大剪试验，其综合取值时应将室内快剪试验得出的内摩擦角乘以 1.15 ~1.25 的增大系数。

C　试验仪器法确定滑带土强度参数

用试验仪器法确定滑带土强度参数的关键是所采用的试验方法与实际滑坡状态的近似程度。由于常规的土工仪器和试验方法不能很好地模拟滑坡，人们先后创造了多种适合于滑坡强度参数测试的方法。表 3-4 对目前采用的滑坡强度参数测试方法进行了汇总。

表 3-4　滑坡强度参数测试方法

序　号	试验方法	优　点	存在的问题
1	直剪试验	设备与操作都比较简单，试验费用低	测定的预定剪切面的抗剪强度值与土体的实际应力状态差别较大

续表 3-4

序　号	试验方法	优　点	存在的问题
2	三轴剪切试验	试样在加荷过程中的应力分布比较均匀，试样的固结与加荷速率易于控制，试验成果比较稳定，离散性小	试验条件与实际情况尚不能完全符合，三轴试验的移距小，土颗粒、团粒定向排列不充分，所得出的残余强度偏高
3	滑面重合剪	在直剪仪上按实际滑动方向进行剪切，试验方法同一般快剪。试验较符合滑坡的实际情况	取样、制样、保存及试验要求都较高，操作困难；此外，当土样含水量太大时此法不适用
4	多次直剪	可用重塑土代替原状土进行试验，土样均匀，规律性较好，但要求土样的密度和含水量要与实际滑带土的相一致	每次剪切后，要卸去垂直荷载，人工把试样推断后再顺原来的擦痕沟槽进行重合剪切，这与实际滑坡的受力状态不符，所得到的试验值较实际值偏低
5	往复直剪	可以使土颗粒和团粒达到定向排列，也可以在往复直剪中取得滑带土的残余强度	往复直剪的试验过程与滑坡的滑动过程并不相同，所得的试验结果有较大的局限性
6	环剪仪大位移剪	克服了直剪试验中剪切面缩小的缺点，可使剪切过程中剪切面保持不变，最大切向剪切变形可由几毫米到数厘米，适合进行大变形的残余抗剪强度试验	目前国内仪器尚少，在仪器结构、试样制备、安装及操作等方面较繁琐，试验所得的残余强度值较高，在实际滑坡中很少应用
7	三轴切面剪切试验	这是利用三轴压缩仪测定土的残余强度的一种方法。具体做法是把黏土试样切成一倾角为 $\theta = 45° + \varphi/2$ 的斜面，或在已有的滑动面上做试验	用该法测得的残余强度指标与反复直剪试验所得的结果基本一致，而与环剪试验结果相比，c_r 相近，φ_r 偏低。该试验所得的残余强度值偏高，目前应用不多
8	现场大型直剪	对滑带土的扰动小，比较符合滑坡的实际状态。尤其是在滑坡体为土石混合体的情况下，所得到的参数比室内直剪试验更接近实际	一般只能在滑坡体的前后缘或边缘以及滑动带埋藏较浅处进行，在滑坡中部或滑坡体厚度较大的情况下难以应用。工程量大，花费高，也限制了这一试验手段的应用

下面仅对常用的几种试验方法进行说明。

(1) 直剪试验。直剪试验的设备与操作都比较简单，试验费用低，在工程中应用广泛。根据试验时的条件不同，直剪试验有以下几种：

1）不固结不排水（快剪）试验。相应的黏聚力和内摩擦角分别用 c_u、φ_u表示。该试验是在施加垂直荷载 P 后，立即施加水平剪力，在 3～5min 内把土样剪损。在试验过程中，不让水从土中排出，即保持土的含水量不变。这种试验结果适用于边坡施工开挖、暴雨下和水库水位降落时滑坡突然发生急剧破坏的情况。与该指标相适应的稳定性分析方法是总应力法。

2）固结不排水剪（快剪）试验。相应的黏聚力和内摩擦角分别用 c_{cu}、φ_{cu}表示。这种试验在施加垂直荷载 P 后，先让孔隙水压力全部消散，固结后再施加水平剪力，在 3～5min 内把土样剪损，剪切过程中不改变土样的含水量。此时试件的有效应力有一定控制，仍含有一定量的孔隙水压力，测得的抗剪强度稍大于 c_u、φ_u。这一强度指标适用于时动时停的滑坡在天然状态下或雨中突然滑动的稳定性计算。

3）排水剪（固结慢剪）试验。相应的黏聚力和内摩擦角分别用c'_d、φ'_d或 c'、φ'表示。该试验是在对试样施加垂直荷载 P 后，先让孔隙水压力消散，再施加水平剪力。每级水平剪力施加后都充分排水，使土样在应力变化过程中始终处于孔隙水压力为零的固结状态，直到土样剪损。用这种方法测得的抗剪强度最大。一般用来模拟在自重作用下固结已经完成，受缓慢荷载作用下滑动或砂土受荷载作用被剪破的情况。浸水固结慢剪可测得饱和固结慢剪强度，它适用于雨季后中厚层大型滑坡由缓慢移动转化为缓慢破坏状态。因这类滑坡不多见，故在滑坡分析中很少采用固结慢剪强度指标。

在直剪试验中，一般采用原状土，当无法取得质量为Ⅰ级的原状土样时，也可做重塑土的剪切试验。重塑土的 c、φ 值一般接近曾经多次滑动的滑带土，或由断层泥及破碎糜棱岩转化的滑带土。

（2）三轴剪切试验。三轴剪切试验的设备与操作过程比直剪试验复杂一些，但试样在加荷过程中的应力分布比较均匀，试样的固结与加荷速率易于控制，试验成果比较稳定，离散性小。对于重大工程宜进行三轴试验。由于三轴试验的移距小，土颗粒、团粒定向排列不充分，所得出的残余强度偏高，使其应用受到了一定的限制。

与直剪试验一样，三轴试验也有不固结不排水（UU）试验、固结不排水（CU）试验和排水固结（CD）试验。当需要提供总应力法强度时，如加荷速率较快时宜采用不固结不排水（UU）试验；当验算库水位迅速下降时滑坡的稳定性时，可采用固结不排水（CU）试验。当需要提供有效应力强度指标时，可采用排水固结（CD）试验。当需要测定孔压时，要进行测孔压的不固结或固结不排水试验，相应的有效黏聚力及有效内摩擦角为c'_u、φ'_u或c'_{cu}、φ'_{cu}。对于荷载变化突然，可压缩、透水性小的土（主要是黏性土），可以认为外荷载变化时，其含水量不变，故建议采用室内固结不排水试验测孔隙水压力，通过试验测定孔隙水压力系数，然后算出孔隙水压力。

(3) 现场大型直剪。滑带土的现场大型直剪是在滑坡体上挖试坑或探洞(井)，在实际的滑动带上沿滑动方向进行剪切试验，其原理与直剪试验相同。由于现场试验对滑带土的扰动小，比较符合滑坡的实际状态。尤其是在滑坡体为土石混合体的情况下，所得到的参数比室内直剪试验更接近实际。但这种方法一般只能在滑坡体的前后缘或边缘以及滑动带埋藏较浅处进行，在滑坡中部或滑坡体厚度较大的情况下难以应用。目前一般只对大型及巨型滑坡且滑带内粗颗粒多(如岩石滑坡依附于断层带发育而成滑带者) 时采用。现场大型直剪的结果虽然更接近实际，但与实际值相比仍然稍偏大。实践表明，在野外原位大剪处做多次剪与在直剪仪上做原状土重复剪的结论一样，常不理想。

土的抗剪强度试验结果随固结与不固结、快剪与慢剪的不同而差别较大，在不同侧限条件下的剪切值亦不相同，取样在室内试验与现场原位剪切试验条件下的结果也有差别，原状土与重塑土、首次剪与多次剪的结果差别更大。因此，从事滑坡设计的人员必须对各种试验及其方法的物理意义有深入的了解，再结合对具体滑坡的破坏机制与滑带岩土抗剪强度在滑动过程中的变化规律的认识，正确地选择和采用与滑坡过程相适应的试验，以取得比较接近实际的抗剪强度参数。

D　*滑带抗剪强度参数反算*

由于滑坡类型众多，成因复杂，破坏机制并非类同，而当前滑带土的抗剪强度试验仍采用传统的快剪、慢剪和排水剪等方法，其试验过程与滑带土的破坏过程并不一致，不可能获得满意的符合滑坡滑动机制的试验结果，为此国内外在滑坡抗剪强度参数的确定上，仍主张采用建立在各种不同假定上的反算法。实践表明，只要反算条件可靠，所得到的指标是会较好地反映滑带土的力学性质的。

滑带抗剪强度参数反算的基本原理是视滑坡将要滑动的瞬间为其极限平衡状态，将滑带土 c、φ 值中的一个或两个作为未知量，列出极限平衡方程求解 c 值和 φ 值。滑坡滑带抗剪强度参数指标的选取应结合滑坡变形滑动阶段和试验方法综合考虑，可参照表 3-5 取值。

表 3-5　滑带抗剪强度指标取值建议表

变形阶段	试验方法		
	滑带土峰值强度	滑带土残余强度	滑体土峰值强度
整体暂时稳定滑坡	●		
变形滑动滑坡		●	
未形成滑带的变形体			●

可用作反算滑带土抗剪强度指标的极限平衡方程有多种，国内较多的是选用Bishop法、Janbu法和传递系数法。从实践应用的结果及算法的适用性看，对于圆弧滑动面，宜采用Bishop法进行反算，对于非圆弧形滑动面，如受基岩或软弱夹层影响形成复合形滑动面则采用Janbu法比较合适，对于折线形滑动面或基岩面滑坡，可采用传递系数法。但无论采用哪一种方法，都存在对方程式中c、φ值如何选取的问题。从理论上讲，采用条分法时，各分块底面处滑动阶段不同，其参数也不相同，如果假设主滑段、抗滑段和牵引段的抗剪强度指标分别为c_1、φ_1；c_2、φ_2；c_3、φ_3（事实上，各段内的各分块滑面的强度指标也不一定相同。但为了简化计算，通常将各段内的分块滑面的强度指标假定为相同），则$c_1 \neq c_2 \neq c_3$，$\varphi_1 \neq \varphi_2 \neq \varphi_3$。这时，就存在待求未知数多于可列方程数而无法求解的问题，为了使问题得解，就必须补充方程数或做出某些假设。对于圆弧形滑动面，通常为了简化计算，可假设各分块的c、φ值相等，即假设$c_1 = c_2 = c_3 = c$，$\varphi_1 = \varphi_2 = \varphi_3 = \varphi$。对于非圆弧形滑动面，可将其抗滑段和牵引段的滑面抗剪强度指标c_1、φ_1和c_3、φ_3通过试验法测定或用工程类比法获得，再通过反算法求解主滑段的抗剪强度指标c_2和φ_2。由于在反算时必须进行一定的假设，因此所得到的反算参数并不一定是滑带的真实参数，因此说它只有计算上的意义。

归纳目前滑带抗剪强度参数的反算方法，主要有恢复极限平衡状态仅考虑自重条件的反算法，从滑坡所处的稳定状态反求当前滑带抗剪强度指标的方法，以及恢复破坏瞬间的地质条件并结合当时主要诱导外力的反算法。下面仅对前两种反算方法进行介绍。

a 恢复极限平衡状态仅考虑自重条件的反算法

这种反算方法是对曾经滑动过的滑坡，将其滑体恢复到滑前的形状，认为此时滑坡处于极限平衡状态，即在滑坡主剖面上，将稳定系数取$F = 1.0$，反算滑坡的抗剪强度参数。这种反算方法的必要条件是能较准确地恢复滑动前的滑坡断面。事实上，经过滑动后的坡体在勘测技术上不易恢复到破坏瞬间的状况，而且在大滑动的当时，滑坡所处的真实条件不易查清（如地下水的情况、后缘裂缝的张开程度、滑动时的孔隙水压力分布等），因此所得到的结果并非滑坡在当时的真实参数。该反算法的具体做法有以下几种：

（1）利用一个断面进行反算。对于产生于均质土坡中的滑动面，可以采用圆弧形滑动面进行反算。反算时可假定各条分块上的抗剪强度指标c、φ值相同。我国《滑坡防治工程勘查规范》（DZ/T 0218—2006）提出采用瑞典圆弧法进行反算。其反算公式为

$$c = \frac{F \sum W_i \sin\alpha_i - \tan\varphi \sum W_i \cos\alpha_i}{L} \tag{3-1}$$

$$\varphi = \arctan \frac{F\sum W_i \sin\alpha_i - cL}{\sum W_i \cos\alpha_i} \tag{3-2}$$

式中　c——滑带土的黏聚力；

φ——滑带土的内摩擦角；

F——稳定系数；

W_i——条分法中分块的重量；

α_i——分块滑面相对于水平面的夹角；

L——滑面的长度。

瑞典圆弧法概念清楚，方法简单，在实践中应用较多。但用这种方法计算获得的稳定性系数相对于其他方法要小，即偏于安全。运用该方法进行反算时，要求滑动面必须是圆弧形的。由于瑞典圆弧法是一种非严格条分法，计算有一定误差，因而适用性有所限制。

Bishop 法是对瑞典圆弧法的改进，它也是一种适用于圆弧滑动面的滑坡稳定性分析方法，但它不要求滑动面为严格的圆弧面，而只是近似圆弧形即可。下面主要对用简化 Bishop 法和传递系数法进行反算的过程予以介绍。

对于圆弧滑动面，如果用简化 Bishop 法公式反算，则其公式为

$$F = \frac{\sum \frac{1}{m_i}[cb_i + (W_i + Q_i - u_i b_i)\tan\varphi]}{\sum(W_i + Q_i)\sin\alpha_i + \sum Q_{Ai}\cos\alpha_i} = 1.0 \tag{3-3}$$

$$m_i = \cos\alpha_i + \sin\alpha_i \tan\varphi$$

式中　F——稳定系数；

c——滑带土的黏聚力；

φ——滑带土的内摩擦角；

b_i——岩土条分块的宽度；

W_i——条分法中分块的重量；

u_i——作用在分块滑面上的孔隙水压力；

α_i——分块滑面相对于水平面的夹角；

Q_i——作用在分块上的地面荷载；

Q_{Ai}——作用在分块上的水平作用力（如地震力等）。

由式（3-3）可以看出，方程中有两个未知数 c 和 φ，要对这个方程求解，可以采用以下方法：

1）综合 c 法。当滑带土的抗剪强度主要受黏聚力控制，且内摩擦角很小时，可以将摩擦力的实际作用纳入 c 的指标内考虑，以此反算出综合黏聚力 c。这里所谓的综合是因为其中包含了少量摩擦力的因素。

此种简化方法适用于滑带土饱水且滑动过程中排水困难，滑带又为饱和黏性

土或虽含有少量粗颗粒但被黏土所包裹而滑动时粗颗粒不能相互接触的情况。

对于均质黏性土，在反算时可以假定 $\varphi=0$，此时由式（3-3）得出：

$$c = \frac{\Sigma(W_i + Q_i)\sin\alpha_i + \Sigma Q_{Ai}\cos\alpha_i}{\Sigma b_i \sec\alpha_i} \tag{3-4}$$

将各条分块的相关值带入式（3-4），就可以求得滑带土的黏聚力 c。

2）综合 φ 法。这种简化方法适用于滑带土由断层错动带或错落带等风化破碎岩屑组成，或为硬质岩的风化残积土的情况。对于砂性土等非黏性土，就可以应用综合 φ 法进行反算。这时可假设 $c=0$，由式（3-3）得：

$$\Sigma(W_i + Q_i - u_i b_i)\tan\varphi/(\cos\alpha_i + \sin\varphi_i\tan\varphi) = \Sigma(W_i + Q_i)\sin\alpha_i + \Sigma Q_{Ai}\cos\alpha_i \tag{3-5}$$

将各条分块的相关值带入式（3-5），就可以求得滑带土的内摩擦角 φ。

3）综合 c、φ 法。对于大多数滑坡来说，其滑动面的 $c\neq0$，$\varphi\neq0$。此时方程式（3-3）中就有两个未知数，可以通过试验测定法或经验类比法确定其中两个未知参数中的一个，将其带入方程式（3-3）中，再求解另一个参数。

利用一个断面进行滑坡参数反算，宜限于中、小型规模，且结构简单的滑坡。当滑动面为砂性土或碎石土时，因其 c 值变化小，故可假定 c 值，反求 φ 值，当滑动面土层以黏性土为主时，可以假定 φ 值，反求 c 值；这样比较容易判断反求的参数的合理性及正确性。

当滑动面为圆弧与折线组成的复合型时，可以采用 Janbu 法进行抗剪强度指标的反算；当滑动面为折线形时，宜采用传递系数法进行反算。

传递系数法有隐式解法和显式解法两种，两种解法在 $F=1.0$ 时，无论是求安全系数还是求作用在支护结构上的推力都是相同的，但当 $F\neq1$ 时两者将发生偏离，且计算值距 $F=1.0$ 越远，误差越大。研究表明，显式解无论对于光滑圆弧滑面还是对于折线形滑面都有很大误差，滑面倾角变化越大，误差也越大，且偏于不安全。因此，尽管显式解法已在工程界使用多年，具有计算方便的特点，但由于存在上述缺陷，在稳定性计算中不宜继续采用。隐式解对圆弧滑动面误差不大，对折线形滑面，当倾角变化不大时，如控制在10°以内，其误差可达到工程要求。最近国内新出版的一些规范已将显式解改为隐式解。但在岩土强度指标反算中，由于安全系数接近于1.0，显式解和隐式解算得的结果相近，且显式解反算过程简单，因此仍可采用显式解公式。

应用传递系数法的反算过程及方法与圆弧形滑动面的类似，下面对应用传递系数法进行反算的过程作一介绍。

由传递系数法公式，第 i 块滑体的剩余下滑力为：

$$E_i = W_i\sin\alpha + E_{i-1}\psi_i - W_i\cos\alpha_i\tan\varphi_i - c_i L_i \tag{3-6}$$

当逐块向下传递计算至最后一块并令 $E_i=0$ 时，

$$E_n = W_n\sin\alpha_n + E_{i-1}\psi_i - W_n\cos\alpha_n\tan\varphi_n - c_nL_n = 0 \qquad (3\text{-}7)$$

式中　ψ_i——传递系数，其值为：

$$\psi_i = \cos(\alpha_{i-1} - \alpha_i) - \sin(\alpha_{i-1} - \alpha_i)\tan\varphi_i$$

E_i——第 i 块分块的剩余下滑力，kN/m；

E_{i-1}——第 $i-1$ 块分块的剩余下滑力，kN/m；

α_i——第 i 块滑面的倾角，(°)；

c_i,φ_i——第 i 块滑面处滑带土的黏聚力（kPa）和内摩擦角（°）；

L_i——第 i 块滑面的长度，m。

当下滑力和抗滑力相等时，滑坡处于极限平衡状态，用公式（3-3）就可求得 c、φ 值。

应用反算法所求出的指标，只能代表反算段滑动面上的平均指标。对于大多数滑坡来说，由于滑面各段的性质有差别，从上到下采用同一组抗剪强度指标将带来一定的误差。为了使反算结果更切合实际，可以先用试验方法或经验数据确定上下两段（即所谓的牵引段和抗滑段）的指标，只反算埋深较大的主滑段指标。

（2）多断面联立方程的反算法。选择同一地质条件下类型相近的滑坡，或在同一个滑坡内类似条件下的多个断面，认为两者的 c、φ 值接近，通过将两个滑坡断面的平衡方程联立求解，得到相应的 c、φ 值，这种反算方法称为多断面联立方程的反算法。应用多断面联立方程反算滑带土的抗剪强度指标的基本条件是断面相似，包括滑带土的物质组成和含水状态相似，运动状态和过程相似，滑坡的发育过程相似等，在满足这些前提的条件下，所得出的 c、φ 值才有意义，否则会得出错误的结果。

应用恢复极限平衡状态仅考虑自重条件的方法进行参数反算时，应注意通过对当地居民的访问，查明滑坡大动破坏的季节及在大动前的雨情、震情，或岸边冲刷、坡脚开挖以及斜坡弃土、地表堆载等情况，找出直接引起滑坡生成并直到产生大动的外力因素，并将其列入稳定性检算的环节之中。

在恢复滑面形状上，对于滑坡后缘和前部剪出口的位置及形状可以从实地测出，并在主轴剖面上进行一定数量的勘探，从而获得滑床顶面的数个数据，结合地面裂缝分析，就可连出主轴断面上滑坡在滑前的地面及滑床形状。

b　从滑坡当前所处的稳定状态反求当前滑带抗剪强度指标的方法

对于古老滑坡，由于滑坡侧壁的长期剥蚀、坍塌，改变了原来的形态，或因缺少原有地形资料，不容易恢复到原始的地面线，因而也就无法恢复到滑前的极限平衡状态，在这种情况下，可不恢复原始地面线，而是根据滑坡复活时所处的发育阶段及其相应的稳定度，用现有断面进行反算。

这时公式（3-3）中的稳定系数不一定等于1，而是由设计人员根据现场状况凭经验来确定。反算采用的方法与上述的基本相同。

对于 c 值的选取，除前面所提到的方法之外，还可以按滑体的厚度选取。表 3-6 所示的是我国的滑坡黏聚力经验取值，这个经验取值与日本滑坡治理设计中的抗剪强度 c 值的经验取值方法"$c=h/10$"相类似。日本的"$c=h/10$"方法是指假定最深的滑动面厚度为 h 时，取 $h/10$ 作有效黏聚力 c 值（单位为 $10kN/m^2$）。

表 3-6　按滑体厚度 h 选取 c 值

h/m	5	10	15	20
c/kPa	5	10	15	20

此外，也可以采用图解法求解 c、φ 值。以圆弧滑动面为例，具体的求解步骤是：（1）以 $\tan\varphi$ 为横坐标，以 c 为纵坐标建立坐标系；（2）用式（3-4）求出当 $\varphi=0$ 时的 c_0 值，将 c_0 值标于纵坐标上；（3）用式（3-5）求出当 $c=0$ 时的 $\tan\varphi_0$，并将 $\tan\varphi_0$ 标于横坐标上；（4）连接 c_0 和 $\tan\varphi_0$，这样得到的 c_0-$\tan\varphi_0$ 直线上的所有点都满足方程式（3-3），这时若能通过其他办法得到 c、φ 值中的一个，就可以在直线上求出另一个指标（图 3-1），实践中一般采用确定 c 值而求 φ 值的方法。c 值可以根据试验值确定，也可以根据工程类比法确定。

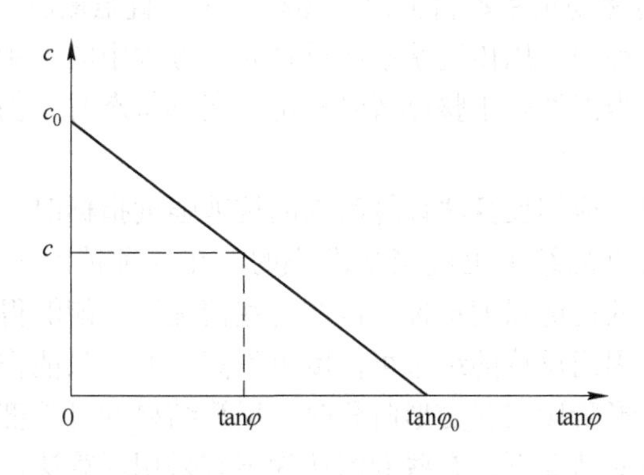

图 3-1　c-$\tan\varphi$ 关系图

对于稳定系数 F 值，滑坡防治工程勘查规范（DZ/T 0218—2006）中推荐采用如下值：

（1）滑坡处于整体暂时稳定～变形状态：$F=1.05\sim1.00$；

（2）滑坡处于整体变形～滑动状态：$F=1.00\sim0.95$。

关于反算法中 F 值的取值，也有文献（文献［3］）提出应考虑所选用的反算方法。例如，当选用分块稳定系数法反算时，F 值的取值可按下列原则考虑：

（1）牵引段分块稳定系数 $F_1=1.00\sim0.95$。变形程度（包括位移和速度）大者取小值，小者取大值。如果牵引段性质不明显，按主滑段考虑。

（2）主滑段分块系数 F_2、F_3，一般多为 0.90～0.45，根据滑面倾角，倾角大取小值，倾角小取大值；根据变形程度，变形大取小值，小者取大值。可参考表 3-7 选取。

表 3-7　主滑段分块系数 *F* 参考值

滑面倾角/（°）	≤10	15	20	25	≥30
F	0.85～0.90	0.75～0.85	0.65～0.75	0.55～0.65	≤0.5

（3）主滑段有牵引段和抗滑段时，在倾角相差不大的情况下，如滑坡为牵引式滑坡，则上主滑段（牵引段）稳定系数 F_2 大于下主滑段（抗滑段）稳定系数 F_3；如滑坡为推移式滑坡，则上主滑段稳定系数 F_2 小于下主滑段（抗滑段）稳定系数 F_3。主滑段无牵引段、抗滑段之分，倾角又相差不大时，取 $F_2=F_3$。

用传递系数法反算时，各段的 F_i 值可按下列原则考虑：

（1）牵引段因无上段传递下来的下滑力，所以其传递系数实际等于分块稳定系数。$F_i=1.00\sim0.95$。

（2）主滑段因有来自上段的下滑力，所以其传递系数比相应的分块系数小。$F_i=0.85\sim0.40$，一般从上至下逐段增大。

（3）抗滑段传递稳定系数自上而下逐渐增大，直至最后一块 $F_i=1.00$。

对于折线形滑动面，用传递系数法反算时，方程中的 F 值亦应根据所在断面的稳定状态确定。当滑坡处于整体暂时稳定～变形状态时，仍可采用显式解反算强度指标。

值得指出的是，应用反算法计算滑面的抗剪强度指标时，如果计算的前提是清晰和准确的，反算的结果也应当是准确的，在这种情况下可以以反算参数为主，依此确定滑带的抗剪强度指标。但在有些情况下，能够得到的计算前提并不十分清晰和准确，因而反算的结果可信度也不高，通常只能作为校验之用。例如当滑坡处于蠕动变形阶段或弱变形阶段时，反算结果的可信度就不一定高，有时可能还会出错。在此情况下，有些专家认为不宜采用反算法，另一些专家则认为可以将稳定系数取在 1.05 以下反算其抗剪强度指标。

E　滑带土物理力学参数的工程类比法

工程类比法就是用以往类似的滑坡及治理经验数据来计算滑带参数。应用这种方法的前提是滑坡的各要素必须相似或相同，即同类地层、相同的滑带岩土成分和含水状态，滑坡的成因及所处的滑动阶段相似或相同。这种方法在有些地方的试验数据不多，技术人员经验不足的情况下就可能出错，因而一般作为校验之用。

F 岩石抗剪强度的测试

岩石的抗剪强度指标亦用 c、φ 值表示，这两个指标沿用了土力学的术语。事实上，岩石的抗剪强度应当是岩石的抗剪断强度。确定岩石抗剪强度指标的方法主要是室内直剪、三轴试验和现场直剪试验。

（1）室内直剪试验。岩石直剪试验采用岩石直剪仪进行。岩石直剪仪与土的直剪仪相似，主要由上、下两个刚性匣子组成，试件在平面内的尺寸，试验规程中规定对软弱结构面的试件为 15cm × 15cm ~ 30cm × 30cm，并规定上下岩石的厚度分别约为断面尺寸的 1/2 左右。对于测定岩石本身抗剪强度的试件，没有明确规定，一般可采用 5cm × 5cm 的尺寸。

直剪试验的优点是简单方便，不需要特殊设备。其缺点是试验的尺寸较小，不易反映岩石中存在的节理裂隙等弱面对抗剪强度的影响。

（2）室内三轴试验。三轴试验主要用来测试岩石的抗压强度、抗剪强度和应力-应变特性等力学性质。

岩石三轴仪的主要装置、工作原理、试验方法与土工三轴仪类同，只是仪器刚度和加载容量比土工三轴仪大得多。

三轴试验应根据其应力状态选择围压，提供以下成果：

1）不同围压下的主应力差与轴向应变关系；

2）抗剪强度包络线及强度指标 c、φ 值。

岩石试验如果采用普通的试验机，由于其刚度不够大，可能掩盖材料的某些力学特征，如当荷载到达或刚好通过应力应变曲线的峰值之后，就迅猛地几乎是发生爆炸性地崩解而终止。只有采用刚性压力机试验才能得到岩石材料破坏的全过程应力应变曲线。

（3）现场直剪试验。为了克服室内直剪试验的缺点，可以进行现场剪切试验。现场试验时，先施加垂直荷载，再施加侧向推力。在施加荷载的同时，利用千分表观测试件的侧向和垂直向位移。根据试验结果，绘出岩石的剪应力 τ 和剪应变 δ 的关系曲线。根据该曲线可以求出相应压力下的试件的峰值强度和残余强度。

现场试验的试件尺寸一般根据裂隙的间距确定，规程规定，其底部的受剪面积不得小于 2500cm^2，最小边长不宜小于 50cm，高度不应小于最小边长的一半，岩样试件个数不宜小于 7 个，不得少于 3 个。

当采用抗滑桩、锚索等依靠滑床进行滑坡防治的措施时，还应在支挡工程布置部位对滑床基岩不同岩组取样进行常规物理力学试验，主要包括岩石的重度、岩石的抗压强度、抗剪强度等。钻孔岩芯样品直径不小于 85mm，高度不小于 150mm。每种岩性的岩样不小于 3 组，每组岩样不小于 3 件。

G　岩体力学性能的现场试验

室内的岩样试验，一方面其体积小，受尺寸效应的影响明显；另一方面脱离了现场岩体的地质力学特性，不能充分地反映岩体的力学性能。而岩体的野外现场试验能较全面地反映岩体力学性能的全貌，因而成为岩体力学性能测试的重要手段。

岩体力学性能的现场试验包括岩体的变形试验、现场岩体的直剪试验和现场三轴强度试验。

岩体的变形试验有静力法和动力法两类。从许多试验成果来看，用静力法得到的岩体变形模量$E_{静}$和用动力法得到的岩体变形模量$E_{动}$是有差别的，对于坚硬、节理小的完整岩体，$E_{静}$和$E_{动}$是稍微接近的（相差1～3倍），而在风化剧烈或节理化岩体中相差可达数十倍。

现场岩体直剪试验有双千斤顶法和单千斤顶法，一般应采用双千斤顶法。单千斤顶法在现场岩体无法施加垂直应力的情况下使用。

现场三轴强度试验可以量测岩体的抗剪强度和破坏面的位置及形态。试验采用矩形块体，在试验位置上经过仔细凿刻和整平而成。试件准备好后，施加σ_2和σ_3，σ_1通过垂直千斤顶或压力枕施加。在试验中量测和记录试件的位移，绘制岩体试验应力圆包络线、强度曲线和岩体特征曲线，根据试验成果就可确定岩体的抗剪强度。

由于现场试验的尺寸较大，大者可达数米甚至10m左右，因此能够充分体现岩体的结构特性对其力学参数的影响。它的优点是能够在一定程度上克服岩体的尺寸效应和各向异性效应对岩体参数的影响。除了抗拉试验外，现场岩体力学试验具有和室内试验相同的试验原理和试验方法，可获得相应的代表岩体特性的力学参数。

3.4　滑坡稳定性计算常用方法

滑坡稳定性计算的方法很多，目前在工程中广为应用的是传统的极限平衡理论。近几年，基于不同的力学模型而建立起来的各种数值分析计算方法也越来越受到工程界的重视。

一般来说，不同成因类型的滑坡，应采用与之相适应的计算理论和稳定分析方法。

3.4.1　滑坡稳定性计算基本理论和方法

滑坡稳定分析的方法比较多，但总的说来可分为两大类，即以极限平衡理论为基础的极限平衡分析法和以弹塑性理论为基础的弹塑性理论分析法。

极限平衡分析法是把滑体看作近似的刚性材料，根据斜坡上的滑体或滑块的力学平衡原理（即静力平衡原理），分析坡体各种破坏模式下的受力状态，通过坡体上的抗滑力与下滑力之间的关系来评价滑坡的稳定性。其基本方法就是大家所熟悉的条分法。目前以条分法为基础的滑坡稳定性计算方法主要有：瑞典条分法、毕肖普法、简布（Janbu）法又称普遍条分法、斯宾塞（Spencer）法、摩根斯坦-普赖斯（Morgenstem-Price）法、沙尔玛（Sarma）法以及不平衡推力传递法等。它们的主要特点如表3-8所示。

表3-8 常用极限平衡法简表

分析方法	假设条件	力学分析	适用范围
瑞典条分法	均质坡体；不考虑条间相互作用力；各条底面的抗滑稳定性系数相同	满足滑体的整体力矩平衡	滑面为圆弧滑面，垂直条分滑体
Bishop 法	条块间只有水平力作用，不考虑条间垂向力；各条底面的抗滑稳定性系数相同	1. 整体力矩平衡； 2. 条间垂向力为零； 3. 需给出初始稳定性系数	滑面为圆弧滑面或任意形状，垂直条分滑体
Janbu 法	假定条间力作用点的位置，即在离滑面1/3处	1. 分块力矩平衡； 2. 分块力平衡	垂直条分滑体，适用于任意滑面，计算可能收敛困难
Spencer 法	条块间水平与垂直作用力之比为常数	1. 分块力矩平衡； 2. 分块力平衡	垂直条分滑体，适用于任意滑面
Morgenstem-Price 法	条块间切向力和法向力存在比例关系；条间力作用点位置随滑面倾角而变化	1. 分块力矩平衡； 2. 分块力平衡	垂直条分滑体适用于任意滑面
Sarma 法	条间满足极限平衡条件	分块力平衡	任意条分，考虑临界地震加速度和静水压力，适用于任意形状滑面滑坡
传递系数法	土条间的作用力的方向与上一土条底滑面平行；条块间没有摩擦力	各条块底滑面法线方向上满足力平衡条件	折线滑面或任意形状滑面

极限平衡分析法的优点是在不研究滑体结构变形情况下，能对滑体的稳定性给出定量的结论。但该方法对于复杂的边坡情况（如考虑土体非均质及各向异性等），不能反映边坡的破坏机制，不能描述边坡屈服的产生、发展过程，也不能提供坡体内应力-应变的分布情况。由于没有考虑土体土身的应力-应变关系和实际工作状态，所求出土条之间的内力或土条底部的反力均不能代表斜坡在实际工作条件下真正的内力和反力，更不能求出变形。但由于这种方法应用简单，物理

意义明确，至今仍然是滑坡稳定性分析的主要方法。

弹塑性理论分析法主要包括塑性极限平衡法和数值分析法。

（1）塑性极限平衡法。该方法适用于土质斜坡，假定土体为均质、各向同性、连续的线弹性体，按 Mohr-Coulomb 屈服准则确定稳定系数。虽然能够考虑材料的物理非线性问题，但从几何角度来看，该方法仍然运用小变形近似理论进行分析，对具有大变形特点的斜坡稳定性进行分析时会产生较大的误差。

（2）数值分析法。该方法利用计算机技术，采用全面满足静力平衡、应变相容和材料本构关系求斜坡的应力分布和变形情况，研究岩体中应力和应变的变化过程，求得各点上的局部稳定性系数，由此判断斜坡的稳定性。它的优点是不受边坡几何形状不规则和材料不均匀的限制，可用于连续介质和不连续介质。在求出单元体的力的平衡时，考虑单元体的变形协调，同时还考虑岩土体的破坏准则，从而使得计算结果更加精确合理。数值分析法主要有以下几种：

1）有限单元法。该方法可以处理复杂的边界条件及材料的非均匀性和各向异性，还可以有效地模拟材料的非线性应力应变关系，得到应力场、位移场和滑坡可能的破坏部位。其优点是能部分地考虑岩土体的非均质不连续介质特征，考虑了岩体的应力应变特征，因而避免了将滑坡体视为刚体或过于简化边界条件的缺点，能够更实际地从应力应变方面分析滑坡的变形破坏机制。

2）边界单元法。该方法只需对已知区的边界极限离散化，具有输入数据少的特点。其不足之处为，一般边界单元法得到的线性方程组的关系矩阵是满的不对称矩阵，不便应用于有限元中成熟的稀疏对称矩阵的系列解法。

3）离散元法。该方法基本上属于一种动态分析的方法，但也不排除静态分析，考虑块体受力后的运动状态，以及由此导致受力状态及系统的变形（块体运动）随时间的变化，模拟边坡失稳的全过程。该方法利用中心差分法解析动态松弛求解，不需要求解大型矩阵，其基本特征是允许各离散块体发生平动、转动甚至分离，弥补了有限元法的介质连续和小变形的限制。其缺点是计算时步需要很小，阻尼系数难以确定等。

4）快速拉格朗日分析法。根据有限差分法的原理，该方法较能很好地考虑岩土体的不连续性和大变形特性，求解速度较快。其缺点是计算边界、单元网格的划分带有很大的随意性。

3.4.2 瑞典条分法

瑞典条分法又简称为瑞典法或费伦纽斯法，它是极限平衡方法中最早而又最简单的方法，其基本假定如下：

（1）假定土坡稳定属平面应变问题，即可取其厚为 1m 的某一纵剖面（垂直于坡体延伸方向）为代表进行分析计算。

（2）假定滑裂面为圆柱面，即在纵剖面上滑裂面为圆弧；弧面上的滑动土体视为刚体，即计算中不考虑滑动土体内部的相互作用力（E_i、X_i不考虑）。

（3）定义稳定系数为滑裂面上所能提供的抗滑力矩之和与外荷载及滑动土体在滑裂面上所产生的滑动力矩和之比；所有力矩都以圆心 O 为矩心。

（4）采用条分法进行计算。

图3-2表示一均质土坡，按瑞典法假定，其中任一竖向土条 i 上的作用力。土条高为 h_i，宽为 b_i，W_i为土条本身的自重力，N_i为土条底部的总法向反力，T_i为土条底部（滑裂面）上总的切向阻力；土条底部坡角为 a_i；长为 l_i，坡体重度为 γ_i，R 为滑裂面圆弧半径，AB 为滑裂圆弧面，x_i为土条中心线到圆心 O 的水平距离。

根据摩尔-库仑准则，滑裂面 AB 上的平均抗剪强度为

$$\tau_f = c' + (\sigma - u)\tan\varphi' \tag{3-8}$$

式中　σ——法向总应力；

u——孔隙应力；

c'，φ'——坡体有效抗剪强度指标。

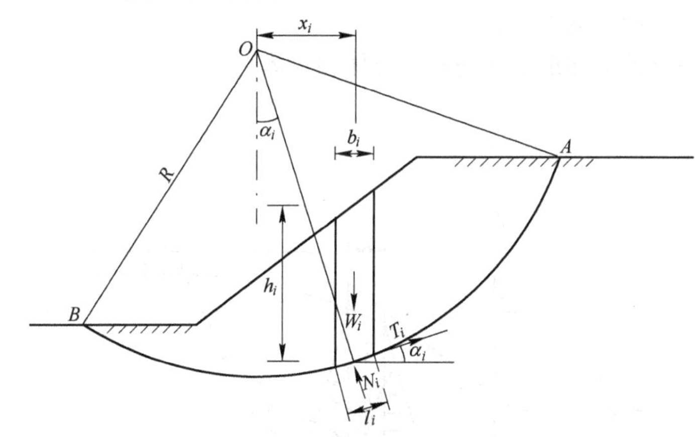

图3-2　瑞典条分法计算示意图

如果整个滑裂面 AB 上的平均稳定系数为 K，按照稳定系数的定义，土条底部的切向阻力 T_i为：

$$T_i = \tau l_i = \frac{\tau_f}{K}l_i = \frac{1}{K}[c'_i + (N_i - u_i)\tan\varphi'_i]l_i \tag{3-9}$$

取土条底部法线方向力的平衡，可得：

$$N_i = W_i\cos\alpha = \gamma_i b_i h_i\cos\alpha_i \tag{3-10}$$

取所有土条对圆心的力矩平衡，有：

$$\Sigma W_i x_i - \Sigma T_i R_i = 0 \tag{3-11}$$

如图 3-2 所示，根据几何关系 $x_i = R\sin\alpha_i$，将式（3-9）、式（3-10）代入式（3-11），整理后有：

$$K = \frac{\sum[c'_i l_i + (W_i\cos\alpha_i - u_i l_i)\tan\varphi'_i]}{\sum W_i\sin\alpha_i} \tag{3-12}$$

计算时土条厚度均取 1m 宽度，即有 $W_i = \gamma_i h_i b_i$，因此式（3-12）可写为：

$$K = \frac{\sum[c'_i + \gamma_i h_i\cos^2\alpha_i - u_i]b_i\sec\alpha_i\tan\varphi'_i}{\sum\gamma_i h_i b_i\sin\alpha_i} \tag{3-13}$$

式（3-12）或式（3-13）就是瑞典法土坡稳定计算公式，它也可以从第（3）条假定中直接导出。

当土坡内部有地下水渗流作用时，滑动土体中存在渗透压力。边坡稳定分析计算时应考虑地下水渗透压力的影响。

同样，在滑动坡体中任取一竖向土条 i，如图 3-3 所示，如果将土条和土条中的水体一起作为脱离体时，此时土条重力 W_i 就包括土条和土条中的水体重力，即：

$$W_i = (\gamma h_{1i} + \gamma_m h_{2i})b_i \tag{3-14}$$

式中　γ——土的天然重度；

　　γ_m——土的饱和重度（包括了土体和水体）。

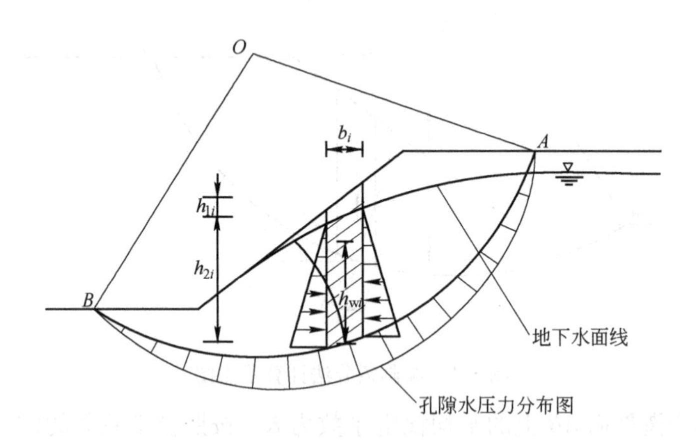

图 3-3　渗流对边坡稳定的影响

土条的两侧和底部都作用有渗透水压力，在稳定的情况下，土体均已固结，由附加荷载引起的孔隙应力均已消散，土条底部的孔隙应力 u_i 也就是渗透水压力。设土条底部中点处的渗透水水头为 h_{wi}（一般根据流网确定），则有：

$$u_i = \gamma_w h_{wi} \tag{3-15}$$

式中　γ_w——水的重度。

一般地，b_i 较小，即土条取得很薄，地下水面与滑裂面接近平行，土条两侧的渗透水压力几乎相等，可认为相互抵消，这也是为了计算的简化。

将式（3-14）和式（3-15）代入式（3-13），有：

$$K = \frac{\Sigma b_i[c_i' + (\gamma h_{1i} + \gamma_m h_{2i})\cos^2\alpha - \gamma_w h_{wi}]\sec\alpha_i \tan\varphi_i'}{\Sigma b_i(\gamma h_{1i} + \gamma_m h_{2i})\sec\alpha_i} \tag{3-16}$$

设计计算时，需要对各种可能的滑裂面进行计算，从中找出安全系数最小的滑裂面，即认为是存在潜在滑动最危险的（或最有可能的）滑裂面。以前，在计算手段有限的情况下，许多学者在寻找最危险滑裂面位置方面作了很大努力，通过各种途径探索最危险滑弧位置的规律，制作图表、曲线，或将某类边坡归类分别总结出滑弧圆心的初始位置，以减少试算工作量并尽可能找到最危险滑裂面。在今天，由于计算机的普遍采用，这些问题已经变得并不那么重要了。人们可充分利用计算机及编制相应的程序，而使这种计算变得异常简单，即使对复杂边坡和复杂土层情况，以前担心多个 K 极小值区的问题现在也比较容易解决了。

用计算机编程计算滑坡稳定时，先在坡顶上方根据边坡特点或工程经验，设定一个各种可能产生的圆弧滑裂面的圆心范围，画成正交网格，网格长可根据精度要求而定，网格交点即为可能的圆弧滑裂面的圆心，如图 3-4 所示。对每个网结点，分别取不同的半径用式（3-13）或式（3-16）进行计算，得到该圆心点的最危险滑裂面（K 最小对应的滑裂面）。比较全部网结点（不同的圆心位置）的 K 值，最小的 K 值对应的圆心和圆弧即为所求的边坡最危险滑裂面。为了更精确地计算，可将该圆心为原点，再细分小区域网络，按前述方法再进行计算，类似可找出该小区域网络中最小的 K。

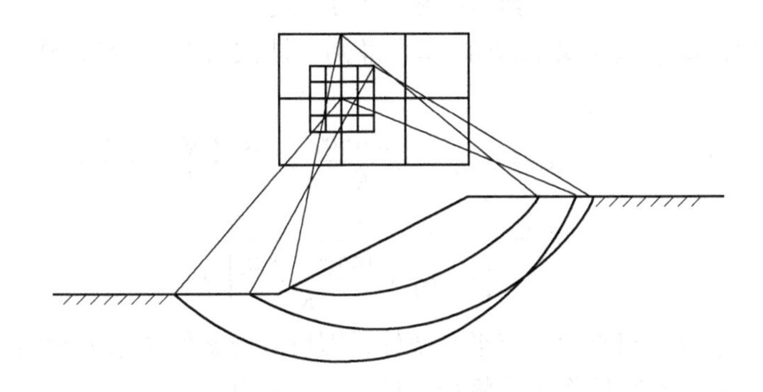

图 3-4　最危险滑裂面的搜索

瑞典条分法具有计算简单，不用迭代的优点，但因为在计算时不考虑条块之间的作用力，仅满足对圆心的力矩平衡，不满足水平与竖向力的平衡条件，所得结果偏于安全，一般认为比严格方法小 10% 左右。

3.4.3　Bishop 条分法

毕肖普考虑了土条间力的作用，如图 3-5 所示，E_i及 X_i分别表示土条间的法向和切向条间作用力，W_i为土条自重力，Q_i为土条的水平作用力，N_i、T_i分别为土条底的总法向力和切向力，e_i为土条水平力 Q_i的作用点到圆心的垂直距离，图中其余符号意义同前。

分析土条 i 的作用力，根据竖向力平衡条件，有：

$$W_i + X_i - X_{i+1} - T_i\sin\alpha_i - N_i\cos\alpha_i = 0$$

从而得：

$$N_i\cos\alpha_i = W_i + X_i - X_{i+1} - T_i\sin\alpha_i \tag{3-17}$$

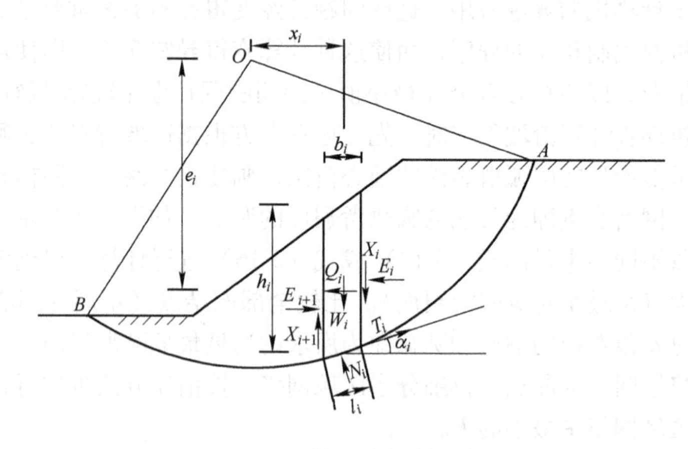

图 3-5　毕肖普法计算图

将前述的稳定系数定义和摩尔-库仑准则，即式（3-9）代入式（3-17），整理后有

$$N_i = \left[W_i + X_i - X_{i+1} - \frac{c'l_i\sin\alpha_i}{K} + \frac{u_il_i\tan\varphi'_i\sin\alpha_i}{K}\right]\zeta_i \tag{3-18}$$

其中

$$\zeta_i = \frac{1}{\left[\cos\alpha_i + \dfrac{\tan\varphi'_i\sin\alpha_i}{K}\right]} \tag{3-19}$$

根据各土条力对圆心的力矩平衡条件，即所有土条的作用力对圆心点的力矩之和为零，此时土条间的作用力将相互抵消，从而有：

$$\Sigma W_iX_i - \Sigma T_iR + \Sigma Q_ie_i = 0 \tag{3-20}$$

将式（3-9）、式（3-18）代入式（3-20），得：

$$K = \frac{\sum \zeta_i[c'_ib_i + (W_i - u_ib_i + X_i - X_{i+1})\tan\varphi'_i]}{\sum W_i\sin\alpha_i + \sum Q_i\dfrac{e_i}{R}} \tag{3-21}$$

式（3-21）中有3个未知量：K 和 X_i、X_{i+1}，要么补充新的条件，要么做一些简化消除两个未知量，才能有解。毕肖普采用了假定各土条之间的切向条间力 X_i 和 X_{i+1} 略去不计的方法，即假定条间力的合力为水平力，这样，式（3-21）简化为：

$$K = \frac{\sum [c'_i b_i + (W_i - u_i b_i)\tan\varphi'_i]\zeta_i}{\sum W_i \sin\alpha_i + \sum Q_i \frac{e_i}{R}} \tag{3-22}$$

式（3-22）为使用相当普遍的简化毕肖普法。在该表达式中，K 是待求量，等式右边的中间参数 ζ_i 中也含有 K，只能采用试算或迭代计算的方法求出 K。在迭代时，一般可先假定 $K=1$（或预先估计一个接近于1的数），求出 ζ_i，代入右边计算出新的 K'，再用此 K' 求出 ζ_i 及另一新的 K''，如此反复计算，直至前后相邻两次算出的 K 值非常接近（或满足预先设定的精度要求）时为止。在毕肖普法的迭代计算中，每次迭代所求的是同一个滑面的 K 值，所以各土条的 c'_i、$\tan\varphi'_i$、b_i、W、u_i、Q_i、e_i、α_i、R 等均为定值，在式（3-22）中的分母和分子中除 ζ_i 以外的各项一次算后就不再变动，因此，这种迭代计算通常收敛很快。根据经验，一般迭代3～4次即可满足精度要求。

毕肖普法迭代计算时要注意两点：

（1）毕肖普法适用于任意形状的滑裂面，尽管推导是从圆弧面开始的。土条的滑面倾角 α_i 有正负之分，当滑面倾向与滑动方向一致时，α_i 为正值；当滑面倾向与滑动方向相反时，α_i 为负值。由式（3-19）可知，当 α_i 为负时，有可能使式中的分母趋近于零，从而使 ζ_i 趋近于无穷大，亦即 N_i 趋近于无穷大，这显然是不合理的。此时，毕肖普法就不能用。这是因为毕肖普法在计算中略去了 X_i 的影响，又要令各土条维持极限平衡，前后并不完全一致，根据某些学者的意见，当任一土条的 $\zeta_i>5$ 时，就会使求出的 K 值产生较大误差，此时应考虑 X_i 的影响或采用别的计算方法。

（2）由于毕肖普法计入了土条间作用力的影响，多数情况下求得的 K 值较瑞典法为大，一般来说，毕肖普法较接近实际，对于圆弧滑动面，其计算结果与满足所有平衡条件的严格极限分析法的计算结果相当接近。瑞典圆弧法和毕肖普法两种方法的设计计算国内外都积累了大量经验，但两者在设计准则及安全系数的确定上是有差别的，设计时应注意计算方法和相应的设计准则的一致，不可张冠李戴。

3.4.4 Janbu 条分法

Janbu（简布）条分法又称普遍条分法，它适用于任意形状的滑裂面。图3-6所示为土坡滑动的一般情况，坡面是任意的，坡面上作用有各种荷载，在坡体的

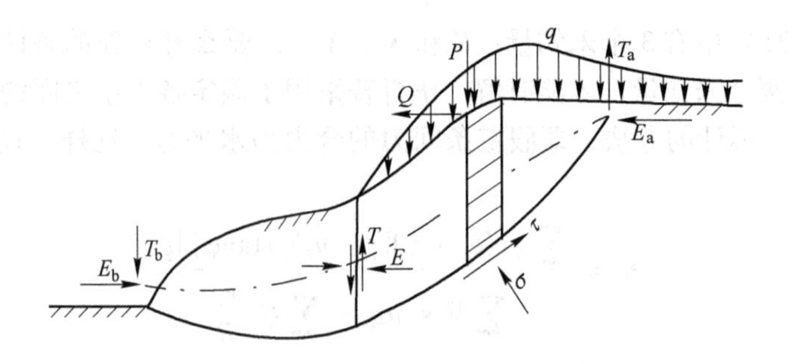

图 3-6　简布法计算图

两侧作用有侧向推力 E_a 和 E_b，剪力 T_a 和 T_b，滑裂面也是任意的。土条间作用力的合力作用点连线称为推力线。在土坡断面中任取一土条，其上作用有集中荷载 ΔP、ΔQ 及均布荷载 q，ΔW_r 为土条自重力，土条两侧作用有土条条间力 E、T 及 $E+\Delta E$、$T+\Delta T$，滑裂面上的作用力 ΔS 和 ΔN。如图 3-7 所示。

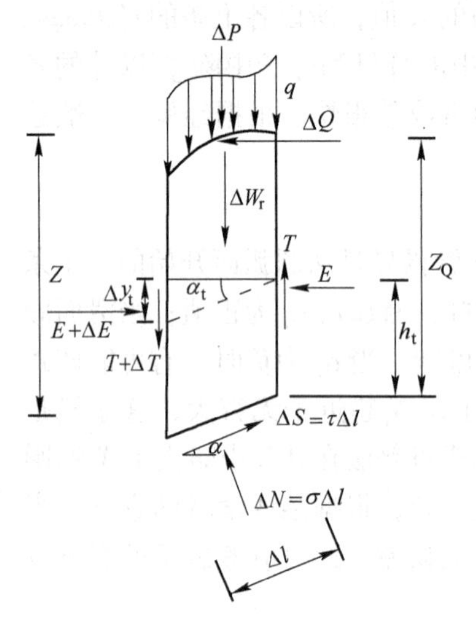

图 3-7　土条的受力分析图

为了求出一般情况下土坡稳定系数以及滑裂面上的应力分布，简布做了如下假定：

（1）假定边坡稳定为平面应变问题。

（2）假定整个滑裂面上的稳定系数是一样的，可用式（3-8）表达。

（3）假定土条上所有垂直荷载的合力 $\Delta W=\Delta W_r+q\Delta x+\Delta P$，其作用线和滑裂面的交点与 ΔN 的作用点为同一点。

（4）假定已知推力线的位置，即简单地假定土条侧面推力为直线分布，如果坡面有超载，侧自推力为梯形分布，推力线应通过梯形的形心；如果无超载，推力线应选在土条下三分点附近，对非黏性土（$c'=0$）可在三分点处，对黏性土（$c'>0$），可选在三分点以上（被动情况）或选在三分点以下（主动情况）。

根据以上假定和图 3-7，单位土条上作用的总垂直荷载为：

$$P=\frac{\Delta w}{\Delta x}=\gamma Z+q+\frac{\Delta P}{\Delta x} \tag{3-23}$$

式中　γ——土的容重；

Z——土条高度；

q——土条顶部的均布荷载；

其余符号见前述。

根据力及力矩平衡条件，对每一土条，有

$$\tau = \frac{\tau_f}{K} = \frac{1}{K}[c' + (\sigma - u)\tan\varphi] \tag{3-24}$$

$$\Sigma Y = 0, \sigma = P + t - \tau\tan\alpha \tag{3-25}$$

$$\Sigma Z = 0, \Delta E = \Delta Q + (P + t)\Delta x\tan\alpha - \tau\Delta x(1 + \tan^2\alpha) \tag{3-26}$$

$$\Sigma M = 0, T = E\tan\alpha_t + h_t\frac{dE}{dx} - Z_Q\frac{dQ}{dx} \tag{3-27}$$

式中　u——滑裂面上的孔隙压力；

t——中间变量，$t = \frac{\Delta T}{\Delta x}$；

其余符号意义见前述及图 3-7 所示。

对整个边坡滑动土体，总水平力平衡，有

$$\Sigma\Delta E = E_b - E_a$$

将其代入式（3-26），有

$$E_b - E_a = \Sigma[\Delta Q + (P + t)\Delta x\tan\alpha] - \Sigma\tau\Delta x(1 + \tan^2\alpha) \tag{3-28}$$

将式（3-25）代入上式，有

$$K = \frac{\Sigma\tau_f\Delta x(1 + \tan^2\alpha)}{E_a - E_b + \Sigma[\Delta Q + (P + t)\Delta x\tan\alpha]} \tag{3-29}$$

$$\tau_f = c' + \left[(P + t - u) - \frac{\tau_f}{K}\tan\alpha\right]\tan\varphi' \tag{3-30}$$

式（3-29）两边均含有 K 项，须用迭代法计算。

由式（3-30）得

$$\tau_f = \frac{c' + (P + t - u)\tan\varphi'}{1 + \tan\alpha\tan\varphi'/K} \tag{3-31}$$

令

$$M = \tau_f\Delta x(1 + \tan^2\alpha) \tag{3-32}$$

$$N = \Delta Q + (P + t)\Delta x\tan\alpha \tag{3-33}$$

将式（3-31）代入式（3-32），并令

$$M' = [c' + (P + t - u)\tan\varphi']\Delta x \tag{3-34}$$

$$\eta_\alpha = \frac{1 + \tan\alpha\tan\varphi'/K}{1 + \tan^2\alpha} \tag{3-35}$$

则得到

$$M = M'/\eta_\alpha \tag{3-36}$$

可将 η_α 表达式制成 $\tan\varphi'/K \sim \tan\alpha \sim \eta_\alpha$ 的关系曲线备用，将上述各式中参数 M、N 及 $\tan\varphi'/K$ 代入式（3-29），有

$$K = \frac{\Sigma M}{E_a - E_b + \Sigma N} \tag{3-37}$$

滑裂面上的剪应力 τ 由下式求出：

$$\tau = \frac{\tau_f}{K} = \frac{M}{K(1 + \tan^2\alpha)\Delta x}$$

正应力由下式求出：

$$\sigma = P + t - \tau\tan\alpha \tag{3-38}$$

在上列各式中，T 及 $t = \Delta T/\Delta x$ 均为未知。将式（3-32）和式（3-33）代入式（3-26），得

$$\Delta E = N - M/K \tag{3-39}$$

每一土条侧向水平力可由 A 点开始，从上往下逐条推求，即

$$E = E_a + \Sigma\Delta E \tag{3-40}$$

求出 E 以后，T 即可由式（3-27）求得，当土条两侧的 T 均已知时，该土条的 ΔT 及 t 也就容易求出。但因为求 M、N 的计算式中均含有 t 项，所以 t 无法直接解出，也必须采用迭代法来计算。

Janbu 法通常用来校核一些形状比较特殊的滑裂面，一般不必假定很多滑裂面来计算，上述的迭代计算虽比较复杂和烦琐，根据经验，一般 3 ~4 轮迭代计算即可满足要求。

当条块分块很大时，Janbu 法存在误差较大的缺点，在使用时应予注意。

3.4.5　不平衡推力传递系数法

如果滑坡的滑面呈折线形，可以将滑体划分成 n 块，如图 3-8a 所示。

对上述滑体作如下的假定：

（1）滑坡体不可压缩并作整体下滑，不考虑条块之间挤压变形；

（2）条块之间只传递推力不传递拉力，不出现条块之间的拉裂；

（3）条块作用力（即推力）以集中力表示，它的作用线平行于前一块的滑面方向，作用在分界面的中点；

（4）垂直滑坡主轴取单位长度（一般为 1.0m）宽的岩土体作计算的基本断面，不考虑条块两侧的摩擦力。

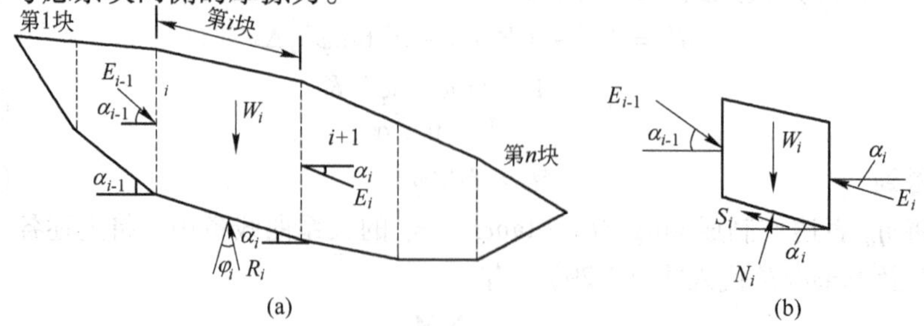

图 3-8　传递系数法计算图

（a）坡体分块图；（b）第 i 块单元的受力图

在滑体中取第 i 块土条，如图 3-8b 所示，假定第 $i-1$ 块土条传来的推力 E_{i-1} 的方向平行于第 $i-1$ 块土条的底滑面，而第 i 块土条传送给第 $i+1$ 块土条的推力 E_i 平行于第 i 块土条的底滑面。即是说，假定每一分界上推力的方向平行于上一土条的底滑面，第 i 块土条承受的各种作用力示于图 3-8b 中。将各作用力投影到底滑面上，其平衡方程如下：

$$E_i - W_i\sin\alpha_i - E_{i-1}\cos(\alpha_{i-1} - \alpha_i) + [W_i\cos\alpha_i + E_{i-1}\sin(\alpha_{i-1} - \alpha_i)]\tan\varphi_i + c_i l_i = 0 \tag{3-41}$$

式中 E_i——第 i 块滑体剩余下滑力；

W_i——第 i 块滑体的重量；

R_i——第 i 块滑体滑床反力；

c_i——第 i 块滑体滑面上岩土体的黏聚力；

l_i——第 i 块滑体的滑面长度；

φ_i——第 i 块滑体滑面上岩土的内摩擦角；

α_i——第 i 块滑体滑面的倾角；

α_{i-1}——第 $i-1$ 块滑体滑面的倾角。

由上式可得出第 i 条块的剩余下滑力（即该部分的滑坡推力）E_i，即

$$E_i = W_i\sin\alpha_i - (W_i\cos\alpha_i\tan\varphi_i + c_i l_i) + \Psi_i E_{i-1} \tag{3-42}$$

其中

$$\Psi_i = \cos(\alpha_{i-1} - \alpha_i) - \sin(\alpha_{i-1} - \alpha_i)\tan\varphi_i \tag{3-43}$$

式中 Ψ_i——传递系数。

式（3-42）中第 1 项表示本土条的下滑力，第 2 项表示土条的抗滑力，第 3 项表示上一土条传下来的不平衡下滑力的影响，Ψ_i 称为传递系数。

$$E_i = F_s W_i\sin\alpha_i - (W_i\cos\alpha_i\tan\varphi_i + c_i l_i) + \Psi_i E_{i-1} \tag{3-44}$$

在进行计算分析时，需利用式（3-44）进行试算。即假定一个滑坡的安全系数 F_s 值，从边坡顶部第 1 块土条算起求出它的不平衡下滑力 E_1（求 E_1 时，式中右端第 3 项为零），即为第 1 和第 2 块土条之间的推力。再计算第 2 块土条在原有荷载和 E_1 作用下的不平衡下滑力 E_2，作为第 2 块土条与第 3 块土条之间的推力。依此计算到第 n 块（最后一块），如果该块土条在原有荷载及推力 E_{n-1} 作用下，求得的推力 E_n 刚好为零，则所设的 F_s 即为所求的安全系数。如 E_n 不为零，则重新设定 F_s 值，按上述步骤重新计算，直到满足 $E_n=0$ 的条件为止。

一般可取 3 个 F_s 同时试算，求出对应的 3 个 P_n 值，作出 $P_n \sim F_s$ 曲线，从曲线上找出 $P_n=0$ 时的 F_s 值，该 F_s 值即为所求。

实际工程设计中，当要计算滑坡体的稳定性时，还要考虑一定的安全储备，

选用的安全系数 F_s 应大于1.0，一般取为1.05～1.25。

传递系数法能够计及土条界面上剪力的影响，计算也不繁杂，具有适用而又方便的优点，在我国的铁道部门得到广泛采用。但传递系数法中 E_i的方向被硬性规定为与上分块土条的底滑面（底坡）平行，所以有时会出现矛盾，当 α 较大时，求出的 F_{si}可能小于1。同时，本法只考虑了力的平衡，对力矩平衡没有考虑，这也存在不足。尽管如此，传递系数法因为计算简捷，在很多实际工程问题中，大部分滑裂面都较为平缓，对应垂直分界面上的 c、φ 值也相对较大，基本上能满足要求。即使滑体顶部一、二块土条可能满足不了要求，但也不致对 F_s产生很大影响，所以，该方法还是为广大工程技术人员所乐于采用。

这里需要说明的是，由于不同稳定性计算方法得到的结果有一定的差别，因此在进行滑坡治理工程设计时，应根据所选用的方法确定合理的安全系数，不能对各种方法都采用同一个安全系数。这一思想在我国《建筑边坡工程技术规范》（GB 50330—2002）中得到了体现，其中在该规范的表5.3.1中规定的边坡安全系数为：

当采用平面滑动法、折线滑动法进行计算时，各级边坡所对应的安全系数分别为：Ⅰ级边坡：1.35；Ⅱ级边坡：1.30；Ⅲ级边坡：1.25。当采用圆弧滑动法时，则相应的安全系数分别为：Ⅰ级边坡：1.30；Ⅱ级边坡：1.25；Ⅲ级边坡：1.20。

3.4.6　边坡稳定分析有限元法

3.4.6.1　有限元法概述

有限元法的突出优点是适于处理非线性、非均质和复杂边界等问题，而土体应力变形分析就恰恰存在这些困难问题，有限元方法的应用，能比较好地解决这些困难，在处理边坡稳定分析中开辟了新的途径。

有限元法就是用有限个单元体所构成的离散化结构代替原来的连续体结构来分析土体的应力和变形，这些单元体只在结点处有力的联系。一般材料应力-应变关系或本构关系可表示为

$$\{\sigma\} = [D]\{\varepsilon\} \tag{3-45}$$

由虚位移原理可建立单元体的结点力与结点位移之间的关系，进而写出总体平衡方程

$$[K]\{\delta\} = \{R\} \tag{3-46}$$

式中　$[K]$——劲度矩阵；

$\{\delta\}$——结点位移列向量；

$\{R\}$——结点荷载列向量。

利用有限单元法，可考虑土的非线性应力-应变关系，求得每一个计算单元

的应力及变形后，便可根据不同强度指标确定破坏区的位置及破坏范围的扩展情况。若设法将局部破坏与整体破坏联系起来，求得合适的临界滑面位置，再根据力的平衡关系推得安全系数，这样，就能将稳定问题与应力分析结合起来。或者求出在各种工作状态下坡体内部的应力分布状况，由坡体土的性质确定一个破坏标准，以此来衡量边坡的安全程度。

土体的应力-应变关系是非线性的，反映到式（3-45）中，矩阵［D］就不是常量，而随着应力或应变的变化，由此推得的劲度矩阵［K］也将发生变化，这使得土坡有限元的计算比一般弹性有限元计算要复杂得多。

影响土体应力-应变关系的因素是很多的，有土体结构，孔隙、密度、应力历史、荷载特征、孔隙水及时间效应等。这些因素使得土体在受力后的行为非常复杂，而且往往是非线性的。

土体在应力作用下产生的变形一般是非线性的，在各种应力状态下都有塑性变形；土体在受力后有明显的塑性体积变形，而且在剪切时也会引起塑性体积变形（剪胀性）；土体受剪时发生剪应变，其中一部分为弹性剪应变，另一部分与土颗粒间相对错动滑移而产生塑性剪应变，剪应力引起剪应变，体积应力也会引起剪应变；土体还表现出硬化和软化特性，应力路径和应力历史对变形有影响，中主应力和固结压力对变形也有影响，而且表现出各向异性。我们一般根据土的变形特性建立土的本构模型，反过来，它也是检验本构模型理论的客观标准。

3.4.6.2 土单元的破坏模式及应力迁移

土体一般是不能承受拉力的，而且当主应力之差过大时还会造成剪切破坏。由于在计算中常用的邓肯模型是一个用于增量计算的弹性非线性模型，在计算中，荷载增量的取值不可能无限小，因而在某一级增量下，某些土单元的计算应力可能处于破坏状态，即当计算拉应力超过土的抗拉强度时，则处于拉裂状态；当计算剪应力超过土体极限抗剪强度时，则处于剪坏状态，而实际应力都不可能超过土体的极限抗拉和抗剪强度。因此，在有限元法计算中若遇到某一土体单元的应力超过极限应力，则应予以修正，再进行应力迁移，即将破坏单元多余的应力迁移到附近其他单元。这就需要对多余荷载施加于整个结构（土体）系统进行应力重分配。

A 拉裂破坏应力的修正和迁移

当某一单元计算所得的 σ_3 为拉应力，或 σ_1、σ_3 同为拉应力，则此时要进行拉裂破坏的应力修正和迁移，其处理原则为：

把 σ_3 修正为 $\sigma'_3=0$，也就是说拉裂破坏后土体已不能再承受任何拉应力。此时仍维持 $\sigma'_1=\sigma_1$，维持应力主向不变，即 $2a'=2a$，如图 3-10 所示。

根据修正前后两圆的几何关系可推得修正后的应力｛σ'｝为

$$\tau'_{xz} = \frac{\sigma_1}{2}\tan 2\alpha = \frac{1}{2} \times \frac{\left[\frac{\sigma_z + \sigma_x}{2} + \sqrt{\left(\frac{\sigma_z - \sigma_x}{2}\right)^2 + \tau_{xz}^2}\right]}{\left[\left(\frac{\sigma_z - \sigma_x}{2}\right)^2 + \tau_{xz}^2\right]^{1/2}}$$

$$\sigma'_z = \frac{1}{2}\left\{\frac{\sigma_z + \sigma_x}{2} + \left[\left(\frac{\sigma_z - \sigma_x}{2}\right)^2 + \tau_{xz}^2\right]^{1/2} + \frac{\sigma_z - \sigma_x}{2}\right\}\frac{\tau'_{xz}}{\tau_{xz}}$$

$$\sigma'_x = \sigma'_z - (\sigma_z - \sigma_x)\frac{\tau'_{xz}}{\tau_{xz}} \tag{3-47}$$

此时，由该单元迁移的应力，即修正前后的应力为

$$\{\Delta\sigma\} = \{\sigma\} - \{\sigma'\} \tag{3-48}$$

式中　$\{\sigma\}$——修正前的计算应力。

多余应力 $\{\Delta\sigma\}$ 构成不平衡的节点荷载增量为

$$\{\Delta R\} = \iint [B]^{\mathrm{T}}\{\Delta\sigma\}\,\mathrm{d}x\mathrm{d}y \tag{3-49}$$

这就是未被平衡的那部分荷载。将该荷载施加于原结构，重新作有限元计算，把求得的应力增量与原应力值叠加，叠加后的结果即为新的单元应力。

以上的步骤要重复多次，直到所有的单元均不发生破坏时为止。

B　剪切破坏应力的修正和迁移

当大小主应力之差（$\sigma_1 - \sigma_3$）太大时，计算应力构成的圆超过了库仑强度包线，则该土体单元发生剪切破坏，如图 3-9 所示。实际上，土体能承担的剪应力是不可能超过破坏状态的，因此，要进行剪切破坏的应力修正及迁移。

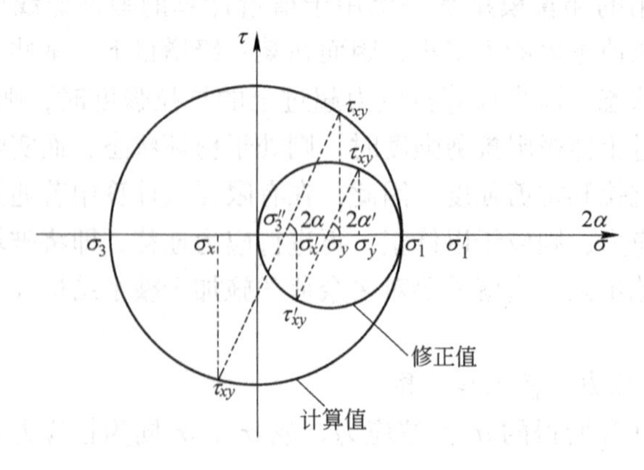

图 3-9　拉裂破坏应力的修正和迁移图

剪坏修正主要有如下两种方法：

（1）假定垂直应力分量 σ_z 在修正前后不变，只改变 σ_x 和 σ_{xz}，并假定修正前

后主应力方向不变，如图 3-10 所示。

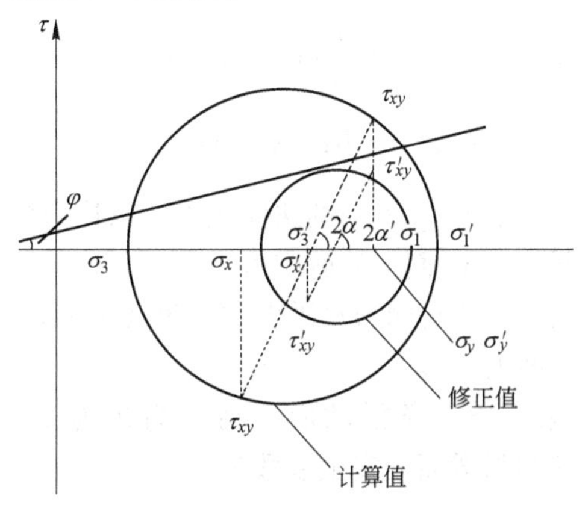

图 3-10 剪切破坏应力的修正和迁移图

修正后的应力值为

$$\left.\begin{aligned}\tau'_{xz} &= \frac{\sigma_z\sin\varphi + c\cos\varphi}{\dfrac{\sigma_z - \sigma_x}{2}\sin\varphi + \left[\left(\dfrac{\sigma_z - \sigma_x}{2}\right)^2 + \tau_{xz}^2\right]^{1/2}}\tau_{xz} \\ \sigma'_x &= \sigma_z - (\sigma_z - \sigma_x)\frac{\tau'_{xz}}{\tau_{xz}}\end{aligned}\right\} \tag{3-50}$$

（2）假定主应力之和（$\sigma_1+\sigma_3$）修正前后不变。这一假定认为剪切破坏只改变土体形状，不改变土体体积，因而不改变体积应力。同样，也假定修正前后主应力方向不变。求出修正后的应力 $\{\sigma'\}$ 和需迁移的应力 $\{\Delta\sigma\}$ 后，后续计算与拉裂修正和迁移处理相同。

土体单元拉裂或剪切破坏后，仍然要选定土体弹性常数，以计算下一级荷载增量。一般来说，应力达到破坏阶段后，E_1总是较小的，有文献建议土单元拉裂后 K_1取原计算值的 10%，而 $E_t=0.1K_t$。

3.4.6.3 有限元计算成果和安全判定准则

工程实践表明，土坡稳定和变形有着十分密切的关系，一个土坡在发生整体稳定破坏之前，往往伴随着相当大的变形——垂直沉降和侧向变形。因此，有人建议根据土坡大主应变等值线图来确定最危险滑面，或根据各单元的最大剪应变值而勾绘的最大剪应变等值线图来确定最危险滑动面，再辅以判定单元体破坏的应变标准来判定土坡的稳定性。

通过有限元计算得到坡体各单元体上的应力后，再在坡体断面图上画出试算的滑动面，利用滑动面上力的平衡关系来计算安全系数。此时，安全系数的计算式中的法向应力 σ 和切向应力 τ 均根据有限元法计算的结果取值。对平面问题，按下式计算：

$$\left.\begin{aligned}\sigma &= \frac{1}{2}(\sigma_x + \sigma_y) - \frac{1}{2}(\sigma_x - \sigma_y)\cos 2\alpha - \tau_{xy}\sin\alpha \\ \tau &= \frac{1}{2}(\sigma_x - \sigma_y)\sin 2\alpha - \tau_{xy}\cos 2\alpha\end{aligned}\right\} \tag{3-51}$$

式中　σ_x，σ_y——单元体上 x、y 方向的法向应力，以拉力为正；

τ_{xy}——单元体上 xy 面上的剪应力；

α——单元体中的滑面与水平面的夹角（近似取滑面计算点的切线与水平面夹角）。

对于圆弧滑面，第 i 条土条滑动面上滑动力矩为 $\tau_i l_i R_i$，而抗滑力矩为 $(\sigma_i l_i \tan\varphi_i + c_i l_i)R$，该圆弧滑面的安全系数为

$$F_S = \frac{\Sigma(\sigma_i l_i \tan\varphi_i + c_i l_i)}{\Sigma\tau_i l_i} \tag{3-52}$$

式中各符号意义同前。

为了充分利用有限元计算的结果，有人提出了“单元安全度”概念。单元安全度的定义如下：

$$F_i = \frac{(\sigma_1 - \sigma_3)_{if}}{(\sigma_1 - \sigma_3)_i} \tag{3-53}$$

式中　F_i——单元安全度系数；

$(\sigma_1 - \sigma_3)_i$——第 i 单元计算所得的最大和最小主应力之差；

$(\sigma_1 - \sigma_3)_{if}$——第 i 单元土体发生剪切破坏时最大和最小主应力之差。

显然，如果 $F_i > 1$，表明该单元体是稳定的，$F_i = 1$，表明该单元体已处于极限平衡（由于我们在有限元计算中已考虑了土体单元达极限平衡后的应力修正和迁移，计算结果中不含出现 $F_i < 1$ 的情形）。如果土坡体内各单元体的 $F_i > 1$，土坡应是稳定的。如果 $F_i = 1$ 的单元体在坡体中贯穿，则可认为在坡体中存在极限平衡带，即潜在滑裂带或危险带。如果仅有部分单元体满足 $F_i > 1$，则可在坡体断面图中画出 F_i的等值线图。如果 F_i接近于1的单元体仅有部分与坡体自由面相连，则可考虑计算潜在滑裂面上的平均安全系数：

$$\overline{F}_S = \frac{\Sigma F_i l_i}{\Sigma l_i} \tag{3-54}$$

式中　$\overline{F}_S$——潜在滑裂面上的平均安全系数；

F_i——滑裂面穿过的单元体的安全度；

l_i——滑裂面穿过单元体的长度。

即使 $\overline{F}_S$ 满足稳定安全系数的要求，也要分析 $F_i = 1$ 的单元体（或 F_i接近于1的单元体）是在坡顶部分还是在坡足部分。如在坡足部分，则不要轻易做出土坡

是稳定的结论，还应做进一步的分析或采取适当的措施后再进行计算。

对其他情况，先找出 F_i 接近于 1 的等值线，认为沿该等值线形成潜在滑裂面，按式（3-54）计算平均安全系数即可。

3.4.7 快速拉格朗日法（FLAC 法）

各种数值计算方法在岩土、边坡稳定分析中应用虽近几年有很大的发展，但这些方法其理论本身以及采用的算法都有着各自的局限性。近几年发展起来的快速拉格朗日法（Fast Lagrangian Analysis of Continua，简称 FLAC 法）则是较好地吸取了其他数值方法的优点而形成的一种新型数值计算方法。

FLAC 法基本原理类同于离散单元法，但它却能像有限元那样适用于多种材料模式与边界条件的非规则区域的连续问题求解。在求解过程中，FLAC 法又采用了离散元的动态松弛法，不需求解大型联立方程组，便于计算。另外，FLAC 法不但能处理一般的大变形问题，而且能模拟岩体沿某一软弱面产生滑动的变形；能针对不同的材料特性，使用相应的本构方程来比较真实地反映实际材料的动态行为。FLAC 法还可考虑锚杆、挡墙、抗滑桩等支护结构与围岩的相互作用。关于 FLAC 法在滑坡稳定性分析中的应用，读者可参阅其他书籍，这里不再赘述。

应当指出，有限元等数值方法较好地反映了滑坡体与结构的共同作用，符合滑坡设计的力学原理。然而，由于滑带岩土的计算参数难以准确获得，人们对岩土材料的本构模型与滑坡破坏准则还认识不足，因此，目前根据有限元等理论所得出的计算结果，还只能作为设计工作的参考依据，要想得出合理的设计结果，还需要和工程类比以及传统的设计方法相结合。

应当看到，由于滑坡问题的复杂性，滑坡治理工程设计理论还处在不断发展阶段，各种设计方法还需要不断提高和完善，后期出现的设计计算方法一般也并不否定前期的研究成果，各种计算方法都有其比较适用的一面，但又各自带有一定的局限性，设计者在选择计算方法时，应对其有深入的了解和认识。

3.5 截排水工程设计

在诱发滑坡的各种因素中，降雨、融雪和地下水的渗透作用是主要的外因。降雨、融雪形成的地表水下渗到土体的孔隙和岩体的裂隙中，一方面增加岩土的重度，加大滑坡体的重量，使下滑概率增加，另一方面使岩土体的抗剪强度降低；同时，降雨、融雪形成的渗透水补给到地下水中，使地下水位或地下水压（在受压状态下）增加，其结果也将造成岩土体的抗剪强度降低。此外，渗透到地下的渗透水以一定的流速通过透水层滞留于不透水的面层（此层与上层的结合层一般是滑动面或滑动带）上，便形成了一个具有很大孔隙水压的含水层，这种孔隙水压力一方面在透水层中将引起流砂或砂层剪切破坏，另一方面在不透水层上的结合层（滑动层或滑动带）中，土颗粒将因之发生塑性破坏，加剧滑坡的发生。

从上述分析可知，水是产生滑坡的主要原因之一。要防止岩（土）体抗剪强度降低，就必须控制地表水和地下水。因此，排水工程是治理滑坡病害中一项极其重要的内容。

排水工程应尽量做到排泄滑坡中的地表水和疏导地下水，以减少滑体的重量，增加组成斜坡物质的强度指标，从而增加滑坡的稳定性，达到治理滑坡的目的。

3.5.1　滑坡治理中常见的排水措施

在滑坡治理中，应以“截、排和引导”为原则修建排水工程。通常，排水工程中所修建的排水建筑物可分为地表排水建筑物和地下排水建筑物两大类型。对于地表水可采用多种形式的截水沟、排水沟、急流槽来拦截和排引；对地下水则用截水渗沟、盲沟、纵向或横向渗沟、支撑渗水沟、汇水隧洞、立井、渗井、砂井-平孔、平孔、垂直钻孔群等排水措施来疏干和排引。通过这些排水措施，使水不再进入或停留在滑坡范围内，并排除和疏干其中已有的水，以增加滑坡的稳定性。

3.5.1.1　排除地表水

在滑坡区，排除地表水是处理地质灾害不可缺少的措施，而且是首先应当采取的措施。排除地表水的目的在于拦截、引离滑坡范围外的地表水，使其不致进入滑坡区；将降落或出露在滑坡范围内的雨水及泉水尽速排除，使其不致渗入滑坡体。因此，修建地表排水设施，按其分布的相对位置可分为滑坡体内和滑坡体外的两种。在滑坡体内的排水设施，应以防渗、汇集和尽快引出为原则。在滑坡体外的地表排水设施，应使所有的水不流入滑坡区，故以拦截、引离为原则。

选择地表水排水工程，应根据滑坡区的地形地貌条件，利用自然沟谷，在滑坡体内外修筑环形截水沟、排水沟和树杈状、网状排水系统，以迅速引走坡面雨水。在滑坡区范围内则设树枝状排水沟等。同时，对滑坡体表面的土层应进行整平夯实，并采用黏土等夯填裂缝，使地表水尽快归沟，防止或减少地表水下渗；对滑坡体范围内的泉水、封闭洼地积水，应引向排水沟予以排除或疏干；对浅层和渗水严重的黏土滑坡，可通过在滑坡体上植树、种草等措施来稳定滑坡。

3.5.1.2　排除地下水

对一般滑坡来讲，地下水常是诱发滑坡的重要因素，而地下水的存在往往是形成滑坡的主要条件，所以疏干滑坡体内以及截断和引出滑面附近的地下水，常常是治理滑坡的根本措施。由于滑动面（带）常积聚了大部分地下水，因此，排除滑面（带）积水又是滑坡地下排水的主要目的。因为排除地下水可使滑坡体土体干燥，从而提高其强度指标，降低岩土体的重度，并可消除地下水的水压力，以提高滑坡体的稳定性。

排除地下水是一项比较复杂、艰巨，而且投资较大的工程。设计中必须搜集足够的水文地质资料，注意施工质量，确保施工安全。

治理地下水的原则是“可疏而不可堵”。应该根据水文地质条件，特别是滑面（带）水分布类型，补给来源及方式，合理采用拦截、疏干、排引等措施，达到“追踪寻源，截断水流，降低水位，晾干土体，提高岩土抗剪强度，稳定滑坡”的目的。

3.5.2　地表排水工程设计与计算

地表排水工程主要是拦截、引离滑坡范围外的地表水和排除降落或出露在滑坡范围内的雨水、泉水以及封闭洼地积水。对于出露的泉水和封闭洼地积水等地表水可以通过实际调查的方法来确定。对于雨水等降水形成的地表水则需根据当地的气象条件、地形地质状况等因素，通过相关计算方法确定其汇流量。本节仅介绍对后者的确定方法。地表水汇流量的计算方法很多，如推理法、统计分析法、地区分析法或现场评判法等。这里仅介绍采用推理法确定地表水汇流量的有关计算公式。

3.5.2.1　地表水汇流量的计算公式

滑坡体外或滑坡体内的地表水设计汇流量可按下式计算确定：

$$Q = 16.67\psi qF \tag{3-55}$$

式中　Q——设计地表水汇流量，m^2/s；

ψ——径流系数；

q——设计重现期和降雨历时内的平均降雨强度，mm/min；

F——汇水面积，km^2。

3.5.2.2　地表水汇流量计算公式相关参数的确定

（1）设计降雨的重现期。参照我国《公路排水设计规范》(JYJ 018—1997)，建议对威胁重要性建筑物的滑坡，设计时降雨重现期可取 15 年，对威胁一般性建筑物的滑坡，设计时降雨重现期可取 10 年。但对多雨地区或特殊地区，可根据需要适当提高降雨重现期。

（2）降雨历时。降雨历时通常按汇流时间计算，包括汇水区内的坡面汇流历时和截流排水沟内的汇流历时。

（3）降雨强度的计算。当地气象部门有 10 年以上自记雨量记录资料时，可利用气象部门的观测资料按下式整理分析得到设计重现期的降雨强度：

$$q = \frac{a}{t + b} \tag{3-56}$$

式中　t——降雨历时，min；

a，b——地区性参数。

若当地缺乏自记雨量记录资料时，可利用标准降雨强度等值线图和有关转换关系，按下式计算降雨强度：

$$q = C_{\mathrm{p}} C_{\mathrm{t}} q_{5,10} \tag{3-57}$$

式中　$q_{5,10}$——5 年重现期和 10min 降雨历时的标准降雨强度，mm/min，可按地区，根据我国 5 年一遇 10min 降雨强度（$q_{5,10}$）等值线图查取；

C_{P}——重现期转换系数，为设计重现期降雨强度 q_{t}同标准重现期降雨强度 q_5的比值（q_{P}/q_5），可按地区，根据我国 5 年一遇 10min 降雨强度（$q_{5,10}$）等值线图查取；

C_{t}——降雨历时转换系数，为降雨历时 t 的降雨强度 q_{t}同 10min 降雨历时的降雨强度 q_{10}的比值（q_{t}/q_{10}），可按地区的 60min 转换系数（C_{60}），根据我国 60min 降雨强度转换系数（C_{60}）等值线图查取。

（4）径流系数的确定。径流系数按汇水区域内的地表种类由表 3-9 确定。当汇水区域内有多种地表时，应分别为每种类型选取径流系数后，按相应的面积大小取加权平均值。

表 3-9　径流系数 ψ

地表种类	径流系数 ψ	地表种类	径流系数 ψ
粗粒土坡面	0. 10 ~ 0. 30	平坦的草地	0. 40 ~ 0. 65
细粒土坡面	0. 40 ~ 0. 65	平坦的耕地	0. 45 ~ 0. 60
硬质岩石坡面	0. 70 ~ 0. 85	落叶林地	0. 35 ~ 0. 60
软质岩石坡面	0. 50 ~ 0. 75	针叶林地	0. 25 ~ 0. 50
陡峻的山地	0. 75 ~ 0. 90	水田、水面	0. 70 ~ 0. 80
起伏的山地	0. 60 ~ 0. 80		

3. 5. 3　地表排水体系设计及结构形式

进行地表水排水体系设计，应根据滑坡区域地貌、地形特点，充分利用自然沟谷，在滑坡体内外修筑截水沟、排水沟和树杈状、网状排水系统，以迅速引走坡面雨水。

3. 5. 3. 1　滑坡体外截水沟设置及其结构形式

为防止滑坡体外坡面汇水进入滑坡体，通常在滑坡体外修筑截水沟和排水沟。

滑坡体外截水沟：可以沿滑坡体周围，根据水流汇聚情况及滑坡在可以发展的边界以外不小于5m处，设置环形截水沟。

环形截水沟可以根据山坡汇水面积、降雨量（尤其是暴雨量）和流速等计算而得的汇水量大小，设置一条或多条，以拦截引离地表径流，不使坡面雨水流入滑坡体范围之内。

环形截水设计数条截水沟时，其间距一般以50～60m为宜，每条截水沟的断面尺寸，应按山坡沟间汇水面积和汇流量计算确定。其断面形式，应根据当地所引起的作用及土质等因素而定，多用倒梯形、矩形等形式。

截水沟铺砌时应先砌沟壁，后砌沟底，以增加其坚固性。迎水面沟壁应设泄水孔（10cm×20cm），以宣泄土中渗水。沟壁应嵌入边坡内，如图3-11所示。

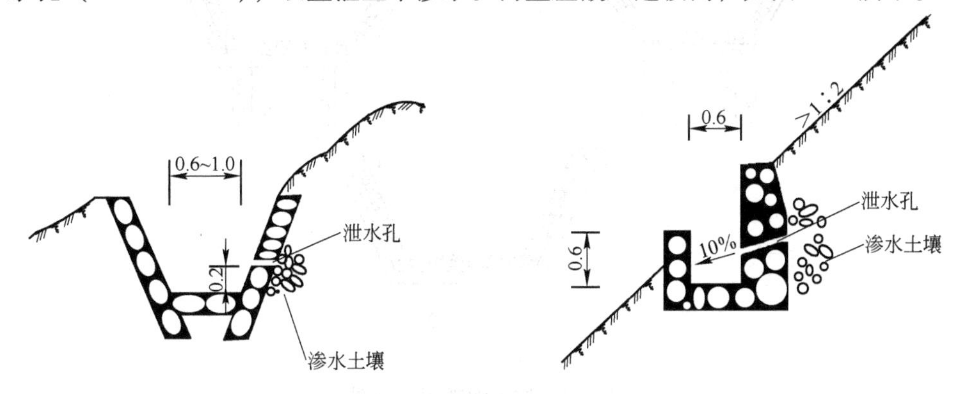

图3-11　截水沟铺砌构造断面示意图

3.5.3.2　滑坡体地表排水沟设置及其结构形式

为把滑坡区域内的雨水迅速地汇集并排到滑坡区外，防止或减少坡面流水渗入滑坡体，增加滑坡体下滑力和降低岩土抗剪强度，应在滑坡体内修筑树杈状、网状排水系统，以迅速引走坡面流水。因此，要尽可能详细地测量滑坡区内的地形，并绘成地形图来设计排水沟网。

排水沟网分为集水沟和排水沟两类，两类纵横交错形成良好的排水系统。

（1）集水沟。这类沟渠主要是横贯斜坡，以便尽可能地汇集雨水、地表水，并把横贯斜坡范围内较宽较浅的水沟与纵向的排水沟联结起来。集水沟有沥青铺面的沟渠、半圆形钢筋混凝土槽和半圆形波纹槽等多种，用刚性材料时要缩短各槽的长度，并用桩支承在地基上。

（2）排水沟。排水沟是用来把汇集的水尽快排出滑坡区，因此应采用较陡的坡度，并通过流量计算来确定断面尺寸。地表凹形部位的排水沟，每隔20～30m设置一个联结箍，特别是在地基松软的情况下，有时还要用桩来固定排水管路。排水沟的末端应设置端墙，并将水排到河流等处。

排水沟可用石砌水沟、混凝土水沟（图3-12）、U形槽、半圆形波纹槽等。

在滑坡范围内的排水系统，可充分利用地形和自然沟谷为排除地表水的渠道，因此必须对自然沟谷进行必要的整修、加固和铺砌，使水流畅通，不得渗漏。

在滑坡区范围内可设树枝状排水沟。其布置形式，排水沟的主沟方向应与滑坡的移动方向一致；支沟（集水沟）则应尽量避免横切滑坡体，支沟与滑坡移动方向成30°～45°角的斜交，不宜太大，以免滑坡体移动时沟身变形。支沟间距以20～30m为宜。

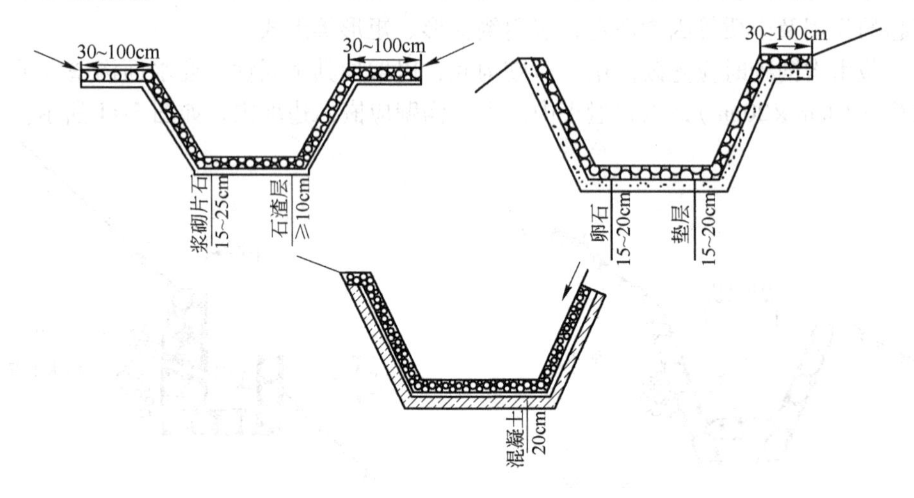

图3-12　排水沟断面示意图

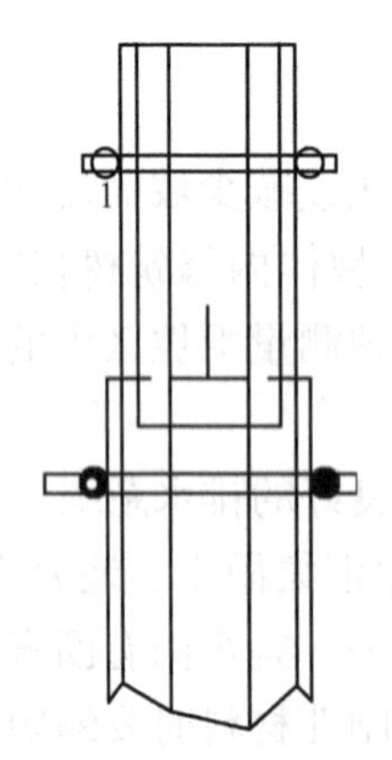

图3-13　排水沟通过裂缝处搭接示意图

在滑坡体内的水沟应有防止渗水的铺砌：如采用浆砌片石、混凝土板或沥青板铺砌，砂胶沥青堵塞砌缝接口。它既能防冲、防渗，而且经久耐用，亦便于施工和养护。通过滑坡裂缝处的沟身可用木质或塑料硬板水槽搭叠做成（图3-13），以免沟身挤压时断裂渗水。

在滑坡地区的灌溉沟渠、蓄水池、有裂缝的道路侧沟等集水地，应对它们修建防漏工程。对于滑坡范围内的泉水、湿地也必须处理。一般设置渗沟与明沟等引水工程，排除山坡上层滞水和疏干边坡，如图3-14所示。这类工程包括集水和排水两部分，埋入地下部分类似一个集水渗沟，须设反滤层，露出地面部分是排水明沟，用浆砌片石或混凝土块砌筑。

3.5.3.3　地表排水沟过流量的验算

地表排水沟排水的形式是多种多样的，各种形式的排水沟其过水流量的大小是不一样的。排水断面尺寸的大小可通过相应的水力计算来验算是否满足设计要求，并检查其流速是否在允许范围内。

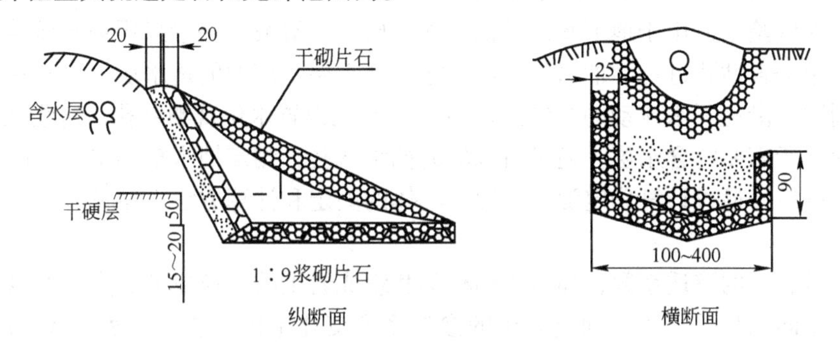

图3-14　排水渗沟与明沟的设置

对于一般沟或管的过水能力（过水流量）可按下式计算：

$$Q_c = vA \tag{3-58}$$

式中　Q_c——排水沟（管）的泄水能力，m^3/s；

A——过水断面面积，m^2；

v——沟或管内的平均流速，m/s，初步设计时，排水沟内的平均流速可按下式估算：

$$v = 20i_g^{0.6}$$

i_g——该段排水沟内的平均坡度。

对于浅三角形沟过水断面的泄水能力按下述修正公式计算：

$$Q_c = 0.377\frac{1}{i_h n}h^{\frac{8}{3}}I^{\frac{1}{2}} \tag{3-59}$$

式中　i_h——排水沟或过水断面的横向坡度；

h——排水沟或过水断面的水深，m；

n——沟或过水断面的糙度；

I——沟的纵向坡度。

3.5.4　地下排水工程设计与计算

在进行地下排水工程设计时，必须通过详细的调查、勘探等方法查明地下水的分布状况，并测定其水压力，以确定合理的地下水排水工程方案。

3.5.4.1　渗透系数的确定

求渗透系数的方法可采用室内试验或现场试验。但室内试验需要采取大量的原状岩土试样，这对滑坡土是很难做到的。采用室内试验时，可采用常水头或变水头渗透试验确定。常水头渗透试验适用于透水性高的粗粒岩土，而变水头渗透试验适用于透水性中等或低的细粒岩土。

现场试验又有抽水试验和注水试验。抽水试验适用于地下水位较高的含水层，注水试验则适用于地下水位较低的含水层。在滑坡区一般采用抽水试验。抽水试验用垂直钻孔进行，抽水的深度应达到含水层下部的弱透水层。通常在抽水孔的周围，沿地下水流动的方向按20～30m间距设置水位观测钻孔，这些观测孔也应深至所需要的含水层。通过对现场的抽水试验，测定抽水量和水位随时间的变化数据后，通过计算确定渗透系数。具体的测定和计算方法可参考《工程地质手册》。

各类岩土的渗透系数，随岩土的种类和组成岩土的颗粒成分、大小及其密实程度的不同而相差很大，同类岩土的渗透系数变化范围也很大。表3-10为代表性岩土的渗透系数的经验参考值范围。利用表列数值或其他工程的经验数值，可按含水层介质的岩土类别粗略估计其渗透系数，供初步设计参考。

表3-10　各类岩土渗透系数参考值

岩土名称	渗透系数/$cm \cdot s^{-1}$	岩土名称	渗透系数/$cm \cdot s^{-1}$
黏　土	$<6\times10^{-6}$	中　砂	$6\times10^{-3}\sim2\times10^{-2}$
粉质黏土	$6\times10^{-6}\sim1\times10^{-4}$	粗　砂	$2\times10^{-2}\sim6\times10^{-2}$
粉　土	$1\times10^{-4}\sim6\times10^{-4}$	砾　石	$6\times10^{-2}\sim1\times10^{-1}$
粉　砂	$6\times10^{-4}\sim1\times10^{-3}$	卵　石	$1\times10^{-1}\sim6\times10^{-1}$
细　砂	$1\times10^{-3}\sim6\times10^{-3}$	漂　石	$6\times10^{-1}\sim1\times10^{0}$

3.5.4.2　*渗透流量的确定*

地下水渗透量的确定主要采用渗流定律。下面列出三种渗透流量的计算公式，其主要差别在于不透水层的坡度和排水渗沟的深度（相对于不透水层）。

A　*渗沟深度达不透水层而不透水层的坡度又较平缓的情况*

渗沟底部挖至或挖入不透水层（图3-15），而不透水层的横向坡度较平缓时，可采用地下水自然流动速度近于零的假设，按下列计算公式计算单位长度渗沟由沟壁一侧流入沟内的流量：

$$Q_s = \frac{k(H_c^2 - h_g^2)}{2r_s} \tag{3-60}$$

$$h_g = \frac{I_0}{2 - I_0}H_c \tag{3-61}$$

$$r_s = \frac{H_c - h_g}{I_0} \tag{3-62}$$

$$I_0 = \frac{1}{3000\sqrt{k}} \tag{3-63}$$

式中　Q_s——每延米长渗沟由沟壁一侧流入沟内的流量，$m^3/(s \cdot m)$；

H_c——含水层地下水位的高度，m；

h_g——渗沟内的水流深度，m，在渗沟底位于不透水层内，且渗沟内水面低于不透水层顶面时，按式（3-61）计算；

k——含水层岩土颗粒的渗透系数，m/s；

r_s——地下水位受渗沟影响而降落的水平距离，m，可按式（3-62）确定；

I_0——地下水位降落曲线的平均坡度，可按含水层岩土颗粒的渗透系数由近似公式（3-63）估算。

如地下水由两侧流入渗沟内，则上述渗沟内的流量应乘以 2 倍。

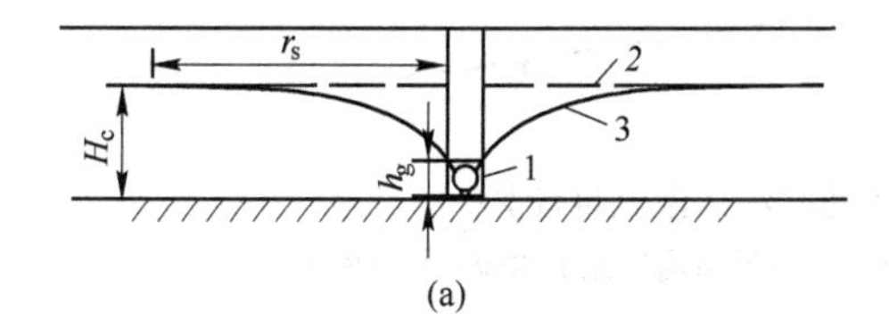

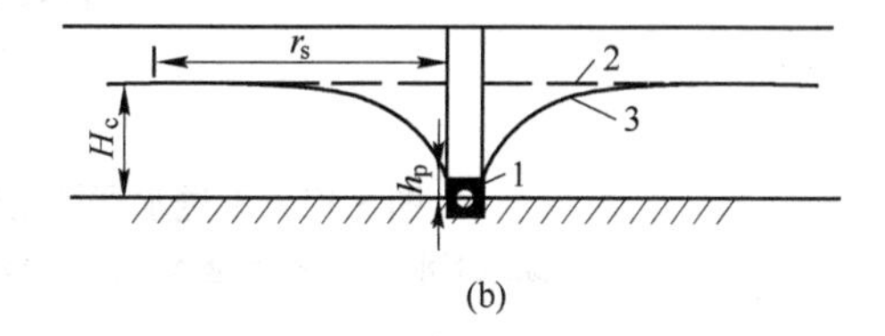

图 3-15　不透水层坡度平缓时的渗沟渗流量计算

（a）沟底设在不透水层上；（b）沟底设在不透水层内

1—渗沟；2—地下水位；3—地下水降落曲线

B　渗沟深度比不透水层浅的情况

渗沟深度浅而不透水层很深时（图 3-16），渗流量计算的主要参数是渗透系数和地下水位受渗沟影响而降落的水平距离或平均坡度。地下水位受渗沟影响而降落的水平距离或平均坡度与含水层岩土的透水性，即渗透系数有关。这种情况下，位于含水层内单位长度渗沟内的流量按下式计算确定：

$$Q_s = \frac{\pi k H_g}{2\ln\left(\frac{2r_s}{r_g}\right)} \tag{3-64}$$

式中　r_s——相邻渗沟间距之半，m；

k——含水层岩土颗粒的渗透系数，m/s；

H_g——渗沟位置处地下水位的下降幅度，m。

C　不透水层有较大横坡的情况

不透水层横向坡度较陡时（图 3-17），假设地下水位的平均坡降与不透水层的横向坡度相同，则单位长度渗沟由沟壁一侧流入沟内的渗流量可按下式计算：

$$Q_s = k i_h H_g \tag{3-65}$$

式中　i_h——不透水层横向坡度。

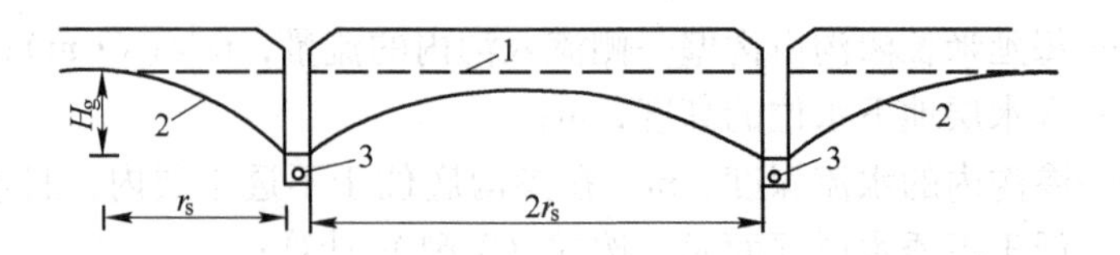

图 3-16　不透水层深时渗沟渗流量计算

1—原地下水位；2—降落后地下水位；3—渗沟

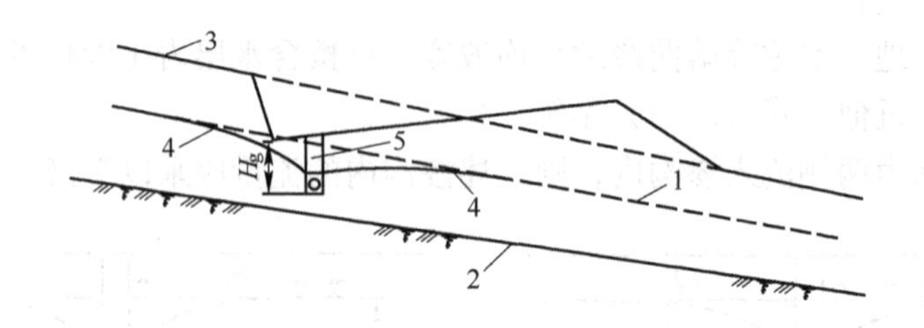

图 3-17　不透水层坡度较陡时渗沟渗流量计算

1—原地下水位；2—不透水层；3—坡面；4—设渗沟后地下水位；5—渗沟

3.5.4.3　地下排水措施及结构形式

排除地下水工程分为排除浅层地下水和排除深层地下水两类。

A　常用的排除地下水工程措施

常用的排除滑坡体地下水的工程措施有：

（1）拦截地下水的建筑物。截水明沟、槽沟、排水隧洞以及截水渗沟等。

（2）疏干地下水设施。边坡渗沟、支撑渗沟、疏干排水隧洞、渗水暗沟、渗井、渗管、渗水支垛、垂直钻孔排水等。

（3）降低地下水的措施。多布置在滑坡两侧附近，其中常用的有槽沟、纵向渗沟、横向渗沟、排水隧洞、带渗井及渗管的隧洞等。

B　地下水排水体系结构形式

为了有效地排除滑坡体内的地下水，根据滑坡体内地下水的情况，综合运用各种排水设施。一方面要合理进行各种地下水排水设施的布置，另一方面要根据各种地下水排水设施的特点进行构造设计，以满足排水量的要求。目前常用的排除地下水建筑物结构形式有：

（1）明沟和槽沟。明沟一般适用于地下水埋藏很浅，譬如深度仅在 1 ~ 2m 之内，或水沟通过地层稳定能够进行较深的明挖的地方。

槽沟则用于处理地下水埋藏较深或地质不良，水沟边坡容易发生滑塌的地方，其深度可达到 3m 左右。

明沟、槽沟用处很广，可以作拦截、排引、疏干、降低地下水之用。施工简便，养护容易，造价低廉。

明沟、槽沟的断面形式，常用的有梯形和矩形两种，如图3-18和图3-19所示。明沟常用浆砌片石或砖砌筑。槽沟则用浆砌片石、木质结构及钢筋混凝土结构。并可根据其设置的位置和作用的不同分别做好过滤、隔水和防渗等设施。

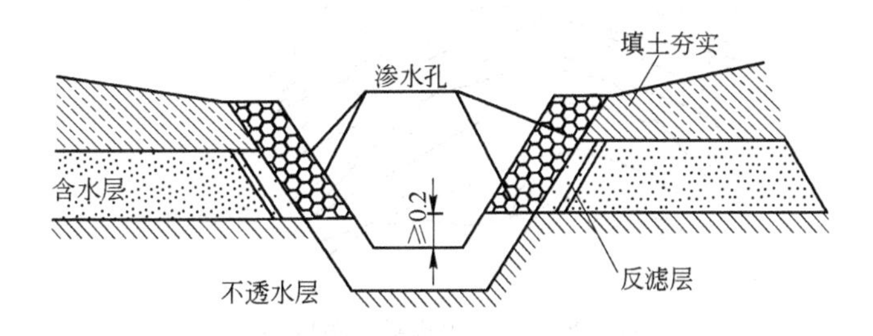

图3-18 浆砌片石明沟断面

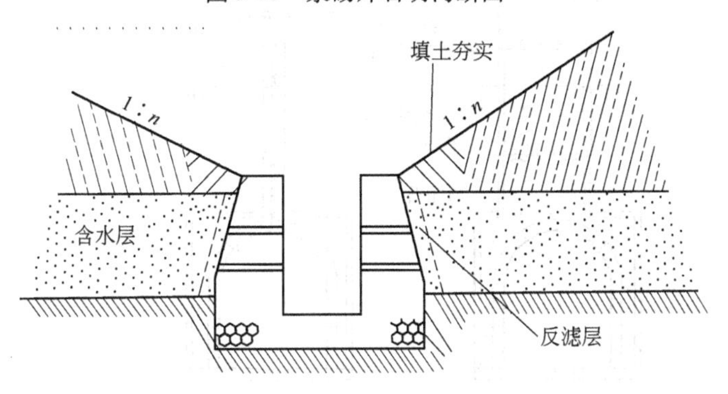

图3-19 浆砌片石排水槽沟断面图

(2) 暗沟和明暗沟。这种设施最宜用来排除分布于自地表到地表下3m左右范围内的地下水。

暗沟有集水暗沟和排水暗沟两种。集水暗沟用来汇集它附近的地下水；而排水暗沟的主要目的是与地表排水沟连接起来，把汇集的地下水作为地表水排除。

(3) 渗沟。渗沟在整治中小型的浅层滑坡中能起到良好作用，在滑坡处治应用中较多。它具有疏干表层土体，增加坡面稳定性；截断及引排地下水，降低地下水位，防止土壤细粒间的冲移和浸蚀作用。渗沟如做到浅层活动面以下，可以起到土体的支撑作用。因此，它是滑坡整治中常用的一种有效措施。渗沟按其作用的不同可分为截水渗沟（图3-20)、边坡渗沟、支撑渗沟等几种形式。这些渗水设施只要在设计时资料搜集正确，布置得当，施工质量好，勤养细修，一般都能起到良好的排水效能。

(4) 排水隧洞。排水隧洞主要用于截排或引排滑面附近埋藏较深的一层地下水。对于滑面以上的其他含水层，可在排水隧洞顶上设置若干渗井或渗管（图

3-21）将水引进。对于排水隧洞以下的承压含水层，可在排水隧洞底部设置渗水孔将水引进洞内予以排出。

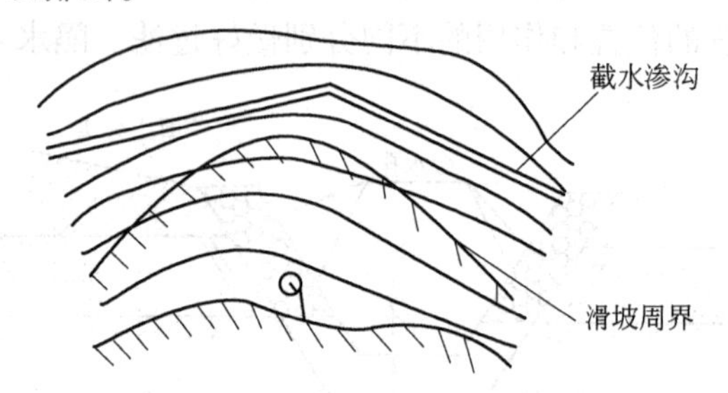

图 3-20　截水渗沟平面布置图

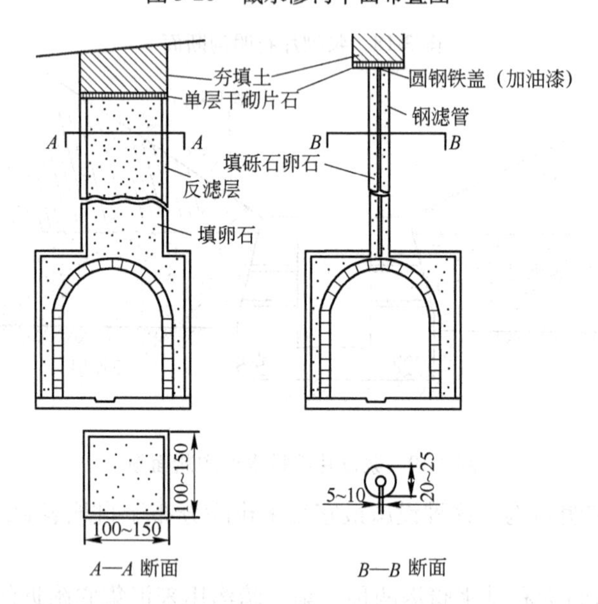

图 3-21　带有集水渗井及渗管的排水隧洞示意图（cm）

在基岩内或基岩面附近，若确实分布大量的地下水时，采用排水隧洞是最可靠有效的措施，其维修也方便。

（5）检查井（竖井、立井）。检查井（竖井、立井）可供渗沟、暗沟、排水隧洞的检查、清理和通风之用。一般每隔 30～50m 设计一处，在渗沟、暗沟、排水隧洞的中线转折处还需另行增设，如图 3-22 所示。

（6）渗水石垛。渗水石垛亦称渗水支垛或抗滑支垛。它好像一种不相连续的低挡墙，通常是用干砌片石或块石砌筑。它适用于边坡地下水多，易产生表层滑坍、坍塌，并且坡脚有较坚硬基底的地方，如整治黏性土的塑性滑坡。

渗水石垛可以分段隔开砌筑在路基边坡中，有时常常成群地设置。一方面可以疏干路堤及路堑边坡的地下水，另一方面对边坡滑坍土体起一定的支撑作用。

因此，渗水石垛又可以分为路堑支垛和路堤支垛。

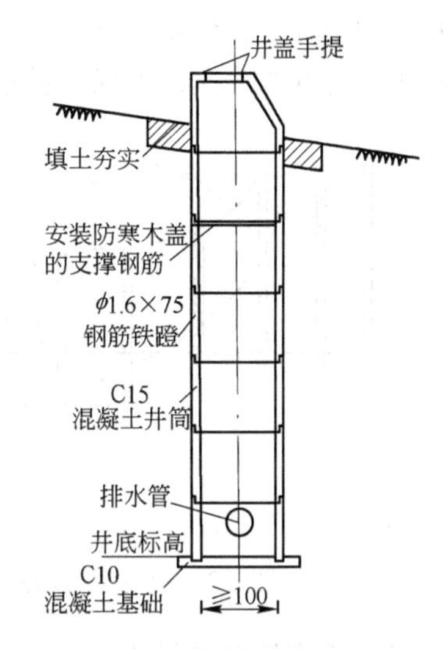

图 3-22 检查井结构断面图

渗水石垛的设计方法与支撑渗沟相同。支垛有一定的间距，施工方便，且可避免过于切割所引起的滑坡体变形。渗水石垛的基础必须埋入滑坡以下坚硬地层上，并做好基底防渗工作，防止基础土壤软化而减少摩擦力。

（7）平孔排水。平孔排水具有施工简便、工期短、节约材料和劳动力的特点，是一种经济有效的排水措施。

平孔的设置位置和数量应视地下水分布的情况和地质条件而定。钻孔一般上倾10°~15°，所以平孔排水亦称仰斜孔排水（图3-23）。其孔径大小一般不受流量控制，主要取决于施工机具和孔壁加固材料，通常孔径由数十毫米至100mm以上。由于其孔径较小，集水能力较小，若不是汇集来自透水性很强的砾石层的地下水，则排水效果不好。因此，要排除来自透水性弱的地层中的地下水，就必须采用100mm以上的大孔径钻孔，但是由于土质关系（例如遇到砾石或夹巨砾的砂土），有时也不能很好钻进。

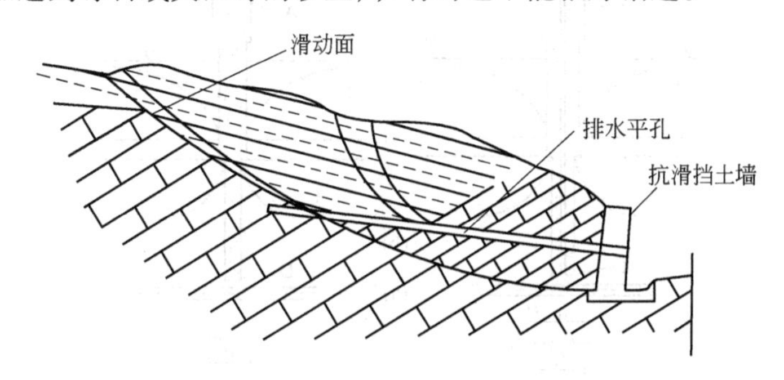

图 3-23 平孔排水布置图

平孔排水可单独使用，也可与砂井、竖孔、竖向集水井等联合使用。与砂井或竖孔联合使用时，用砂井或竖井汇集滑坡体内的地下水，用平孔连砂井或竖孔把水排出（图3-24a）；与竖向集水井联合使用时，可在其井壁上钻凿短的水平孔，使附近的地下水汇集到集水井中，再在坡面上设置水平钻孔，使竖向集水井中的集水自然地流到滑坡体外（图3-24b），这样可以缩短水平钻孔的尺度，降低工程造价。

平孔排水的主要缺点是排水孔容易被淤塞，排水效果随着时间的增长而逐渐降低，因此应注意后期的维护，当发现排水不畅时，可用高压射水或高压空气进行清孔，或重新钻孔，以保证排水的通畅。

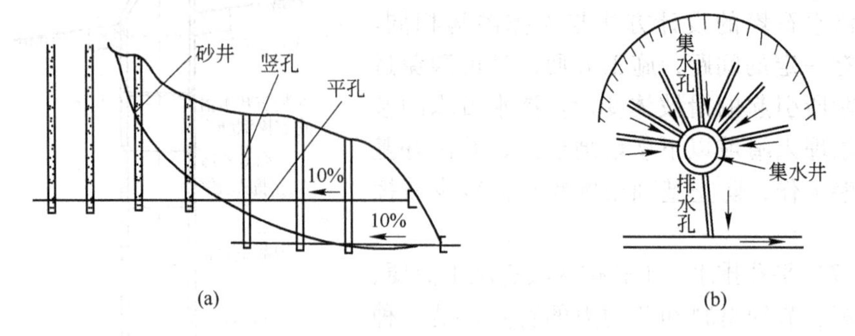

图 3-24　平孔与砂井、竖孔、竖向集水井等联合排水布置图

（8）垂直钻孔群排水。当坡内含水层的渗透性较强，滑带以下有含水层时，还可采用垂直钻孔群排水。它是将滑坡体内的部分或全部水，借助一般勘探钻孔群穿透滑床-隔水层而转移到其下另一较强透水层或含水层的一种工程措施。目的在于提高滑坡的稳定性。它适用于排除处在相对稳定阶段的滑坡的地下水。它比排水隧洞排水施工安全、工效高、造价低。排水钻孔结构如图 3-25 所示。

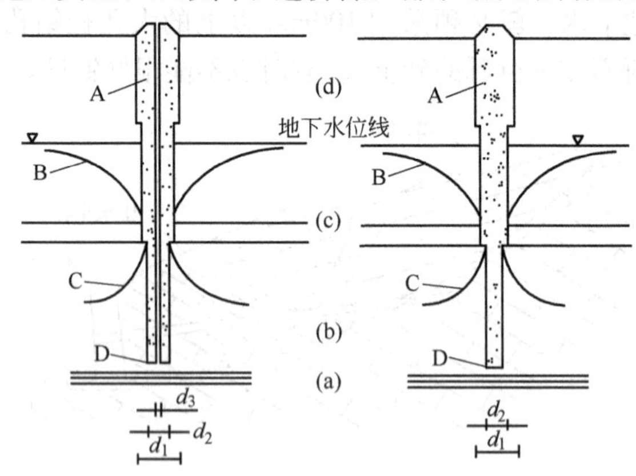

图 3-25　垂直钻孔排水示意图

（a）砂岩页岩泥浆；（b）砂砾卵石土；（c）滑动带；（d）滑体

A—塑料过滤管；B—地下水降落曲线；C—地下水吸收曲线；D—砂砾过滤管；

d_1—钻孔开孔直径；d_2—钻孔终孔直径；d_3—过滤管直径

排水钻孔钻机一般用水文、工程地质勘探用的 100 型或 150 型即可满足施工要求。孔群最好成排地平行地下水等高线，即每排孔群方向垂直于地下水流向。孔距要看含水层的渗透能力和要求下降预定水位的指定工期而定。

3.6 减重反压工程设计

3.6.1 概述

减重与堆载反压是滑坡治理中最直接、最有效的方法之一，在滑坡治理中广泛采用。减重的概念是针对滑坡处治而提出的，它是减轻滑坡致滑段的滑体超重部分，以减小滑体的下滑力，使滑坡趋于稳定，减重的位置应位于滑坡的致滑段（一般在滑坡的上部），如图3-26所示。与减重相对应的另一种技术是堆载反压技术，它是通过在滑坡的阻滑段（一般在滑坡的下部）堆载来提高滑坡的阻滑力以使滑坡处于稳定，如图3-27所示。

由于减重是在滑坡后缘挖除一定数量的滑体而使滑坡稳定下来，因而它适用于推移式滑坡或由塌落形成的滑坡，并且滑床上陡下缓，滑坡后缘及两侧的地层稳定，不会因刷方而引起滑坡向后或向两侧发展。与减重相对应的堆载阻滑技术则主要适用于牵引式滑坡，同时应注意堆载不要引起次一级的滑面。

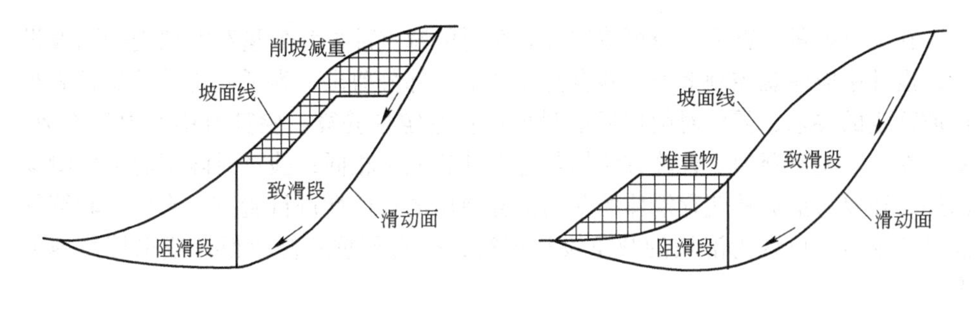

图3-26 滑坡减重示意图　　图3-27 滑坡堆载反压示意图

在一般情况下，滑坡减重和堆载阻滑都只能减小滑体的下滑力或增大阻滑力，不能改变其下滑的趋势，因此它们常与其他整治措施配合使用。

3.6.2 滑坡减重设计的一般规定

（1）减重设计前必须弄清楚滑坡的成因和性质，查明滑动面的位置、形状及可能发展的范围，根据稳定滑坡和修建防滑构造物的要求进行设计计算，以决定减重范围。对于小型滑坡可以全部清除。

（2）滑坡减重的弃土，不能堆置在滑坡的主滑地段，应尽量堆填于滑坡前缘，以便起到堆载阻滑的作用。

（3）牵引式滑坡或滑带土具有卸载膨胀性质的滑坡，不宜采用滑坡减重的方法。

（4）进行减重设计时，应检算滑面从残存滑体的薄弱部分剪出的可能性。

（5）减重后的坡面必须注意整平、排水及防渗处理。

（6）减重施工必须严格自上而下进行。

3.6.3　滑坡超重计算

滑坡超重计算是滑坡减重设计的重要依据，一个滑坡应在什么部位减重，减重多少完全取决于滑坡超重计算的结果。

超重计算在主滑断面上进行，对于大面积的滑坡应取多个纵断面计算。计算方法可采用不平衡推力传递系数法。计算步骤如下：

（1）确定潜在滑动面及滑体、滑面的物理力学参数，地下水位；

（2）选取合适的安全系数；

（3）对滑体分条并用传递系数法计算每个土条的下滑力、剩余下滑力；

（4）根据上一步的计算结果确定减重的部位和数量。

3.6.4　滑坡稳定性验算

在滑坡超重计算后，便可按照计算获得的减重部位和数量对滑坡进行削坡设计，设计中应注意控制滑坡从残存滑体的薄弱部分剪出。为了检验设计是否满足边坡稳定的要求，需要对削坡后的滑坡进行稳定性验算。验算所用的力学参数、安全系数、主滑断面、计算方法均与超重计算完全相同；验算时除了验算原滑动面外，还要对滑坡从残存滑体的薄弱部分剪出的可能性进行验算。当所有验算均满足要求时，可认为滑坡的减重设计可行；否则须重新修改设计或采用其他方案。

在进行滑坡稳定性验算时，滑带岩土抗剪强度指标的选取除采用试验方法外，还应采用反分析法和经验数据法加以验证。

3.7　抗滑挡土墙工程设计

抗滑挡土墙是目前在中小型滑坡整治中应用最为广泛而且较为有效的措施之一。根据滑坡的性质、类型和抗滑挡土墙的受力特点、材料和结构的不同，抗滑挡土墙又可分为多种类型。

从结构形式上分，有：（1）重力式抗滑挡土墙；（2）锚杆式抗滑挡土墙；（3）加筋土抗滑挡土墙；（4）板桩式抗滑挡土墙；（5）竖向预应力锚杆式抗滑挡土墙等形式。

从材料上分，有：（1）浆砌条石（块石）抗滑挡土墙；（2）混凝土抗滑挡土墙（浆砌混凝土预制块体式和现浇混凝土整体式）；（3）钢筋混凝土抗滑挡土墙；（4）加筋土抗滑挡土墙等。

选取何种类型的抗滑挡土墙，应根据滑坡的性质、类型、自然地质条件、当地的材料供应情况等条件，综合分析，合理确定，以期达到整治滑坡的同时，降低治理工程的建设费用。

对于小型滑坡，可直接在滑坡下部或前缘修建抗滑挡土墙，对于大、中型滑坡，抗滑挡土墙常与排水工程、削方减重工程等治理措施联合应用。其优点是对山体破坏少，稳定滑坡收效快。尤其是对于因斜坡体前缘破坏而引起的滑坡，抗滑挡土墙会起到良好的整治效果。

在修建抗滑挡土墙时，必须认真进行踏勘、调查滑坡的性质、滑体结构、滑移面层位和层数，以及抗滑挡土墙基础的地质情况，合理确定滑坡体的推力大小。原则上抗滑挡土墙应设置在滑坡体前缘稳定地层上，防止由于滑坡体前缘地基产生不允许的变形而引起抗滑挡土墙变形而失效。对于深层滑坡体和正在滑移的滑动体，可能因修建挡土墙进行基础开挖时，加剧滑坡体的滑动，对这类滑坡，不宜采用抗滑挡土墙。鉴于重力式抗滑挡土墙是一种典型而常用形式，本章仅介绍该类挡土墙的设计方法，其他类型的抗滑挡土墙略。

抗滑挡土墙与一般挡土墙类似，但它又不同于一般挡土墙，主要表现在抗滑挡土墙所承受的土压力的大小、方向、分布和作用位置等与一般挡土墙有区别。一般挡土墙主要抵抗主动土压力，而抗滑挡土墙所抵抗的是滑坡体的剩余下滑推力。一般情况下滑坡的剩余推力较大，对于滑体刚度较大的中、厚层滑坡体，由滑坡推力引起的压应力的分布图形近似于矩形，推力的方向与滑移面层相平行；合力作用点位置较高，位于滑面以上1/2墙高处。因此，一般情况下，滑坡推力较主动土压力大。为满足抗滑挡土墙自身稳定的需要，要求抗滑挡土墙墙面有一定坡度，一般采用1:0.3～1:0.5，甚至缓至1:0.75～1:1。有时为增强抗滑挡土墙底部的抗滑阻力，将其基底做成倒坡或锯齿形；而为了增加抗滑挡土墙的抗倾覆稳定性和减少墙体圬工材料用量，可在墙后设置1～2m宽的衡重台或卸荷平台。

抗滑挡土墙的主要功能是稳定滑坡。因滑坡形式的多样性，滑坡推力的大小也因滑坡的形式、规模和滑移面层的不同而不同。抗滑挡土墙结构的断面形式应因地制宜进行设计，而不能像一般挡土墙那样采用标准断面。工程中常用的抗滑挡土墙断面形式如图3-28所示。

3.7.1 抗滑挡土墙布置原则

抗滑挡土墙的布置应根据滑坡位置、类型、规模、滑坡推力大小、滑动面位置和形状，以及基础地质条件等因素，综合分析确定，其一般布置原则如下：

（1）对于中、小型滑坡，一般将抗滑挡土墙布设在滑坡前缘。

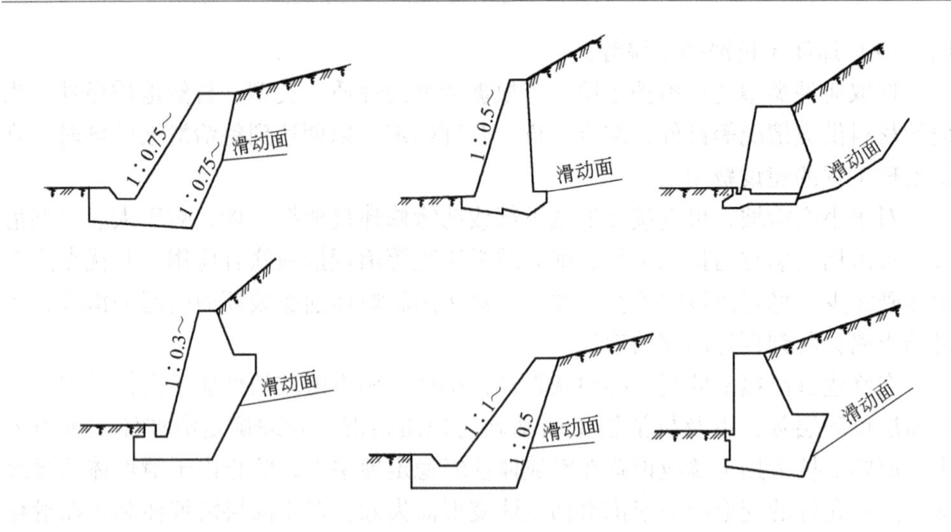

图 3-28　常用的抗滑挡土墙断面形式

（2）对于多级滑坡或滑坡推力较大时，可分级布设。

（3）对于滑坡中、前部有稳定岩层锁口时，可将抗滑挡土墙布设在锁口处，如图 3-29 所示，锁口处以下部分滑体另作处理，或另设抗滑挡土墙等整治工程。

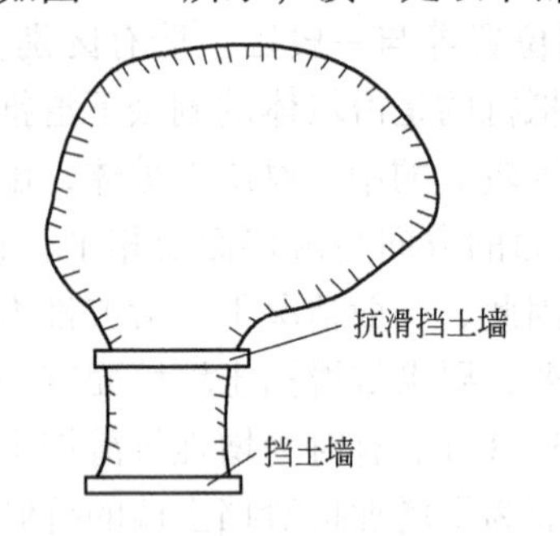

图 3-29　锁口处布置抗滑挡土墙

（4）当滑动面出口在构筑物（如公路、桥梁、房屋建筑）附近，且滑坡前缘距建筑物有一定距离时，为防止修建抗滑挡土墙时因开挖基础而引起滑坡体活动，应尽可能将抗滑挡土墙靠近建筑物布置，以便墙后留有余地填土加载，以增加抗滑力，减少下滑力。

（5）对于道路工程，当滑面出口在路堑边坡上时，可按滑床地质情况决定布设抗滑挡土墙的位置；若滑床为完整岩层，可采用上挡下护办法。若滑床为不宜设置基础的破碎岩层时，可将抗滑挡土墙设置于坡脚以下的稳定地层内。

（6）当滑坡前缘面向溪流、河岸或海岸时，抗滑挡土墙可设置于稳定的岸滩地，并在抗滑挡土墙与滑坡体前缘留有余地，填土压重，增加阻滑力，减少抗滑挡土墙的圬工数量，降低工程造价；或将抗滑挡土墙设置在坡脚，并在挡土墙外进行抛石加固，防止坡脚受水流或波浪的浸蚀和淘刷。

（7）对于地下水丰富的滑坡地段，在布设抗滑挡土墙前，应先进行辅助排水工程，并在抗滑挡土墙上设置排水设施。

（8）对于水库沿岸，由于水库蓄水位的上升和下降，使浸水斜坡发生崩塌，进而可能引起大规模的滑坡，除在浸水斜坡可能崩塌处布设抗滑挡土墙外，在高水位附近还应设抗滑桩或二级抗滑挡土墙，稳定高水位以上的滑坡体；或根据地形情况及水库蓄水水位的变化情况设置 2~3 级或更多级抗滑挡土墙。

3.7.2 抗滑挡土墙设计与计算

3.7.2.1 抗滑挡土墙上力系分析与荷载确定

作用于抗滑挡土墙的力系，与一般挡土墙所受力系相似，只是在进行抗滑挡土墙设计时，侧压力一般不是采用主动土压力，而是滑坡推力，其大小、方向、分布和合力作用点位置与一般挡土墙上的土压力不同。在进行抗滑挡土墙设计时应充分分析作用于挡土墙上的各种力系，合理确定作用于抗滑挡土墙上的滑坡推力。通常将作用于抗滑挡土墙上的力系分为基本力系和附加力系。

基本力系是指由滑坡体和抗滑挡土墙本身产生的下滑力和阻滑力，它与滑体的大小、容重、滑动面形状和滑面（带）的抗剪强度指标 c、φ 值等因素有关。

附加力系是作用于抗滑挡土墙上除基本力系外的其他力，主要包括：

（1）作用于滑体上的外加荷载，如建筑物自重、汽车荷载等；

（2）对于水库岸坡，水库蓄水时滑体有水，且与滑带水连通时，应考虑动水压力和浮力；

（3）滑体两端有贯通主滑带的裂隙，在滑动时裂隙充分，则应考虑裂隙水对滑体的静水压力；

（4）其他偶然荷载，如地震力和其他特殊力。

A 滑坡推力的计算

对于滑坡推力的计算，当前国内外普遍是利用极限平衡理论计算每米宽滑动断面的推力，同时假设不计算侧向摩阻力。

原则上滑坡推力计算应与其稳定性分析方法保持一致，这样计算的滑坡推力和相应的稳定系数才能对应。在用极限平衡法分析边坡的稳定性时，根据条间力的不同假定有各种不同的稳定性计算方法，所以也就有计算滑坡推力的各种假定和算法。根据常见的滑移面形式，在此将其分为如下 4 种并提出相应的滑坡推力计算方法。每一种滑坡推力的计算方法均与相应的坡体稳定性计算方法相对应，计算原理、假定均与各相应稳定性分析方法相同。

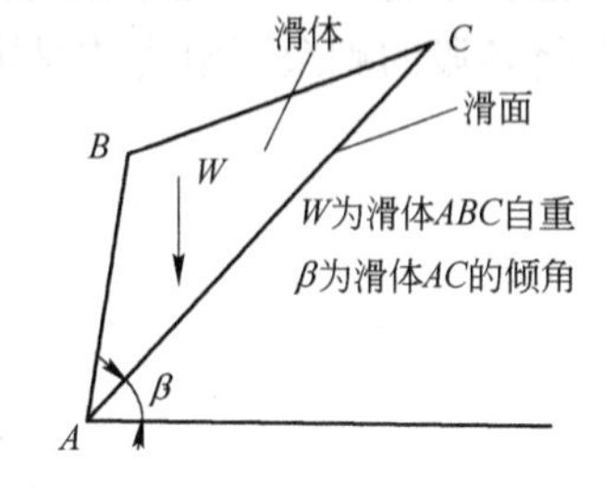

图 3-30 滑面为单一平面的滑坡

（1）滑面为单一平面。如图 3-30 所示，对一般散体结构或破碎状结构的坡体，或顺层岩坡的坡体，开挖后容易出现这种滑面。由于土中黏聚力 c 较小，计算时可忽略 c 值。这种滑动形式的滑坡推力采用以下公式加以计算：

滑体$\triangle ABC$产生的推力为

$$E_A = W\cos\alpha(F_s\tan\beta - \tan\varphi) \tag{3-66}$$

式中 W——滑体$\triangle ABC$的自重；

F_s——设计所需的安全系数；

φ——滑面岩土的综合内摩擦角；

β——滑面的倾角。

（2）滑面为圆弧或可近似为圆弧面。这种滑面通常产生于有黏性土及含黏性土较多的堆积土组成的坡体地段，其滑坡推力可采用简化的 Bishop 法进行计算。

滑坡推力E的计算式为

$$E = F_s\Sigma T - \Sigma N\tan\varphi - \Sigma cl - \Sigma R \tag{3-67}$$

式中 F_s——设计所需的安全系数；

ΣN——作用于滑面（带）上法向力之和；

ΣT——作用于滑面（带）上滑动力之和；

ΣR——反倾抗滑部分的阻滑力之和；

Σcl——沿滑面（带）各段单位黏结力c和滑面长l乘积的阻力之和；

φ——滑面（带）岩土的内摩擦角。

（3）滑面为连续的曲面或由不规则（较陡）折线段组成。在这种情况下，可采用 Janbu 法按照如下方法计算其滑坡推力：

如图 3-31 所示，可将滑面（带）划分为许多段，一般每一折线为一段，设每段折线长度为l_i，与水平之夹角为α_i，各段的重力为W_i，各段滑面（带）岩土的抗剪强度为c_i、φ_i，则该滑坡的设计计算推力E为

$$E = F_s\sum_{i=1}^{n} W_i\sin\alpha_i - \sum_{i=1}^{n} W_i\cos\alpha_i\tan\varphi_i - \sum_{i=1}^{n} c_il_i \tag{3-68}$$

式中，F_s为设计所需的安全系数。对于滑带反倾、无下滑力的阻滑段，其$W_i\sin\alpha_i$为负值，不需乘F_s。至于推力的倾角，有按平行于滑坡中较长的主滑带计算的，亦有将各段的剩余下滑力均投影于水平面上计算的。

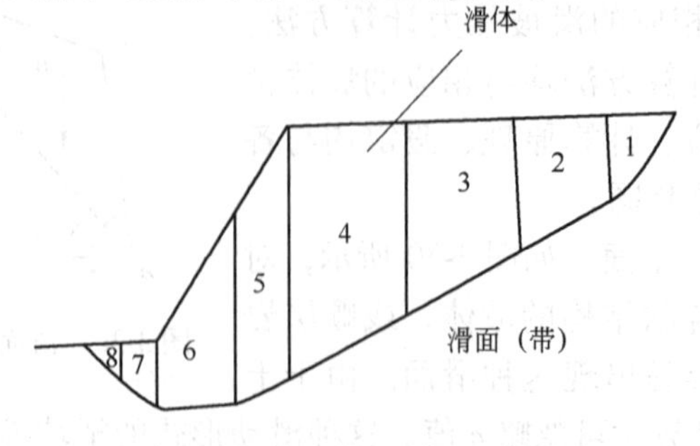

图 3-31 滑面呈折线形滑坡

（4）滑面由一些倾角较缓、相互间变化不大的折线段组成的滑面。推力计算可采用传递系数法。在工程设计中，当要计算滑坡推力时，还要考虑一定的安全储备，选用的安全系数 F_s应大于1.0，一般取为1.05~1.25。

计算时，如果最后一块的 E_n为正值，说明滑坡体在要求的安全系数下是不稳定的；如果 E_n为负值或零，说明滑坡体稳定，满足设计要求。

另外，如果计算断面中有逆坡，倾角 α_i为负值，则 $W_i\sin\alpha_i$也是负值，因而 $W_i\sin\alpha_i$变成了抗滑力。在计算滑坡推力时，$W_i\sin\alpha_i$项就不应再乘以安全系数。

B 附加力的计算

如图3-32所示，在计算滑坡推力时应考虑的附加力主要有：

（1）滑坡体上的外荷载 Q，如建筑物自重、汽车荷载等，这时应将 Q 加在相应的滑块自重之中。

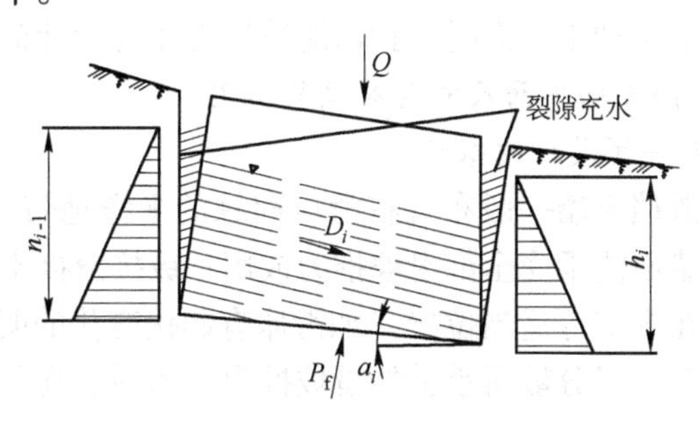

图3-32 作用于滑体分块上的附加力系

（2）对于水库岸坡等地带的滑坡，若滑体有水，且与滑带水连通时，应考虑动水压力和浮力。动水压力 D，其作用点位于饱水面积的形心处，方向与水力坡度平行，大小为

$$D = \gamma_W \Omega I \tag{3-69}$$

式中 γ_W ——水的重度，kg/m^3；

Ω——滑坡体条块饱水面积，m^2；

I——水力坡降。

浮力 P，其方向垂直于滑动面，大小为

$$P = \eta\gamma_W\Omega \tag{3-70}$$

式中 η——滑坡体土的孔隙度。

（3）当滑动面处有承压水头 H_0时，应考虑浮力 P_f，其方向垂直于滑动面，大小为

$$P_f = \gamma_W H_0 \tag{3-71}$$

（4）滑坡体内有贯通至滑动面的裂隙，滑动时裂隙充水，则将裂隙水对滑坡体的静水压力 J，作用于裂隙底以上 $h_i/3$ 高度处，水平指向下滑方向，大小用下

式计算：

$$J = \frac{1}{2}\gamma_W h_i^2 \tag{3-72}$$

式中　h_i——裂隙水深度，m。

（5）在地震烈度不小于 7 度的地区，应考虑地震力 P_h 的作用，P_h 作用于滑坡体条块重心处，水平指向下滑方向，其大小可按相关公式计算。

计算出滑坡推力后，将其与作用于挡土墙上的主动土压力进行比较，当滑坡推力小于主动土压力时，应把主动土压力作为设计推力进行设计，但当滑坡推力的合力作用点位置较主动土压力的作用点高时，挡土墙的抗倾覆稳定性取其力矩较大者进行验算。因此，抗滑挡土墙设计既要满足抗滑挡土墙的要求，又要满足普通挡土墙的要求。

当滑坡推力大于主动土压力时，就以滑坡推力作为设计荷载。

3.7.2.2　抗滑挡土墙平面尺寸与高度的拟定

A　抗滑挡土墙平面尺寸的拟定

在平面上，抗滑挡土墙一般布置在滑坡前缘的平缓地带。对于纵长形滑坡，当用一级抗滑挡土墙不能承受全部滑坡推力或用一级抗滑挡土墙来承受全部滑坡推力不经济时，可在中部等适当位置（如滑床有起伏变化的明显变缓处）增设一级或多级抗滑挡土墙，以分散所承受的滑坡推力，达到最终承受全部滑坡推力的目的，起到稳定滑坡的效果。

B　抗滑挡土墙高度的拟定

抗滑挡土墙的高度如果不合理，尽管它使滑坡体原来的出口受阻，但滑坡体可能沿新的滑动面越过抗滑挡土墙顶滑动。因此，抗滑挡土墙的合理高度应保证滑坡体不发生越过墙顶的滑动。合理墙高可采用试算的方法确定（图 3-33），先假定一适当的墙高，过墙顶 A 点作与水平线成 $45° - \varphi/2$ 夹角的直线，交滑动面于 a 点，以 Sa、Aa 为最后滑动面，计算滑坡体的剩余下滑力。然后，再自 a 点向两侧每隔 5°作出 Ab、Ac、…和 Ab'、Ac'、…虚拟滑动面进行计算，直至出现剩余下滑力的负值低峰为止。若计算所得剩余下滑

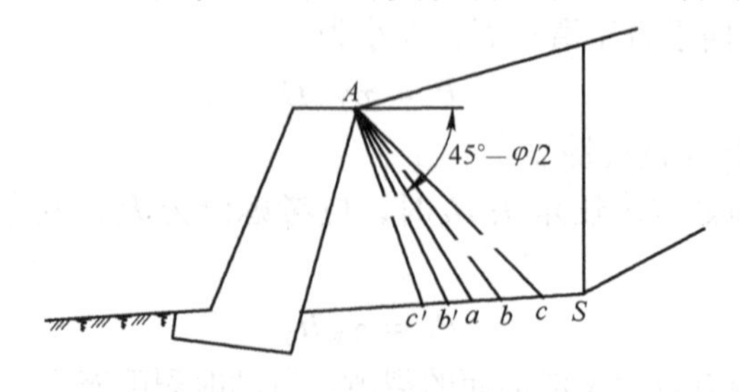

图 3-33　抗滑挡土墙合理高度的确定

力为正值时，说明墙高不足，应予增高；当剩余下滑力为过大的负值时，则说明墙身过高，应予降低。

如此反复调整墙高，经试算直到剩余下滑力为不大的负值时，即可认为是安全、经济、合理的挡土墙高度。

但是也要注意，挡土墙如果过高，为满足抵抗主动土压力和抗倾覆的要求，挡土墙的断面尺寸将会很大，这在造价上是不合理的，一般认为，单级抗滑挡土墙的墙高不宜大于8m，如果超过8m，应该分级设置，或与其他方案进行经济和技术上的比较，以确定合理的设计方案。

C 基础的埋深

基础的埋置深度应通过计算予以确定。一般情况下，无论何种形式的抗滑挡土墙，其基础必须埋入到滑动面以下的完整稳定的岩（土）层中，且应有足够的抗滑、抗剪和抗倾覆的能力；对于基岩不小于0.5m，对于稳定坚实的土层不小于2m，并置于可能向下发展的滑动面以下，即应考虑设置抗滑挡土墙后由于滑坡体受阻，滑动面可能向下伸延。当基础埋置深度较大，墙前有形成被动土压力的条件时，可酌情考虑被动土压力的作用。

D 基底应力及地基强度验算

抗滑挡土墙的基底应力、合力偏心距及地基强度验算与普通重力式挡土墙的验算相同，验算公式简述如下。

抗滑挡土墙的刚度一般很大，基底应力可按直线分布，按偏心受压公式计算，对于矩形墙底，可按下式计算：

$$\sigma_{max/min} = \frac{F_k}{B}\left(1 \pm \frac{6e}{B}\right) \tag{3-73}$$

式中 $\sigma_{max/min}$——分别表示基底的最大和最小应力，kPa；

B——表示墙底宽度，m；

F_k——表示作用的基底面上的竖向合力标准值，kN；

e——表示作用的基底面上的合力标准值作用点的偏心距，m，$e = B/2 - \xi$；一般对于岩石地基，$e \leqslant B/6$，对于土质地基，$e \leqslant B/4$；

ξ——合力作用点距墙前趾的距离，m；

$$\xi = (M_R - M_0)/F_k \tag{3-74}$$

M_R，M_0——分别为竖向合力标准值和倾覆力标准值对墙底面前趾的稳定力矩和倾覆力矩，kN · m。

当 $\xi \leqslant B/3$ 时，σ_{min} 将出现负值，即产生拉应力。但墙底和地基之间不可能承受拉应力，此时基底应力将出现重分布。根据基底应力的合力和作用在挡土墙上的竖向力合力相平衡的条件，得

$$\sigma_{max}=\frac{2F_k}{3\xi} \tag{3-75}$$

$$\sigma_{min}=0$$

设计时要求基底最大应力应小于地基承载力的特征值，即

$$\gamma_\sigma\sigma_{max}\leqslant f_a \tag{3-76}$$

式中 f_a——地基承载力特征值，kPa。

E 抗滑挡土墙的稳定性及强度验算

（1）挡土墙的稳定性验算。抗滑挡土墙的稳定性验算与普通重力式挡土墙的稳定性验算相同，仅由设计推力替代主动土压力。验算内容包括：挡土墙的抗滑稳定性验算和抗倾覆稳定性验算。

1）抗滑稳定性验算。计算公式为

$$K=\frac{F_k\mu+E_p}{E_H}\geqslant[F_s] \tag{3-77}$$

式中 F_k——作用于抗滑挡土墙上的竖向合力，kN；

μ——挡土墙基底摩擦系数；

E_p——当挡土墙埋置较深时，墙前被动土压力的水平分力，可取计算值的0.3倍作为设计值，kN；

E_H——作用于抗滑挡土墙上的滑坡水平设计推力，kN；

$[F_s]$——抗滑挡土墙所允许的最小抗滑安全系数。

2）抗倾覆稳定性验算。计算公式为

$$K_0=\frac{M_R}{M_0}\geqslant[F_0] \tag{3-78}$$

式中 $[F_0]$——抗滑挡土墙所允许的最小抗倾覆安全系数；

M_R、M_0的意义同前。

（2）挡土墙截面强度验算。为保证墙身的安全可靠，要求挡土墙墙身应有足够的强度。设计时应对墙身截面承载力进行验算，验算的内容包括：偏心压缩承载力验算和弯曲承载力验算。一般可取一至两个控制截面进行强度验算。

1）偏心压缩的承载力计算。石砌或混凝土砌块砌筑的挡土墙截面，在自重及水平向土压力作用下，使截面承受偏心压缩的作用。

砌体偏心受压构件，随偏心距 e 的增加，其强度将逐渐降低，这主要是偏心受压构件截面上应力分布不均匀所致。砌体偏心受压构件承载力计算公式为

$$N\leqslant\varphi fA \tag{3-79}$$

式中 N——由荷载设计值产生的轴向力；

f——砌体抗压强度设计值；

A——截面面积；

φ——承载力影响系数；

$$\varphi = \frac{1}{1 + 12\left(\frac{e}{h}\right)^2} \tag{3-80}$$

h——构件的厚度，挡土墙计算取墙厚。

当为石砌体时，偏心距 e 按荷载标准值时不宜超过 $0.7y$，y 为截面重心到轴向力所在偏心方向截面边缘的距离。

当 $0.7y < e \leqslant 0.95y$ 时，应按正常使用极限状态验算：

$$N_K \leqslant \frac{f_{tm,k}A}{\frac{Ae}{W} - 1} \tag{3-81}$$

式中 N_k——轴向力标准值；

$f_{tm,k}$——砌体沿近缝截面的弯曲抗拉强度标准值，取 $f_{tm,k} = 1.5f_{tm}$；

W——截面抵抗矩。

当 $e > 0.95y$ 时，按下式计算：

$$N \leqslant \frac{f_{tm}A}{\frac{Ae}{W} - 1} \tag{3-82}$$

式中 N——轴向力设计值。

对于混凝土灌注的挡土墙，则应按素混凝土偏心受压计算，除应计算弯矩作用平面的受压承载力，还应按轴心受压构件验算其受压承载力，此时，不考虑弯矩，但应考虑稳定系数 φ 的影响。

受压承载力应按下列公式计算：

$$N \leqslant \varphi f_{cc} b(b - 2e_0) \tag{3-83}$$

式中 N——轴向力设计值；

φ——素混凝土构件的稳定系数，对于重力式挡土墙可取1.0；

f_{cc}——素混凝土的轴心抗压强度设计值，其值由表查得 f_c 值再乘以系数0.95；

e_0——受压自混凝土的合力点至截面重心的距离；

b——截面宽度，挡土墙计算中多取1.0m。

当 $e \geqslant 0.45y'$，应在混凝土受拉区配置构造钢筋，否则必须满足下式方可不配构造筋：

$$N \leqslant \frac{\gamma_m f_{et} bh}{\frac{be_0}{h} - 1} \tag{3-84}$$

式中 f_{et}——素混凝土抗拉强度设计值，由表查出 f_t 值乘以数0.6确定；

γ_m——截面抵抗矩塑性系数，对于挡土墙计算截面为矩形时，$\gamma_m = 1.75$；

b，h——分别为单位长和挡土墙的厚度。

2）受剪承载力计算。抗滑挡土墙其断面尺寸一般很大，通常可不进行其受剪承载力的计算。对于石砌或砌块砌筑的挡土墙，当尚需验算其抗剪承载力时，可按受弯构件受剪承载力计算：

$$V \leqslant f_V bz \tag{3-85}$$

式中　V——剪力设计值；

f_V——砌体的抗剪强度设计值；

b——截面宽度，挡土墙为单位延长米；

z——内力臂，在挡土墙计算时，截面为矩形，$z = \dfrac{2h}{3}$，z 按下式计算：

$$z = \frac{I}{S}$$

I——截面惯性矩；

S——截面面积矩；

h——截面高度，即挡土墙的厚度。

对于挡土墙，特别是重力式挡土墙截面大，剪应力很小，通常可不作剪力承载力计算，如计算时可用下式进行：

$$V \leqslant \frac{2}{3} h f_V \tag{3-86}$$

在进行抗滑挡土墙设计时，还应注意：

①若在墙后有两层以上滑动面存在时，则应视其活动情况，将沿各层滑动面的滑坡推力绘制出综合推力图形（取各图形的包络线）进行各项验算，特别应注意上面中央几层滑动面处挡土墙截面的验算。

②如原建挡土墙不足以稳定或已被滑坡破坏而需要加固时，可经过验算另加部分圬工，使新旧墙成一整体共同抗滑。加固墙的设计计算与新墙基本相同，但应特别注意新旧墙的衔接与截面验算，必要时可另加钢筋及其他材料，以保证新旧墙连成整体共同发挥作用。

③原滑坡的滑动面受挡土墙的阻止后，应防止滑动面向下延伸，致使挡土墙结构失效，必要时，应对墙基以下可能产生的新滑动面进行稳定性验算。

3.7.3　抗滑挡土墙的构造

3.7.3.1　墙身构造

抗滑挡土墙的构造应满足稳定性、坚固性和耐久性的要求，做到技术合理、断面经济、施工方便，并应就地取材，维修方便。挡土墙的平面位置应根据地形、地质、地表建筑物及加宽要求等条件确定。

（1）墙身倾斜度。重力式路堑墙一般设计成1∶0.15～1∶0.35的仰斜墙背矩形断面，以便分段刷坡、挖基和施工。根据现场情况，可以设计成梯形断面、折线形墙背、衡重式、锚杆式等式样。

重力式、半重力式挡墙俯斜墙背的倾斜度一般取1∶0.3左右。各式挡土墙的胸坡一般不宜小于1∶（0.02～0.05），以保证挡墙和地基受力产生弹性变形后，墙胸仍然保持后仰或垂直。

石砌墙身的立面应该用M10号水泥砂浆勾缝，或用M7.5号原浆抹平。

（2）墙顶。混凝土墙顶宽度不小于0.4m，钢筋混凝土墙顶宽度按照计算确定，一般不小于0.2m。

石砌墙顶宽度不小于0.5m，如墙后土压力较大或将来有加高的可能性，还要适当地加宽。

墙顶要找平抹面，其厚度不小于20mm，其作用是防止雨水渗入，并使外观齐整美观。

（3）砌体材质要求。石砌挡土墙应用大面片石（又称毛石）砌筑，片石的软化系数不小于0.8。边角石要经过粗凿，面石也要稍微加工平整，除去棱角薄边。其厚度应不小于15cm，长、宽约为30～50cm。

（4）沉降缝及伸缩缝。墙身应每隔10～25m设一道伸缩缝，根据当地温差、施工时的温度和墙身材料类型确定，在严寒地区伸缩缝的间距应适当加密，一般每隔5～10m设置一道伸缩缝。在墙身高度和基底地质条件有变化的位置应设置沉降缝。沉降缝和伸缩缝可以合并在一处设置。缝宽约2cm，沿墙的内、外、顶三遍填塞沥青麻筋或沥青木板，深度不小于0.2m。当墙背为碎石类土、石块或岩石时可不填塞。缝的两侧要挤浆密实，砌石要基本平整。

（5）护栏和踏步。在下列情况下应在墙顶设置防护栏杆：

1）墙顶高出地面6m，且连续长度大于20m时；

2）墙顶高出地面4m，且位于道路或靠近居民点时；

3）位于悬崖、陡坎或地面横向坡度陡于1∶0.75，且连续长度大于20m时。

对于较高较长的挡土墙应在墙身适当位置设置踏步，宜做成圬工台阶、石板式悬臂预制板、高陡处应加扶手栏杆。栏杆立柱及扶手的水平推力应按750N/m作用于立柱顶上进行计算，并按1000N集中荷载验算。

3.7.3.2 基础埋置深度

在寒冷地带，当基础埋置在基岩或砂石类地基上时，可以不考虑冻结深度的影响，但应清除表面风化层。

当基础埋置在硬质岩石斜坡上时，应将基础开挖成台阶型，基础嵌入地基的尺寸应不小于：

（1）较完整的坚硬岩层：25cm；

（2）一般岩层（如砂、页岩护层等）：60cm；

（3）松软岩层（如千枚岩等）：100cm；

（4）碎石类土：≥100cm。

若基础埋置在土质地基上时，其埋置深度应符合以下规定：

（1）无冲刷时，应在地面以下至少 1m；

（2）有冲刷时，应在冲刷线以下至少 1m；

（3）挖基暴露后强度锐减的地基，应在地面线以下至少 1.5m；

（4）有冻害时，基础埋深应在冻结线以下不少于 0.25m；土的冻结深度超过 1m 时，可采用 1.25m，但基底必须填筑一定厚度的砂石垫层。

基础的埋置深度必须使地基容许承载力达到设计要求。基底的液性指数应不受季节的较大影响，否则要进行适当处理。

3.7.3.3 墙后排水

墙后排水的目的是使土体中的水能及时疏干，消除了静水压力、渗透压力、冻胀压力等不利因素。

为了使墙后积水能迅速排出，应在挖基、刷坡中对地下水露头位置增设泄水孔，其他地点每隔 2～3m，上下左右交错设置泄水孔。

泄水孔可采用 5cm×10cm、10cm×10cm、15cm×20cm 方形孔（用粗凿石或预制块），或 ϕ5～10cm 圆形孔（用预制管或 PVC 管）。泄水孔周围砂浆要密实，坡度要陡，一般为 10%，不得小于 4%，以免淤塞或长草。泄水孔进口处必须设反滤层，并在最下面一排泄水孔下部设隔水层（用黏土层或砂浆抹底），以避免积水渗入基底。

对寒冷地区的挡墙以及 8m 以上的高挡墙，当墙后的填料有膨胀、冻胀可能时，应在墙后最低排泄水孔以上，距墙顶 0.5m 以下，填筑厚度为 30～50cm 的反滤层。严寒地区、侵蚀水地区，反滤层的厚度应不小于 80cm。

地下潜水富集地区，墙后宜设纵向渗沟或横向支撑渗沟。

3.8 锚固工程设计

岩土锚固技术是把一种受拉杆件埋入地层中，以提高岩土自身的强度和自稳能力的一门工程技术；由于这种技术大大减轻结构物的自重、节约工程材料并确保工程的安全和稳定，具有显著的经济效益和社会效益，因而目前在工程中得到极其广泛的应用。岩土锚固的基本原理就是利用锚杆（索）周围地层岩土的抗剪强度来传递结构物的拉力以保持地层的稳定，同时对加固地层起到加筋作用，使结构与地层连锁在一起，形成一种共同工作的复合体，以有效地承受拉力和剪力，从而起到增强地层强度，改善地层力学性能的作用。在岩土锚固中通常将锚杆和锚索统称为锚杆。

最早使用锚杆的是1911年美国矿山巷道支护中利用的岩石锚杆，1918年美国西利西安矿山开始使用锚索支护，1934年阿尔及利亚在舍尔法坝加高工程中采用了预应力锚杆，目前各类岩石锚杆已达数百种之多，许多国家和地区先后都制定了锚杆规范或推荐性标准。我国在20世纪50年代开始应用岩石锚杆，60年代开始大量采用锚固技术，特别是在矿山巷道、铁路隧道、公路隧道、排水隧洞等地下工程中大量采用普通粘结型锚杆与喷射混凝土支护。近年来随着高速公路的迅猛发展，在公路边坡、大型滑坡治理中更多地采用了预应力锚索加固技术。岩土锚固技术几乎遍及土木工程的各个领域，如边坡、基坑、隧道、坝体、码头、船闸、桥梁等。随着近年来对地质灾害治理工作的重视，我国越来越多地采用锚固技术加固和整治滑坡、变形体和危岩，最具代表性的当数长江三峡链子崖危岩体锚索加固工程。在该工程中"五万方"危岩体的加固，就用了1000kN、2000kN和3000kN预应力锚索约200根。

3.8.1 锚杆（索）的结构与分类

3.8.1.1 锚杆（索）的结构

锚杆主要由锚头、自由段和锚固段组成，如图3-34所示。其各部分的功用如下所述：

（1）锚头。其是锚杆外端用于锚固或锁定锚杆拉力的部件，由台座、承压板、紧固器等部件组成。它的功用是将来自构筑物的力有效地传给拉杆。通常拉杆是沿水平线向下倾斜方向设置，因此与作用在构筑物上的侧向土压力不在同一方向上。设计时，根据锚固目的，锚头应具有能够补偿张拉、松弛的功能。

（2）锚杆。其作用是将来自锚头的拉力传递给锚固体。由于拉杆通常要承受一定的荷载，所以它一般采用抗拉强度较高的钢材制成。在预应力锚杆中，拉杆分

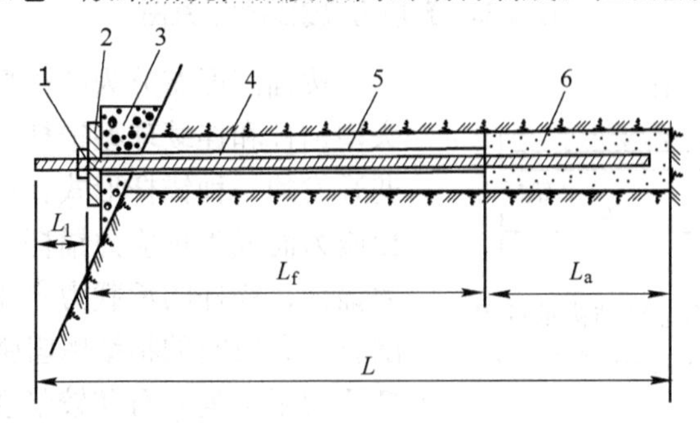

图3-34 锚杆（索）结构

1—紧固器；2—承压板；3—台座；4—锚杆；5—自由段；6—锚固段

为锚固段和自由段，在张拉时，通过自由段的弹性伸长而在拉杆中产生预加应力。对于普通的全粘结锚杆，由于不需要施加预应力，也就没有锚固段和自由段之分。

（3）锚固体。锚固体在锚杆的后部，与岩土体紧密相连。它的功用是将来自拉杆的力通过摩阻抵抗力（或支承抵抗力）传给稳固的地层。在岩土锚固工程中，锚固体的可靠性直接决定着整个锚固工程的可靠程度，因此，锚固体的设计是否合理将是锚杆支护成败的关键。

3.8.1.2　锚杆的分类

按应用对象可分为岩石锚杆和土层锚杆：岩石锚杆是指锚固段锚固于各类岩层中的锚杆，其自由段可以位于岩层或土层中。土层锚杆是指锚固于各类土层中的锚杆，其构造、设计、施工与岩石锚杆有共同点也有其特殊性。

按是否预先施加应力分为预应力锚杆和非预应力锚杆：非预应力锚杆是指锚杆锚固后不施加外力，锚杆处于被动受力状态。非预应力锚杆通常采用Ⅱ、Ⅲ级螺纹钢筋，锚头较简单。预应力锚杆是指在锚杆锚固后施加一定的外力，使锚杆处于主动受力状态，图 3-35 是典型的预应力锚索结构示意图，预应力锚杆的设计与施工比非预应力锚杆复杂，其锚筋一般采用精轧螺纹钢筋（$\phi25\sim32$）或钢绞线。

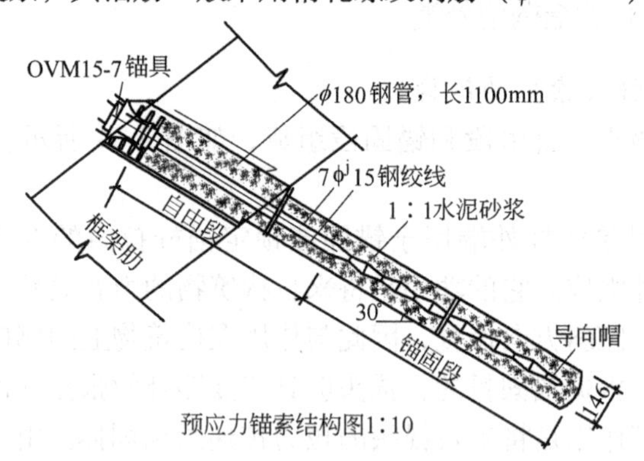

图 3-35　预应力锚索结构示意图

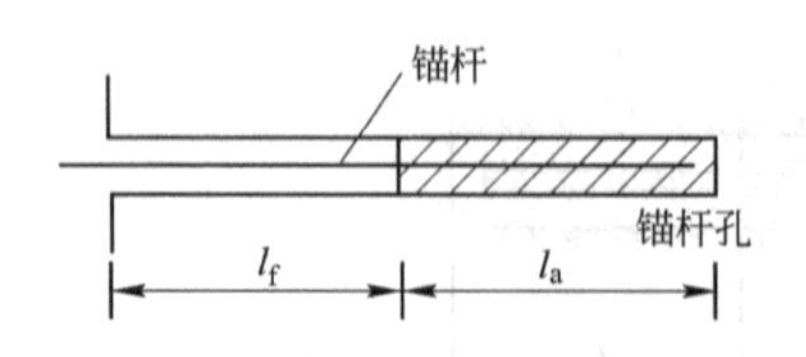

图 3-36　圆柱型锚杆结构示意图
l_f—自由锚杆段长；l_a—有效锚固段长

按锚固形态分为圆柱型锚杆、端部扩大头型锚杆和连续球型锚杆。圆柱型锚杆是早期开发的一种锚杆形式，这种锚杆可以施加预应力而成为预应力锚杆，也可以是非预应力锚杆；锚杆的承载力主要依靠锚固体与周围岩土介质间的粘结摩阻强度提供，这种锚杆适用于各类岩石和较坚硬的土层，一般不在软弱黏土层中应用，因软黏土中的粘结摩阻强度较低，往往很难满足设计抗拔力的要求，图 3-36 所示即为圆柱型锚杆。

端部扩大头型锚杆（图3-37）是为了提高锚杆的承载力而在锚固段最底端设置扩大头的锚杆，锚杆的承载力由锚固体与土体间的摩阻强度和扩大头处的端承强度共同提供，因此在相同的锚固长度和锚固地层条件下端部扩大头型锚杆的承载力比圆柱型锚杆为大；这种锚杆较适用于黏土等软弱土层以及比邻地界限制土锚长度不宜过长的土层和一般圆柱型锚杆无法满足要求的情况。端部扩大头型锚杆可采用爆破或叶片切削方法进行施工。

多段扩大圆柱体锚杆（图3-38）是利用设于自由段与锚固段交界处的密封袋和带许多环圈的套管（可以进行高压灌浆，其压力足以破坏具有一定强度的灌浆体），对锚固段进行二次或多次灌浆处理，使锚固段形成一连串球状圆柱体，从而提高了锚固体与周围土体之间的锚固强度。这种锚杆一般适用于淤泥、淤泥质黏土等极软土层或对锚固力有较高要求的土层锚杆。

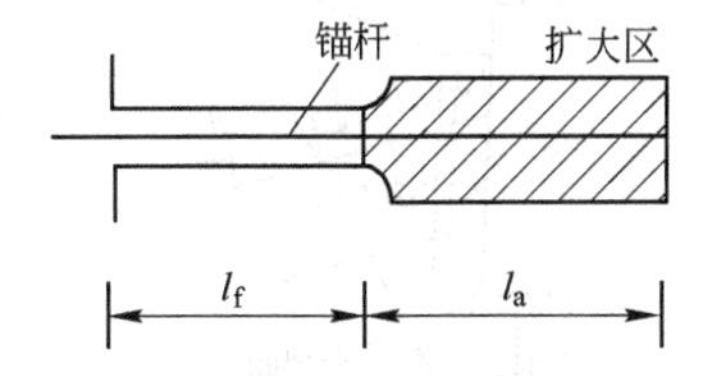

图3-37　端部扩大头型锚杆结构示意图

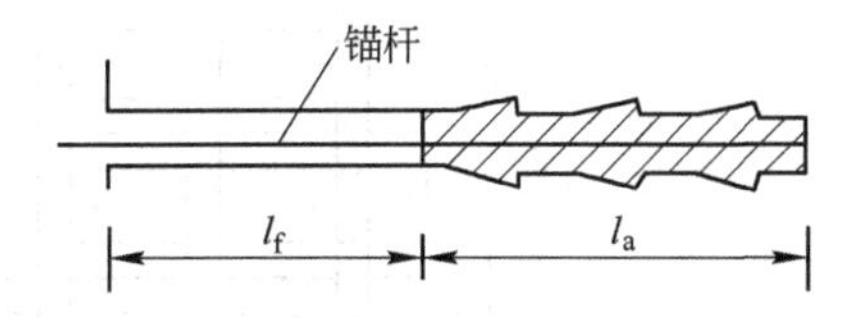

图3-38　多段扩大圆柱体锚杆结构示意图

除此之外，按锚固机理还可分为有粘结锚杆、摩擦型锚杆、端头锚固型锚杆和混合型锚杆等。

3.8.2　锚杆在边坡处治及滑坡治理工程中的应用

锚杆在边坡处治及滑坡治理工程中既可以单独使用，也可以与其他支挡结构联合使用，如：

（1）锚杆与钢筋混凝土排桩联合使用，构成钢筋混凝土排桩式锚杆挡墙。排桩可以是钻孔桩或挖孔混凝土桩，锚杆可以是预应力或非预应力锚杆，预应力锚杆材料多采用钢绞线（预应力锚索）、四级精轧螺纹钢（预应力锚杆）。锚杆的数量根据边坡的高度及推力，可采用桩顶单锚点做法（图3-39）和桩身多锚点做法。

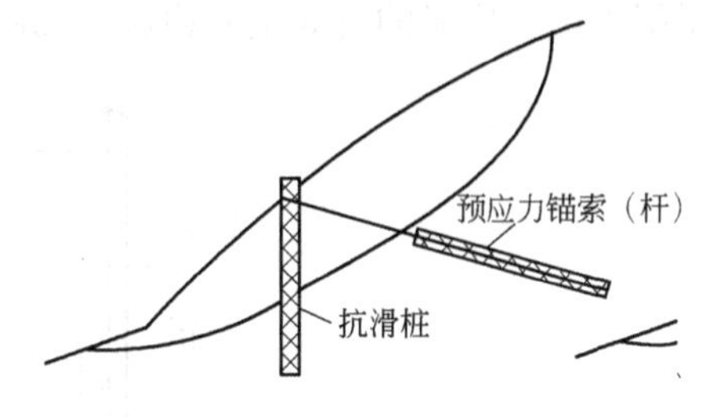

图3-39　预应力锚索治理滑坡示意图

（2）锚杆与钢筋混凝土格构联合使用形成钢筋混凝土格构式锚杆挡墙，锚杆锚固点设在格构结点上，锚杆可以是预应力锚杆或非预应力锚杆，如图3-40所示。

（3）锚杆与钢筋混凝土板肋联合使用形成钢筋混凝土板肋式锚杆挡墙，这种结构主要用于直立开挖的Ⅲ、Ⅳ类岩石边坡或土质边坡支护，一般采用自上而下的逆作法施工，如图 3-41 所示。

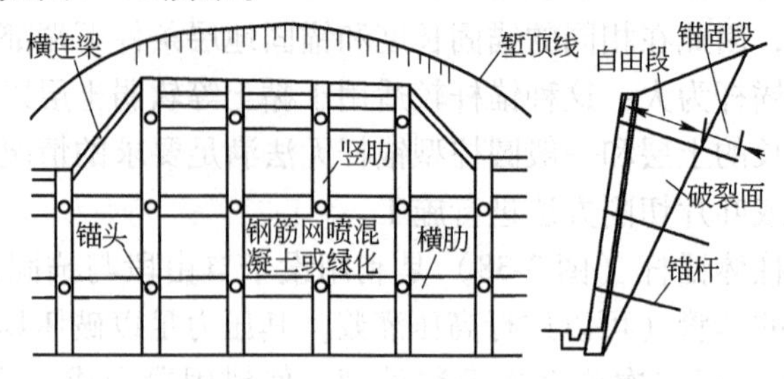

图 3-40　钢筋混凝土格构式锚杆挡墙示意图

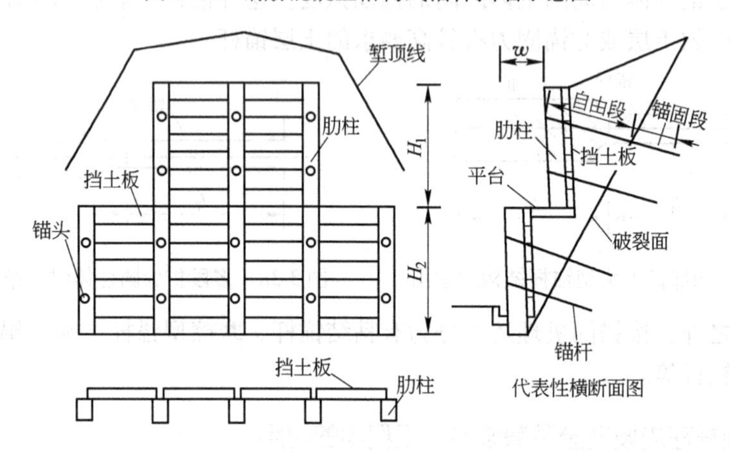

图 3-41　钢筋混凝板肋式锚杆挡墙示意图

（4）锚杆与钢筋混凝土板肋、锚定板联合使用形成锚定板挡墙。这种结构主要用于填方形成的直立土质边坡，如图 3-42 所示。

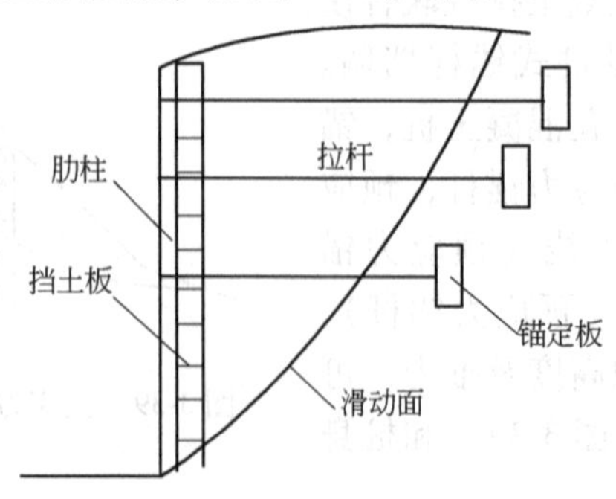

图 3-42　锚定板式挡墙示意图

（5）锚杆与钢筋混凝土面板联合使用形成锚板支护结构，适用于岩石边坡。

锚杆在边坡支护中主要承担岩石压力，限制边坡侧向位移，而面板则用于限制岩石单块塌落并保护岩体表面防止风化。锚板可根据岩石类别采用现浇板或挂网喷射混凝土层。

（6）锚钉加固边坡，在边坡中埋入短而密的抗拉构件与坡体形成复合体系，增强边坡的稳定性。这种方法主要用于土质边坡和松散的岩石边坡，加固高度较小，多用于临时边坡加固。

3.8.3 锚杆的设计与计算

3.8.3.1 锚杆设计的基本原则

在设计前，必须认真调查滑坡工程的地质条件，并进行滑坡工程地质勘查及有关的岩土物理力学性能试验，以提供锚固工程范围类的岩土性状、抗剪强度、地下水、地震等资料。对于土质滑坡还应提供土体的物理性质和物理状态指标。

设计锚杆的使用寿命应不小于被服务建（构）筑物的正常使用年限，一般使用期限在两年以内的工程锚杆应按临时锚杆设计，使用期限在两年以上的锚杆应按永久性锚杆进行设计。由于有机质土会引起锚杆的腐蚀破坏；液限大于50%的土层因其高塑性会引起明显的徐变而导致锚固力不能长期保持恒定；而相对密度小于0.3的松散土层不能提供足够的锚固力。因而，对于永久性锚杆的锚固段不应设在有机质土、液限大于50%或相对密度小于0.3的土层中。

当对支护结构变形量容许值要求较高，或岩层边坡施工期稳定性较差、土层锚固性能较差，或采用了钢绞线和精轧钢时，宜采用预应力锚杆。但预应力作用对支承结构的加载影响、对锚固地层的牵引作用以及相邻构筑物的不利影响应控制在安全范围之内。

设计的锚杆必须达到所设计的锚固力要求，防止边坡滑动剪断锚杆，锚杆选用的钢筋或钢绞线必须满足有关国家标准，特别是预应力钢绞线，除了满足GB/T 5224—1995标准外，还必须获得ISO9002国际质量认证；同时必须保障钢筋或钢绞线有效防腐，以避免锈蚀导致材料强度降低。

非预应力锚杆长度一般不宜超过16m，单锚设计荷载一般为100～400kN，最大设计荷载一般不超过450kN。预应力锚杆长度一般不宜超过50m，单束锚索设计荷载一般为500～2500kN，最大设计荷载一般不超过3000kN，预应力锚索的间距一般为3～10m，常用的是3～6m。

进行锚杆设计时，选择的材料必须进行材性试验，锚杆施工前必须对锚杆进行抗拔试验，验证锚杆是否达到设计承载力的要求，同时对于大型滑坡在采用预应力锚索加固后应进行至少一年的位移变形监测。

3.8.3.2 锚杆（索）的设计步骤

对边坡（滑坡）锚杆（索）加固设计首先必须对边坡（滑坡）进行工程地质

调查，在掌握地质情况的基础上，对边坡（滑坡）的破坏方式进行判断，并分析采用锚杆方案的可行性和经济性，如果采用锚杆方案可行，开始计算边坡（滑坡）作用在支挡结构物上的侧压力，根据侧压力的大小和边坡（滑坡）实际情况选择合理的锚杆形式，通过相应的杆、肋、板等的内力计算，确定锚杆数量、布置形式、承载力设计值，计算锚筋截面、选择锚筋材料和数量。在确定锚筋后，按照锚筋承载力设计值进行锚固体设计（包括锚固段长度、锚固体直径、注浆材料和工艺等）。如果采用预应力锚杆还要确定预应力张拉值和锁定值，并给出张拉程序。最后是进行外锚头和防腐构造设计并给出施工建议、试验、验收和监测要求。

在边坡（滑坡）锚杆（索）加固中要选择合理的锚杆（索）形式，必须结合被加固边坡的具体情况，根据锚固段所处的地层类型、工程特征、锚杆（索）承载力的大小、锚杆（索）材料、长度、施工工艺等条件综合考虑进行选择。

3.8.3.3　*锚杆的布置与安设要求*

锚杆的布置与安设角度原则上应根据实际地层情况以及锚杆与其他支挡结构联合使用的具体情况确定，一般有如下基本要求：

(1) 锚杆上覆地层厚度应不小于4.0m，以避免由于采用高压注浆使上覆土层隆起。

(2) 锚杆水平与垂直间距宜采用3～6m，以避免应力集中，最小不得小于1.5m，以免群锚效应发生而降低锚固力。

(3) 锚杆的安设角度，需要考虑邻近状况、锚固地层位置和施工方法。一般锚杆的俯角不小于15°，不大于35°。实际工程中应根据锚固地层的位置选择合适的安设角度。

除此之外，对于预应力锚索可根据两种方法综合确定最优锚固角：

(1) 理论分析表明，锚索满足下式是最经济的：

$$\beta = \theta - (45^\circ + \varphi/2) \tag{3-87}$$

式中　β——最优锚固角；

θ——滑面倾角；

φ——滑面内摩擦角。

(2) 对于注浆锚索，根据经验，锚固角度必须大于11°，否则须增设止浆环进行压力注浆。

3.8.3.4　*锚杆锚固设计荷载的确定*

锚杆锚固设计荷载的确定应根据滑坡的推力大小和支护结构的类型综合考虑进行确定。首先应当计算滑坡的推力或侧向土压力，然后根据支挡结构的形式计算该滑坡要达到稳定需要锚固提供的支撑力。根据这个支撑力和锚杆数量、布置便可确定出锚杆锚固荷载的大小，该荷载的大小作为锚筋截面计算和锚固体设计的重要依据。

3.8.3.5 锚杆锚筋的设计

按照设计程序，在确定出锚杆轴向设计荷载后，需要对锚杆进行结构设计，结构设计的第一步就是根据锚杆轴向设计荷载计算锚杆的锚筋截面，并选择合理的钢筋或钢绞线配置锚筋；在配置锚筋后可由锚筋的实际面积和锚筋的抗拉强度标准值计算出锚杆承载力设计值，然后方能进行锚杆体和锚固体的设计计算。

（1）锚杆锚筋的截面积计算。假设锚杆轴向设计荷载为 N，则可由下式初步计算出锚杆要达到设计荷载 N 所需的锚筋截面：

$$A_g = \frac{kN}{f_{ptk}} \tag{3-88}$$

式中 A_g——由 N 计算出的锚筋截面；

k——安全系数，对于临时锚杆取 1.6 ~ 1.8，对于永久性锚杆取 2.2 ~ 2.4；

f_{ptk}——锚筋（钢丝、钢绞线、钢筋）抗拉强度设计值。

（2）锚筋的选用。根据锚筋截面计算值 A_g，对锚杆进行锚筋的配置，要求实际的锚筋配置截面 $A_g \geqslant A'_g$。锚筋的选材应根据锚固工程的作用、锚杆承载力、锚杆的长度、数量以及现场提供的施加应力和锁定设备等因素综合考虑。

对于采用棒式锚杆，都采用钢筋作锚筋。如果是普通非预应力锚杆，由于设计轴向力一般小于 450kN，长度最长不超过 20m。因此锚筋一般选用普通Ⅱ、Ⅲ级热轧钢筋，如果是预应力锚杆可选用Ⅱ、Ⅲ级冷拉热轧钢筋或其他等级的高强精轧螺纹钢筋。钢筋的直径一般选用 ϕ12 ~ 32。

对于长度较长、锚固力较大的预应力锚杆应优先选用钢绞线、高强钢丝，这样不但可以降低锚杆的用钢量，最大限度地减少钻孔和施加预应力的工作量，而且可以减少预应力的损失。因为钢绞线的屈服应力一般是普通钢筋的近 7 倍，如果假定钢材的弹性模量相同（1.9×10^5 MPa），它们达到屈服点的延伸率钢绞线是钢筋的 7 倍，反过来讲，在同等地层徐变量的条件下，采用钢绞线的锚杆的预应力损失仅为普通钢筋的 1/7。在选用钢绞线时应当符合国标（GB/T 5223—1995、GB/T 5224—1995）要求，7 丝标准型钢绞线参数如表 3-11 所示。

表 3-11 国标 7 丝标准型钢绞线参数

公称直径 /mm	公称面积 /mm²	每年 1000m 理论重量 /kg	强度级别 /N · mm⁻²	破坏荷载 /kN	屈服荷载 /kN	伸长率 /%	70% 破断荷载 1000h 低松弛 /%
9.50	54.8	432	1860	102	86.6	3.5	2.5
11.10	74.2	580	1860	138	117	3.5	2.5
12.70	98.7	774	1860	184	156	3.5	2.5
15.20	139.0	1101	1860	259	220	3.5	2.5

（3）按实际锚筋截面计算锚杆承载力设计值。假设实际锚筋配置截面为 A_g（$A_g \geqslant A_g'$），由下式按实际锚筋计算锚杆承载力设计值：

$$N_g = \frac{A_g f_{ptk}}{k} \geqslant N \tag{3-89}$$

式中　N_g——实际锚筋配置情况下锚杆的承载力设计值；

k——安全系数，取值同前；

f_{ptk}——所配锚筋（钢丝、钢绞线或钢筋）的抗拉强度设计值。

3.8.3.6　锚杆（索）的锚固力计算与锚固体设计

锚杆（索）的锚固力也可称为锚杆（索）承载力。锚杆极限锚固力是指锚杆锚筋沿握裹砂浆或砂浆沿孔壁产生滑移破坏时所能承受的最大临界拉拔力，它可以通过破坏性拉拔试验确定。锚杆容许锚固力（容许承载力）是极限锚固力（极限承载力）除以适当的安全系数（通常为2.0～2.5），这种锚固力在《公路钢筋混凝土规范》中称为容许承载力，而在《工民建钢筋混凝土结构规范》中又称为锚杆锚固力（承载力）标准值；这种标准值为设计锚固力提供参考，通常锚杆容许锚固力是锚杆设计锚固力（或称为锚固力设计值）的1.2～1.5倍。在设计时，锚杆的设计荷载必须小于锚固力设计值。

锚杆锚固力的计算方法随锚固体形式不同而异，圆柱型锚杆的锚固力由锚固体表面与周围地层的摩擦力提供；而端部扩大头型锚杆的锚固力则由扩座端的面承力及与周围地层的摩擦力提供。

A　圆柱型锚杆锚固力与锚固长度计算

对于圆柱型锚杆，根据锚固机理，锚杆的极限锚固力可按下式计算：

$$P_u = \pi L d q_s \tag{3-90}$$

式中　L——锚固体长度；

d——锚固体直径；

q_s——锚固体表面与周围岩土体之间的极限粘结强度，由表3-12选用。

表3-12　锚固体与周围岩土体间的粘结强度标准值

岩土类别	岩土状态	标准值 q_s/kPa
淤泥质土		20～50
黏性土	坚　硬	60～75
	硬　塑	50～60
	可　塑	40～50
	软　塑	30～40
粉　土	中　密	80～120

续表 3-12

岩土类别	岩土状态	标准值 q_s/kPa
砂性土	松　散	50 ~ 80
	稍　密	90 ~ 140
	中　密	150 ~ 210
	密　实	220 ~ 300
岩　石	极软岩（泥岩、砂质泥岩、石膏岩）	300 ~ 500
	软质岩（泥岩、砂质泥岩、泥质砂岩）	500 ~ 2000
	硬质岩（砂岩、石灰岩）	2000 ~ 3500

注：1. 表中 q_s 系一次常压灌浆工艺确定，适用于注浆标号 M25 ~ M30；当采用高压灌浆时，可适当提高；
2. 极软岩：岩石单轴饱和抗压强度 $f_p \leqslant 5$MPa；软质岩：岩石单轴饱和抗压强度 5MPa $\leqslant f_p \leqslant$ 30MPa；硬质岩：岩石单轴饱和抗压强度 $f_p \geqslant$ 30MPa；
3. 表中数据用作初步设计时计算，施工时宜通过试验检验；
4. 岩体结构面发育时，取表中下限值。

由锚杆的锚固体与孔壁之间的抗剪强度确定锚固段长度，即

$$L_a = \frac{N_{ak}}{\xi_1 \pi d f_{rb}} \tag{3-91}$$

式中　L_a——锚杆的有效锚固长度，m；
N_{ak}——锚杆轴向拉力标准值，kN；
d——锚固体（锚孔）的直径，m；
ξ_1——锚固体与地层粘结工作条件系数，对永久性锚杆取 1.00，对临时性锚杆取 1.33；
f_{rb}——地层与锚固体粘结强度特征值，kPa，应通过试验确定，当无试验资料时可按表 3-13 和表 3-14 取值。

表 3-13　岩石与锚固体粘结强度特征值

岩石类别	f_{rb}/kPa	岩石类别	f_{rb}/kPa
极软岩	135 ~ 180	较硬岩	550 ~ 900
软　岩	180 ~ 380	坚硬岩	900 ~ 1300
较软岩	380 ~ 550		

注：1. 表中数据适用于注浆强度等级为 M30；
2. 表中数据仅适用于初步设计，施工时应通过试验检验；
3. 岩体结构面发育时，取表中下限值；
4. 表中岩石类别根据天然单轴抗压强度 f_r 划分：$f_r <$ 5MPa 为极软岩，5MPa $\leqslant f_r <$ 15MPa 为软岩，15MPa $\leqslant f_r <$ 30MPa 为较软岩，30MPa $\leqslant f_r <$ 60MPa 为较硬岩，$f_r >$ 60MPa 为坚硬岩。

表 3-14　土体与锚固体粘结强度特征值

土层种类	土的状态	f_{rb}/kPa
黏性土	坚　硬	32 ~ 40
	硬　塑	25 ~ 32
	可　塑	20 ~ 25
	软　塑	15 ~ 20
砂　土	松　散	30 ~ 50
	稍　密	50 ~ 70
	中　密	70 ~ 105
	密　实	105 ~ 140
碎石土	稍　密	60 ~ 90
	中　密	80 ~ 110
	密　实	110 ~ 150

注：1. 表中数据系一次常压灌浆工艺确定，当采用高压灌浆、膨胀砂浆等有效措施时，可适当提高；
2. 表中数据可用于初步设计及二、三级边坡施工图设计，施工时应通过试验检验。

B　端部扩大头型锚杆的锚固力和锚固长度计算

如图 3-43 所示，端部扩大头型锚杆的极限锚固力由三部分组成：直孔段圆柱形锚固体摩阻力、扩孔段圆柱形锚固体摩阻力以及扩大头端面承载力。前两项摩阻力可由式（3-90）计算，而扩大头端面承载力目前主要运用锚定板抗拔力计算公式近似计算。

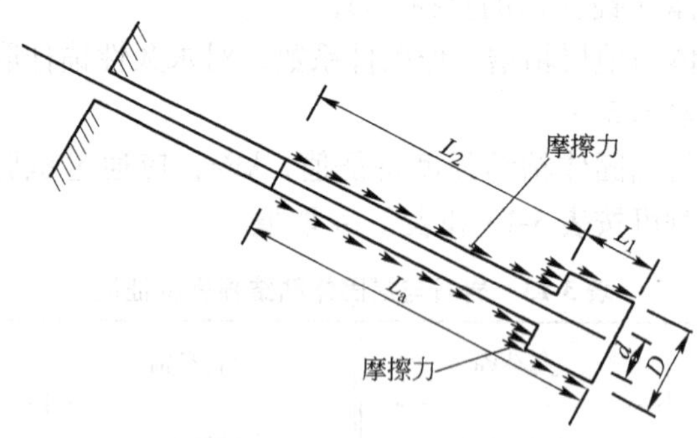

图 3-43　端部扩大头型锚杆的锚固力的计算模式

砂土中锚杆的极限锚固力计算：

$$P_u = \pi dL_1q_s + \pi DL_2q_s + \frac{1}{4}\pi(D^2 - d^2)\beta_c\gamma h \tag{3-92}$$

黏性土中锚杆的极限锚固力计算：

$$P_u = \pi dL_1q_s + \pi DL_2q_s + \frac{1}{4}\pi(D^2 - d^2)\beta_c c_u \tag{3-93}$$

式中　　P_u——锚杆极限锚固力；

L_1，L_2，D，d——锚固体结构尺寸；

q_s——锚固体表面与周围岩土体之间的极限粘结强度标准值（表3-12）；

h，γ——扩大头上覆土层的厚度和土体容重；

c_u——土体不排水抗剪强度；

β_c——锚固力因数，与h/D呈正比例增加，当$h/D>10$时，β_c保持恒定，不再随h/D的增加而改变。

砂性土：

$$kN_g \leqslant \pi dL_1q_s + \pi DL_2q_s + \frac{1}{4}\pi(D^2 - d^2)\beta_c\gamma h \tag{3-94}$$

黏性土：

$$kN_g \leqslant \pi dL_1q_s + \pi DL_2q_s + \frac{1}{4}\pi(D^2 - d^2)\beta_c c_u \tag{3-95}$$

式中 k——安全系数；

N_g——锚杆锚固力设计值。

在实际工程设计中，为了便于计算，通常对式（3-94）和式（3-95）根据经验进行简化，简化后的计算公式为

$$N_g \leqslant \frac{1}{k}\pi dL_1q_s + \frac{1}{k}\pi DL_2q_s + \frac{1}{4}\pi(D^2 - d^2)B_c c_u \tag{3-96}$$

式中 N_g——锚杆锚固力设计值；

k——安全系数，对于临时锚杆取1.6~1.8，对于永久性锚杆取2.2~2.4；

B_c——扩大头承载力修正系数，对于临时锚杆取4.5~6.5，对于永久性锚杆取3.0~5.0；

q_s——锚固体表面与周围岩土体之间的极限粘结强度标准值（表3-12）。

C 锚筋与锚固砂浆间的最小握裹长度计算

前面对于圆柱型锚杆和端部扩大头型锚杆的极限锚固力计算公式是基于锚固段锚杆体与周围岩土之间的极限摩阻力给出的，这种公式的应用条件是锚杆破坏首先从锚固体与周围岩土之间的界面剪切滑移，一般来讲对于土层或较软的岩石满足这种条件。对于坚硬的岩层，如果锚固体与岩层之间的极限摩阻力大于锚筋与锚固砂浆之间的极限握裹力，锚杆将首先从锚筋与锚固砂浆之间开始剪切破坏，此时应根据锚筋与锚固砂浆之间的粘结强度来计算锚杆的锚固长度。极限锚固力计算公式为

$$P_u = \pi Lnd_gq_g \tag{3-97}$$

式中 L——锚固体长度；

d_g——锚筋直径；

n——锚筋数量；

q_g——锚筋与锚固砂浆之间的极限粘结强度。

锚杆要达到锚固力设计值所需的锚筋与锚固砂浆间的最小握裹长度：

$$L_g = \frac{\gamma_0 N_a}{\xi n \pi d_g f_b} \tag{3-98}$$

式中 L_g——锚杆钢筋与锚固砂浆间的锚固长度，m；

N_a——锚杆轴向拉力，kN；

γ_0——边坡重要性系数，一般边坡取 1.1，二级边坡取 1.0，三级边坡取 0.9；

n——锚杆钢筋的根数；

d_g——锚杆钢筋的直径，m；

ξ——钢筋与锚固砂浆间的粘结强度工作系数，对永久性锚杆取 0.60，对临时性锚杆取 0.72；

f_b——钢筋与锚固砂浆间的粘结强度设计值，kPa，宜由试验确定，当无试验资料时可按表 3-15 取值。

表 3-15　锚杆钢筋与砂浆间粘结强度设计值 f_b　（kPa）

锚杆类型	水泥浆或水泥砂浆强度等级		
	M25	M30	M35
水泥砂浆与螺纹钢筋间	2.10	2.40	2.70
水泥砂浆与钢绞线、高强钢丝间	2.75	2.95	3.40

注：1. 当采用两根钢筋点焊成束的做法时，粘结强度应乘 0.85 折减系数；

2. 当采用三根钢筋点焊成束的做法时，粘结强度应乘 0.7 折减系数。

3.8.3.7　锚杆弹性变形计算

锚杆的变形是由锚杆本身在外荷作用下变形和由于地层徐变引起的变形组成，由地层徐变引起的锚杆变形计算可以通过徐变系数计算锚杆在不同时期的徐变位移。锚杆本身在外荷载作用下变形以弹性变形为主，下面是锚杆弹性变形的计算方法。

（1）非预应力土层锚杆弹性变形的计算。对于土层锚杆在外荷载作用下，除了锚杆自由段产生弹性变形外，锚固段也存在一部分变形，一般需要通过试验确定，在初步设计时可以按下式近似估算：

$$S_c = \left(\frac{L_f}{E_s A} + \frac{L_a}{3E_c A_c}\right) N_g \tag{3-99}$$

式中 S_c——锚杆弹性变形；

L_f，L_a——锚杆自由段和锚固段长度；

A，A_c——杆体截面面积和锚固体截面面积；

E_s，E_c——杆体弹性模量和锚固体组合弹性模量。

锚固体组合弹性模量可由下式确定：

$$E_c = \frac{AE_s + A_m E_m}{A + A_m} \tag{3-100}$$

式中　A_m，E_m——锚固体中砂浆体的截面积和弹性模量。

(2) 非预应力岩石锚杆弹性变形的计算。非预应力岩石锚杆的弹性变形主要为锚杆自由段的弹性变形，估算公式为

$$S_c = \frac{L_f}{E_s A} N_g \tag{3-101}$$

(3) 预应力锚杆（索）弹性变形的计算。预应力锚杆在受到的轴向拉力小于预应力实际保留值时，可按刚性拉杆考虑；如果承受的轴向拉力大于预应力实际保留值，预应力锚杆将再次产生拉伸变形，此时锚杆的变形量可根据拉力超出预应力保留值的增量代入式（3-99）和式（3-100）中的 N_g 计算变形量。

如果计算的变形量增量值较小时，预应力锚杆也可近似按刚性拉杆考虑。

3.8.3.8　锚杆（索）的锁定荷载和锚头设计

对于锚杆，原则上可按锚杆设计轴向力（工作荷载）作为预应力值加以锁定，但锁定荷载应视锚杆的使用目的和地层性状而加以调整。

(1) 边坡坡体结构完整性较好时，可将设计锚固力的100%作为锁定荷载。

(2) 边坡坡体有明显蠕变且预应力锚杆与抗滑桩相结合，或因坡体地层松散引起的变形过大时，应由张拉试验确定锁定荷载。通常这种情况下将锁定荷载取为设计锚固力的50%～80%。

(3) 当边坡具有崩滑性时，锁定荷载可取为设计锚固力的30%～70%。

(4) 如果设计的支挡结构容许变位时，锁定荷载应根据设计条件确定，有时按容许变形的大小可取设计锚固力的50%～70%。

(5) 当锚固地层有明显的徐变时，可将锚杆张拉到设计拉力值的1.2～1.3倍，然后再退到设计锚固力进行锁定，这样可以减少地层的徐变量引起的预应力损失。

锚杆头部的传力台座（张拉台座）的尺寸和构造应具有足够的强度和刚度，不得产生有害的变形；可采用C25以上的现浇钢筋混凝土结构制作，一般为梯形断面，表3-16为推荐尺寸表。

预应力锚杆的锚具品种较多，锚具型号、尺寸的选取应保持锚杆预应力值的恒定，设计中必须在工程设计施工图上注明锚具的型号、标记和锚固性能参数。表3-17为OVM锚具的基本参数。

表 3-16　外锚墩尺寸推荐表

设计荷载级别	底面积/m^2	顶面积/m^2	高/m	备　注
1000kN	0.8×0.8	0.4×0.4	0.4	加两层钢筋网 ϕ8@50
2000kN	1.0×1.0	0.5×0.5	0.5	加三层钢筋网 ϕ8@50
3000kN	1.2×1.2	0.6×0.6	0.6	加四层钢筋网 ϕ8@50

表 3-17　OVM 锚具的基本参数

OVM 锚具	钢绞线直径/mm	钢绞线根数	锚垫板/mm（边长×厚度×内径）	锚板/mm（直径×厚度）	波纹管/mm（外径×内径）
OVM15-6、7	15.2～15.7	6 根、7 根	200×180×140	135×60	77×70
OVM15-12	15.2～15.7	12 根	270×250×190	175×70	97×90
OVM15-19	15.2～15.7	19 根	320×310×240	217×90	107×100

3.8.4　锚杆（索）的防腐设计

对锚杆进行防腐设计时，应充分调查腐蚀环境，并选择适宜的防腐方法。防腐方法应适应岩土锚固的使用目的，即不能影响锚杆各部件（包括锚固体、自由段和锚头）的功能，因此对锚杆的不同部位要作不同的防腐结构设计。永久性锚杆应采用双层防腐，临时性锚杆可采用简单防腐，但当腐蚀环境严重时，也必须采用双层防腐。

（1）锚固体防腐。锚固于无腐蚀条件地层内的锚固段，经除锈后可不再作特殊处理，直接由水泥砂浆密封防腐，但锚杆（索）必须居中，一般使用定位器，使水泥砂浆保护层厚度不小于 20mm。对于锚固于具有腐蚀条件地层内的锚固段应作特殊防腐处理，一般可用环氧树脂涂刷钢筋的方法。

（2）自由段防腐。防腐构造必须不影响张拉钢材的自由伸长，对于预应力锚杆自由段防腐：采用Ⅱ、Ⅲ级钢筋制作锚杆的非锚固段（位于土层区段）防腐处理可采用除锈、刷沥青船底漆两层，沥青玻纤布缠裹两层。对于预应力锚杆自由段防腐：采用钢绞线、精轧螺纹钢筋制作的预应力锚杆的非锚固段防腐宜采用杆体表面除锈、刷沥青船底漆两层后绕扎塑料布，在塑料布上再涂润滑油，最后装入塑料套管中，形成双层防腐，自由段套管两端 100～200mm 范围内用黄油充填，外绕扎工程胶布固定。

（3）锚头防腐。永久性锚杆的承压板一般应刷沥青。一次灌浆硬化后承压板下部残留空隙，应再次充填水泥浆和润滑油，经防腐处理后的非锚段外端应伸入钢筋混凝土构件内 50mm 以上。如锚杆不需再次张拉，则锚头的锚具涂以润滑油、沥青后用内配钢筋网的混凝土罩封闭，混凝土标号不低于 C30，厚度不小于

100mm，混凝土保护层不小于30mm。如锚杆需要重新张拉，则可采用盒具密封，但盒具的空腔内必须有润滑油充填。

（4）临时性锚杆的防腐。对于临时性锚杆重点对外锚头和自由段作防腐处理，锚固段一般可依靠注浆材料达到防腐效果。非预应力锚杆非锚固段可用除锈后刷沥青防锈漆处理。预应力锚杆自由段可采用除锈后刷沥青防锈漆或加套管方案。外锚头防腐可采用外涂防腐材料或外包混凝土方案解决。

3.8.5 锚杆（索）的构造设计

3.8.5.1 锚杆的一般构造要求

（1）锚杆总长度为锚固段长、自由段长和外锚段之和。锚杆自由段长度按外锚头到潜在滑裂面的长度计算，但预应力锚杆自由段长度不小于5.0m；锚杆锚固段长度按计算确定，同时土层锚杆锚固段长度宜大于4.0m、小于14.0m，岩石锚杆锚固段长度宜大于3.0m、小于10.0m；如果岩石锚杆承载力设计值不大于250kN，且锚固区段为结构完整无明显裂隙的硬质岩石时，锚固段长度可用2.0～3.0m。

（2）锚杆对中支架（架线环）应沿锚杆轴线方向每隔1.0～2.0m设置一个，对于岩石锚杆支架间距可适当增大至2.0～2.5m。

（3）在无特殊要求的条件下，锚杆浆体一般采用水泥砂浆，其强度设计值不宜低于M20。

（4）锚杆外锚头、台座、腰梁及辅助件应按现行规范进行设计。

3.8.5.2 锚杆挡墙的构造

（1）板肋式和桩排式锚杆挡墙中的肋柱和排桩的间距一般为2.0～6.0m，肋柱间距较小，排桩间距较大。它们的截面尺寸除应满足强度和刚度要求外，其宽度还应满足挡土板（挡土拱板）的支座、锚杆穿孔和锚固要求，一般肋柱宽度不小于300mm，肋高不小于300mm；钻孔桩的直径不小于500mm，挖孔桩的直径不小于800mm。

（2）肋柱和排桩截面一般采用对称配筋做法，但如果顶端设单锚的桩锚结构可根据立柱的内力包络图采用不对称配筋做法。

（3）锚杆上下排垂直间距不宜小于2.5m，水平间距不宜小于2.0m。锚杆锚固体上覆土层不宜小于4.0m，上覆岩层不宜小于2.0m。倾斜锚杆的倾角15°～35°为宜，不宜大于45°。对于直立边坡，第一锚点位置应设于坡顶下1.5～2.0m。

（4）桩和肋柱顶应设置钢筋混凝土连系梁，以保证支挡结构整体共同工作；如果支护结构在施工期变形较大时，连系梁宜后浇或设置后浇段。

（5）现浇挡土板和拱板厚度不宜小于20cm，并应保证其满足支座长度构造要求。

（6）锚杆挡墙混凝土构件强度等级均不应小于 C20，肋柱宜采用碎石混凝土。同时锚杆挡墙现浇混凝土构件温度伸缩缝的间距不宜大于 25～30m。

（7）外锚头的防腐设计作重点考虑时，应有可靠的防腐构造处理，保证其永久防腐的可靠性。

3.8.5.3　锚板支护结构的构造

（1）系统锚杆布置要求：锚杆倾角宜与水平线成 5°～20°夹角；锚杆布置宜采用菱形排列，或采用行列式排列；锚杆间距宜在 1.5～2.5m，不应大于锚杆长度的一半，Ⅰ、Ⅱ类岩体最大间距为 3m，Ⅲ类岩体最大间距为 2.5m，Ⅳ类岩体最大间距为 1.5m；锚杆长度设计应遵循一般规定。

（2）局部锚杆布置要求：受拉破坏时，锚杆方向应按有利于锚杆受拉布置；受剪破坏时，宜逆着不稳定块体滑动方向布置。

（3）面板可采用喷射混凝土和现浇混凝土板；喷射混凝土的设计强度等级不应低于 C20，喷射混凝土 1 天龄期的抗压强度不应低于 5MPa，不同强度等级的喷射混凝土的设计强度可按表 3-18 采用。

表 3-18　喷射混凝土强度设计值和弹性模量　（MPa）

喷射混凝土强度等级	轴心抗压强度设计值	弯曲抗压强度设计值	抗拉强度设计值	弹性模量
C20	10	11	1.1	2.1×10^4
C25	12.5	13.5	1.3	2.3×10^4
C30	15	16.5	1.5	2.5×10^4

（4）喷射混凝土的重度可取 22kN/m^3，弹性模量按表 3-18 采用，喷射混凝土与岩面的粘结力：整体状与块体状岩体不应低于 0.7MPa，碎裂状岩体不低于 0.4MPa。喷射混凝土与岩体的粘结强度试验方法应遵循《锚杆喷射混凝土支护技术规范》的规定。

（5）喷射混凝土面层厚度不应低于 50mm，一般为 80～120mm；含水岩层的喷射混凝土支护厚度应不低于 80mm；钢筋网喷射混凝土支护厚度不应小于 100mm，钢筋直径宜为 ϕ6～12，钢筋间距为 200～300mm，钢筋保护层厚度不应低于 30mm。

（6）现浇板厚度宜为 150～200mm，混凝土强度等级标号不应小于 C20。根据设计需要可采用双层或单层配筋，钢筋直径宜为 ϕ8～14，钢筋间距为 200～300mm。面板与锚杆应有可靠联结。面板应沿纵向按 15～20m 的长度分段设置竖向伸缩缝。

3.9 抗滑桩工程设计

抗滑桩又称阻滑桩，是一种大截面侧向受荷桩。其基本原理是在滑坡中的适当位置设置一系列桩，桩身穿过滑面进入下部稳定滑床中，利用锚固段向滑坡体提供一个抗力，以阻止坡体的滑动，见图3-44。

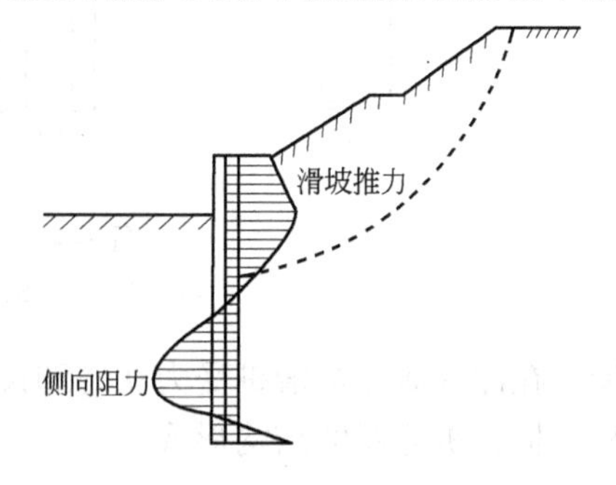

图3-44 抗滑桩工作原理示意图

国外20世纪30年代开始应用抗滑桩治理滑坡，我国1954年首次将抗滑桩用于整治宝成线史家坝滑坡工点获得成功。近几十年来已在铁路、公路、水电和煤矿等部门广泛采用。欧美国家多用钻孔钢筋混凝土灌注桩，直径1.0~1.5m，深20~30m。日本则多用钻孔钢管桩，钻孔直径400~500mm，深20~30m，孔中放入直径318.5~457.2mm，壁厚10~40mm的钢管，钢管内外灌入混凝土或水泥砂浆，为增加桩的抗剪断能力，有时在钢管中再放入H型钢。桩间距1.5~4.0m，而以2.0~2.5m者居多（图3-45）。

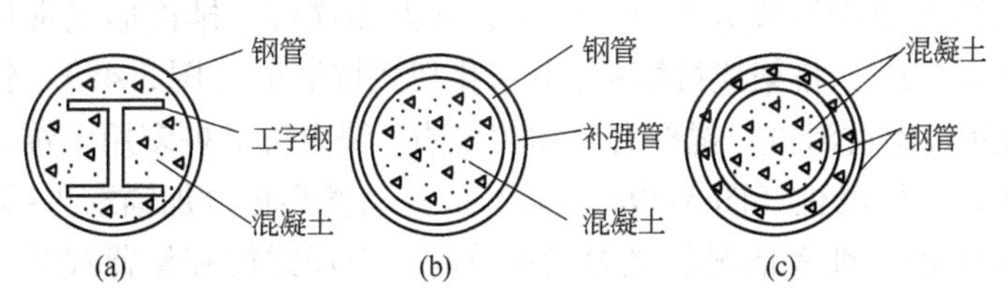

图3-45 钢管抗滑桩结构示意图
（a）工字钢插入钢管；（b）钢管外附补强管；（c）双重钢管

为了增加桩的抗弯能力和壁桩受力，国外常将两排或三排桩顶用承台联接，形成刚架、排架受力（图3-46），也有少数用打入桩。20世纪70年代后期，日本开始应用直径1.5~3.5m的挖孔抗滑桩。

我国为了解决抗滑挡土墙基础的困难，曾在贵昆线二梯岩滑坡治理中设计采用沉井式挡土墙。同时在成昆线建设中，研究设计用大截面挖孔钢筋混凝土抗滑桩成功，由于它抗滑能力大，对滑坡体扰动小，施工方便，很快在滑坡治理中被广泛应用，在治理大、中型滑坡中几乎取代了抗滑挡土墙。已使用的抗滑桩截面有1.2m×2.0m，1.8m×2.4m，2.0m×2.0m，2.0m×3.0m，3.0m×4.0m，3.0m×5.0m，3.5m×7.0m，长度一般在15~35m，大者达50m以上。70年代中

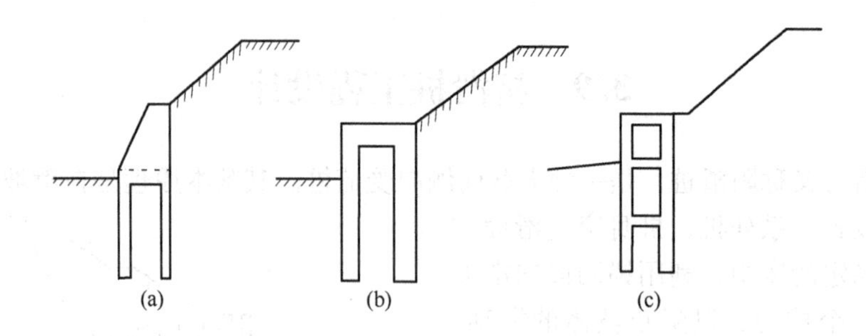

图 3-46　抗滑排桩形式

(a) 椅式；(b) 门式；(c) 排架式

后期，在深入研究抗滑桩受力状态和设计理论的同时，又研究开发了排架桩、刚架桩、椅式桩等新的结构形式，改变了抗滑桩的受力状态，节省了圬工和钢材。

3.9.1　抗滑桩类型、特点及适用条件

3.9.1.1　抗滑桩的类型

(1) 抗滑桩按材质分类有：木桩、钢桩、钢筋混凝土桩和组合桩。

(2) 抗滑桩按成桩方法分类有：打入桩、静压桩、灌注桩。灌柱桩又分为沉管灌注桩、钻孔灌注桩两大类。在常用的钻孔灌注桩中，又分机械钻孔和人工挖孔桩；

(3) 抗滑桩按结构形式分类有：单桩、排桩和锚桩。排桩形式常见的有：门式刚架桩（图 3-47b）、排架式抗滑桩、h 形排架式抗滑桩（图 3-48）。锚桩常见的有锚杆抗滑桩和锚索抗滑桩。锚杆有单锚和多锚，锚索抗滑桩多用单锚，还有带预应力的锚索（杆）抗滑桩（图 3-49a）。此外，还有微型桩群加锚索 3-49b 等。

(4) 按抗滑桩的埋置情况和受力状态分有：全埋式桩和悬臂式桩；

(5) 抗滑桩按桩身断面形式分类有：圆形桩、方形桩和矩形桩、“工”字形桩等；

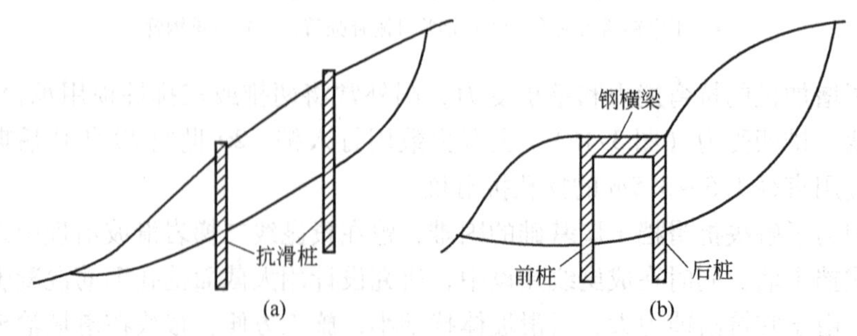

图 3-47　单桩和排桩

(a) 单（双）排抗滑桩；(b) 门式抗滑桩

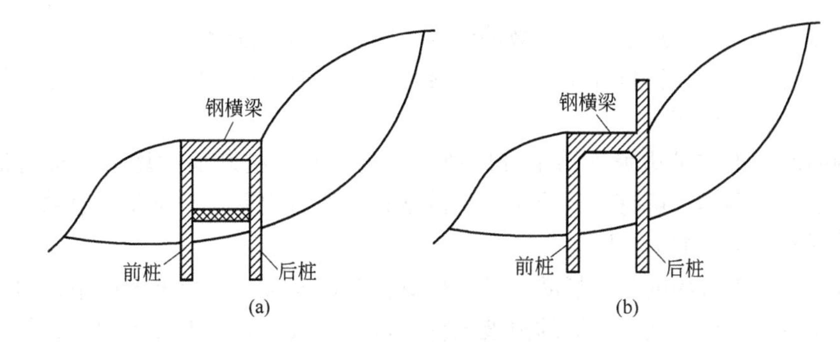

图 3-48　排架式抗滑桩

（a）排架式抗滑桩；（b）h 形排架式抗滑桩

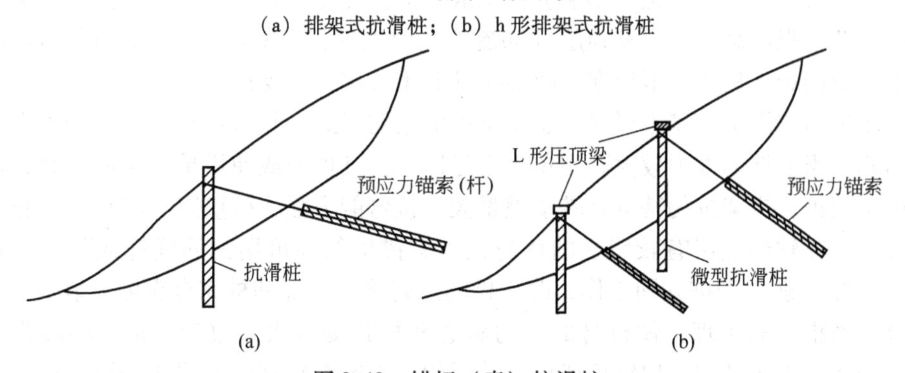

图 3-49　锚杆（索）抗滑桩

（a）预应力锚索（杆）抗滑桩；（b）微型桩群加锚索

（6）按抗滑桩的变形条件分有：刚性桩和弹性桩（图 3-50）。

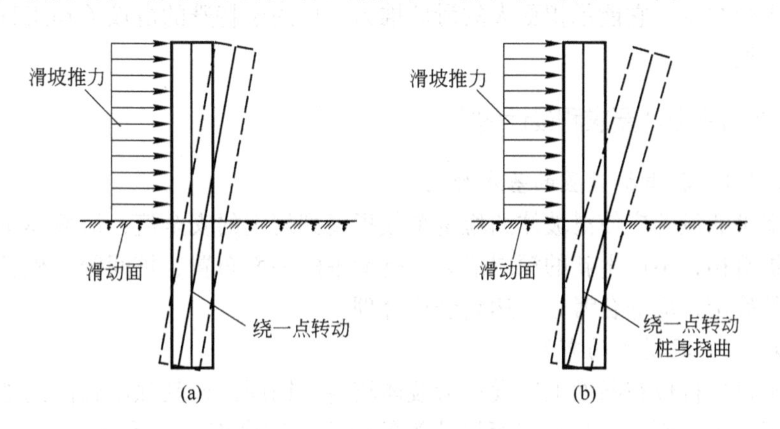

图 3-50　刚性桩和弹性桩

（a）刚性桩；（b）弹性桩

3.9.1.2　各类桩型的特点及适用条件

木桩是最早采用的桩，其特点是就地取材、方便、易于施工，但桩长有限，桩身强度不高，一般用于浅层滑坡的治理、临时工程或抢险工程。

钢桩的强度高，施打容易、快速，接长方便，但受桩身断面尺寸限制，横向刚度较小，造价偏高。

钢筋混凝土桩是边坡处治工程广泛采用的桩材，桩断面刚度大，抗弯能力高，施工方式多样，可打入、静压、机械钻孔就地灌注和人工成孔就地灌注，其缺点是混凝土抗拉能力有限。

抗滑桩施工常用的是现场灌注桩，机械钻孔速度快，桩径可大可小，适用于各种地质条件，但对地形较陡的滑坡工程，机械进入和架设困难较大，另外，钻孔时的水对边坡的稳定也有影响。人工成孔的特点是方便、简单、经济，但速度较慢，劳动强度高，遇不良地层（如流沙）时处理相当困难，另外，桩径较小时人工作业困难，桩径一般应在1000mm以上才适宜人工成孔。

单桩是抗滑桩的基本形式，也是常用的结构形式，其特点是简单，受力和作用明确。当滑坡的推力较大，用单桩不足以承担其推力或使用单桩不经济时，可采用排架桩。排架桩的特点是转动惯量大，抗弯能力强，桩壁阻力较小，桩身应力较小，在软弱地层有较明显的优越性。有锚桩的锚可用钢筋锚杆或预应力锚索，锚杆（索）和桩共同工作，改变桩的悬臂受力状况和桩完全靠侧向地基反力抵抗滑坡推力的机理，使桩身的应力状态和桩顶变位大大改善，是一种较为合理、经济的抗滑结构。但锚杆或锚索的锚固端需要有较好的地层或岩层，对锚索而言，更需要有较好的岩层以提供可靠的锚固力。

抗滑桩群一般指在横向2排以上，在纵向2列以上的组合抗滑结构，类似于墩台或承台结构，它能承担更大的滑坡推力，可用于特殊的滑坡治理工程或特殊用途的边坡工程。

3.9.2　抗滑桩设计要求和设计内容

3.9.2.1　抗滑桩设置的基本原则

抗滑桩的设置应使滑坡体的稳定系数提高到规定的安全值；滑坡体不越过桩顶或绕桩滑移，不产生新的深层滑动。抗滑桩的平面布置、桩间距、桩长和截面尺寸等的确定，应综合考虑，达到经济合理。

3.9.2.2　抗滑桩的布置

抗滑桩的桩位在断面上应设在滑坡体较薄、锚固段地基强度较高的地段。其平面布置、桩间距、桩长和截面尺寸等的确定应综合考虑，使其达到经济合理，桩排的走向应与滑体的滑动方向垂直成直线或曲线形。桩间距取决于滑坡推力大小、滑体土的密度和强度、桩的截面大小、桩的长度、锚固深度以及施工条件等因素。

在两桩之间能形成土拱的条件下，土拱的支撑力和桩侧摩擦力之和应大于一根桩所能承受的滑坡推力。桩间距宜为6~10m。通常在滑坡主轴附近间距较小，两侧间距稍大。对于含水量较大的滑体，可布置为两排，且按品字形或梅花形交错布置，上下排的间距为桩截面宽度的2~3倍。

3.9.2.3 抗滑桩的锚固深度

抗滑桩埋入稳定岩土地层的锚固深度与锚固段岩土体的强度、桩所承受的滑坡推力、桩的刚度及是否考虑滑动面以上桩前岩土体的弹性抗力等因素有关。

锚固深度的控制原则是：锚固深度内岩土体不得出现强度破坏。即在桩的侧向位移条件下，桩前岩土体的弹性抗力不得大于其容许抗压强度，桩底的最大压应力不得大于地基的容许承载力。工程实践经验表明，土层中抗滑桩的锚固深度一般取抗滑桩总长度的1/3~1/2为宜，若锚固段为完整岩石，锚固深度可取总桩长的1/4。

3.9.2.4 抗滑桩的截面形状与尺寸

钢筋混凝土抗滑桩的截面形状有矩形、圆形。桩的截面形状要求使其上部受力段正面能产生较大的抗滑力，并使其下锚固段能抵抗较大的反力，其截面具有最好的抗弯和抗剪强度，设计中一般采用矩形，受力面一般为矩形的短边，侧面为长边（顺滑动方向）。桩的截面尺寸应根据滑坡推力的大小、桩间距以及锚固段地基的横向容许抗压强度等因素确定。为了便于施工，挖孔桩最小边宽度一般不宜小于1.25m，长边一般用2~4m。

3.9.2.5 抗滑桩应用于治理滑坡的优点

与抗滑挡墙比较，抗滑桩的优点是：抗滑能力大，圬工小；设桩位置比较灵活，可集中设置，也可分级设置；可单独使用，也可与其他支挡工程配合使用；桩施工时破坏滑体范围小，基本不改变滑坡的稳定状态；由于可分点同时施工，劳力易于安排，工期可缩短；成桩后能立即发挥作用，有利于滑体稳定，而且施工可不受季节限制；采用抗滑桩处理滑坡时，可不作复杂的地下排水工程。

3.9.2.6 抗滑桩的设计步骤

（1）分析滑坡的规模与稳定性。针对拟治理的滑坡，首先进行工程地质勘查，了解滑坡体的规模、物质组成、滑动面的性质与位置、获得滑坡体物理力学性质指标，特别是滑动面岩土体的抗剪强度指标等以及设桩处岩土体的强度指标。同时，从滑坡体宏观滑动特征，初步判别滑坡体的现状稳定性，掌握滑坡体滑动的主滑方向，开展滑坡稳定性的分析评价。

（2）计算滑坡推力。根据滑体的特征，选择有代表性的剖面进行滑坡推力的计算。依据桩前后的单宽水平外力及间距计算每一根桩前后承受的总水平外力和荷载强度，计算时应考虑计算宽度。

（3）确定桩位与范围。根据滑坡推力与地形地质条件，结合桩的受力条件，初步确定桩位及桩前后的单宽水平外力，再根据外力、滑体厚度和嵌入地层情况选定桩的截面形状与大小、桩间距及埋深。

（4）根据推力大小，初步拟定桩长、锚固深度、桩截面尺寸及桩间距。

（5）进行抗滑桩的结构设计。

（6）校核强度。验算桩身各截面（着重是桩底及最大侧应力截面）的侧向容许承载力是否满足稳定条件。否则需调整桩长、截面尺寸及间距重新计算。

（7）进行桩截面的配筋计算和一般的构造设计。

（8）提出施工技术要求，拟定施工方案，计算工程量，编制概（预）算等。

3.9.2.7　抗滑桩的设计计算方法

目前在抗滑桩设计计算中主要有以下几种方法：

（1）静力平衡法（板桩计算公式）。作用于板桩上的主动土压力与被动土压力随深度变化，板桩的入土深度不同，作用在桩上各点的土压力也不同。桩入土的最小深度可根据水平力平衡方程和对桩底取矩的弯矩平衡方程联解求得，再求出各点的弯矩和剪力。实际的入土深度应增加一定的安全储备，不同的规范要求不一样。

（2）布鲁姆（Blum）法。与静力平衡法的假设一样，桩前和桩后同时达到主动或被动土压力状态，但土压力的分布图有所不同。桩入土的最小深度可根据对桩底取矩的弯矩平衡方程求得，再求出各点的弯矩和剪力。

实际上，以上两种方法中的桩后土压力并未到达主动状态，桩前土压力也未到达被动状态，因此理论上按极限状态所计算的最大弯矩小于实际弯矩。

（3）弹性地基梁法。其是抗滑桩设计的常用方法。其基本假定为桩身任一点处的岩土的抗力与该点的位移成正比。具体的解法大致可分为两种：一种是假定滑面以上桩身为一悬臂梁，滑动面以下为一受到桩顶弯矩荷载和水平荷载作用的弹性地基梁；第二种方法是将滑坡推力视为桩的已知设计荷载，根据滑动面以上、以下地层的弹性系数，把整根桩当做弹性地基上的梁进行计算，不考虑滑动面存在的影响。具体计算方法有解析法、有限差分法和有限元法。

（4）其他的方法还有链杆法、混合法（滑面以上按均匀分布荷载的弹性地基梁计算；滑面以下按无荷载的弹性地基梁计算）。

3.9.3　抗滑桩设计荷载的确定

作用于抗滑桩上的荷载主要有：滑面以上桩后的滑坡推力和桩前岩土抗力以及滑面以下锚固段岩土体的抗力，而桩侧摩擦阻力、凝聚力以及桩身重力和桩底反力一般可忽略不计。

3.9.3.1　滑坡推力及其分布

滑坡推力作用于滑面以上部分的桩背上，其方向假定与桩穿过滑面点处的切线方向平行。滑坡推力的计算基本原理是极限平衡理论，由于滑坡物质及其构造的差异，滑动面可分为单一滑面、圆弧滑面、折线滑面等不同类型，因此滑坡推力的计算方法不同。

滑坡推力在桩背上的分布和作用点位置，与滑坡的类型、部位、地层性质、变形情况及地基反力系数等因素有关。一般情况下，对于液性指数较大，刚度较小和密实度不均匀的塑性滑体，其靠近滑面的滑动速度较大，而滑体表层的速度则较小，假定滑面以上桩背的滑坡推力图形呈三角形分布；对于液性指数小，刚度较大和较密实的滑坡体，从顶层至底层的滑动速度常大体一致，假定滑面上桩背的滑坡推力分布图形呈矩形；介于上述两者之间的情况可假定桩背推力分布呈梯形（图 3-51）。

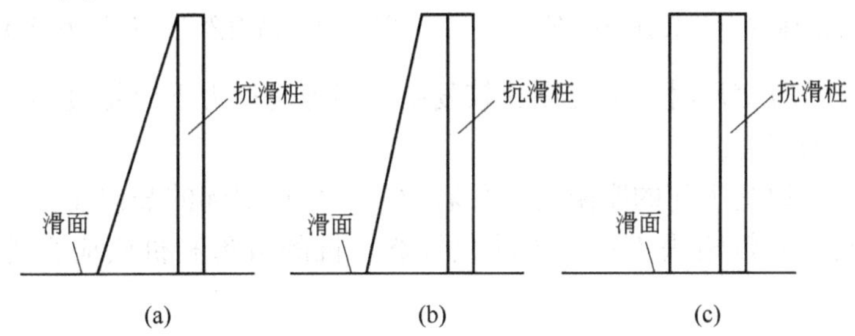

图 3-51 滑坡推力在桩上的分布

（a）三角形分布；（b）梯形分布；（c）矩形分布

3.9.3.2 桩前滑体抗力及其分布

当桩前滑体能够自身稳定，并且有一定的稳定强度时（图 3-52），在桩受力后，桩前滑体能够提供一定的支承反力以稳定滑体。这部分力的大小、分布规律及对桩的作用很复杂，目前多按剩余下滑力考虑，其分布规律可采用与滑坡推力相同的分布图形如三角形、矩形和梯形，也可采用抛物线的分布形式。当采用抛物线的分布形式时，如图 3-53 所示，可将抗力图形简化为一个三角形和一个倒梯形。

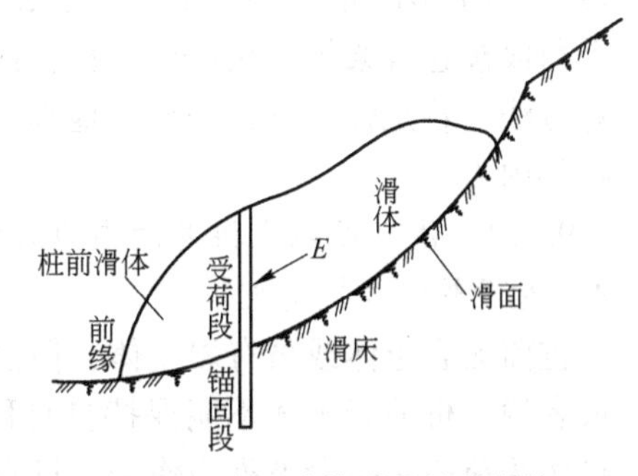

图 3-52 全埋式抗滑桩桩前滑体

3.9.3.3 锚固段岩土体的抗力

抗滑桩主要通过锚固段岩土体提供的抗力来平衡滑坡推力，保持稳定。桩将滑坡推力传递给滑面以下的桩周土（岩）时，抗滑桩由于变形，桩的锚固段前后岩（土）体受力后发生变形，并由此产生岩（土）体的反力（图 3-54）。反力的大小与岩（土）体的变形状态有关。处于弹性阶段时，可按弹性地基系数法计

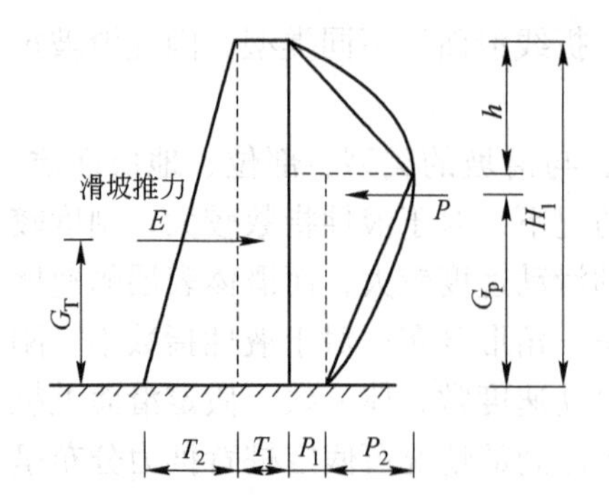

图 3-53　桩前滑体抗力及其分布简图

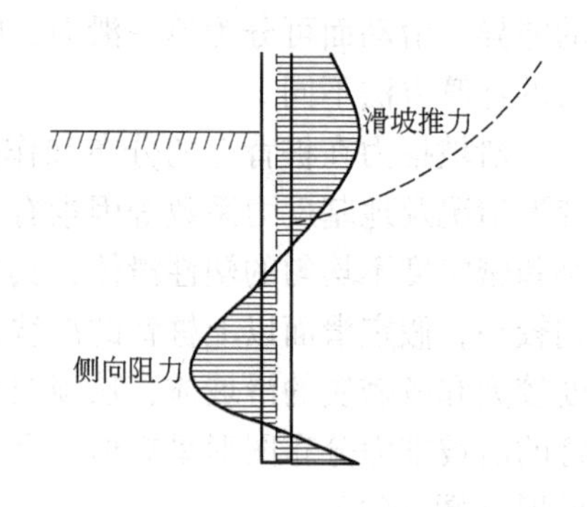

图 3-54　锚固段岩土体抗力及其分布简图

算，处于塑性阶段变形时，情况则比较复杂，但地基反力不应超过锚固段地基土的侧向容许承载能力。

另外，桩与地基土间的摩阻力、黏着力、桩变形引起的竖向压力一般来说对桩的安全有利，通常略去不计。为简化计算，桩的自重和桩底应力等也略去不计。

3.9.4　抗滑桩的内力与位移计算

抗滑桩的受力状态很复杂，其内力计算理论及计算方法随着对桩结构及地基土假定的不同而不同。目前常用的方法是将抗滑桩分为受荷段和锚固段进行计算，受荷段按悬臂梁等方法进行计算，锚固段则根据桩的刚度的大小有不同的内力计算方法，若是弹性桩，一般按地基系数法计算；若是刚性桩，通过力学平衡求解桩的内力。

3.9.4.1　滑动面以上桩身的内力与位移计算

A　对于悬臂式抗滑桩

当桩前无岩土体或虽有岩土体，但当桩受力变形时，不能给桩提供反向支承力，或者说，桩前岩土体不能保持自身稳定时，这种情况下的桩可作为悬臂桩，此时桩的受荷段只受滑坡推力作用。桩身内力可根据一般结构力学直接计算。

（1）内力计算。滑动面以上桩所承受的外力为滑坡推力 E_x，其分布形式一般为三角形、梯形或矩形。内力计算时按一端固定的悬臂梁考虑。现以梯形分布为例，给出弯矩和剪力的计算公式。

锚固段顶点桩身的弯矩 M_0、剪力 Q_0 为

$$M_0 = E_x \cdot z_x \tag{3-102}$$

$$Q_0 = E_x \tag{3-103}$$

式中　z_x——桩身外力的合力作用点至锚固点的距离，m。

荷载的分布图形为梯形（图 3-55）：

$$e_1 = \frac{6M_0 - 2E_x h_1}{h_1^2} \tag{3-104}$$

$$e_2 = \frac{6E_x h_1 - 12M_0}{h_1^2} \tag{3-105}$$

式中 h_1——锚固点（滑动面）以上的桩长，m。

当 $e_1 = 0$ 时，土压力分布为三角形；当 $e_2 = 0$ 时，土压力分布为矩形。

则锚固点滑动面以上桩身的弯矩、剪力按下式计算：

$$M_z = \frac{e_1 z^2}{2} + \frac{e_2 z^3}{6h_1} \tag{3-106}$$

$$Q_z = e_1 z + \frac{e_2 z^2}{2h_1} \tag{3-107}$$

式中 z——锚固点（滑动面）以上某点与桩顶的距离，m。

（2）变形计算。悬臂桩身的水平位移方程为

$$x_z = x_0 - \varphi_0(h_1 - z) + \frac{e_1}{EI}\left(\frac{h_1^4}{8} - \frac{h_1^3 z}{6} + \frac{z^4}{24}\right) + \frac{e_2}{EIh_1}\left(\frac{h_1^5}{30} - \frac{h_1^4 z}{24} + \frac{z^5}{120}\right) \tag{3-108}$$

式中 x_0——锚固点的初始水平位移，m；

φ_0——锚固点的初始转角，（°）。

桩身的转角方程为

$$\varphi_z = \varphi_0 - \frac{e_1}{6EI}(h_1^3 - z^3) - \frac{e_2}{24EIh_1}(h_1^4 - z^4) \tag{3-109}$$

B 对于全埋式抗滑桩

当桩前滑坡体能够自身稳定，并且有一定的稳定强度时，在桩受力后，桩前滑体能够提供一定的支承反力以稳定滑体（图 3-56）。这部分力的大小、分布规律及对桩的作用很复杂，目前多按剩余下滑力考虑，其分布形式可采用与滑坡推力相同的分布图形，如三角形、矩形和梯形。

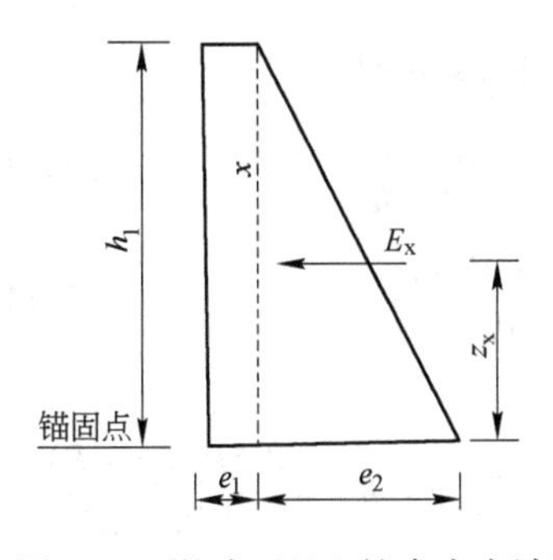

图 3-55 滑动面以上桩身内力计算图

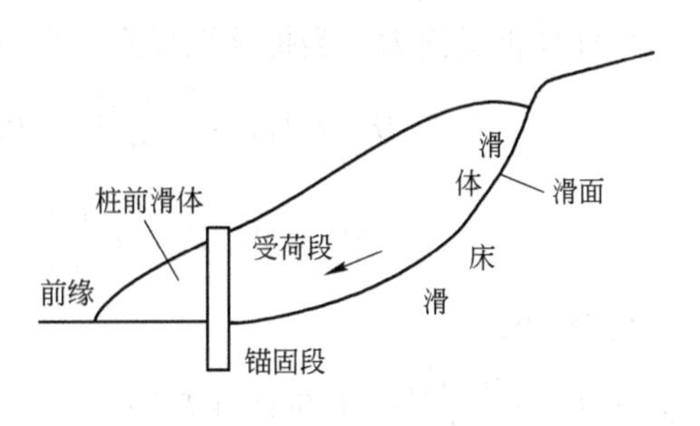

图 3-56 全埋式抗滑桩桩身受力图

（1）当剩余下滑力与下滑力有相同的分布图形时，桩身的内力计算可根据一般结构力学公式直接计算。

（2）当桩前剩余下滑力（桩前滑体抗力）采用抛物线分布时，可将抗力图简化成一个三角形和一个倒梯形，如图 3-53 所示。

此时，计算滑动面以上的桩身内力时，应首先确定桩前抗力合力的重心高度，按有关公式计算 P_1 和 P_2，然后计算桩身内力。

1）计算 P_1 和 P_2。图 3-53 中 h 为最大应力作用点距桩顶的高度，它随滑体黏聚力的增大而减小，根据试验，一般等于滑动面以上桩长的 1/4 ~ 1/3，计算时根据滑体的性质，即假定滑坡推力的分布图式，参考选用表 3-19 给出的数值。

表 3-19　最大应力处距桩顶高度 *h* 参考值

滑坡推力图形	G_r/H_1	h
三角形分布	1/3	$H_1/2$
梯形分布	1/3 ~ 1/2	（1/2 ~ 1/5）H_1
矩形分布	1/2	$H_1/5$

注：表中 G_r 为滑坡推力重心距滑动面的距离。

P_1 和 P_2 根据简化前后滑动面处弯矩和剪力相等的原理，即

$$P_1 = \frac{2PL\left(2 - \frac{h}{H_1} - 3\eta_p\right)}{H_1 - h} \tag{3-110}$$

$$P_2 = \frac{2PL\left[3\frac{h}{H_1} - \left(\frac{h}{H_1}\right)^2 - 3 + 3\eta_p\left(2 - \frac{h}{H_1}\right)\right]}{H_1 - h} \tag{3-111}$$

式中　P——桩前滑体抗力，kN/m；

η_p——桩前滑体抗力的合力重心至滑动面距离与滑动面上桩长之比，即 G_r/H_1，该值可较滑坡推力的重心高 10% ~ 15%；

L——桩间距，m；

H_1——滑动面以上的桩长，m。

2）计算桩身内力。当桩顶至任意计算点的距离 $y \leqslant h$ 时，

$$Q_y = T_1 y + \frac{0.5T_2 y^2}{H_1} - 0.5(P_1 + P_2)\frac{y^2}{h} \tag{3-112}$$

$$M_y = 0.5T_1 y^2 + \frac{T_2 y^3}{6H_1} - \frac{(P_1 + P_2)y^3}{6h} \tag{3-113}$$

当 $y > h$ 时，

$$Q_y = T_1 y + \frac{0.5T_2 y^2}{H_1} - 0.5(P_1 + P_2)h - P_1(y - h) - P_2(y - h) + \frac{0.5P_2(y - h)^2}{(H_1 - h)} \tag{3-114}$$

$$M_y = 0.5T_1y^2 + \frac{T_2y^3}{6H_1} - 0.5(P_1 + P_2)h(y - \frac{2}{3}h) -$$

$$0.5P_1(y - h)^2 - 0.5P_2(y - h)^2 + \frac{P_2(y - h)^3}{6(H_1 - h)} \quad (3\text{-}115)$$

式中 Q_y——桩身任意计算点的剪力，kN；

M_y——桩身任意计算点的弯矩，kN · m；

y——桩顶至任意计算点的距离，m。

3.9.4.2 滑动面以下（锚固段）桩身的内力与位移计算

A 滑动面以下（锚固段）抗滑桩内力与位移计算前应理解的几个重要问题

a 抗滑桩锚固段桩侧地基反力及地基反力系数的确定

(1) 岩土地基的水平反力的确定。当桩前土体不能保持稳定可能滑走时，不考虑桩前土体对桩的反力，仅考虑滑面以下地基土对桩的反力，抗滑桩嵌固于滑面以下的地基中，相当于悬臂桩。当桩前土体能保持稳定，此时抗滑桩按所谓的“全埋式桩”考虑，可将桩前土体（亦为滑体）的抗力作为已知的外力考虑，仍可将桩看成悬臂桩考虑。

桩将滑坡推力传递给滑面以下的桩周土（岩）时，桩的锚固段前后岩（土）体受力后发生变形，并由此产生岩（土）体的反力。反力的大小与岩（土）体的变形状态有关。处于弹性阶段时，可按弹性抗力计算。

对于弹性地基中的竖直梁，在滑坡推力的作用下，由于受到桩-岩（土）间的相互作用，桩身发生挠曲，根据 Winkler 地基模型的内容，作用在桩上的地基反力（抗力）$\sigma(z, x)$ 与桩的侧向位移 x 成正比，而不考虑桩-岩（土）间的摩阻力及邻桩对水平抗力的影响。

即：

$$\sigma(z,x) = k_H(z) \cdot x \quad (3\text{-}116)$$

式中 $k_H(z)$ ——地基水平弹性系数（也称水平抗力或基床系数），kN/m³；

x——地层 z 处桩的水平方向上的位移量。

(2) 岩土地基的水平弹性系数 $k_H(z)$ 的确定。地基水平弹性系数 $k_H(z)$ 不仅与岩土的类别和性质有关，而且也随着深度而变化。根据 $k_H(z)$ 随深度变化的特点，可将 $k_H(z)$ 的确定方法分为常数法、k 法、m 法和 c 法，如图 3-57 所示。

地基水平弹性系数 $k_H(z)$ 的一般表达式为

$$k_H(z) = mz^n \quad (3\text{-}117)$$

式中 m——地基系数随深度变化的比例系数；

n——随岩、土类别而变的纯数，如 0，1，…。

地基反力系数 k_H、m 应通过试验确定。一般情况下，试验资料不易获得，下面列出较完整岩层的竖向地基系数值 k_v（表 3-20）和非岩石地基的 m 值（表 3-

21)，可供设计时参考。水平地基系数可通过竖向地基系数求得。

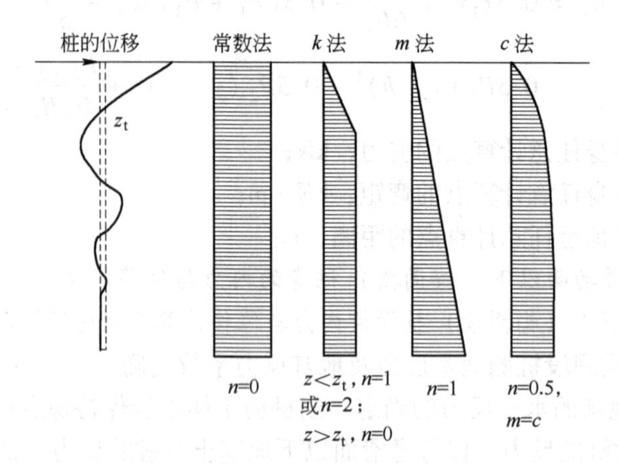

图 3-57 地基水平弹性系数 $k_H(z)$ 的分布图

表 3-20 较完整岩层的地基系数 k_H 值

序号	饱和极限抗压强度 R/MPa	k_v /kN · m^{-3}	序号	饱和极限抗压强度 R/MPa	k_v /kN · m^{-3}	序号	饱和极限抗压强度 R/MPa	k_v /kN · m^{-3}
1	10	$(1\sim2)\times10^5$	4	30	4.0×10^5	7	60	12×10^5
2	15	2.5×10^5	5	40	6.0×10^5	8	80	$(15\sim25)\times10^5$
3	20	3.0×10^5	6	50	8.0×10^5	9	>80	$(25\sim28)\times10^5$

注：一般情况，$k_H=(0.6\sim0.8)k_v$；岩层为厚层或块状整体时，$k_H=k_v$。

表 3-21 非岩地基 m 值

序号	土的名称	m/kN · m^{-4}	序号	土的名称	m/kN · m^{-4}
1	流塑性黏土（$I_L\geqslant1$），淤泥	3000 ~ 5000	4	半坚硬的黏性土、粗砂	20000 ~ 30000
2	硬塑性黏土（$1>I_L>0.5$），粉砂	5000 ~ 10000	5	砾砂、角砾砂、砾石土、碎石土、卵石土	30000 ~ 80000
3	硬塑性黏土（$I_L<0.5$），细砂，中砂	10000 ~ 20000	6	块石土、漂石土	80000 ~ 120000

当地基土为多层土时，采用按层厚以等面积加权求平均的方法求算地基反力系数。当地基土为 2 层时，有

$$m=\frac{m_1l_1^2+m_2(2l_1+l_2)l_2}{(l_1+l_2)^2} \tag{3-118}$$

当地基土为3层时，有

$$m = \frac{m_1 l_1^2 + m_2(2l_1 + l_2)l_2 + m_3(2l_1 + 2l_2 + l_3)l_3}{(l_1 + l_2 + l_3)^2} \tag{3-119}$$

式中 m_1，m_2，m_3——分别为第1层、第2层、第3层地基土的 m 值；

l_1，l_2，l_3——分别为第1层、第2层、第3层地基土的厚度。

其他多层土可仿此进行计算。

（3）当采用 c 法时，地基反力系数计算式为 $c_x = cx^{\frac{1}{2}}$，c 为地基反力系数的比例系数，x 为深度。研究表明，当 x 达到一定深度时，地基反力系数渐趋于常数。比例系数 c 值参见表3-22。

表3-22 c 法的比例系数 c 值

序 号	土 类	c 值/$MN \cdot m^{-3.5}$	$[y_0]$ /mm
1	$I_L > 1$ 的流塑性黏土，淤泥	3.9～7.9	≤6
2	$0.5 \leq I_L \leq 1.0$ 的软塑性黏土，粉砂	7.9～14.7	≤5～6
3	$0 < I_L < 0.5$ 的硬塑性黏土，细砂，中砂	14.7～29.4	≤4～5
4	半干硬性黏土、粗砂	29.4～49.0	≤4～5
5	砾砂、角砾砂、砾石土、碎石土、卵石土	49.0～78.5	≤3
6	块石、漂石夹沙土	78.5～117.7	≤3

注：$[y_0]$ 为桩在地面处的水平位移允许值。

（4）*P-Y* 曲线法。上述的常数法、m 法和 c 法能根据弹性地基上梁的挠曲线微分方程用无量纲系数求解抗滑桩的承载力、内力和变位。但当桩发展到较大的位移，土的非线性特性将变得非常突出。*P-Y* 曲线法则考虑了土的非线性特点，它既可用于小位移，也可用于较大位移的求解。

P-Y 曲线法是根据地基土的实验数据来绘制，目前一般采用 Matlock 建议的软黏土 *P-Y* 曲线绘制方法和 Resse 建议的硬黏土和砂性土的 *P-Y* 曲线绘制方法。在滨河、滨海的软土地基中，*P-Y* 曲线已得到较多的应用。

工程实测资料研究表明：

对于较完整的硬质岩石、未扰动的硬黏土和性质相近的半岩质地层，采用常数法计算结果与实际情况较为符合。

对于硬塑至坚硬的砂黏土、碎石类土或风化破碎呈土状的软质页岩以及密度随深度增加的地层而言，桩前的岩土体水平弹性抗力 $\sigma(z, x)$ 分布接近 m 法计算结果。

b 抗滑桩的计算宽度

抗滑桩在滑坡推力的作用下，除了桩身宽度范围内桩侧土受挤压外，在桩身宽度以外的一定范围内的土体都受到一定程度的影响（空间受力），且对不同截面形状的桩，土受到的影响范围大小也不同。为了将空间受力简化为平面受力，将桩的实际宽度（直径）换算成相当实际工作条件下的计算宽度 b_p。计算宽度 b_p 的确定方法为：

（1）矩形截面桩。

1）当实际宽度 $b>1$m 时，计算宽度 $b_p=b+1$；

2）当实际宽度 $b\leqslant1$m 时，计算宽度 $b_p=1.5b+0.5$。

（2）圆形截面桩。

1）当桩径 $d>1$m 时，计算宽度 $b_p=0.9(d+1)$；

2）当桩径 $d\leqslant1$m 时，计算宽度 $b_p=0.9(1.5d+0.5)$。

c　抗滑桩的刚度

在进行抗滑桩内力计算时，首先应判定抗滑桩属于刚性桩还是弹性桩，抗滑桩的刚度不同，锚固段桩身内力计算公式是不同的。抗滑桩的刚度应根据桩的变形系数按以下计算式判定：

（1）当锚固段地层的水平抗力系数 $k_H(z)$ 采用常数法时：若 $\beta h\leqslant1$，属刚性桩，此时桩的相对刚度比较大，实际发生的挠曲很小，因此计算时作为刚性桩考虑；若 $\beta h>1$，属弹性桩，此时桩的相对刚度比较小，由于桩身挠曲对桩的内力影响大，所以必须考虑桩身的挠曲，计算时作为弹性桩记入桩的实际刚度。

其中 h 为桩在滑动面以下的深度，即锚固段深度，m；β 为桩的变形系数，以 m^{-1} 计，可按下式计算：

$$\beta=\sqrt[4]{\frac{k_H b_p}{4EI}} \tag{3-120}$$

式中　k_H——侧向地基系数，kN/m^3，其不随深度而变；

b_p——桩的计算宽度，m；

E——桩的弹性模量，kPa；

I——桩的截面惯性矩，m^4。

（2）当锚固段地层的水平抗力系数 $k_H(z)$ 采用 m 法时：若 $\alpha h\leqslant2.5$，属刚性桩；若 $\alpha h>2.5$，属弹性桩；其中 α 为桩的变形系数，以 m^{-1} 计，可按下式计算：

$$\alpha=\sqrt[5]{\frac{mb_p}{EI}} \tag{3-121}$$

式中　m——侧向地基系数随深度而变化的比例系数，kN/m^4；

其余符号意义同前。

d　桩底的约束条件

抗滑桩桩底的约束条件有：自由端、铰支端和固定端。

（1）当抗滑桩桩底置于土体中时，一般应将桩底视为自由端。

（2）当抗滑桩桩底上下岩土层的弹性系数比大于10且下层岩层坚硬、完整，桩底嵌入该层一定深度时，可视桩底为固定端。

（3）当抗滑桩桩底附近水平方向弹性系数 k_H 较大，而桩底的垂直方向的 k_V 值相对较小时，桩底约束可视为铰支端。此时，桩底水平位移为零，剪力不为零；转角不为零，弯矩为零。

（4）当抗滑桩桩底前部 k_H 值大于桩后部的 k_H 值时，若采用桩前部的 k_H 值计算，与固定端受力、变形相似；若采用自由端计算，则偏于安全。

B 滑动面以下（锚固段）弹性抗滑桩内力与位移计算

抗滑桩滑面以下的内力计算是通过将承受水平荷载的单桩视为弹性地基中的竖直梁，通过其求解梁的挠曲微分方程来计算桩身的内力，包括桩身任意截面处的弯矩、剪力、转角、位移等。

a 弹性桩的挠曲微分方程与 m 法求解

置于弹性地基中竖直梁的挠曲微分方程为

$$EI\frac{d^4x}{dz^4}+\sigma(z,x)=0 \tag{3-122}$$

弹性桩的内力与位移如图3-58所示，对于竖直的弹性桩置于Winkler地基中，地基反力满足

$$\sigma(z,x)=k_H(z)\cdot x \tag{3-123}$$

且水平弹性系数 $k_H(z)$ 采用 m 法，即

$$k_H(z)=mz \tag{3-124}$$

将上两式代入式（3-123）中，可得桩的挠曲微分方程为

$$EI\frac{d^4x}{dz^4}+m_H zxb_p=0 \tag{3-125}$$

式中 E——桩的钢筋混凝土的弹性模量，kPa，$E=0.85E_c$（E_c 为混凝土的弹性模量，kPa）；

I——桩的截面惯性矩，m^4；

m_H——水平方向弹性系数随深度变化的比例系数，kN/m^4。

令：
$$\alpha=\sqrt[5]{\frac{m_H b_p}{EI}}$$

则式（3-125）变为

$$\frac{d^4x}{dz^4}+\alpha^5 zx=0 \tag{3-126}$$

式中 α——桩用 m 法计算时的水平变形系数，量纲为 m^{-1}。

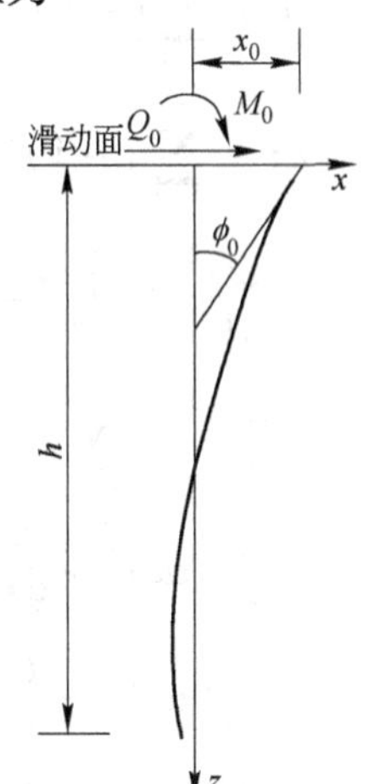

图3-58 滑面以下弹性桩内力和位移图

对这个四阶线性变系数常微分方程，可用幂级数法求解，代入边界条件，解得沿桩身任意截面 z 的水平位移、内力和地基反力等的分布：

$$\left.\begin{aligned}
x(z) &= x_0A_1 + \frac{\phi_0}{\alpha}B_1 + \frac{M_0}{\alpha^2EI}C_1 + \frac{Q_0}{\alpha^3EI}D_1 \\
\phi(z) &= \alpha\left(x_0A_2 + \frac{\phi_0}{\alpha}B_2 + \frac{M_0}{\alpha^2EI}C_2 + \frac{Q_0}{\alpha^3EI}D_2\right) \\
M(z) &= \alpha^2EI\left(x_0A_3 + \frac{\phi_0}{\alpha}B_3 + \frac{M_0}{\alpha^2EI}C_3 + \frac{Q_0}{\alpha^3EI}D_3\right) \\
Q(z) &= \alpha^3EI\left(x_0A_4 + \frac{\phi_0}{\alpha}B_4 + \frac{M_0}{\alpha^2EI}C_4 + \frac{Q_0}{\alpha^3EI}D_4\right) \\
\sigma(z,x) &= m_{\mathrm{H}}x(z) = m_{\mathrm{H}}\left(x_0A_1 + \frac{\phi_0}{\alpha}B_1 + \frac{M_0}{\alpha^2EI}C_1 + \frac{Q_0}{\alpha^3EI}D_1\right)
\end{aligned}\right\}\qquad(3\text{-}127)$$

式中　$x(z)$，$\phi(z)$，$M(z)$，$Q(z)$——分别为锚固段桩身任一截面 z 处的位移（m）、转角（弧度）、弯矩（MN·m）、剪力（MN）；

x_0，ϕ_0，M_0，Q_0——分别为滑动面处桩的位移、转角、弯矩（MN·m）、剪力（MN）；

A_i，B_i，C_i，D_i——随桩的换算深度（αz）而异的 m 法的无量纲影响函数值，$i=1，2，3，4$；可用以下公式计算，也可查附表 1-1。

$$\left.\begin{aligned}
A_1 &= 1 + \sum_{k=1}^{\infty}(-1)^k\frac{(5k-4)!!}{(5k)!}(\alpha z)^{5k} &&(k=1,2,3,\cdots) \\
B_1 &= \alpha z + \sum_{k=1}^{\infty}(-1)^k\frac{(5k-3)!!}{(5k+1)!}(\alpha z)^{5k+1} &&(k=1,2,3,\cdots) \\
C_1 &= \frac{(\alpha z)^2}{2!} + \sum_{k=1}^{\infty}(-1)^k\frac{(5k-2)!!}{(5k+2)!}(\alpha z)^{5k+2} &&(k=1,2,3,\cdots) \\
D_1 &= \frac{(\alpha z)^3}{3!} + \sum_{k=1}^{\infty}(-1)^k\frac{(5k-1)!!}{(5k+3)!}(\alpha z)^{5k+3} &&(k=1,2,3,\cdots)
\end{aligned}\right\}\qquad(3\text{-}128)$$

$$\left.\begin{aligned}
A_2 &= -\frac{1}{4!}(\alpha z)^4 + \frac{6}{9!}(\alpha z)^9 - \frac{6\times11}{14!}(\alpha z)^{14} + \frac{6\times11\times16}{19!}(\alpha z)^{19} + \cdots \\
A_3 &= -\frac{1}{3!}(\alpha z)^3 + \frac{6}{8!}(\alpha z)^8 - \frac{6\times11}{13!}(\alpha z)^{13} + \frac{6\times11\times16}{18!}(\alpha z)^{18} + \cdots \\
A_4 &= -\frac{1}{2!}(\alpha z)^2 + \frac{6}{7!}(\alpha z)^7 - \frac{6\times11}{12!}(\alpha z)^{12} + \frac{6\times11\times16}{17!}(\alpha z)^{17} + \cdots
\end{aligned}\right\}\qquad(3\text{-}129)$$

$$\left.\begin{aligned}B_2 &= 1 - \frac{2}{5!}(\alpha z)^5 + \frac{2\times7}{10!}(\alpha z)^{10} - \frac{2\times7\times12}{15!}(\alpha z)^{15} + \cdots \\ B_3 &= -\frac{2}{4!}(\alpha z)^4 + \frac{2\times7}{9!}(\alpha z)^9 - \frac{2\times7\times12}{14!}(\alpha z)^{14} + \cdots \\ B_4 &= -\frac{2}{3!}(\alpha z)^3 + \frac{2\times7}{8!}(\alpha z)^8 - \frac{2\times7\times12}{13!}(\alpha z)^{13} + \cdots\end{aligned}\right\} \tag{3-130}$$

$$\left.\begin{aligned}C_2 &= (\alpha z) - \frac{3}{6!}(\alpha z)^6 + \frac{3\times8}{11!}(\alpha z)^{11} - \frac{2\times7\times13}{16!}(\alpha z)^{16} + \cdots \\ C_3 &= 1 - \frac{3}{5!}(\alpha z)^5 + \frac{3\times8}{10!}(\alpha z)^{10} - \frac{2\times7\times13}{15!}(\alpha z)^{15} + \cdots \\ C_4 &= -\frac{3}{4!}(\alpha z)^4 + \frac{3\times8}{9!}(\alpha z)^9 - \frac{2\times7\times13}{14!}(\alpha z)^{14} + \cdots\end{aligned}\right\} \tag{3-131}$$

$$\left.\begin{aligned}D_2 &= \frac{(\alpha z)^2}{2!} - \frac{4}{7!}(\alpha z)^7 + \frac{4\times9}{12!}(\alpha z)^{12} - \frac{4\times9\times14}{17!}(\alpha z)^{17} + \cdots \\ D_3 &= (\alpha z) - \frac{4}{6!}(\alpha z)^6 + \frac{4\times9}{11!}(\alpha z)^{11} - \frac{4\times9\times14}{16!}(\alpha z)^{16} + \cdots \\ D_4 &= 1 - \frac{4}{5!}(\alpha z)^5 + \frac{4\times9}{10!}(\alpha z)^{10} - \frac{4\times9\times14}{15!}(\alpha z)^{15} + \cdots\end{aligned}\right\} \tag{3-132}$$

对以上解答中的正负号规定为：横向位移以 x 轴正方向为正值；转角以逆时针方向为正值；弯矩以左侧纤维受拉为正值；横向力以 x 轴正方向为正值。

b 常数法求解

若岩土地基的水平弹性系数 $k_H(z)$ 采用常数法，即

$$k_H(z) = k \tag{3-133}$$

则桩的挠曲微分方程变为

$$\frac{d^4x}{dz^4} + 4\beta^4 x = 0 \tag{3-134}$$

式中 β——桩的常数法水平变形系数，量纲为 m^{-1}。

且：

$$\beta = \sqrt[4]{\frac{k_H b_p}{4EI}} \tag{3-135}$$

解这个四阶线性变系数常微分方程，得到沿桩身任意截面 z 的水平位移、内力和地基反力的分布：

$$\left.\begin{aligned}x(z) &= x_0A_{1z} + \frac{\phi_0}{\beta}B_{1z} + \frac{M_0}{\beta^2EI}C_{1z} + \frac{Q_0}{\beta^3EI}D_{1z} \\ \phi(z) &= \beta\left(x_0A_{2z} + \frac{\phi_0}{\beta}B_{2z} + \frac{M_0}{\beta^2EI}C_{2z} + \frac{Q_0}{\beta^3EI}D_{2z}\right)\end{aligned}\right\}$$

$$
\left.\begin{aligned}
M(z) &= \beta^2 EI\left(x_0 A_{3z} + \frac{\phi_0}{\beta}B_{3z} + \frac{M_0}{\beta^2 EI}C_{3z} + \frac{Q_0}{\beta^3 EI}D_{3z}\right)\\
Q(z) &= \beta^3 EI\left(x_0 A_{4z} + \frac{\phi_0}{\beta}B_{4z} + \frac{M_0}{\beta^2 EI}C_{4z} + \frac{Q_0}{\beta^3 EI}D_{4z}\right)\\
\sigma(z) &= k_H x(z) = k_H\left(x_0 A_{1z} + \frac{\phi_0}{\beta}B_{1z} + \frac{M_0}{\beta^2 EI}C_{1z} + \frac{Q_0}{\beta^3 EI}D_{1z}\right)
\end{aligned}\right\} \tag{3-136}
$$

式中　A_{iz}，B_{iz}，C_{iz}，D_{iz}——随桩换算深度（βz）而异的常数法的无量纲影响函数值，其中 A_{1z}、B_{1z}、C_{1z}、D_{1z} 四个系数是独立的，其余系数均由前四个系数取导数而得，其关系式如表 3-23 所示。

$$
\left.\begin{aligned}
A_{1z} &= \cos(\beta z)\mathrm{ch}(\beta z)\\
B_{1z} &= \frac{1}{2}[\sin(\beta z)\mathrm{ch}(\beta z) + \cos(\beta z)\mathrm{sh}(\beta z)]\\
C_{1z} &= \frac{1}{2}\sin(\beta z)\mathrm{sh}(\beta z)\\
D_{1z} &= \frac{1}{4}[\sin(\beta z)\mathrm{ch}(\beta z) - \cos(\beta z)\mathrm{sh}(\beta z)]
\end{aligned}\right\} \tag{3-137}
$$

表 3-23　无量纲影响系数

影响系数 / i	A_{iz}	B_{iz}	C_{iz}	D_{iz}
1	A_{1z}	B_{1z}	C_{1z}	D_{1z}
2	$-4D_{1z}$	A_{1z}	B_{1z}	C_{1z}
3	$-4C_{1z}$	$-4D_{1z}$	A_{1z}	B_{1z}
4	$-4B_{1z}$	$-4C_{1z}$	$-4D_{1z}$	A_{1z}

根据桩的换算深度（βz）的变化，各截面的 4 个无量纲影响系数已按上式计算的结果制成表（附表 1-2），以备查用。

c　初始水平位移 x_0、初始转角 ϕ_0 的求解

在式（3-127）和式（3-136）中，x_0、ϕ_0、M_0、Q_0 是滑动面处的初参数。M_0、Q_0 可由有关的公式直接求得，而 x_0、ϕ_0 的确定需要根据桩底的约束条件来求。

（1）当桩底为固定端时，$x_h = 0$、$\phi_h = 0$、$M_h \neq 0$、$Q_h \neq 0$。将 x_h、M_h 代入式（3-127）中的第 1、2 式，联立求解得到 m 法的初参数 x_0、ϕ_0：

$$
\left.\begin{aligned}
x_0 &= \frac{M_0}{\alpha^2 EI}\frac{B_1C_2 - C_1B_2}{A_1B_2 - B_1A_2} + \frac{Q_0}{\alpha^3 EI}\frac{B_1D_2 - D_1B_2}{A_1B_2 - B_1A_2}\\
\phi_0 &= \frac{M_0}{\alpha EI}\frac{C_1A_2 - A_1C_2}{A_1B_2 - B_1A_2} + \frac{Q_0}{\alpha^2 EI}\frac{D_1A_2 - A_1D_2}{A_1B_2 - B_1A_2}
\end{aligned}\right\} \tag{3-138}
$$

类似地，可得到当桩底为固定端时常数法的初参数 x_0、ϕ_0：

$$\left.\begin{aligned} x_0 &= \frac{M_0}{\beta^2 EI}\frac{B_{1z}^2 - A_{1z}C_{1z}}{4D_{1z}B_{1z} + A_{1z}^2} + \frac{Q_0}{\beta^3 EI}\frac{B_{1z}C_{1z} - A_{1z}D_{1z}}{4D_{1z}B_{1z} + A_{1z}^2} \\ \phi_0 &= -\frac{M_0}{\beta EI}\frac{A_{1z}B_{1z} + 4C_{1z}D_{1z}}{4D_{1z}B_{1z} + A_{1z}^2} - \frac{Q_0}{\beta^2 EI}\frac{A_{1z}C_{1z} + 4D_{1z}^2}{4D_{1z}B_{1z} + A_{1z}^2} \end{aligned}\right\} \tag{3-139}$$

（2）当桩底为铰支端时，$x_h = 0$、$\phi_h \neq 0$、$M_h = 0$、$Q_h \neq 0$。将 x_h、M_h 代入式（3-127）的第 1、3 式，联立求解得到 m 法的初参数 x_0、ϕ_0：

$$\left.\begin{aligned} x_0 &= \frac{M_0}{\alpha^2 EI}\frac{C_1B_3 - C_3B_1}{A_3B_1 - B_3A_1} + \frac{Q_0}{\alpha^3 EI}\frac{B_3D_1 - D_3B_1}{A_3B_1 - B_3A_1} \\ \phi_0 &= \frac{M_0}{\alpha EI}\frac{C_3A_1 - A_3C_1}{A_3B_1 - B_3A_1} + \frac{Q_0}{\alpha^2 EI}\frac{D_3A_1 - A_3D_1}{A_3B_1 - B_3A_1} \end{aligned}\right\} \tag{3-140}$$

以同样方法，可得到当桩底为固定端时常数法的初参数 x_0、ϕ_0：

$$\left.\begin{aligned} x_0 &= \frac{M_0}{\beta^2 EI}\frac{4C_{1z}D_{1z} + A_{1z}B_{1z}}{4B_{1z}C_{1z} - 4A_{1z}D_{1z}} + \frac{Q_0}{\beta^3 EI}\frac{4D_{1z}^2 + B_{1z}^2}{4B_{1z}C_{1z} - 4A_{1z}D_{1z}} \\ \phi_0 &= -\frac{M_0}{\beta EI}\frac{{A_{1z}}^2 + 4{C_{1z}}^2}{4B_{1z}C_{1z} - 4A_{1z}D_{1z}} - \frac{Q_0}{\beta^2 EI}\frac{4C_{1z}D_{1z} + A_{1z}B_{1z}}{4B_{1z}C_{1z} - 4A_{1z}D_{1z}} \end{aligned}\right\} \tag{3-141}$$

（3）当桩底为自由端时，$x_h \neq 0$、$\phi_h \neq 0$、$M_h = 0$、$Q_h = 0$。将 x_h、M_h 代入式（3-127）的第 3、4 式，联立求解得到 m 法的初参数 x_0、ϕ_0：

$$\left.\begin{aligned} x_0 &= \frac{M_0}{\alpha^2 EI}\frac{C_4B_3 - C_3B_4}{A_3B_4 - B_3A_4} + \frac{Q_0}{\alpha^3 EI}\frac{B_3D_4 - D_3B_4}{A_3B_4 - B_3A_4} \\ \phi_0 &= \frac{M_0}{\alpha EI}\frac{C_3A_4 - A_3C_4}{A_3B_4 - B_3A_4} + \frac{Q_0}{\alpha^2 EI}\frac{D_3A_4 - A_3D_4}{A_3B_4 - B_3A_4} \end{aligned}\right\} \tag{3-142}$$

同样可得到当桩底为固定端时常数法的初参数 x_0、ϕ_0：

$$\left.\begin{aligned} x_0 &= \frac{M_0}{\beta^2 EI}\frac{4D_{1z}^2 + A_{1z}C_{1z}}{4C_{1z}^2 - 4B_{1z}D_{1z}} + \frac{Q_0}{\beta^3 EI}\frac{B_{1z}C_{1z} + A_{1z}D_{1z}}{4C_{1z}^2 - 4B_{1z}D_{1z}} \\ \phi_0 &= -\frac{M_0}{\beta EI}\frac{4C_{1z}D_{1z} + A_{1z}B_{1z}}{4C_{1z}^2 - 4B_{1z}D_{1z}} - \frac{Q_0}{\beta^2 EI}\frac{B_{1z}^2 - A_{1z}C_{1z}}{4C_{1z}^2 - 4B_{1z}D_{1z}} \end{aligned}\right\} \tag{3-143}$$

d 当滑动面处抗力不为零的处理方法

m 法的公式是按滑面处抗力为零的情况导出的。结合抗滑桩的实际情况，滑动面以上往往有滑体存在，在滑面处岩土的抗力不为零，而是某一数值，即 $k_H(z)|_{z=0} \neq 0 = k_H(0)$。则滑面以下某一深度处岩土抗力的表达式为：$\sigma(z, x) = k_H(0) + m_H z$，即滑面以下的地基系数为梯形变化，此时已有的公式均不能直接使用，可通过下述方法进行处理，如图 3-59 所示。

（1）将地基系数变化图形向上延伸至虚点 a，延伸的高度 h_1 由下式计算：

$$h_1 = \frac{k_H(0) \cdot h}{k_H(h) - k_H(0)} \tag{3-144}$$

（2）自虚点 a 向下计算便可以直接使用已有的公式，但必须重新确定 a 点处的初参数 x_a、ϕ_a、M_a、Q_a。

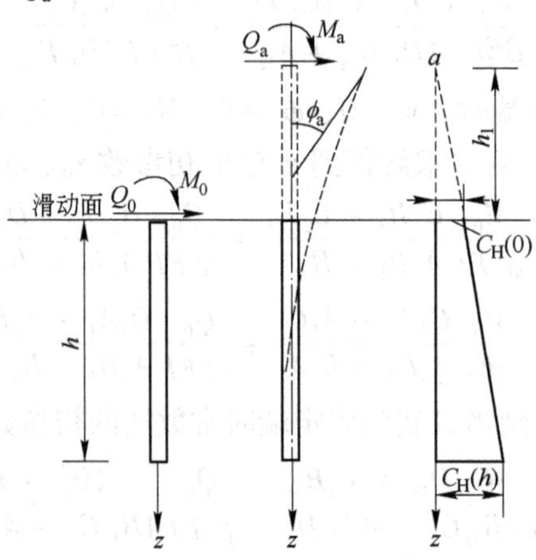

图 3-59　滑面处抗力不为零时的处理

（3）在 M_a 和 Q_a 的作用下，必须满足下述条件：

当 $z=0$ 时（滑面处），$M=M_0$，$Q=Q_0$（桩底为自由端时），由式（3-127）可得到：

$$\left.\begin{aligned} M_0 &= \alpha^2 EI\left(x_a A_3^0 + \frac{\phi_a}{\alpha}B_3^0 + \frac{M_a}{\alpha^2 EI}C_3^0 + \frac{Q_a}{\alpha^3 EI}D_3^0\right) \\ Q_0 &= \alpha^3 EI\left(x_a A_4^0 + \frac{\phi_a}{\alpha}B_4^0 + \frac{M_a}{\alpha^2 EI}C_4^0 + \frac{Q_a}{\alpha^3 EI}D_4^0\right) \\ & x_a A_3^h + \frac{\phi_a}{\alpha}B_3^h + \frac{M_a}{\alpha^2 EI}C_3^h + \frac{Q_a}{\alpha^3 EI}D_3^h = 0 \\ & x_a A_4^h + \frac{\phi_a}{\alpha}B_4^h + \frac{M_a}{\alpha^2 EI}C_4^h + \frac{Q_a}{\alpha^3 EI}D_4^h = 0 \end{aligned}\right\} \tag{3-145}$$

当 $z=h$ 时（桩底处），$x_h=0$，$\phi_h=0$（桩底为固定端时）；由式（3-127）可得到：

$$\left.\begin{aligned} & x_a A_1^h + \frac{\phi_a}{\alpha}B_1^h + \frac{M_a}{\alpha^2 EI}C_1^h + \frac{Q_a}{\alpha^3 EI}D_1^h = 0 \\ & x_a A_2^h + \frac{\phi_a}{\alpha}B_2^h + \frac{M_a}{\alpha^2 EI}C_2^h + \frac{Q_a}{\alpha^3 EI}D_2^h = 0 \end{aligned}\right\} \tag{3-146}$$

在式（3-145）和式（3-146）中，A_3^0、A_3^h分别为滑动面处和桩底处的系数 A_3 值，其他如此类推。

联立式（3-145）和式（3-146）得到 x_a、ϕ_a、M_a、Q_a，并用 x_a、ϕ_a、M_a、Q_a代替式（3-127）中的 x_0、ϕ_0、M_0、Q_0，即可计算滑动面以下任意桩身截面的内力、位移及其桩前岩土体的弹性抗力。

C 滑动面以下（锚固段）刚性抗滑桩内力与位移计算

刚性抗滑桩的计算方法较多，目前较常用的方法是把滑面以下桩周围的介质视为弹性体来计算侧向应力（土抗力），从而计算桩身的内力。依据滑面下桩周围的地质情况不同，刚性桩的计算可分为桩身置于岩土中和桩底嵌入岩层中两种情况。

现仅仅就桩身置于均质岩土中（包括置于岩石风化层内和岩层面上）的情况说明内力计算公式的推导过程。桩埋置于土中或破碎岩层中的刚性悬臂桩如图 3-60 所示。锚固段地基系数随深度变化情况常考虑以下三种：

（1）地基系数随深度成比例增加。锚固段地基系数随深度成比例增加，桩底的竖向地基系数为 $k_v = m_0 h$，且桩底为自由端时，如图 3-60a 所示。抗滑桩在外荷作用下，绕桩轴某点 O'发生平面转动后，桩处于静力平衡状态，假定其转角为 ϕ。为求解锚固段桩侧和桩底的弹性抗力以及截面内力，必须先求出桩转动中心位置 y_0和其转角 ϕ。

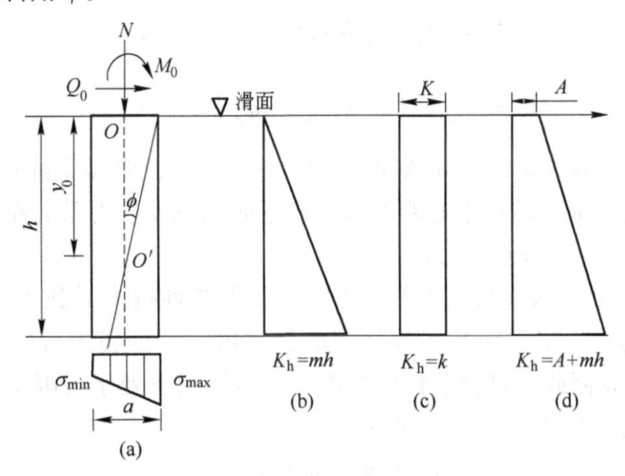

图 3-60 刚性桩计算简图

取全桩为分离体，利用静力平衡条件可得：

$$y_0 = \frac{b_p m h^3 (4M_0 + 3Q_0 h) + 6Q_0 k_v a W}{2b_p m h^2 (3M_0 + 2Q_0 h)} \tag{3-147}$$

$$\varphi = \frac{12(3M_0 + 2Q_0 h)}{b_p m h^4 + 18 W k_v a} \tag{3-148}$$

式中 m——桩侧地基基床系数；

W——桩底面抵抗矩，$W = ba^2/6$；

b——桩的宽度；

a——桩底顺 Q_0 作用方向的长度；

h——桩的锚固段深度；

k_v——桩底 h 处的竖向地基基床系数，$k_v = m_0 h$。

求出 y_0 和 ϕ，便可算出桩前、桩侧压应力 σ_y 和桩底压应力的最大值 σ_{max} 和最小值 σ_{min}。

$$\sigma_y = my(y_0 - y)\phi \tag{3-149}$$

$$\sigma_{max} = \frac{N}{S} + k_v \frac{a}{2}\phi \tag{3-150}$$

$$\sigma_{min} = \frac{N}{S} - k_v \frac{a}{2}\phi \tag{3-151}$$

式中　N——桩底面的垂直压应力；

S——桩底面积。

滑动面以下深度 y 处桩截面的剪力 Q_y 和弯矩 M_y，可取 y 处上部为分离体，由静力平衡条件可得

$$Q_y = Q_0 - \frac{1}{6}b_p m\phi y^2(3y_0 - 2y) \tag{3-152}$$

$$M_y = M_0 + Q_0 y - \frac{1}{12}b_p m\phi y^3(2y_0 - y) \tag{3-153}$$

当桩底偏心距离 $e > a/6$，桩底产生应力重分布，此时需要按应力重分布条件导出桩轴线的转角 ϕ、转动中心距滑面处的距离 y_0 以及应力重分布的宽度，然后再计算任一截面处的弯矩和剪力。

（2）地基系数随深度为一常数。当滑面处的弹性抗力系数为常数 $k = A$，滑面以下地面为均质岩层，地基系数随深度为常数，且桩底为自由端时，如图 3-60b 所示，桩端在荷载、桩侧及桩底的地基反力作用下处于极限平衡条件，按上述方法，可导出桩身任一截面处的内力公式：

桩侧反力
$$\sigma_y = my(y_0 - y)\phi A \tag{3-154}$$

剪力
$$Q_y = Q_0 - \frac{1}{2}Ab_p\phi y(2y_0 - y) \tag{3-155}$$

弯矩
$$M_y = M_0 + Q_0 y - \frac{1}{6}Ab_p\phi y^2(3y_0 - y) \tag{3-156}$$

其中
$$y_0 = \frac{h(3M_0 + 2Q_0 h)}{3(2M_0 + Q_0 h)} \tag{3-157}$$

$$\phi = \frac{6(2M_0 + Q_0 h)}{b_p A h^3} \tag{3-158}$$

（3）滑面处弹性抗力系数 $k=A$，滑面以下地基系数随深度成比例增加。当滑面处的弹性抗力系数 $k=A$，滑面以下地基系数随深度增加，桩底为自由端时，如图 3-71c 所示，同样按上述方法可推导出锚固段内力和变形计算公式。

当 $y<y_0$ 时，

地基侧向反力为

$$\sigma_y = (y_0 - y)\phi(A + my) \tag{3-159}$$

剪力

$$Q_y = Q_0 - \frac{1}{2}Ab_p\phi y(2y_0 - y) - \frac{1}{6}b_p m\phi y^2(3y_0 - 2y) \tag{3-160}$$

弯矩

$$M_y = M_0 + Q_0 y - \frac{1}{6}Ab_p\phi y^2(3y_0 - y) - \frac{1}{12}b_p m\phi y^3(2y_0 - y) \tag{3-161}$$

当 $y \geqslant y_0$ 时，

地基侧向反力为

$$\sigma_y = (y_0 - y)\phi(A + my) \tag{3-162}$$

剪力

$$Q_y = Q_0 - \frac{1}{6}b_p m\phi y^2(3y_0 - 2y) - \frac{1}{2}Ab_p\phi y_0^2 + \frac{1}{2}Ab_p\phi\,(y - y_0)^2 \tag{3-163}$$

弯矩

$$M_y = M_0 + Q_0 y - \frac{1}{6}Ab_p\phi y_0^2(3y_0 - y) + \frac{1}{6}Ab_p\phi\,(y - y_0)^3 - \frac{1}{12}b_p m\phi y^3(2y_0 - y) \tag{3-164}$$

根据桩底的边界条件 $M_h=0$，$Q_h=0$，可直接求解得到滑面至桩旋转中心点的距离 y_0 为

$$y_0 = \frac{h[2A(3M_0 + 2Q_0 h) + mh(4M_0 + 3Q_0 h)]}{2[3A(2M_0 + Q_0 h) + mh(3M_0 + 2Q_0 h)]} \tag{3-165}$$

桩的转角

$$\phi = \frac{12[3A(2M_0 + Q_0 h) + mh(3M_0 + 2Q_0 h)]}{b_p h^3[6A(A + mh) + m^2h^2]} \tag{3-166}$$

将 y_0 及 ϕ 代入上述各式即可求得桩的旋转中心上、下任意截面的剪力、弯矩和桩侧的地基反力。

当桩身置于两种不同地层，桩在变形时，其旋转中心依地质情况的不同可能在上层或下层，计算时应按地基系数的分布规律，导出另外的公式。

3.9.5 抗滑桩锚固段侧向强度校核

桩将滑坡推力传递给滑面以下的桩周岩（土）时，桩的锚固段前后岩（土）

体受力后发生变形，并由此产生岩（土）体的反力。反力的大小与岩（土）体的变形状态有关。处于弹性阶段时，可按弹性抗力计算，处于塑性阶段变形时，情况则比较复杂，但地基反力应不超过锚固段地基土的侧向容许承载能力、桩基底的压应力不得大于地基的容许承载力。

抗滑桩的锚固深度，应根据地质、水文地质及地形条件，结合锚固段地层的横向容许承载力计算确定，其计算方法如下：

抗滑桩桩前岩土体强度校核标准为

$$\sigma_z \leqslant [\sigma_z] \tag{3-167}$$

式中　σ_z——桩前岩土体所承受的横向作用应力（即弹性抗力），kPa；

$[\sigma_z]$——桩前 z 深度处岩土体的容许抗压强度，kPa。

3.9.5.1　*对于土层或风化岩层锚固段地层*

对于一般土层或风化成土、砂砾状的岩层地基，抗滑桩在侧向荷载作用下发生转动变位时，桩前的土体产生被动土压力，而在桩后的土体产生主动土压力。桩身对地基土体的侧向压应力一般不应大于被动土压力与主动土压力之差。

A　*对于全埋式抗滑桩*

（1）当桩顶地面水平时（图 3-61a），桩前滑动面以下任意深度 z 处的容许抗压强度为

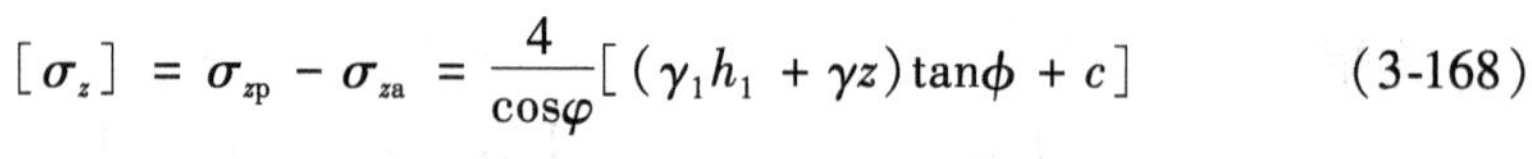

$$[\sigma_z] = \sigma_{zp} - \sigma_{za} = \frac{4}{\cos\varphi}[(\gamma_1 h_1 + \gamma z)\tan\phi + c] \tag{3-168}$$

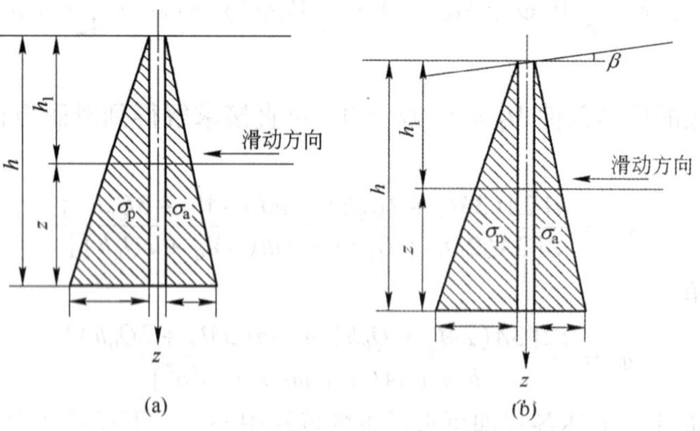

图 3-61　全埋式抗滑桩容许抗压强度计算简图

（2）当桩顶地面有坡度时（图 3-61b），桩前滑动面以下任意深度 z 处的容许抗压强度为

$$[\sigma_z] = \sigma_{zp} - \sigma_{za} = \frac{4(\gamma_1 h_1 + \gamma z)\cos^2\beta\sqrt{\cos^2\beta - \cos^2\phi_b}}{\cos^2\phi_b} \tag{3-169}$$

B 对于悬臂式抗滑桩

（1）当桩顶地面水平时（图3-62a），桩前滑动面以下任意深度 z 处的容许抗压强度为

$$[\sigma_z] = \sigma_{zp} - \sigma_{za} = \frac{4\gamma z\tan\phi_b}{\cos\phi_b} - \frac{\gamma_1 h_1(1-\sin\phi_b)}{1+\sin\phi_b} \tag{3-170}$$

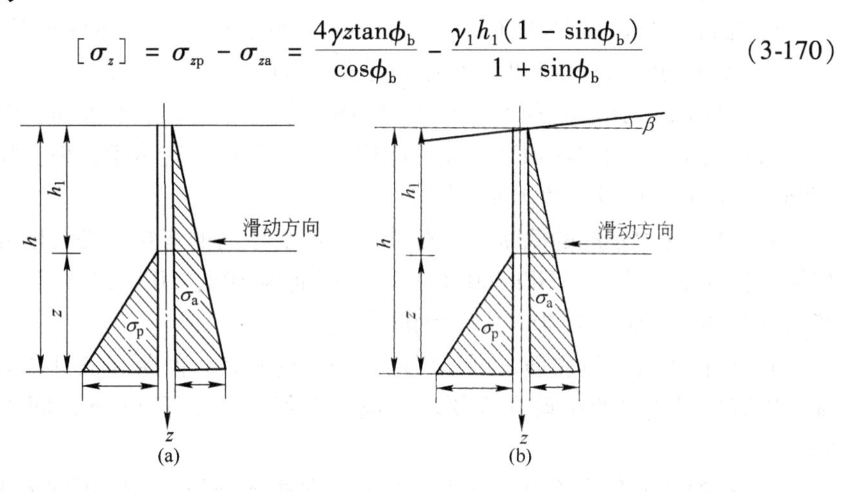

图3-62 悬臂式抗滑桩容许抗压强度计算简图

（2）当桩顶地面有坡度时（图3-62b），且 $\beta \leqslant \phi_b$（ϕ_b 为滑动面上土体的等效内摩擦角）时，桩前滑动面以下任意深度 z 处的容许抗压强度为

$$[\sigma_z] = \sigma_{zp} - \sigma_{za} = \frac{4\gamma z\cos^2\beta\sqrt{\cos^2\beta-\cos^2\phi_b}}{\cos^2\phi_b} - \frac{\gamma_1 h_1(\cos\beta-\sqrt{\cos^2\beta-\cos^2\phi_b})}{\cos\beta+\sqrt{\cos^2\beta-\cos^2\phi_b}} \tag{3-171}$$

3.9.5.2 *岩石锚固段中的抗滑桩*

当抗滑桩锚固段为较完整的岩石或中等风化的岩层时，桩前容许承载力的强度校核准为：桩侧的最大压应力不大于岩石的横向容许承载力。

岩石的横向容许承载力的计算公式如下：

$$[\sigma_z] = K_H \xi R \tag{3-172}$$

式中 K_H——岩石强度的水平方向换算系数。当围岩为密实土体或砂层时，取 $K_H=0.5$，当围岩为较完整的中等风化岩层时，取 $K_H=0.6\sim0.75$，当围岩为块状或层状少裂隙岩层时，取 $K_H=0.75\sim1.0$；

ξ——岩石构造折减系数，根据岩层的裂隙、风化程度、水理性质确定，$\xi=0.3\sim0.45$；

R——岩石单轴极限抗压强度，kPa。

3.9.6 抗滑桩的配筋计算和构造设计

（1）桩的配筋计算。钢筋混凝土桩的配筋计算一般根据所算得的桩身最大弯

矩值 M_{max}，进行配筋计算，无特殊要求时，桩身可不作变形、抗裂、挠度等项验算。

(2) 钢筋混凝土桩的构造要求。

1) 混凝土强度一般采用 C25，宜为 C30，不低于 C20，水下灌注时不低于 C25。

2) 受力筋的保护层厚度一般不应小于 60mm。

3) 纵向受力钢筋直径不应小于 16mm，净距不宜小于 120mm，困难情况下可以适当减小，但不得小于 80mm，如用束筋，每束不宜多于三根。如配制单排钢筋有困难时，可设置两排或三排。

4) 纵向受力钢筋的截断点应在计算不需要该筋的弯矩包络线以外，其伸出包络线长度不应小于：HPB300（Ⅰ）级钢筋为 $30d$，HPB335（Ⅱ）级钢筋为 $35d$，HPB400（Ⅲ）为 $40d$（d 为钢筋直径）。

5) 桩内不宜设置斜筋，可采用调整箍筋的直径、间距和桩身截面尺寸等措施，以满足斜截面的抗剪强度要求。箍筋直径不应小于 14mm，间距不应大于 50cm。

6) 桩的两侧和受压边，应适当配制纵向构造钢筋，其间距宜为 40 ~ 50cm，直径不宜小于 12mm。桩的受压边两侧应配制架立钢筋，其直径不宜小于 16mm。

7) 钢筋的接长等应符合钢筋混凝土构件的构造要求。

3.10 锚索抗滑桩工程设计

3.10.1 锚索抗滑桩的设计计算方法

锚索抗滑桩的设计计算应包括滑坡推力计算、桩周岩土体抗力计算、锚索拉力计算、锚索预应力的确定、桩身内力计算，以及抗滑桩和锚索各参数的设计计算等。它既包括了预应力锚索设计计算的所有步骤，也包括了普通抗滑桩的所有内容。对于锚索抗滑桩的设计计算，最重要的是确定锚索拉力，锚索拉力确定后，就可以进行桩身内力的计算。

下面介绍几种设计计算方法。

3.10.1.1 控制桩顶位移计算法

这种方法的计算原理与普通抗滑桩的相同，滑动面以下的抗滑桩的内力计算与普通抗滑桩的完全相同，滑动面以上不同的是必须确定锚索拉力，在锚索拉力确定之后，把锚索拉力、滑坡推力、桩前剩余下滑力（或被动土压力）作为已知力，用静力学的方法求解桩身内力。

前苏联学者金布格和依申柯曾提出用控制桩顶水平位移的方法计算锚索拉力，该方法是设在桩顶锚索拉力 T_A 和滑坡推力 E 的共同作用下，桩顶产生位移

为 y_2，并设 y_2^{E} 为在滑坡推力 E 作用下桩顶产生的水平位移，y_2^{A} 为在锚索拉力作用下桩顶产生的水平位移，则

$$y_2 = y_2^{\mathrm{E}} - y_2^{A} \tag{3-173}$$

其中

$$y_2^{\mathrm{E}} = y_0^{\mathrm{E}} + \phi_0^{\mathrm{E}} L_0 + \frac{EL_0^3}{3E_{\mathrm{c}}I_{\mathrm{c}}} + \phi_1^{\mathrm{E}}(h - L_0) \tag{3-174}$$

$$y_2^{\mathrm{A}} = y_0^{\mathrm{A}} + \phi_0^{\mathrm{A}} h + \frac{T_{\mathrm{A}}h^3}{3E_{\mathrm{c}}I_{\mathrm{c}}} \tag{3-175}$$

$$\phi_1^{\mathrm{E}} = E\,\delta_{MQ} + E\,L_0\delta_{MM} + E\,\frac{L_0^3}{2E_{\mathrm{c}}I_{\mathrm{c}}} \tag{3-176}$$

由以上式子可解得

$$T_{\mathrm{A}} = \frac{EL_0\left[\dfrac{\delta_{QQ}}{L_0} + \left(1 + \dfrac{h}{L_0}\right)\delta_{QM} + h\delta_{MM} + \dfrac{L_0(3h - L_0)}{6}\right] - y_2}{h\left(\dfrac{\delta_{QQ}}{h} + 2\delta_{QM} + h\delta_{MM} + \dfrac{h^2}{3E_{\mathrm{c}}I_{\mathrm{c}}}\right)} \tag{3-177}$$

式中 T_{A}——预应力锚索拉力，kN；

E——滑坡推力，kN/m；

$E_{\mathrm{c}}I_{\mathrm{c}}$——桩截面刚度，kN/m²；

L_0——滑坡推力合力作用点距滑面的距离，m；

δ_{QQ}——滑动面处受单位剪力即 $Q_0 = 1$ 作用时，截面形心 O 点在剪力方向产生的位移；

δ_{QM}——滑动面处受单位弯矩即 $M_0 = 1$ 作用时，截面形心 O 点在剪力方向产生的位移；

δ_{MM}——$Q_0 = 1$ 时截面形心 O 点的转角；

δ_{MQ}——$M_0 = 1$ 时截面形心 O 点的转角；

h——滑动面以上桩的高度；

y_2——桩顶的位移。

有的学者建议在滑坡推力近似矩形分布，桩的埋深较浅（$h = 2.5 \sim 3.0\mathrm{m}$），且桩前抗力分布与滑坡推力相似时，可根据每根桩上的滑坡推力 E 及桩前滑动面以上的岩土抗力计算出滑面处的剪力 Q_0，以 $T_{\mathrm{A}} = (1/2 \sim 4/7)\,Q_0$ 作为桩顶锚索拉力，其结果与前述方法基本相同。

实际上，锚索的拉力取决于锚索自身的承载力，如果不考虑锚固段的变形，则锚索受力后的允许伸长量应为

$$[\delta] = \frac{[T_{\mathrm{A}}]L}{E_{\mathrm{S}}F_{\mathrm{S}}} \tag{3-178}$$

式中 $[T_{\mathrm{A}}]$——锚索的容许拉力，kN；

L——锚索自由段的长度，m；

E_S——锚索材料的弹性模量，kN/m^2；

F_S——锚索的有效截面面积。

根据式（3-178），可以求得锚索的容许拉力值为

$$[T_A] = \frac{[\delta]E_S F_S}{L} \tag{3-179}$$

当锚索的容许拉力确定后，就可以将其与滑坡推力一起，作为已知力施加在抗滑桩上，计算出滑面处桩的弯矩和剪力，再根据普通抗滑桩的计算方法计算出抗滑桩各截面的变形和内力，这种设计方法可称为容许锚索拉力法。

3.10.1.2　地基系数法

根据铁道科学研究院西北研究所进行的预应力锚索抗滑桩实测的桩顶位移及弯矩，以及采用优化计算的结果表明（励国良，1993），不考虑滑动面存在的地基系数法，可以用于预应力锚索抗滑桩的计算，只是此时的桩顶条件有所不同，应该考虑锚索拉力的作用。因此，可以根据滑坡的具体情况，分别采用 m-m 法、m-k 法和 k-k 法进行抗滑桩的计算。

计算中，同样必须先求出桩顶的锚索拉力，拉力的求法可以根据悬臂桩中所提供的控制桩顶位移法或经验法。若以经验法确定锚拉力，需先假定抗滑桩未受锚索作用，以地基系数法求出滑动面处的剪力，再求出锚索拉力。然后在桩顶施加拉力和弯矩，再次以地基系数法求解桩身内力值。

此外，还有有限差分法，这种方法是以极限平衡分析为基础，将滑体离散为若干条块，使每一个滑动条块的滑动面、地表面近似为直线，且各条块滑动面的抗剪强度指标为常数，其中桩身占一个条块，然后用极限平衡分析法计算桩在滑块两侧的作用力，建立桩所在条块的平衡条件（力或力矩平衡），使得桩在滑坡推力、桩顶锚索拉力及桩周土抗力作用下达到平衡。计算中考虑桩与锚索的相互作用，并根据差分原理建立起任意相邻截面的水平位移、转角、弯矩和剪力之间的关系式。

3.10.1.3　结构力学分析法

图 3-63 为锚索抗滑桩的计算简图，作用于锚索抗滑桩上的剩余下滑力为 E_x，其作用点距滑面距离为 h_0，锚索拉力在水平方向上的分力为 x_1，锚索作用点距滑面距离为 L_1，相应的锚索弹性刚度为 k_1。假想将抗滑桩从滑面处分为上下两部分，滑面处（图中固定支座处）的桩身转角为 β_0，水平位移为 u_0，如图 3-64 所示，下部桩按弹性地基梁计算（图 3-65），其计算过程与普通抗滑桩的嵌固段计算相同。根据地基系数随深度的变化情况，对嵌固段的计算可以采用 K 法或 m 法。当地层为较完整的岩层时，地基系数采用常数，不随深度而变化，此时采用 K 法进行计算；若地基为密实土层或严重风化破碎岩层时，相应的采用 m 法

进行计算。下面以 m 法为例，给出嵌固段的桩身变位及内力计算公式。

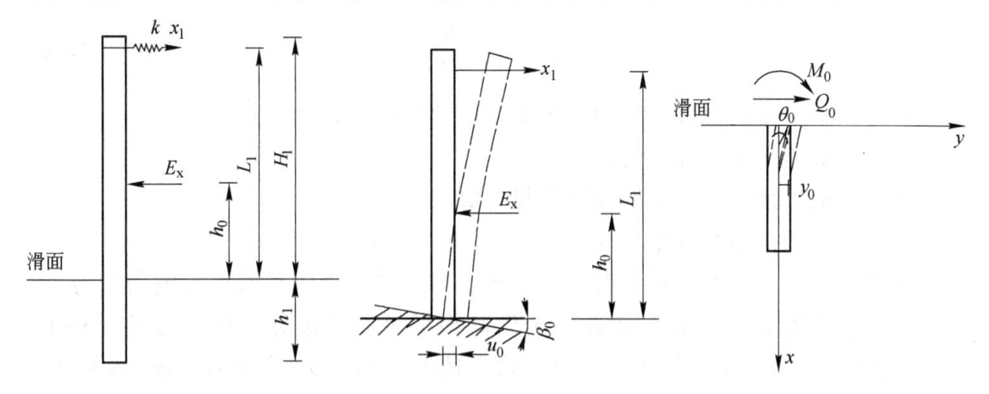

图 3-63 锚索抗滑桩计算简图　　图 3-64 上部桩计算简图　　图 3-65 嵌固段桩计算简图

当桩周围岩的变形在弹性范围内，围岩对桩身的反力认为是变位（y）与地基弹性抗力 K 的乘积。一般假定

$$K = A + mx^n \tag{3-180}$$

式中 x——自滑面沿桩轴向下的距离；

n——线性指数。

在同一地层中沿桩轴线的 K 值图形常随岩性、结构状态和成岩程度等有所差别，当 n =0、0.5、1.0、2.0 时，K 值图形分别为矩形、抛物线形、三角形和反抛物线形。

求解桩的参数方程为

$$y = y_0A_1 + \frac{\theta_0}{\alpha}B_1 + \frac{M_0}{\alpha^2EI}C_1 + \frac{Q_0}{\alpha^3EI}D_1 \tag{3-181}$$

$$\theta = \alpha(y_0A_2 + \frac{\theta_0}{\alpha}B_2 + \frac{M_0}{\alpha^2EI}C_2 + \frac{Q_0}{\alpha^3EI}D_2) \tag{3-182}$$

$$M = \alpha^2EI(y_0A_3 + \frac{\theta_0}{\alpha}B_3 + \frac{M_0}{\alpha^2EI}C_3 + \frac{Q_0}{\alpha^3EI}D_3) \tag{3-183}$$

$$Q = \alpha^3EI(y_0A_4 + \frac{\theta_0}{\alpha}B_4 + \frac{M_0}{\alpha^2EI}C_4 + \frac{Q_0}{\alpha^3EI}D_4) \tag{3-184}$$

$$\sigma_x = mxy \tag{3-185}$$

式中 y_0，θ_0，M_0，Q_0——分别为桩在滑面处的位移（m）、转角（弧度）、弯矩（kN·m）和剪力（kN）；

A_i，B_i，C_i，D_i——随桩的换算深度（αy）变化的系数，可由 m 法的系数表中查得；

α ——桩的变形系数，量纲为 m^{-1}，可按下式求得：

$$\alpha = \sqrt[5]{\frac{mb_p}{EI}} \tag{3-186}$$

m ——水平方向弹性系数随深度变化的比例系数，kN/m^4；

b_p ——桩的正面计算宽度；

E ——桩身钢筋混凝土的弹性模量，kPa；

I ——桩的截面惯性矩，m^4。

为求桩身任一点的位移、转角、弯矩、剪力和岩土体对该点的侧向应力，必须先求出滑面处的 y_0、θ_0，而此两个值需根据桩底的边界条件，由式（3-115）～式（3-120）来确定。使用时，只需将上述公式中的 x_0 换为 y_0，ϕ_0 换为 θ_0 即可。

将 y_0、θ_0 和 M_0、Q_0 代入式（3-181）～式（3-184）中，可求得桩身任一深度的内力和变位。

在以上各式中，参数 y_0、θ_0、M_0 和 Q_0 与锚索拉力有关，在锚索拉力求出之前，它们仍然是未知数，所以必须先求出锚索的拉力，才能最终求得桩身内力及变位值。

下面讨论单根锚索时的锚拉力及桩身内力计算。

设锚索作用点距滑面距离为 L_1，锚索拉力 T_{A1} 在水平方向上的分力为 x_1，锚索的弹性刚度为 k，抗滑桩的抗弯刚度为 EI，桩在滑面以上的长度为 H_1，假想将抗滑桩从滑面处分为上下两部分，先研究滑面以上桩的求解方法，设滑面处（图中固定支座处）的桩身转角为 β_0，水平位移为 u_0，取上部桩的基本结构如图 3-64 所示，列出其力法方程为

$$\delta_{11}x_1 + \Delta_{1P} + L_1\beta_0 + u_0 = -k^{-1}x_1 \tag{3-187}$$

其中 β_0 和 u_0 可根据滑面以上桩的荷载得到，即

$$\left.\begin{aligned} \beta_0 &= (x_1L_1 + M_P^0)\overline{\beta}_1 \\ u_0 &= (x_1 + Q_P^0)\overline{u}_1 \end{aligned}\right\} \tag{3-188}$$

式中 M_P^0 ——滑坡推力在嵌固段桩顶产生的力矩；

Q_P^0 ——滑坡推力在嵌固段桩顶产生的剪力；

$\overline{\beta}_1$ ——嵌固段桩顶作用单位力矩时引起该段桩顶的角变位；

$\overline{u}_1$ ——嵌固段桩顶作用单位力时引起该段桩顶的水平位移。

单位变位 δ_{11} 和载变位 Δ_{1P} 可由下式求得：

$$\delta_{11} = \int\frac{\overline{M}_1^2}{EI}ds = \frac{L_1^3}{3EI} \tag{3-189}$$

$$\Delta_{1P} = \int \frac{\overline{M}_1 M_P}{EI} ds = -\frac{E_x h_0^2}{6EI}(3L_1 - h_0) \tag{3-190}$$

锚杆的弹性系数 k 可由式（3-191）求出，即

$$k = \frac{E_S A_S}{L_S} \tag{3-191}$$

式中 E_S——锚杆的弹性模量；

A_S——锚杆的截面面积；

L_S——锚杆自由段的长度。

将式（3-188）代入式（3-187）中，得到

$$\delta_{11} x_1 + \Delta_{1P} + L_1 (x_1 L_1 + M_P^0)\overline{\beta}_1 + (x_1 + Q_P^0)\overline{u}_1 = -k^{-1} x_1 \tag{3-192}$$

令：

$$A_{11} = \delta_{11} + L_1^2\overline{\beta}_1 + \overline{u}_1 + k^{-1} \tag{3-193}$$

$$A_{1P} = \Delta_{1P} + L_1 M_P^0 \overline{\beta}_1 + Q_P^0 \overline{u}_1 \tag{3-194}$$

将其代入式（3-192）得到新的方程

$$A_{11} x_1 + A_{1P} = 0 \tag{3-195}$$

解此方程得到

$$x_1 = -\frac{A_{1P}}{A_{11}} \tag{3-196}$$

于是，嵌固段抗滑桩的初参数 M_0 和 Q_0 可由叠加法得到，即

$$M_0 = x_1 L_1 + M_P^0 \tag{3-197}$$

$$Q_0 = x_1 + Q_P^0 \tag{3-198}$$

其他两个初参数 β_0 、u_0 根据桩在滑面处的变形协调条件，由嵌固段的桩顶变位得到，即

$$u_0 = y_0, \beta_0 = \theta_0 \tag{3-199}$$

y_0 、θ_0 可根据其桩底的边界条件，分别由式（3-187）~式（3-216）求得。

当求出未知力 x_1 后，对于滑面上下的桩身分别计算出变位及内力，根据其内力值就可以进行桩的设计。锚索的拉力 T_{A1} 可以由下式求得：

$$T_{A1} = x_1 / \cos\alpha_1 \tag{3-200}$$

式中 α_1——锚索与水平面的夹角。

根据式（3-200），就可以进行锚索的设计。

3.10.2 算例

3.10.2.1 计算资料[3]

某滑坡滑体为风化极严重的砂砾岩、泥岩，呈土状，$\gamma_1 = 19\text{kN/m}^3$，$\phi_1 =$

30°。滑床为风化严重的砂砾岩、页岩和泥岩，$\gamma_2=21\text{kN/m}^3$，$\phi_2=42°10'$。采用锚索抗滑桩进行治理，锚索抗滑桩桩断面为矩形，长边宽度 $a=3\text{m}$，短边宽度 $b=2\text{m}$，桩长 19.5m，滑面以上桩长 10m，滑面以下桩长 9.5m。滑面处的地基抗力系数：$A=80000\text{kN/m}^3$。滑床土的地基系数随深度变化的比例系数 $m=40000\text{kN/m}^4$。设桩位置处的滑体厚度为 10m，设桩处的滑坡推力 $E_x=1200\text{kN/m}$，桩前剩余下滑力 $E'_x=200\text{kN/m}$。抗滑桩采用 C20 级钢筋混凝土，其弹性模量 $E_c=27\times10^6\text{kPa}$。桩的相对刚度系数：$EI=0.8E_cI=0.8\times27\times10^6\times4.5=97.2\times10^6\text{kN}\cdot\text{m}^2$。桩的间距 $l=6\text{m}$。锚索施加在桩顶，自由段长度为 20m，倾角为 15°，锚索杆体采用钢绞线，单根截面面积为 140mm^2，总截面 $A_S=140\times12\times2=3360\text{ mm}^2$，钢材的弹性模量为 $E_S=1.95\times10^8\text{kPa}$。桩的变形系数 $\alpha=0.262\text{m}^{-1}$。换算深度 $\alpha h=0.262\times9.5=2.489$，按短梁计算。

锚索杆体钢筋为 $3\phi32$，$A_S=2257\text{mm}^2$，钢材的弹性模量为 $E_S=180\text{GN/m}^2$。即锚索的弹性刚度系数为 $k=20313\text{kN/m}$。

3.10.2.2　计算结果及分析

因滑面处抗力不为零，桩的虚点高度 $h_a=\dfrac{Ah}{k_h-A}=2.0\text{m}$。按上述公式，计算得出锚索水平方向分力 $x_1=3026.64\text{kN}$；即锚索的轴向拉力为 $T_{A1}=x_1/\cos\alpha_1=3133.41\text{kN}$。

计算所得的弯矩图和剪力图见图 3-66。与普通抗滑桩的计算结果进行对比，见图 3-67，表 3-24。

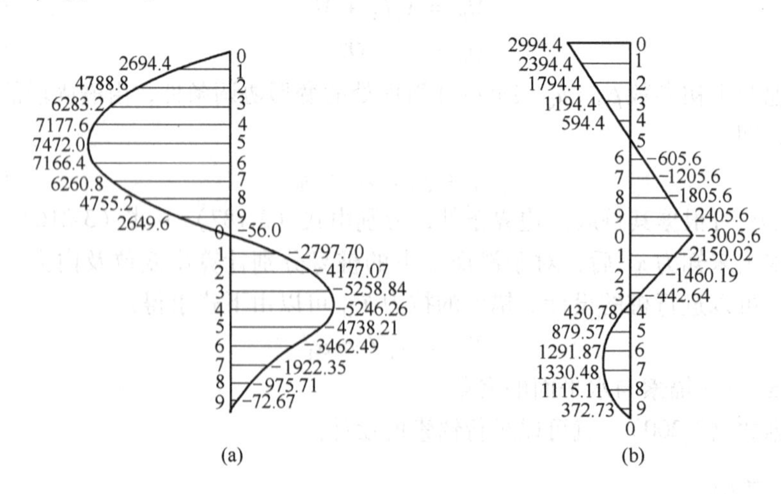

图 3-66　单锚抗滑桩内力图

(a) 弯矩图（单位：kN · m）；(b) 剪力图（单位：kN）

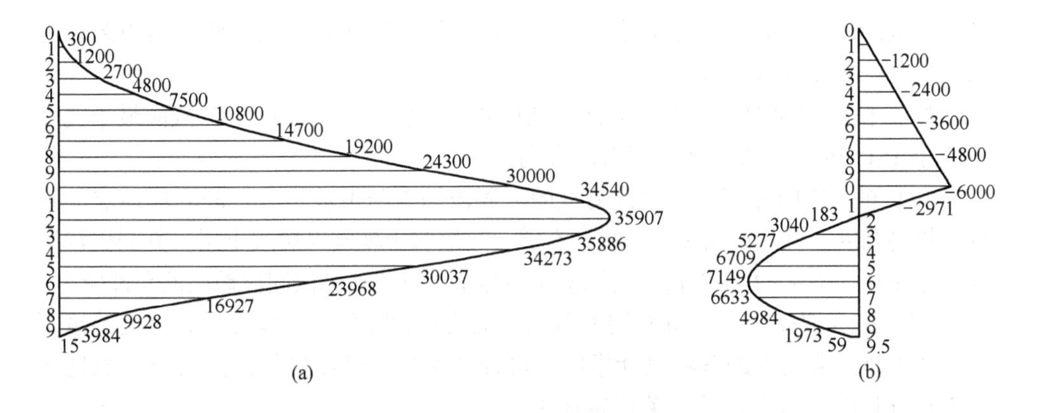

图3-67　普通抗滑桩内力图

(a) 弯矩图（单位：kN·m）；(b) 剪力图（单位：kN）

表3-24　桩身内力计算结果对比

桩　型	最大正剪力/kN	最大负剪力/kN	最大弯矩/kN·m
普通抗滑桩	7149	6000	35907
锚杆抗滑桩	3026.64	2973.36	7633.79

(1) 锚索抗滑桩比普通抗滑桩的最大正剪力小41.33%，最大负剪力小50.44%，最大弯矩小78.74%。

(2) 两种桩型在嵌固段的合力，根据力的平衡原理，嵌固段桩身所受的作用力的合力要与滑面以上抗滑桩上所受的外力相平衡，因此嵌固段桩身所受的作用力的合力等于6000kN，而对于锚索抗滑桩来说，滑面以上抗滑桩上所受的外力由锚索和嵌固段桩身共同承担，因此嵌固段抗滑桩上所分担的外力只有6000 - 3026.64 = 2973.36kN。

3.10.3　锚索抗滑桩的构造要求

锚索抗滑桩的构造要求包括了锚索的构造要求和抗滑桩的构造要求，应分别满足锚固工程和普通抗滑桩的构造要求，同时还应满足两者组合在一起后的受力特点。下面根据相关的规范及本书作者所在课题组完成的锚索抗滑桩模型试验的研究成果，对锚索抗滑桩的参数设计提出以下建议：

(1) 桩的平面位置。抗滑桩应设在滑坡下部下滑力较小且滑动面较缓的部位，在平面上一般布置成一排，对于大型、复杂的滑坡，或纵向较长、下滑力较大的滑坡，可布置成两排、三排或多排。当布置成多排时，在平面上可按“品”字形交错布置，必要时用联系梁将各桩顶连接起来，以增强其抗滑力。

(2) 桩的间距。一般情况下，当滑体完整（岩块）、密实，或下滑力较小时，桩间距可取大些，反之取小些；在滑坡主轴附近间距可取小些，两边部位可取大些，一般采用5～10m。

（3）桩的截面形式。桩的截面形式以矩形为宜，为便于施工，截面最小宽度不应小于1.5m，长边应平行于滑动方向。

（4）桩的嵌固深度。锚索抗滑桩的嵌固段深度与滑坡推力、嵌固段地层的强度、桩的刚度、桩的截面宽度和桩距有关。一般对于软质岩层或土层，其嵌固深度大约控制在约1/4～1/3桩长，其侧壁应力尽量接近或达到嵌固段地层的允许应力。

（5）桩身混凝土。抗滑桩用混凝土一般为普通硅酸盐水泥拌制，强度等级不宜低于C25。混凝土的各项设计指标应符合《混凝土设计规范》的要求。当地下水有侵蚀性时，水泥应按有关规定选用。

（6）钢材。抗滑桩结构中的钢筋一般采用HPB300（Ⅰ）级、HPB335（Ⅱ）级、HPB400（Ⅲ）级钢筋，在保证高质量的前提下也可用废旧型钢如钢轨、角钢等代替钢筋，但其强度值必须通过试验确定。纵向受力钢筋直径不应小于16mm，净距不宜小于120mm。如用束筋时，每束不宜多于3根。如配置单排钢筋有困难时，可设置两排或三排，受力钢筋保护层厚度不应小于60mm。

（7）桩的两侧和受压边，应适当配置纵向构造钢筋，其间距宜为400～500mm，直径不宜小于12cm。桩的受压边两侧应配置架立钢筋，其直径不宜小于16mm。

（8）锚（杆）索体材料。锚（杆）索体材料根据锚固部位、工程规模等可选择高强度、低松弛的预应力钢丝或钢绞线，普通钢筋、高强精轧螺纹钢筋，其物理力学性能应符合现行的国家标准。

（9）锚索的注浆强度。水泥宜使用普通硅酸盐水泥，必要时可采用抗硫酸盐水泥，其强度不应低于42.5MPa；浆体配制的灰砂比宜为0.8～1.5，水灰比宜为0.35～0.45。

（10）锚索的锚固角。锚索的锚固角应大于10°，但一般不宜超过25°。

（11）锚索锚固段长度。锚索的锚固段长度通常取3～10m之间，且必须将其设置在良好地层中。当锚索轴向力大于锚索的屈服强度时，应优先考虑改变锚索材料，或增加锚索的数量或直径。

（12）锚头作用部位的桩身混凝土受力比较集中，应对锚孔周围的混凝土配筋进行加强，防止由于局部应力集中引起锚头垫板部位混凝土压碎而使其失去承载能力。

3.11　微型桩工程设计

微型桩是一种在滑坡治理工程中受到人们广泛关注的新技术，早期主要用于地基加固，将其用于边坡加固和滑坡防治只有20多年的历史。微型桩的桩径一般为90～300mm，钻机成孔后在钻孔中放入钢筋、型钢或钢管，在钻孔中灌入混凝土或水泥砂浆成桩。微型桩的主要特点是：施工机具小，适用于狭窄的施工作业区；对土层适用性强；施工振动、噪声小；桩位布置灵活，可以布置成竖直桩，也可以布置成斜桩；施工速度快，周期短；将其用于抢险工程，可以收到高效、快速的效果；与同体积灌注桩相比，承载能力高。正因为如此，微型桩近年来在中小型滑坡治理工程中得到了越来越多的应用，并取得了一些成功的经验。实践证明，它有可能成为滑坡灾害防治中的一种重要技术。由于微型桩是一种柔性桩，单桩的水平承载能力非常有限，因此在滑坡治理工程中一般布置成群桩，并在桩顶用混凝土梁或板进行连接，共同承受滑坡推力的作用，所以也称其为微型组合抗滑桩。

3.11.1　微型桩的类型

在滑坡治理工程中使用的微型桩主要有以下类型：

（1）按照使用的加筋材料分，其包括：

1）锚筋桩（钢筋桩）；

2）钢管桩；

3）劲型桩；

4）钢筋钢管组合桩。

（2）按照桩顶联接形式分，其包括：

1）单桩；

2）平面刚架桩；

3）空间刚架桩；

4）顶板联结式微型桩。

（3）按照桩的排列形式分，其包括：

1）垂直排列微型桩；

2）斜向排列微型桩（树根桩）；

3）组合排列微型桩。

（4）按照桩的施工方法分，其包括：

1）钻孔灌注微型桩；

2）挤排法微型桩。

3.11.2　微型桩的设计与计算

早在1978年，Lizzi就提出了用于边坡治理的网状结构树根桩设计方法。1983年，又提出了一种用作重力挡土墙的网状结构树根桩的设计方法并进行了数值计算。然而，这两种计算方法在很大程度上仍以经验与直观判断为主，未形成完整的体系。此后，许多专家学者都对微型桩的计算方法进行了探讨，并相应地提出了计算方法。表3-25是目前收集到的一些具有代表性的计算方法。

表3-25　具有代表性的微型桩计算方法

序　号	计算方法	特　　点
1	极限平衡法	利用条分法，将桩体恰好分在各条块里，利用条块内的力的平衡条件进行桩体上受力的计算，并进行桩体的常规设计。方法直观，简单易懂。但是条块的划分并不能精确保证桩体恰好在条块内，对于大型浅层滑坡来说，条块的划分往往会同时包含几根桩甚至几十根桩；况且，即使是根据最不利的条块设计出来的桩，忽略了群桩效应和连梁的作用，设计结果偏于保守，且不利于进行桩体的布设
2	曲线法	采用修正的 p-y 曲线法，将滑坡推力沿桩轴向和垂向分解，并采用公式进行 p-y 曲线的计算。根据 p-y 曲线、t-z 及 Q-z 曲线能较准确地判断或计算出桩身的应力及位移，比较实用，也是目前较先进的方法。但是 p-y 曲线对于计算有桩帽情况下抗滑段桩的弯矩有一定的困难，t-z 曲线能较准确地计算滑面处的应力，但其计算值不能保证都跟实际情况吻合
3	等效截面法	意大利把微型桩（群桩）视作加强土体的抗剪性，而日本多半将微型桩（群桩）按布置方法分为受压和受拉两类加固方法。首先进行树根桩的布置，然后按布置情况验算受拉加固或受压加固。基准面处的网状树根桩加固体按等值换算截面积和等值换算截面惯性矩，按照材料力学方法计算基准面处网状树根桩加固体上作用的最大应力。外部稳定性（滑动、倾覆和地基失稳）按常规的方法进行计算。其计算方法有两种：一种是假定滑动面不通过网状树根桩加固体；另一种是按树根桩的抗剪力进行计算。其内部稳定可通过某一个假定面进行估算
4	丁光文法	该法实际是基于等效截面法，先算出滑坡推力及桩前剩余下滑力，通过微型桩单桩允许抗剪强度值进行桩数的配置，根据微型桩结构体的极限抗力进行安全系数的计算
5	等效抗弯刚度法	对微型桩桩间力的分配采用等效抗弯刚度进行计算，认为可以将排桩视为薄层挡土墙，墙体的刚度包括了桩体的刚度和土体刚度，然后将每根桩（灌注桩）的加固范围假设为一定厚度的地下连续墙，利用抗弯刚度相等的原则对墙进行内力分析

续表 3-25

序　号	计算方法	特　　点
6	软件法	采用计算机软件进行分析计算。美国联邦公路局依据基于桩－土相互作用理论的软件进行计算，是一种比较精确的数值解法，其结果多次与实际相互对照，并在实践中应用较多，是目前较为完备的方法
7	弹塑性地基系法	采用 p-y 曲线法对微型桩进行受力分析
8	平面刚架计算方法	将群桩简化为平面刚架，桩身采用弹性地基梁计算，刚架内力应用结构力学方法进行设计计算
9	极限承载力法	认为在岩质滑坡中，钢筋主要起抗剪作用；在土质滑坡中，钢筋在桩身开裂之前主要起抗弯剪作用。各排桩的滑坡推力可用不均匀分配系数 η 进行调整。根据桩的抗剪或抗弯强度进行设计计算
10	弹性地基梁法	将微型桩作为距滑面上下一定范围内上端定向支承，下端固定的弹性地基梁，应用弹性地基梁理论进行单桩承载力计算

下面重点对极限承载力法和弹性地基梁法予以介绍。

3.11.2.1　基于微型桩大型物理模型试验的简化计算方法——极限承载力法

为研究微型桩的承载机理及其计算方法，作者所在课题组开展了微型桩的大型物理模型试验和数值模拟，图 3-68 为桩周配筋的微型桩群桩的破坏情况，图 3-69 为桩心配筋的微型桩群桩的破坏情况。

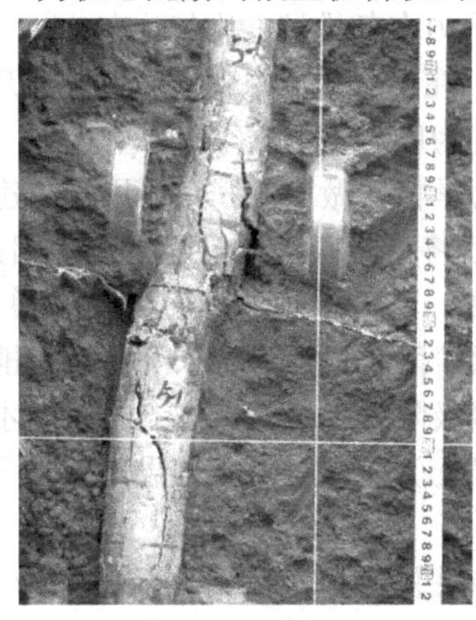

图 3-68　桩周配筋微型桩群桩破坏情况　　图 3-69　桩心配筋微型桩群桩破坏情况

从试验结果来看，微型桩群桩与相同配筋形式的单桩的破坏模式基本相同。三排微型桩的破坏区域均位于滑面附近，桩周配筋的微型桩的破坏区域为滑面上下各20cm左右的范围，桩心配筋微型桩的破坏区域为滑面上18～25cm与滑面下20～30cm的部位，其余部分的桩身完好，抗滑段桩身略微向前缘倾斜。三排桩的破坏情况具有较好的一致性，均是滑面下的桩身后部产生拉张裂纹、桩身前部发生混凝土挤压破坏；滑面上的桩身前部产生拉张裂纹、桩身后部发生混凝土挤压破坏。第一排桩（1号桩）的破坏程度略大于后两排桩。由于微型桩的变形，滑面附近的桩身与桩周土体产生了一定范围的脱空区，脱空区在滑面以下位于桩身与桩后滑床土之间的界面上，在滑面以上位于桩身与桩前滑体土之间的界面上。分析微型桩的破坏情况，可判断其破坏模式为发生于滑面附近的弯曲与剪切相结合的破坏模式。

根据微型桩大型物理模型试验和数值模拟，可以观察到以下现象：

（1）微型桩的破坏是因滑面处的桩体抗弯剪能力不足引起的，桩心配筋的桩身是被折断的，桩周配筋是由于桩身发生弯曲后，受压一侧的混凝土被压碎而破坏的。当混凝土开裂或被压碎后，滑坡推力就完全由钢筋来承担。

（2）微型桩的破坏范围基本局限在滑面附近的一个很小范围内，在破坏区以外的桩身变形及受力很小。

（3）在群桩中，各排桩的水平位移基本相等，各排桩的水平变位无明显差异。

基于以上几点认识，对微型桩的计算可以做出以下假定：

（1）微型桩的承力构件主要是钢筋，混凝土或砂浆只是起保护作用，计算时可以忽略混凝土或砂浆的承载作用；

（2）微型桩的破坏位置在滑面附近，滑坡推力在各排桩上均匀分布；

（3）在岩质滑坡中，钢筋主要起抗剪作用；在土质滑坡中，钢筋在桩身开裂之前主要起抗弯剪作用。在桩身开裂之后，转变为以承受抗拉作用为主。

关于第2条假设，主要是基于钢筋材料的力学特性做出的，众所周知，建筑钢材一般都具有较明显的屈服阶段，钢筋屈服后将产生很大的塑性变形。因此，当第一排钢筋出现屈服后，由于塑性变形的作用，桩上承担的推力将不再增长，而是向后排传递，当第二排钢筋的应力到达屈服阶段后，推力将依次向第三排传递，如此等等。直到各排钢筋的应力都达到屈服极限后，第一排桩上的推力才会恢复增长，所以说，对岩质滑坡或硬土（如老黄土）滑坡，如上假设是基本合理的。

若第一排布桩位置处的滑坡推力为E_n，布桩位置以下的滑体抗滑力为e_n，则微型桩应承担的侧向力T_n为

$$T_n = E_n - \gamma_0 e_n \tag{3-201}$$

式中，滑坡推力E_n和滑体抗滑力e_n可根据滑面形状分别用Bishop法、Janbu法或传递系数法计算。计算滑体的抗滑力e_n时，应根据滑坡的实际稳定系数进行计

算，不乘安全系数。γ_0 为重要性系数，对于一般工程，$\gamma_0=1.0$；对于重要工程，$\gamma_0=1.15$。

设钢筋的设计强度值为f_s，微型桩的布置排数为 n 排，则每排微型桩在计算宽度内（一般取 1m）所需的钢筋截面面积 A_s为

$$A_s=\frac{K_S T_n}{nf_s} \tag{3-202}$$

式中，K_S 为钢筋截面设计安全系数，对于临时工程，$K_S=1.60$；对于永久工程，$K_S=1.80$。其取值主要是考虑到微型桩各排桩的承载力不完全相等，设计中存在较多的不确定因素及风险，并参照国内外有关规范或标准的有关条款提出的。

f_s 的取值与滑坡类型有关。如果是岩质滑坡，f_s 取钢筋的剪应力强度设计值；如果是土质滑坡，或滑体为土体，滑床为基岩时，f_s 取钢筋的拉应力设计值。微型桩的布桩排数在初步设计时可以先根据经验确定，最终再根据计算结果进行调整。

实际上，土质滑坡在滑动过程中，微型桩受力是不均匀的，第一排受力最大，向后逐次减小。从前述的大型物理模型试验结果可以看出，桩的排数不一样，力的分配规律有着较大差别。如在两排桩的情况下，无论是桩周配筋还是桩心配筋，分配在第一排桩上的推力均为平均值的 1.2 倍左右，分配在第二排桩上的推力约为平均值的 0.8 倍；在三排桩的情况下，分配在各排桩上的力不仅与桩的位置有关，还与桩的配筋形式有关。如在桩周配筋情况下，从第一排桩到第三排桩，实际受力与平均值的比值分别为1.35∶1.08∶0.57；在桩心配筋情况下，则为 1.56∶0.96∶0.48。从中可以看出，桩周配筋比桩心配筋的受力要均匀一些。而在五排桩的情况下，这种不均匀性更明显。因此，从受力情况来看，在微型桩的布桩方式上，加密微型桩的间距比增加微型桩的排数效果要好。

为在设计时反映群桩受力的不均匀性，在设计中可以引入一个滑坡推力不均匀分配系数 η，以修正由均匀性假设带来的不足。由此得到的最终配筋面积为

$$A_{si}=\eta A_s \tag{3-203}$$

式中 A_{si}——第 i 排桩的实际配筋面积；

η——滑坡推力的不均匀分配系数，黄土中微型桩推力的不均匀分配系数由表 3-26 确定；

A_s——微型桩的平均配筋面积，由式（3-202）确定。

表 3-26 是依据物理模型试验和数值分析的结果，经过适当调整而得出的。对于其他土质滑坡可作参考。

表 3-26　黄土滑坡中群桩推力的不均匀分配系数 η 值

微型桩布桩及配筋方式	二排桩		三排桩		四排桩		五排桩		六排桩	
	桩周配筋	桩心配筋	桩周配筋	桩心配筋	桩周配筋	桩心配筋	桩周配筋	桩心配筋	桩周配筋	桩心配筋
第一排桩	1.2	1.2	1.30	1.40	1.40	1.55	1.50	1.60	1.65	1.80
第二排桩	0.8	0.8	1.10	1.00	1.05	1.10	1.20	1.30	1.35	1.50
第三排桩			0.60	0.50	0.85	0.75	1.00	1.00	1.10	1.10
第四排桩					0.70	0.60	0.70	0.60	0.90	0.80
第五排桩							0.60	0.50	0.60	0.50
第六排桩									0.40	0.30

微型桩的受力较为复杂，在滑面处除主要承受剪力外，还有弯矩和轴向拉力，而桩孔周围的地基则受挤压作用。当桩身发生开裂后，破坏区的混凝土（或砂浆）将首先退出工作，这时只有钢筋在起作用，并主要承受剪力和轴向拉力。随着变形的增加，由于破坏区以外上下两段桩体的约束作用，钢筋所受的拉力逐渐增加，从而增加了滑体和滑床之间的摩擦力。此时，如果微型桩的桩长不足，在钢筋拉力的作用下，就可能发生类似锚杆被拔出的破坏。为了避免由此类破坏引起的微型桩失效，在进行微型桩的设计计算时，必须对微型桩的抗拔力（即锚固力）进行验算。设微型桩的直径为 D，桩内钢筋直径为 d，则微型桩的长度可按下列公式计算，并取其中的较大值：

$$L = \frac{Kf_s A_s}{\pi D q_t} \tag{3-204}$$

$$L = \frac{Kf_s A_s}{n\pi d\xi q_s} \tag{3-205}$$

式中　K——安全系数，按表 3-27 选取；

q_t——水泥结石体与岩土孔壁间的粘结强度设计值，按表 3-28 或表 3-29 选取；

q_s——水泥结石体与钢筋间的粘结强度设计值，取 0.8 倍标准值，按表 3-30 取值；

n——钢筋根数；

d——单根钢筋的直径，mm；

ξ——采用 2 根或 2 根以上钢筋时，界面粘结强度降低系数，取 0.60 ~ 0.85。

分别将滑体和滑床的参数带入式（3-204）和式（3-205），从中可以算得微型桩在滑面以上的锚固长度 L_u 和滑面以下的锚固段长度 L_b。

表 3-27 微型桩设计的安全系数

微型桩破坏后的危害程度	最小安全系数	
	微型桩服务年限不大于 2 年	微型桩服务年限大于 2 年
危害轻微，不会构成公共安全问题	1.4	1.8
危害较大，但公共安全无问题	1.6	2.0
危害大，会引发公共安全问题	1.8	2.2

表 3-28 水泥结石体与岩石孔壁之间的粘结强度标准值 q_t

岩石种类	岩石单轴饱和抗压强度/MPa	水泥结石体与岩石孔壁之间的粘结强度标准值/MPa
硬　岩	>60	1.5～3.0
中硬岩	30～60	1.0～1.5
软　岩	5～30	0.3～1.0

注：粘结长度小于6.0m。

表 3-29 水泥结石体与土层间粘结强度推荐值 q_t

土层种类	土的状态	q_t值/kPa
淤泥质土	—	20～25
黏性土	坚　硬	60～70
	硬　塑	50～60
	可　塑	40～50
	软　塑	30～40
粉　土	中　密	100～150
砂　土	松　散	90～140
	稍　密	160～200
	中　密	220～250
	密　实	270～400

注：1. 表中数据仅用作初步设计时估算；
2. 表中 q_s系采用一次常压灌浆测定的数据。

表 3-30 钢筋与水泥浆之间的粘结强度标准值 q_s

类　型	粘结强度标准值/MPa
水泥结石体与螺纹钢筋之间	2.0～3.0

注：1. 粘结长度小于6.0m；
2. 水泥结石体抗压强度标准值不小于 M30。

如果布桩位置处的滑体较薄，微型桩的长度不能满足设计要求，可以通过在桩顶设置连梁的办法来解决，这时尚应验算连梁下部的地基承载力是否满足要求。一般情况下，为了使滑坡推力能够均匀地分配到各单桩上，并充分发挥群桩的作用，在桩顶加设连系梁是必要的。只是当滑体以上的桩长满足锚固力要求时，可以不再验算地基承载力，按构造要求确定即可。如果布桩位置处的滑体较薄，微型桩的长度不能满足设计要求，可以通过在桩顶设置连梁的办法来解决，这时尚应验算连梁下部的地基承载力是否满足要求。一般情况下，为了使滑坡推力能够均匀地分配到各单桩上，并充分发挥群桩的作用，在桩顶加设连系梁是必要的。只是当滑体以上的桩长满足锚固力要求时，可以不再验算地基承载力，按构造要求确定即可。下面以一个例题说明微型桩的计算过程。

某滑坡的主滑剖面如图 3-70 所示，该滑坡为发育在黄土中的大型滑坡，由新、老两个滑坡复合而成。老滑坡长 85m，宽 95m，坡高 66m。新滑坡位于老滑

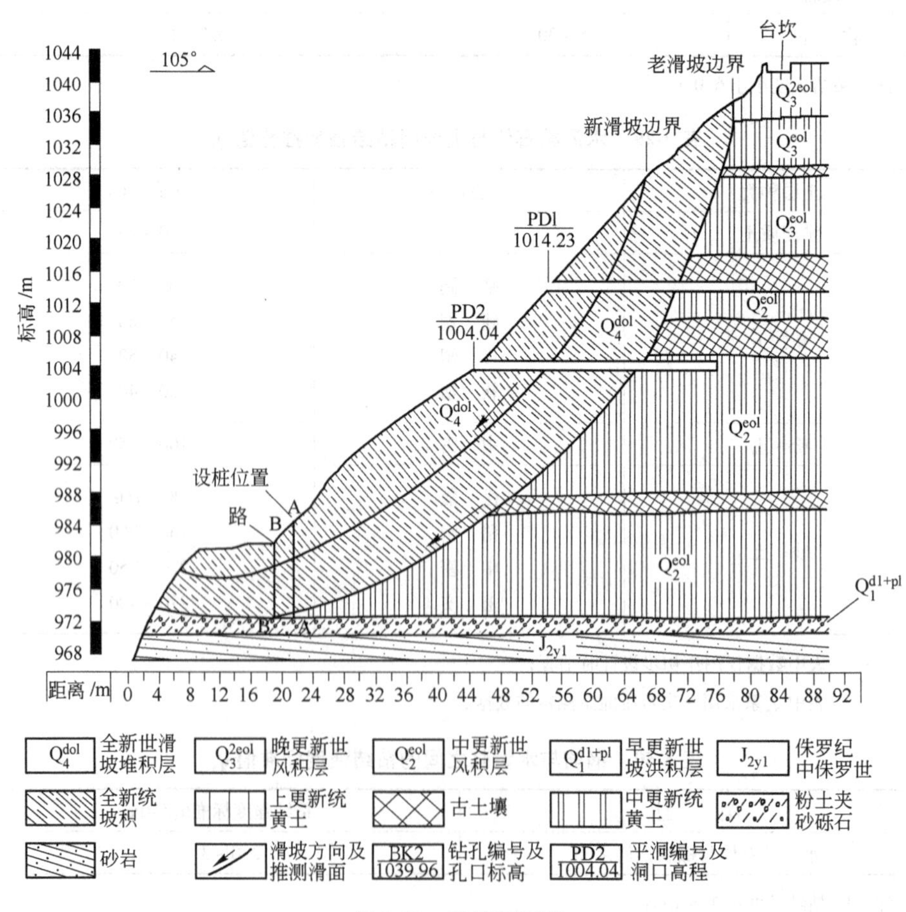

图 3-70　滑坡剖面图

坡中部，为老滑坡浅层滑体土再次滑动所形成，滑坡体东西长 59m，南北宽 53m，坡高 49m。坡底出露一套侏罗系厚层状砂岩，该套砂岩组成了山坡的底座。勘查结论认为老滑坡为不稳定滑坡，在天然状态下，其稳定安全系数仅为 1.03。新滑坡在天然状态下，稳定安全系数为 1.23，处于稳定状态，但在饱水状态下，稳定系数均低于 1.0，需要进行治理。考虑到该滑坡坡面较陡，难以达到完全饱和状态，因此用天然状态下的参数进行设计。

根据传递系数法计算得到设桩位置处的滑坡推力（安全系数取 $F_s=1.25$）为

$$E_n=3442.95\text{kN/m}$$

设桩位置以下滑体的抗滑力（稳定系数 $F_s=1.03$）为

$$e_n=1544.41\text{kN/m}$$

桩的间距取 1m，桩的排数为 5 排，按照方格形布置。钢筋选用 HRB335，设桩处滑面位于土石分界面，因而可按照抗拉强度设计，取钢筋的抗拉强度设计值 $f_s=335\text{N/mm}^2$，因为是永久工程，安全系数 $K_S=1.80$。

由公式（3-202）计算得出每根桩所应配置的钢筋平均截面面积为

$$A_s=\frac{K_S T_n}{nf_s}=\frac{1.80\times(3442.95-1.0\times1544.41)\times10^3}{5\times335}=2040.22\text{mm}^2$$

由表 3-26 查出群桩的不均匀系数 η 值并带入式（3-203），求出调整后的钢筋面积 A_{si}，再查钢筋表，得到调整后的配筋量：

第一排：$A_{s1}=2040.22\times1.6=3264.35\text{mm}^2$，配 $4\phi32$ 钢筋。

第二排：$A_{s2}=2040.22\times1.3=2652.29\text{mm}^2$，配 $3\phi32$ 钢筋。

第三排：$A_{s3}=2040.22\times1.0=2040.22\text{mm}^2$，配 $2\phi32+1\phi25$ 钢筋。

第四排：$A_{s4}=2040.22\times0.6=1224.13\text{mm}^2$，配 $3\phi25$ 钢筋。

第五排：$A_{s5}=2040.22\times0.5=1020.11\text{mm}^2$，配 $2\phi25$ 钢筋。

微型桩的桩径选用 150mm，将滑床的相关参数分别代入式（3-204）和式（3-205）得

$$L=\frac{Kf_sA_s}{\pi Dq_t}=\frac{2.0\times335\times2040.22}{3.14\times150\times1.0}=2902\text{mm}$$

$$L=\frac{Kf_sA_s}{n\pi d\xi q_s}=\frac{2.0\times335\times2024.22}{3\times3.14\times32\times0.6\times2}=3749\text{mm}$$

微型桩进入滑床的平均长度可选用 $L=3.8\text{m}$。

考虑到微型桩的实际破坏位置并不在滑面处，而是位于滑面上下大约 0.5m 的范围内，因此在以上的计算值上另外增加了 0.5m 的长度。

再将滑体的相关数值代入式（3-204）得

$$L=\frac{Kf_sA_s}{\pi Dq_t}=\frac{2.0\times335\times2040.22}{3.14\times150\times0.15}=19348\text{mm}$$

故滑面以上的平均桩长应为 $L=19.4\text{m}$。因设桩处的滑体厚度只有大约 7.5m 厚，故可在地表增设连梁进行补强。

事实上，当微型桩的长度过大时，在钢筋拉力作用下，桩与孔壁岩土体之间的粘结力随距滑面距离的增加而急剧衰减，距离滑面较远处的桩身并不能充分发挥作用，在这种情况下，可以通过调整桩的排数及间距，来达到经济、合理的布桩效果。例如当微型桩的间距数由 1m 调整为 0.5m 时，则滑体中的长度可由 19.4m 减为 9.7m。

3.11.2.2　*基于微型桩大型物理模型试验的理论计算方法——弹性地基梁法*

根据对微型桩的大型物理模型试验结果分析可以看出，微型桩的破坏位置主要集中于滑面附近一定范围内，在离开滑面稍远的距离后，微型桩桩身所承受的滑坡推力及应力很小。这是微型桩与普通抗滑桩的很大不同之处。因此，在设计计算时，必须考虑微型桩的这一特点。本方法是将微型桩作为距滑面上下一定范围内上端定向支承、下端固定的弹性地基梁，如图 3-71a 所示。若将抗滑段定向支承端距滑面的距离设为 h_1，固定端距滑面的距离设为 h_2，分配到单根桩的滑坡推力设为 T（滑坡推力的不均匀分配系数可按照表 3-22 选取），则 T 的作用点可假设位于抗滑段的定向支承处。根据模型试验结果，h_1、h_2的大小和微型桩的刚度、桩与滑床及滑体的相对刚度等因素有关。在完整坚硬的岩石中，h_1、h_2趋近于零，即微型桩破坏前承受的弯矩很小，以剪切破坏为主；在土质滑坡中，h_1、h_2与土的抗压强度成反比，土的抗压强度越小，则 h_1、h_2的值越大。在这种情况下，微型桩除承受剪力作用外，还承受一定的弯矩作用，微型桩的破坏状态呈弯剪组合状态。如果滑床是基岩，而滑体是土质的，则 $h_1>0$，h_2接近于零。

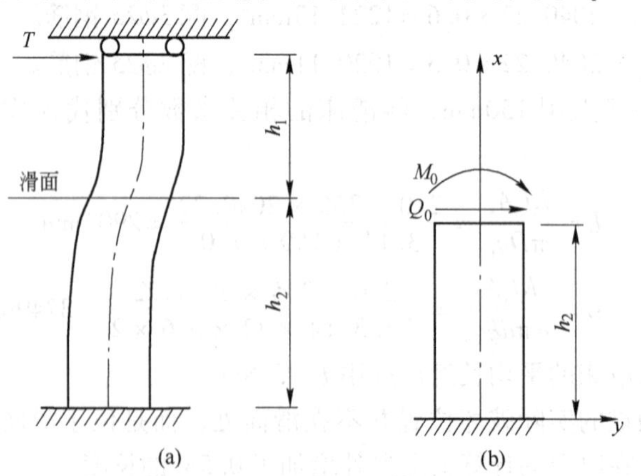

图 3-71

（a）微型桩计算模型；（b）嵌固段计算简图

根据模型试验的结果，在黄土滑坡中可近似认为 $h_1 = h_2$。如果 h_1 和 h_2 的值能够确定，则单桩嵌固段的变形及内力可根据图 3-71b 的弹性地基梁计算模型得到。图中的 M_0 和 Q_0 分别为微型桩在滑面处的弯矩和剪力。

$$\left.\begin{aligned} y &= -\bar{m}_0 \frac{2\alpha^2}{K}\varphi_3 - \bar{q}_0 \frac{\alpha}{K}\varphi_4 \\ \theta &= -\bar{m}_0 \frac{2\alpha^3}{K}\varphi_2 - \bar{q}_0 \frac{2\alpha^2}{K}\varphi_3 \\ M &= \bar{m}_0\varphi_1 + \bar{q}_0 \frac{1}{2\alpha}\varphi_2 \\ Q &= -\bar{m}_0\alpha\varphi_4 + \bar{q}_0\varphi_1 \end{aligned}\right\} \tag{3-206}$$

其中

$$\bar{m}_0 = \frac{M_0\varphi_{1(\alpha h_2)} - Q_0 \frac{1}{2\alpha}\varphi_{2(\alpha h_2)}}{\varphi_{1(\alpha h_2)}^2 + \frac{1}{2}\varphi_{2(\alpha h_2)}\varphi_{4(\alpha h_2)}}$$

$$\bar{q}_0 = \frac{M_0\alpha\varphi_{4(\alpha h_2)} + Q_0\varphi_{1(\alpha h_2)}}{\varphi_{1(\alpha h_2)}^2 + \frac{1}{2}\varphi_{2(\alpha h_2)}\varphi_{4(\alpha h_2)}}$$

α 按照下式计算：

$$\alpha = \sqrt[4]{\frac{K}{4EI}}$$

式中　α——微型桩的变形系数；

h_2——固定端距滑面的距离。

$$\left.\begin{aligned} \varphi_1 &= \mathrm{ch}\alpha x\cos\alpha x \\ \varphi_2 &= \mathrm{ch}\alpha x\sin\alpha x + \mathrm{sh}\alpha x\cos\alpha x \\ \varphi_3 &= \mathrm{sh}\alpha x\sin\alpha x \\ \varphi_4 &= \mathrm{ch}\alpha x\sin\alpha x - \mathrm{sh}\alpha x\cos\alpha x \end{aligned}\right\} \tag{3-207}$$

式中，$\varphi_1 \sim \varphi_4$ 称为双曲线三角函数，可以从相关的设计手册中查到。

根据试验结果及理论分析，h_1、h_2 的取值只影响到弯矩值的大小，对剪力无影响。对于桩心配筋的微型桩来说，由于其主要承受剪力，能承受的弯矩很小，在很小的弯矩下桩身混凝土或砂浆就会开裂，因而 h_1、h_2 的取值对其配筋计算几乎没有影响，受影响的主要是对桩周配筋的微型桩。为简化计算，建议在黄土滑坡中，取 $h_1 = h_2 = 2 \sim 3d$（d 为桩径），其计算结果是可以满足设计要求的。

当微型桩的内力及变形求出后，就可以进行桩径、桩长、桩的配筋、砂浆和混凝土标号等内容的设计。

3.11.3 微型桩的参数设计建议

（1）桩间距。为防止微型桩间距过密而产生群桩效应，或过疏使土从桩间流失，根据理论分析和工程经验，建议桩间距可按桩径的 3～10 倍考虑，岩土条件好时取上限值，差时取下限值。其平面布置以“品”字形（俗称梅花形）为好。

（2）桩长。前已述及，微型桩的破坏位置在滑面附近，在破坏区以外，微型桩桩身的内力衰减很快，因此，从微型桩的抗弯能力来看，当桩身达到一定长度后，再增加桩的长度对于抗滑作用的意义不大。但从桩身开裂之后的受力状态考虑，桩的嵌固段应该有一定的长度，综合考虑微型桩的变形及受力情况，建议嵌固段的长径比一般不宜大于 12∶1。如果按照 12∶1 设计尚不能满足嵌固段抗拔力的需要，建议通过调整桩间距来改善其受力状态。

（3）桩的排数。从表 3-22 可以看出，随着微型桩排数的增加，第一排和最后一排的推力不均匀分配系数 η 值差值越来越大，以六排桩为例，最后一排承担的推力仅为第一排的 1/6，也就是说，当微型桩的排数达到某一数值时，再增加微型桩的排数，对于抗滑的效果越来越不明显。但从前面的分析还可以看到，当微型桩结构从单桩→单跨“Π”形结构→双跨“Π”形结构发展时，其内力得到很大的改善。也就是说，3 排桩的内力分布又比 2 排桩的合理，因此，在微型桩的设计中，建议对平行布置的微型桩排数以 3～5 排为宜。桩间以混凝土框架相连。

（4）注浆强度及混凝土强度。如果采用注浆工艺成桩，建议注浆水灰比控制在 0.35～0.4 为宜。如果采用灌注混凝土成桩，建议采用细石混凝土，强度不低于 C25。

（5）钢材。钢材应采用 HRB335、HRB400、RRB400 热轧钢筋，钢筋采用桩周布置方式。也可采用钢管或工字钢等截面惯性矩较大的型钢作为筋材，若采用废旧钢轨作为筋材，则应对钢轨进行材料力学性能试验，以取得实际的材料强度。

3.12 其他滑坡治理方法

除以上介绍的常用滑坡治理方法外，在工程实践中，还有其他一些行之有效的工程治理措施，这里仅选取其中部分作一简要介绍。

（1）抗滑干砌片石垛。干砌片石垛是一种利用垛状石块干砌墙阻止滑体下滑的措施，在有石料来源时可以采用，一般是作为中、小型滑坡的临时应急措施。当滑坡前缘有充分的临空空间时，也可以作为永久性措施采用，尤其是用于支撑小型滑坡的坡脚防止地面隆起效果显著。片石垛的基础必须埋至于滑动面或估计的未来滑动面以下 0.5～1m 处，如作为永久性抗滑措施，其断面尺寸应根据稳定性计算确定，并应考虑由于条件改变而造成滑面变化的情况，以免引起滑坡越过片石垛滑出或出现片石垛“坐船”滑走的情况。

采用干片石垛抗滑的优点是：施工迅速方便，造价低廉，容易修复，片石垛本身的渗水性好，通风能力强。

其缺点是：干砌片石垛本身是松散块体，支撑能力有限，容易损毁，砌筑体积庞大，只能在较缓的边坡（1:0.5～1:1）中使用，占地面积大，如果场地较窄便无法使用。

（2）沉井式抗滑挡墙。在整治深层滑坡时，当修建普通的抗滑建筑物比较困难时，为克服挖基太深，施工困难的问题，可以采用沉井式抗滑挡墙，可以先施工钢筋混凝土沉井，待其建成后即于沉井之间修筑抗滑挡墙，使挡墙与沉井连接为整体，以稳定滑坡，铁路部门在宝成线采用此方法治理过滑坡，效果很好。

此方法的缺点是施工周期较长，造价较高。

（3）叠框式挡墙。叠框式挡墙亦称框架式挡墙。它是用纵向和横向钢筋混凝土构件垒成垛形方框，框中用砾石、块石或土石夯填而成的一种抗滑结构，起重力式挡土墙的作用，由于钢筋混凝土构件可以进行预制，用机械吊装，省工省料，对基础要求不高。

叠框式挡墙较实体挡墙可以节省圬工材料，且造价比实体挡墙低。但该种挡墙仅对治理浅层滑坡是有效的，如果用于支撑已不稳的边坡，由于在巨大推力作用下，构件可能出现折损，特别是在连接处，框架易受损变形，不一定能起到预想的作用。

（4）锚索框架。锚索框架也称锚索格子梁，是由锚索和地面上的钢筋混凝土框架组成，如图3-72所示，框架起着分散地基反力和将滑坡推力传递给锚索的作用，钢筋混凝土框架在现场支模浇筑。

锚索框架的特点是结构比较简单，便于施工，与周围生态环境景观协调性好。但其施工比挡墙复杂，技术要求高。

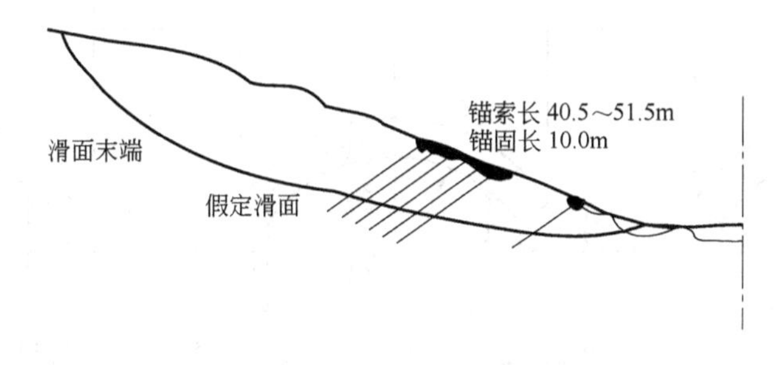

图3-72　锚索框架

（5）锚杆挡墙。它是由锚杆、肋柱和挡板组成，滑坡推力作用在挡板上，再由挡板传给肋柱，再由肋柱传到锚杆上，最后通过锚杆传到滑动面以下的稳定地层中，靠锚杆的锚固力来维持整个结构的稳定性，如图3-73所示。

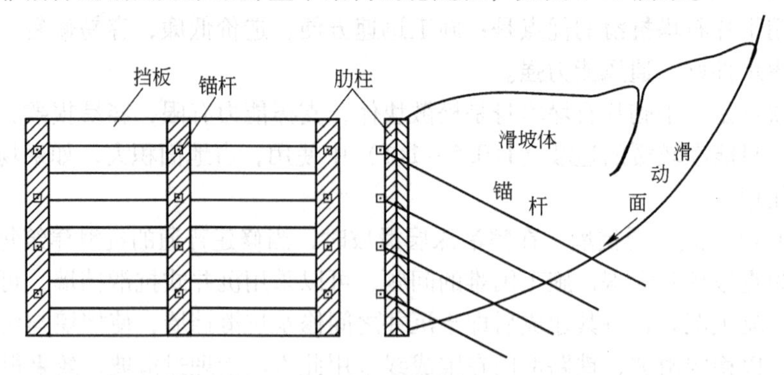

图3-73　锚杆挡墙

锚杆挡墙使得结构轻型化、施工机械化，在地基不良或挡墙较高等困难条件下，采用这种结构能够解决一般重力式挡土墙所不能克服的困难，节约材料，提高劳动生产率。目前在国内外已大量用于滑坡处理，并收到了良好效果。

锚杆挡墙的优点是：基础埋置浅，避免了大量的基础开挖工作量；墙边结构尺寸小，开挖量少，减少了滑坡前部临空面，施工安全，不受季节限制，可以缩短工期，造价经济。缺点是墙身较薄，现场浇筑困难，施工技术复杂，只适宜于预制构件拼装；在滑体厚、基岩埋深较大的情况下，锚杆必须加长；在破碎岩体地段，锚杆锚固力不够，常达不到理想的效果。

（6）桩拱墙。桩拱墙是由钢筋混凝土抗滑桩和浆砌片石拱墙组成（图3-74），桩下部埋入滑动面以下稳定的基岩内，阻挡滑坡的下滑，桩间浆砌片石挡墙的作用是承受桩间土拱内的土压力并传给抗滑桩。桩间拱墙也可以采用现浇混凝土。

桩拱墙的优点是传力可靠，能够防止桩间土的流失；缺点是施工稍显复杂。

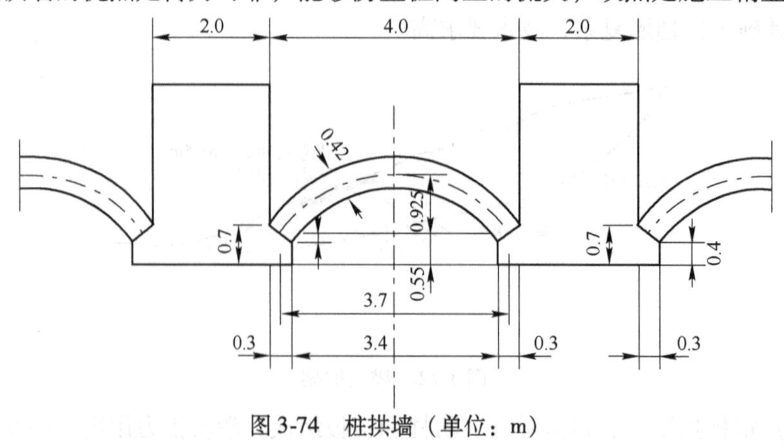

图3-74　桩拱墙（单位：m）

（7）竖向预应力锚杆挡墙。竖向预应力锚杆挡墙是将锚杆竖向锚固在地基中，并砌筑于挡墙墙身内，如图 3-75 所示，最后张拉锚杆，利用锚杆的弹性回缩对墙身施加预应力，增加墙与基础的摩擦力，提高墙身的抗滑和抗倾覆稳定性，从而减少挡墙的圬工量。

竖向预应力锚杆挡墙一般适用于岩石地基，滑坡推力较大的情况。其优点是节省圬工，降低造价，受力明确，设计和施工简便，易于推广应用。

（8）抗滑明洞。这是铁路部门在滑坡地段为保护线路采用的一种措施，主要用于滑坡体的滑动面在边坡较高位置处，或在明洞顶及经稳定性检算、明洞洞顶和外侧填土能起到平衡部分山体下滑力使山体趋于稳定，或让滑坡从洞顶滑过时，可以采用抗滑明洞，如图 3-76 所示。

抗滑明洞的主要缺点是用钢材和圬工数量大，工程造价昂贵。只有在迫不得已的情况下才使用该方案。

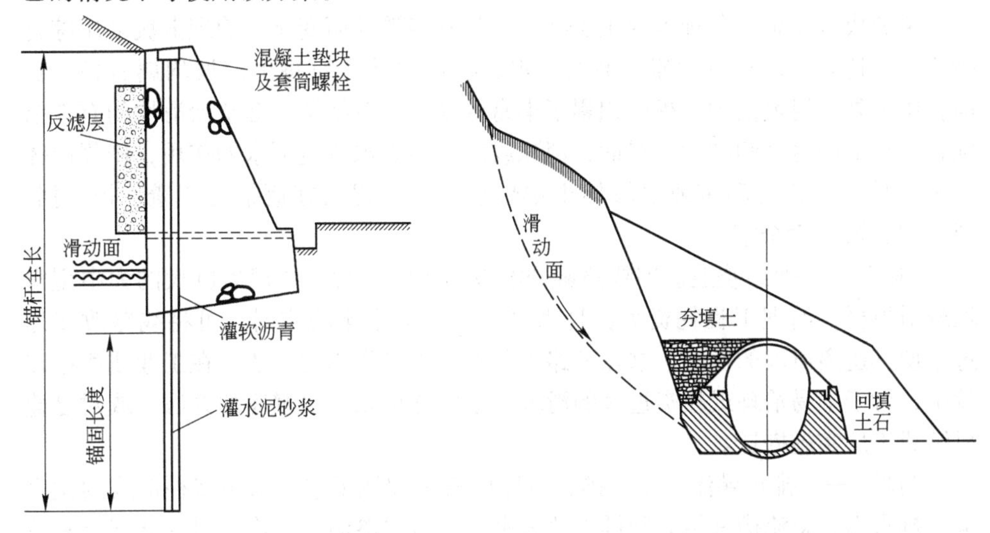

图 3-75 竖向预应力锚杆挡墙

图 3-76 抗滑明洞

（9）抗滑桩明洞。在明洞内边墙部位加建抗滑桩，以增强明洞的抗滑能力，两者共同组成抗滑明洞。施工时先在明洞内边墙位置上建成挖孔抗滑桩，使抗滑桩暂时承受滑坡体侧压，在抗滑桩成排建成后，再在抗滑桩之间修建明洞，明洞完成后，抗滑桩与明洞组成一体，共同承担全部荷载。

（10）桩笼防护。水流对山坡坡脚的冲刷，往往是造成滑坡的原因，有时也会引起古滑坡的复活。因此在治理沿江滑坡时，必须同时对坡脚进行防护，防护时可以先在内侧布置一排抗滑桩，再在外侧铺设钢筋石笼护坡，可以收到良好的治理效果。

以上方法，各有特点，设计者要了解各自的适用条件，在工程中做到心中有数，灵活运用。

3.13　滑坡治理工程措施的选择与设计方案比选

滑坡防治工程是一项系统工程，整治复杂的滑坡要有全面规划，选择最佳的整治方案。对于复杂的滑坡，在未查明其性质前，应注意观测，采取地表排水，夯填裂缝防止恶化等应急措施。在防治措施的选择上，应查明滑坡的类型和性质，有针对性地采取措施，如对于岩质滑坡，截、疏、排地下水措施一般不是主要的，但对于土质滑坡来说，则常常是必需的；滑坡后部的减重措施，对于纵向坡度较大的滑坡显得很有必要，而对于纵向坡度不大的滑坡，其作用就不很明显；对于黏性土滑坡来讲，不合理的减重、刷坡，有时不但不能治住滑坡，反而会酿成后患。

滑坡成因复杂，各种因素主次有别，且常随滑动而变化，治理滑坡多用综合措施，因地制宜，有主有辅，事先排水，事后绿化，对每个滑坡均属有益。目前，国内外在滑坡治理工程中积累了丰富的经验，总结了一套整治滑坡的有效措施，铁路部门将其归纳为三句话：消除或减少地表水或地下水的作用；恢复山体平衡条件；改善滑动带或滑坡体土壤性质。将工程措施概括为“避、排、挡、减、固、植”六个字。

“避”——改线绕避。即线路避开滑坡的影响。对一些规模巨大的大中型滑坡或滑坡群，治理工程耗资大，且尚难以确保其根本稳定时，可将线路改线通过，使其避离滑坡的影响。这在铁路工程建设中是常用的方法。在工业或房屋建设中，对于不易治理或投资过大的滑坡，也同样可以采取避离的办法，或对已建村镇或工厂实施搬迁。

“排”——排水导流。截、排、引导地表水和地下水，采用多种形式的截水沟、排水沟、急流槽来拦截和排引地表水；用截水渗沟、盲沟、泄水隧洞等来疏干和排引地下水，使水不再进入或停留在滑坡范围内，并排干和疏干其中已有的水，以增加坡体的稳定性。

“挡”——抗滑支挡。在滑坡舌部或中前部修建抗滑结构，阻挡滑坡体的滑动，这是一种对滑坡具有长久作用的有效措施。

“减”——减重反压。把滑坡体上部主滑地段的土石挖去，反压在下部的抗滑地段，减少滑坡的下滑力，增加抗滑力，提高滑坡的稳定性。

“固”——固化土层。利用物理化学加固，改变滑带的土石物理力学性质，提高它的强度，从而达到稳定滑坡的目的，例如采用焙烧法、电渗法、水泥灌浆法、化学灌浆、钻孔孔底爆破法等物理化学方法治理滑坡。

“植”——植树造林。采取绿化山坡，种植植被等措施来稳定滑坡，防止岸坡冲刷，这是一项重要的治本措施。尤其对于渗水严重的塑性滑坡或浅层滑坡是很有效的措施。水土保持部门的研究认为植树造林有着明显的固坡作用，例如15年生的拧条，其主根可以深达6.43m，分布在0～62cm深土层中的侧根有50多条，最大根幅可达7.18×6.54m^2；5年生紫花苜蓿根深可达5m以上，对于改善坡面的稳定状态具有良好的作用。

对于上述这些滑坡治理措施，既可以单独使用，也可以相互配合使用。一般来说，对于规模较大的滑坡防治工程，往往很难用一种措施就彻底解决问题，应该采用多种方法相互配合，从而达到综合治理的目的。在大中型滑坡治理工程中，通常都需要采用两种或两种以上的方法，如排水和支挡相结合，减载与支挡相结合等方法。

从国内外滑坡防治工程设计经验来看，减载反压工程、排水工程和支挡工程共同构成了滑坡治理工程的主旋律，但是这三种工程中哪一种工程占主导作用，各部分所起的作用及其施工的前后顺序仍是滑坡治理工程设计研究的内容之一。

根据日本滑坡防治研究部门的调查研究，在滑坡防治工程中，排水工程措施最多只能将安全率提高5%，反压及减载等排土措施能够提高7%～12%的安全率，而支挡工程可以使安全率提高10%～20%，甚至20%以上。滑坡防治工程实践也表明，在滑坡治理工程设计中，应该以支挡工程作为主体工程。由于影响排水工程质量的因素较多，如果排水措施失效，如排水沟漏水等，反而会对滑坡治理工程带来不利影响，因此在安全系数的确定上，排水工程对安全系数的作用可作为强度储备来考虑，一般不应计入总的安全系数中。

滑坡治理工程中三者的施工顺序应根据滑坡规模而定。对于中、小型滑坡，降雨期发生突然滑动的危险性很高，对这类滑坡应采取抗滑工程先行，紧接排水工程措施的施工顺序。而对于在滑坡活跃期，往往来不及实施抗滑工程的大、中滑坡，应当采取排土—抗滑工程—排水工程的顺序，即应遵循“挖土先行”的原则，日本的工程经验认为，滑坡规模越大，排土工程越要先行进行。

滑坡工程的治理费用大，施工周期长，因此在可行性研究阶段对于滑坡治理方案进行多种方案的比较是非常必要的，对于大中型滑坡，一般应提出两套以上的方案作为比选的基础，论证应从技术的合理性、工程投资的经济型和施工技术的可行性等方面进行。下面以某滑坡治理工程设计为例，说明方案的论证的必要性及其论证过程。

该滑坡位于陕西省某县城东2.5km的县河三级阶地上。滑坡下部为学校，有学生2618人，教职员工178人，共计2796人。目前占地75亩，总固定资产约2000万元。1984年7月至9月，连降暴雨，导致滑坡表层土体饱和，局部下滑，推倒学生宿舍六间；1987年、1988年雨季也有局部下滑现象；1999年7月23日又逢暴雨，造成表层流泥从挡墙上部滑出。

滑坡区高程683～780m，坡度约为20°～35°。风化层厚度0.2～0.5m。地层岩性主要有白垩系碎屑岩和第四系碎石土和黏性土，两者呈不整合接触。

当地属凉亚热带湿润气候。年平均降水量 737mm，最大降水量 1131.8mm（1964 年），最小降水量 473.2mm（1978 年）。51% 的降水量集中于 7、8、9 三个月。大雨、暴雨多发生在 7 ~ 8 月。

滑坡体坡度较缓，地面植被较少，滑体上仅在中间的局部地带有少数张裂缝。整体观察，近期尚没有明显滑动迹象。滑坡体西部为砖厂采土场，已开挖有较大的临空面，其断面上可见滑动面，但并没有明显的滑动迹象。

据钻孔及探井揭露，滑坡体上没有连续的地下水体，推测集中降雨后，浅部可能有暂时少量积水，并沿积水部位形成软弱结构面，但大多数时间地下水不会对滑坡起主导作用。

滑体组成物质为黏土或粉质黏土，并且具膨胀性，膨胀土膨缩裂隙发育深度 2 ~ 5m，与滑面埋藏深度基本一致，可见滑坡土体性质是有利于滑坡的形成和滑动。

滑坡的主滑剖面条分法分块见图 3-77。

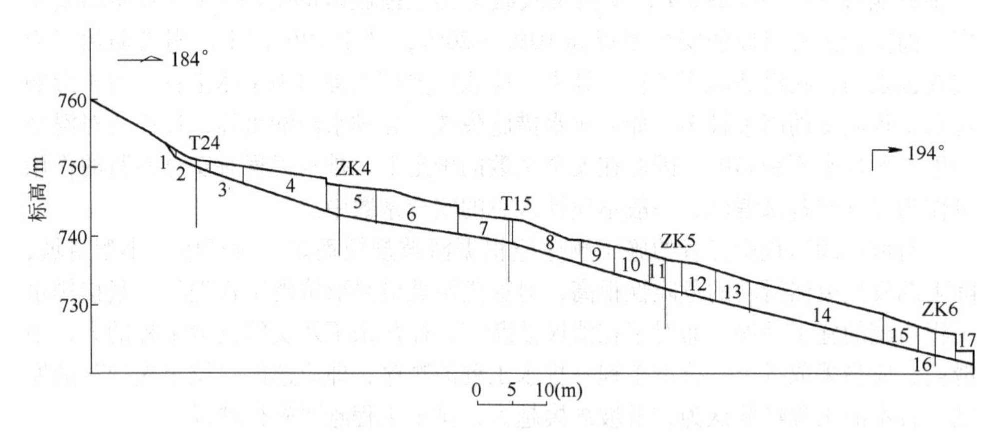

图 3-77 Ⅱ—Ⅱ剖面计算图

采用极限平衡理论计算各剖面滑坡的稳定系数如表 3-31 所示，从表中可以看出，该滑坡在天然状态下安全系数大于 1，滑坡前缘不存在滑坡推力问题，是稳定的。在雨季饱和状态下，滑坡体不稳定，需要治理。

表 3-31 稳定系数计算结果

项目		Ⅰ—Ⅰ剖面		Ⅱ—Ⅱ剖面		Ⅲ—Ⅲ剖面	
计算参数		c/kPa	φ/（°）	c/kPa	φ/（°）	c/kPa	φ/（°）
		4.05	10	4.05	10	6.0	10
稳定系数	天然状态	1.99		1.65		1.84	
	饱和状态	1.03		0.95		0.99	

用同样方法计算出工程位置处滑体在饱和状态下的下滑力如表3-32所示。

表3-32 滑坡推力计算结果

项　目	Ⅰ—Ⅰ剖面		Ⅱ—Ⅱ剖面		Ⅲ—Ⅲ剖面	
计算参数	c/kPa	φ/（°）	c/kPa	φ/（°）	c/kPa	φ/（°）
	4.05	10	4.05	10	6.0	10
下滑推力/kN	94.49		208.78		51.51	

在方案论证阶段，根据现场实际情况，提出以下3种治理方案：

（1）挡墙加削坡（梯田）方案（方案1）。该方案是将现有滑动体削至稳定，削方区右侧综合考虑挡墙高度和削方区与山体的顺接。设置一级挡墙，墙高5m，底宽1.8m，埋深1.5m。在削方区右侧10m范围内逐渐变坡与山体自然顺接。自西向东布置挡墙148m。墙后填以0.50m宽的透水料。墙体设置泄水孔。

墙顶以上土体按1∶1.75的坡度向上削方，布置梯田。削方区每级梯田高差为2m，梯田陡坎的仰角为70°，梯田自西向东放坡1‰，在坡体的右端设置急流槽，下雨时地表水可沿坡面流入急流槽，再由排水沟汇合后经主沟排入县河。

对削方后的新坡面，采用植树和种草进行坡面防护，以防止雨水下渗后产生新的滑动面和对梯田造成过大的冲刷。

（2）挡墙加削坡（直坡）方案（方案2）。为保持坡面水流通畅，不布置梯田，将方案1的梯田改为直坡。为避免在削方区形成不稳定的陡坎，在Ⅱ—Ⅱ剖面以西及Ⅲ—Ⅲ剖面以东采用一定的坡度，使其逐渐过渡到未削方区。并在坡体上布设排水沟两道，挡墙与方案1相同。

（3）抗滑桩加排水系统方案（方案3）。在滑坡前缘布置23根桩，布桩范围为133m，桩的长度为9m，其中在滑面以上的高度为4m，滑面以下的埋深为5m，桩截面尺寸为1.0m×1.0m。为防止抗滑桩之间的土从桩间溜出，在桩间设置了桩间拱墙，拱墙用混凝土浇筑，厚度为0.3m。

桩和墙施工结束后，在桩和墙后回填1m厚的砂砾石料，一方面作为墙后的反滤层，另一方面也起到调整膨胀力的作用。

这一方案中仍然保留坡体上原设置的两条排水沟，同时还另外增加了两条排水沟。

方案完成后，对方案从安全度、工程造价、施工难度、对环境的影响等方面进行了比较：

（1）安全度的比较。治理方案1、方案2以削方为主，治理方案3属采用支挡结构稳定滑坡体，三者具有相同的安全度，只是在结构形式上不同。

（2）造价上的比较。

治理方案1（挡墙+削坡（梯田））总概算价为：733875元

治理方案2（挡墙+削坡（直坡））总概算价为：810052元

治理方案3（抗滑桩支挡）总概算价为：705902元

三方案中总概算价以方案3（抗滑桩支挡）最低。

（3）施工难度比较。治理方案1（挡墙+削坡（梯田））、方案2（挡墙+削坡（直坡））施工难度相同，削掉的部分土方可就近填入现在砖厂的取土坑内，供砖厂以后使用，避免长距离的运输。

治理方案3（抗滑桩支挡）因在施工时须人工开挖桩井，桩井在滑面以下的深度为5m，桩截面尺寸较小，施工有一定难度，自滑面起到桩顶4m高度范围内，需要设置桩间拱墙，以阻止桩间土的溜出，此范围内的桩截面必须采用部分扩大的T字形截面，以便为拱墙提供支座，因而对桩身施工的要求较高，施工难度较大。

（4）对环境影响的比较。治理方案1、方案2对削坡区的地表土破坏严重，削方后需要植树和种草，使被破坏的绿地得到一部分补偿。而治理方案3则能保持原地形地貌。

（5）滑坡区的土地使用变化趋向及对治理方案的影响比较。滑坡体西侧砖厂一直自滑坡西侧坡脚向北开采黏土，已开采量约30000m^3，并计划继续开采采土场以西滑坡区黏土。以后再向北，向东开采。在未来的几年内，滑坡体上的黏土可能会全部被砖场开采殆尽。如果采用治理方案3，当坡体以上的土体被开挖完毕以后，会在学校北侧留下一面高墙，对学校的景观和今后的发展都会带来不利影响，而治理方案1、方案2所带来的影响较小。

（6）梯田方案和直坡方案的比较。梯田布设后会影响山坡雨水排泄的通畅，产生局部地段的积水，而且梯田陡坎在自然环境中必然发生小范围的滑塌和碎落，加重对排水的影响，对工程安全带来隐患；直坡方案则可以解决山体排水的通畅问题，但增加了工程造价。

综合考虑工程造价，对环境的影响，施工难度，采土场的发展需要等因素，将治理方案1作为理想方案予以推荐，以此作为该滑坡治理施工图的最终依据。

4 崩塌与落石治理工程设计

4.1 概　　述

崩塌是指较陡的斜坡上的岩土体在重力的作用下突然脱离母体崩落、滚动堆积在坡脚的地质现象，属于常见的山区地质灾害之一。崩塌多发生在大于60°~70°的斜坡上。崩塌的物质，称为崩塌体。崩塌体为岩质者，称为岩崩（图4-1）；崩塌体为土质者，称为土崩（图4-2）；大规模的岩崩，称为山崩。崩塌可以发生在任何地带，山崩限于高山峡谷区内。崩塌体与坡体的分离界面称为崩塌面，崩塌面往往就是倾角很大的界面，如节理、片理、劈理、层面、破碎带等。崩塌体的运动方式为倾倒、崩落。崩塌体碎块在运动过程中滚动或跳跃，最后在坡脚处形成堆积地貌——崩塌倒石锥。崩塌倒石锥结构松散、杂乱、无层理、多孔隙；由于崩塌所产生的气浪作用，使细小颗粒的运动距离更远一些，因而在水平方向上有一定的分选性。

按照崩塌体的规模、范围、大小可以分为剥落、坠石和崩落等类型。剥落的块度较小，块度大于0.5m者占25%以下，产生剥落的岩石山坡一般在30°~40°；坠石的块度较大，块度大于0.5m者占50%~70%，山坡角在30°~40°范围内；崩落的块度更大，块度大于0.5m者占75%以上，山坡角多大于40°。

图4-1　岩体崩塌

图4-2　黄土崩塌

形成崩塌的内在因素主要有岩土类型、地质构造和地形地貌等。

（1）岩土类型。岩、土是产生崩塌的物质条件。一般而言，各类岩、土都可以形成崩塌，但不同类型，所形成崩塌的规模大小不同。通常，岩性坚硬的各类岩浆岩、变质岩及沉积岩类的碳酸盐岩、石英砂岩、砂砾岩、初具成岩性的石质黄土、结构密实的黄土等形成规模较大的崩塌，页岩、泥灰岩等互层岩石及松散土层等往往以小型坠落和剥落为主。

（2）地质构造。各种构造面，如节理、裂隙面、岩层界面、断层等，对坡体的切割、分离，为崩塌的形成提供脱离母体（山体）的边界条件。坡体中裂隙越发育，越易产生崩塌，与坡体延伸方向近于平行的陡倾构造面，最有利于崩塌的形成。

（3）地形地貌。江、河、湖（水库）、沟的岸坡及各种山坡、铁路、公路边坡、工程建筑物边坡及其各类人工边坡都是有利崩塌产生的地貌部位，坡度大于45°的高陡斜坡、孤立山嘴或凹形陡坡均为崩塌形成的有利地形。

能够诱发崩塌的外界因素很多，主要有：

（1）地震。地震引起坡体晃动，破坏坡体平衡，从而诱发崩塌。一般烈度大于7度以上的地震都会诱发大量崩塌。

（2）融雪、降雨特别是大雨、暴雨和长时间的连续降雨，使地表水渗入坡体，软化岩、土及其中软弱面，产生孔隙水压力等，从而诱发崩塌。

（3）地表水的冲刷、浸泡。河流等地表水体不断地冲刷坡脚或浸泡坡脚、削弱坡体支撑或软化岩、土，降低坡体强度，也能诱发崩塌。

（4）不合理的人类活动。如开挖坡脚、地下采空、水库蓄水、泄水等改变坡体原始平衡状态的人类活动，都会诱发崩塌活动。

另外冻胀、昼夜温差变化等，也会诱发崩塌。

4.1.1　崩塌与落石的区别

崩塌发生在地形陡峻、地质条件复杂的陡坡上，巨大的岩体或土体，因长期受风化侵蚀或地震影响突然脱离母体，在自重的作用下，在极短的时间内发生急剧的向下倾倒、崩落、翻滚和跳跃等变形现象，成为崩塌。

落石系指个别岩块从悬崖陡坡上突然坠落（山体本身是稳定的）。落石的规模较小，岩块体积从几立方厘米至几立方米。

4.1.2　崩塌与落石的原因和条件

崩塌、落石发生的原因和条件与地貌、岩性、地质构造、气温、水、地震和人为因素等有关，见表4-1。

表 4-1 崩塌、落石发生的原因和条件

因素		条件
内因	地形地貌	一般坡度大于45°，高度大于30m的斜坡易发生崩塌、落石，当坡面呈上陡下缓时，更为崩塌落石创造了条件
	地层岩性	高陡斜坡的岩层及土体中层理发育，岩体破碎易发生崩塌、落石。在高陡斜坡上软硬相间的岩层，当层理、片理极发育时，也易发生崩塌、落石
	地质构造	岩体中各种构造成因的结构面是造成崩塌的条件。当结构面的组合位置处于最不利时易发生崩塌、落石
外因	气温	气温的变化，促进岩层风化，为崩塌、落石创造条件
	水	水是引起崩塌、落石最活跃的因素，绝大多数的崩塌、落石都发生在雨季或雨中以及暴雨之后。水渗入岩体，增加了重量，加大了静水压力，溶解和软化了裂隙充填物，导致崩塌、落石
	地震	强烈的地震，可促进崩塌、落石的产生
	人为因素	大爆破，边坡开挖过高、过陡，破坏了山体的平衡，易发生崩塌、落石

4.2 崩塌与落石灾害治理技术的分类

4.2.1 按防灾减灾途径分类

按防灾减灾途径，可分为绕避灾害、预防灾害、减轻灾害。

(1) 绕避灾害。对大规模的频繁或经常发生的以坠落冲击破坏为主的崩塌落石，应以绕避为主。

(2) 预防灾害。有条件时，可采取防止落石产生的主动加固措施，预防落石灾害的产生。主动加固措施有：

1) 防止崩塌体倾倒破坏，一般可采取岩腔嵌补或支顶，崩塌体上部锚索锚杆加固，封闭崩塌体顶部裂隙；

2) 防止崩塌体坠落破坏，一般可采取岩腔嵌补或支顶；

3) 防止崩塌体剥落破坏，可采取浅层加固措施，如喷混凝土、锚杆挂网喷混凝土；

4) 防止崩塌体错落破坏，一般可采取清方减载、岩腔嵌补或支顶，崩塌体上部锚索锚杆加固。

(3) 减轻灾害。为减轻落石灾害，常采取以下措施：刚性防撞桩、拦石墙或拦石堤、落石消能槽或平台、钢轨立柱钢筋拦栅、SNS 柔性拦截网。

上述工程措施，由于受到崩塌与落石的随机性、不确定性以及落石经弹跳、滚动后运动轨迹、剩余能量的复杂性等影响，难以完全消除灾害，减轻灾害的程度与决策者对崩塌、落石灾害程度的认识有很大关系。

4.2.2　按防灾减灾技术分类

按防灾减灾技术，可分为加固、拦截、导引、遮盖。

加固是针对崩塌与落石的物源（崩塌体）而言，其目的是预防崩塌与落石的产生，属主动加固，前述支顶、嵌补、锚索或锚杆、喷混凝土、裂隙灌浆等，均属该范畴。

拦截、导引、遮盖均属被动防护措施。拦截是终止崩塌或落石的运动，拦截建筑需直接承受崩塌或落石的撞击荷载，要求能有效吸收崩塌或落石撞击能并且稍加修复即可恢复使用功能；导引是改变崩塌体或落石运动轨迹，如落石平台、覆盖网等；遮盖主要是采用明洞、棚洞，遮盖建筑需直接承受崩塌或落石的冲击荷载，要求能有效吸收崩塌或落石撞击能并有一定的刚度，在设计荷载作用下不产生难以修复的破坏。

4.2.3　各种常见工程措施简介

目前国内外治理崩塌体崩塌落石的工程措施概括起来有清除、支撑、护坡、护墙、插别与串联、锚固、拦截、遮盖、封填、灌浆、排水以及SNS柔性防护网等。在实际应用中可根据情况比较各方式的优劣，综合考虑。分别简介如下：

（1）清除。对于斜坡上的浮石、松动块体采用人工清除，或者在巨大浮石上用风枪凿眼、静态破碎剂解体，化整为零，逐步消除，条件具备时还可考虑用爆破清除。

（2）支撑。对于高大的悬崖、倒坡状崩塌体采用浆砌条石或混凝土支撑，支撑的形式可以是柱、墙或墩。

（3）护坡护墙。采用浆砌或混凝土保护坡面，适用于坡度不大，岩层破碎，节理发育，但整体稳定性较好的边坡，可防落石，防止继续风化。

（4）插别与串联。常见于铁路边坡，用圆钢或钢轨支挡或串联整体性较好的危岩。

（5）锚固。对于裂隙较发育的柱状崩塌体，可采用锚杆、锚钉、锚索将危岩锚固于稳定的岩体上，外锚头可采用梁、肋、格构等形式以加强整体性。

（6）拦截。危崖下有一定宽度的空地可供修筑拦石墙时，即可在危崖脚以下修筑一级或多级拦石构筑物，拦石构筑物有重力式墙、拦石栅、板桩式拦石墙等，拦石墙要设置厚度不小于1.5m的缓冲层以及落石槽，拦石墙要有足够的拦挡净空高度。

（7）遮盖。主要是指用钢筋混凝土筑成的明洞、棚洞，多见于铁路工程。

（8）封填。对于高度不大的岩腔采用浆砌片石或混凝土封填。

（9）灌浆。用水泥砂浆或其他材料封闭裂缝，抑制裂缝的扩展，防止地表水体进入崩塌体。

（10）排水。在崩塌落石区内外设置畅通的截、排水系统。

（11）SNS柔性防护网。近年来，国内引进了柔性防护钢缆网，这种柔性防护结构对于表面岩石破碎、坡面无茂密的树林和灌木的边坡效果较好。它可以采用被动防护的方式拦截危岩、缓冲消耗掉危岩向下运动产生的动能，也可以采用主动防护的方式，直接对危岩进行“捆绑式”的约束。这种柔性防护网在金沙江溪落渡水电站边坡中得到了广泛的应用并取得了较好效果。

4.3　崩塌与落石治理工程设计

4.3.1　防治崩塌落石的遮挡建筑物

4.3.1.1　遮挡建筑物的主要类型

在崩塌落石地段常采用的遮挡建筑物就是明洞。按结构形式的不同，明洞可分为拱形明洞和棚洞两类。分述如下：

（1）拱形明洞。拱形明洞由拱圈和两侧边墙构成，如图4-3所示。这是一种广泛使用的明洞形式，其结构较坚固，可以抵抗较大的崩塌推力，适用于路堑、半路堑及隧道进出口处不宜修隧道的情况。洞顶填土，土压力经拱圈传于两侧边墙。因此，两侧边墙均须承受拱脚传来的水平推力、垂直压力和力矩。其中外边墙所承受的压力更大，故截面较大，基底压应力也大。要求线路外侧有良好的地

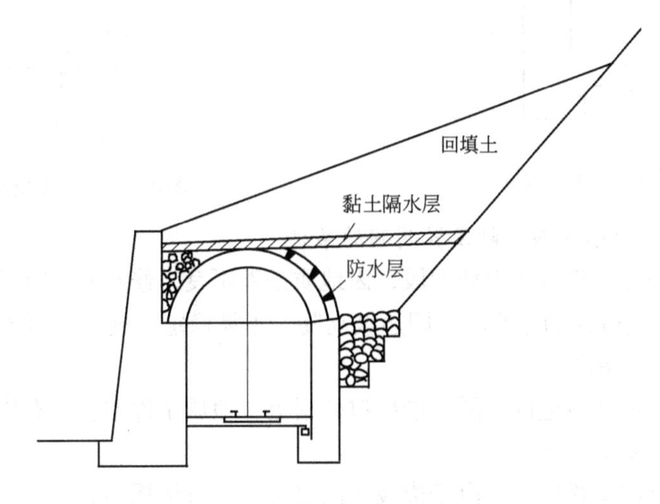

图4-3　拱形明洞

基和较宽阔的地势，以便砌筑截面较大的外边墙。在一般情况下，可采用钢筋混凝土的拱圈和浆砌片石边墙。但在较大崩塌地段或山体压力较大处，则拱圈和内外边墙以采用钢筋混凝土为宜。

（2）板式棚洞。板式棚洞由钢筋混凝土顶板和两侧边墙构成，如图 4-4 所示。顶部填土及山体侧压力全部由内边墙承受，外边墙只承受由顶板传来的垂直压力，故墙体较薄。适于地形较陡的半路堑地段。由于侧压力全部由内边墙承受，强度有限，故不适用于山体侧压力较大之处。因而只能抵抗内边墙以上的中小崩塌，所以一般是使内边墙紧贴岩层砌筑，有时在内边墙和良好岩层之间加设锚固钢筋。

（3）悬臂式棚洞。悬臂式棚洞，其结构形式与板式棚洞相似，只因外侧地形狭窄，没有可靠的基础可以支承，故将顶板改为悬臂式。主要结构由悬臂顶板和内边墙组成，如图 4-5 所示。内边墙承担全部洞顶填土压力及全部侧向压力，故应力较大。适用于外侧没有基础，内侧有良好稳固不产生侧压力的岩层。这种明洞的优点是结构简单，施工较方便，缺点是稳定性较差，不宜用于较大的崩塌之处。

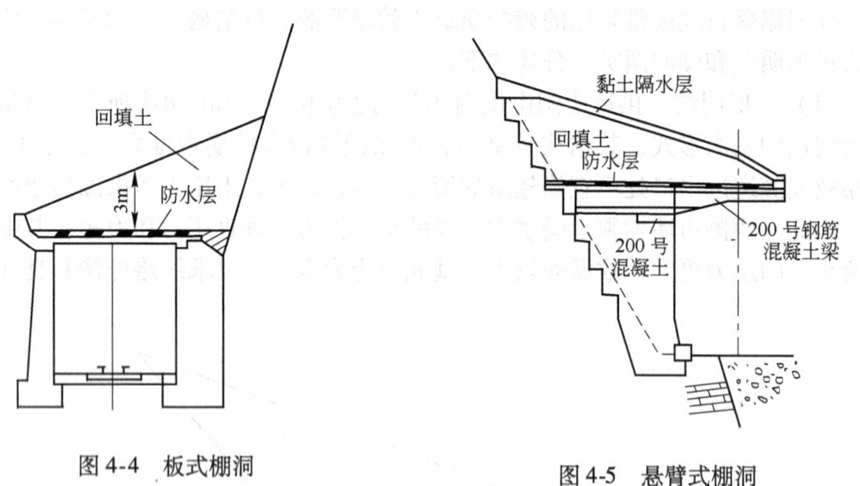

图 4-4　板式棚洞　　　　图 4-5　悬臂式棚洞

4.3.1.2　*崩塌落石地段设置明洞的条件*

（1）线路穿过哑口或山坡地段，因地质条件不良，修建隧道有困难时，可设置明洞，当开挖较深的路堑时，因边坡高陡，不易稳定，这时在可能发生崩塌落石的地段可设置明洞。

（2）在地形陡峻地区，隧道进出口处附近，地质条件不良，有崩塌落石，应在隧道进出口接长明洞。

（3）在已施工线路上，由于边坡过高过陡，常有崩塌落石，局部改线或采用刷坡等措施在技术经济上不合理时。

（4）在运营线路上，当边坡或山坡高陡，常有落石掉块，砸毁轨道、输电网，时有中断行车发生，而改移线路又受自然条件和已有大型建筑物的限制，设置其他防崩建筑物没有条件，或尚不能完全解决问题时，可采用明洞。

（5）在陡边坡的高处如有倒悬的大块危岩，可能发生崩塌，如用拱形明洞支墙支撑，能收到较好效果。

4.3.2　防崩支撑建筑物

铁路岩质边坡防崩支撑建筑物根据其结构形式可划分为一般高支墙、明洞式支墙、柱状支墙、支撑挡墙和支护墙五种。

（1）一般高支墙。为防止高陡山坡上的悬岩崩塌，常常修建高支墙。其设计原则是根据可能崩落石块重量、下坠力和支墙本身的重量对基础的压力而定，经常是地基允许承载力控制支墙的高度。支墙需与山坡密贴，在相当高度时，结合断面加以横条形成整体圬工，并用钢筋与山坡岩层锚固，以承担悬岩下坠时的水平推力，使墙身与山体构成一体，可增大支托能力（图4-6）。

高支墙支撑的悬岩体积较大时，基底为软岩，更应注意基础的承载力，否则，一旦悬岩下错，可能连同支墙一起破坏。一般修建支墙地段多系山坡高陡，已处于临界不稳定状态，故支墙设计应尽量少开挖原山坡，以免挖空下部坡脚，造成悬崖崩塌。

（2）明洞式支墙。在高陡边坡上部有大块危岩倒悬在边坡之上时，如果修建一般支墙，其断面要求较大，需要将线路外移，当外移无条件时，可建拱形明洞，其上设支墙以支撑大块危岩，如图4-7所示。

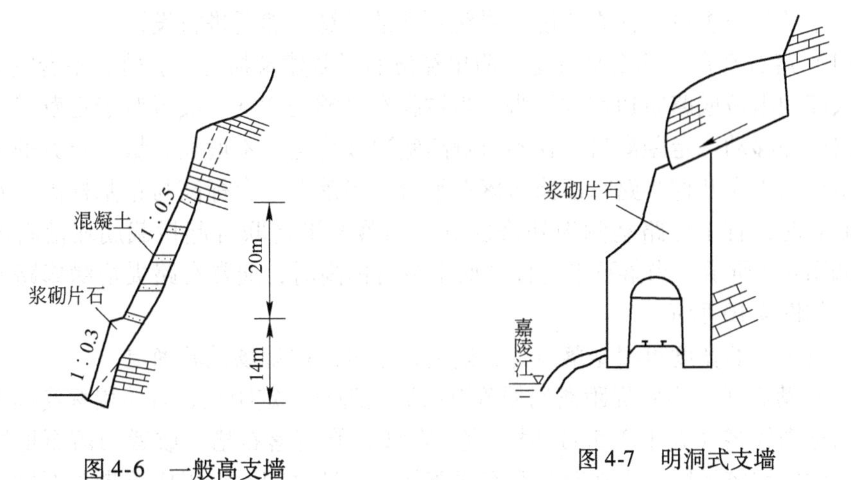

图4-6　一般高支墙

图4-7　明洞式支墙

（3）柱式支墙。对高陡边坡上的个别大块危岩，如果不便清除，在其他条件允许的情况下，可采用柱式支墙。

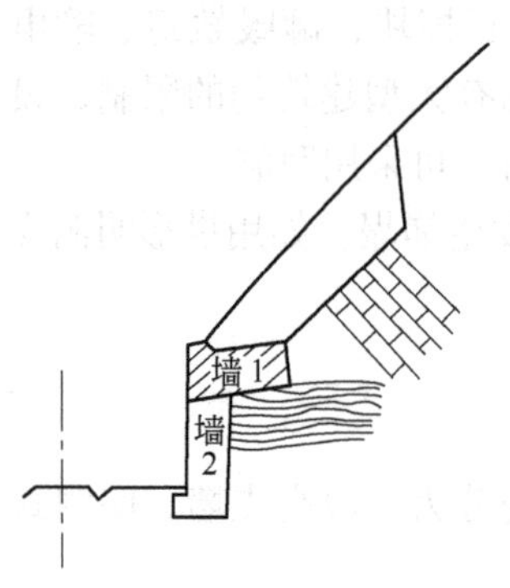

图4-8　支撑挡土墙

（4）支撑挡土墙。当山坡或路堑边坡上有显然不同的两种地层，上层为较坚硬和节理发育的岩石，下层为软质岩石。当山坡坡度较大时，下部软质岩石易于坍塌，上部岩体则发生崩塌落石，为保证山坡和路堑边坡的稳定，若采用下部修筑护墙，上部刷方，则无法保证山坡或路堑边坡的稳定，因为所修筑的护墙只能防止山坡或边坡岩石风化，但山坡和边坡的稳定仍无保证。同时，由于边坡开挖高度增大，致使坡面暴露范围加大，如原山坡的植物保护层大量被砍伐，就更无法保证边坡的稳定。反之，若采用支撑挡墙情况就完全不同了。因为这样既可挡住下部软质岩石不致坍塌，又可支撑上部破碎岩石，从而使边坡稳定性得到保证（图4-8）。

（5）支护墙。支护墙主要作用是防止边坡岩体继续风化，同时还兼有对上部危岩的支撑作用。这种墙必须和边坡岩体密贴。

4.3.3　被动防崩拦截措施

当山坡上的岩体节理裂隙发育，风化破碎，崩塌落石物质来源丰富，崩塌规模虽不大，但可能频繁发生者，则宜根据具体情况采用从侧面防护的拦截措施（如落石平台或落石槽、拦石堤或拦石墙、钢轨栅栏等）。被动防崩拦截措施（或构筑物）主要作用是把崩落下来的岩体或岩块拦截在线路的上侧，使其不能侵入限界。这些措施的设计，必须根据崩塌落石地段的地形、地貌情况，崩落岩体的大小及其位置进行落石速度、弹跳距离的计算，然后进行设计。

（1）落石平台。落石平台是最简单经济的拦截建筑物之一。落石平台宜于设在不太高的山坡或路堑边坡的坡脚。当坡脚有足够的宽度，或者对于运营线可以将线路向外移动一定距离时，在不影响路堑边坡稳定，不增加大量土石方的条件下，也可以扩大开挖半路堑以修筑落石平台。当落石平台标高与路基标高大致相同或略高时，宜于在路基侧沟外修拦石墙和落石平台联合起拦截崩塌落石的作用，如图4-9所示。当落石平台标高低于路肩标高时，通常在路堤边缘修路肩挡土墙，如图4-10所示。

落石平台的宽度可根据落石计算确定，也可以据现场试验确定。

（2）落石槽。当路堤距离崩塌落石山坡坡脚有一定距离，且路堤标高高出坡脚地面标高较多（大于2.5m）时，宜于在坡脚修筑落石槽，或者当落石地段堑顶以上的山坡较平缓，则在路基和有崩落物的山坡之间，宜于修筑带落石槽的拦石墙，或带落石槽的拦石堤，如图4-11和图4-12所示。

落石槽断面尺寸以及拦石墙和拦石堤的尺寸均可据有关计算和现场调查试验确定。

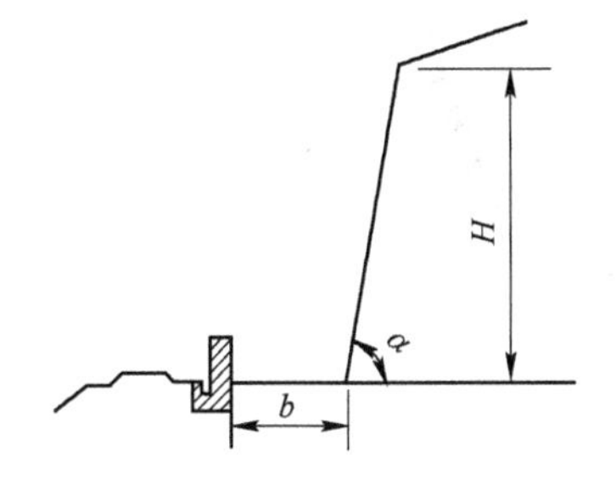

图 4-9　落石平台与拦石墙

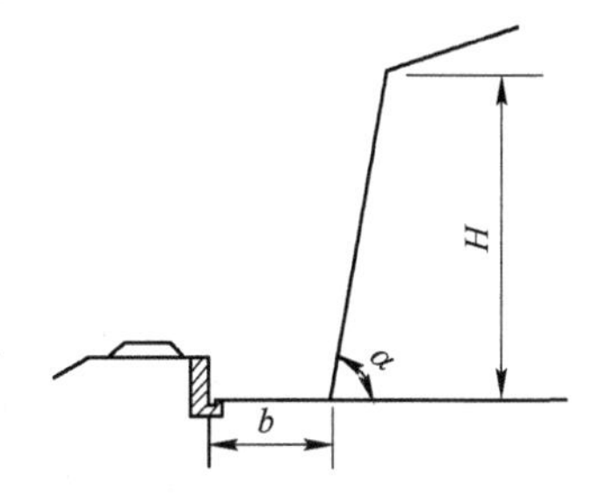

图 4-10　落石平台与路肩挡土墙

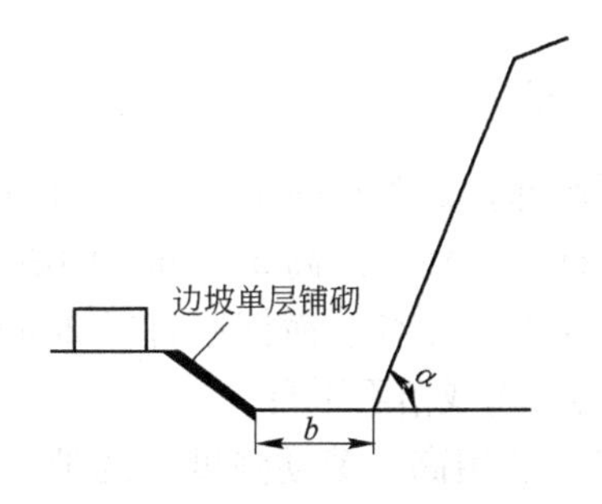

图 4-11　落石槽

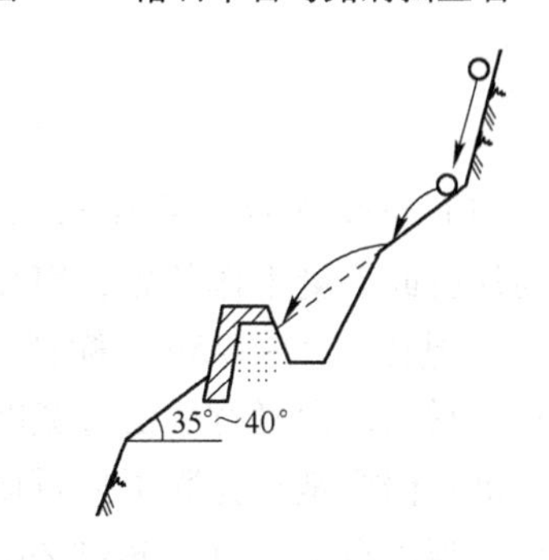

图 4-12　落石槽与拦石墙

落石槽底 b 按下式计算：

$$b = \sqrt{\frac{2W(1 - \cot\alpha\tan\alpha_1)}{\tan\alpha_1}} \tag{4-1}$$

式中　W——在计算期内顺线路方向每延米的落石堆积数量，m^3；

α_1——落石堆积的自然坡度角；

α——山坡的坡度角。

（3）拦石堤和拦石墙。当陡峻山坡下部有小于 30°的缓坡地带，而且有较厚的松散堆积层，当落石高程不超过 60～70m 时，在高出路基不超过 20～30m 处，修筑带落石槽的拦石堤是适宜的，见图 4-13。

拦石堤通常使用当地土筑成，一般采用梯形断面，其顶宽为 2～3m。其外侧可以根据土的性质，采用不加面的较缓的稳定边坡，也可以采用较陡的边坡，予以加固。其内侧迎石坡可用 1∶0.75 的坡度，并进行加固。若山坡坡度大于 30°，落石高度超过 60～70m 时，则以修筑带落石槽的拦石墙为宜。在我国山区铁路的崩塌落石地段，采用拦石墙防治小型崩塌落石的很多。拦石墙墙身多为浆砌片石，墙的截面尺寸及其背面缓冲填土层的厚度，应根据其强度和稳定性计算来决定。在坡度较缓的路堑边坡地段，如有崩塌落石现象，在条件允许时，可以在坡脚修建拦石墙，也会取得良好效果。

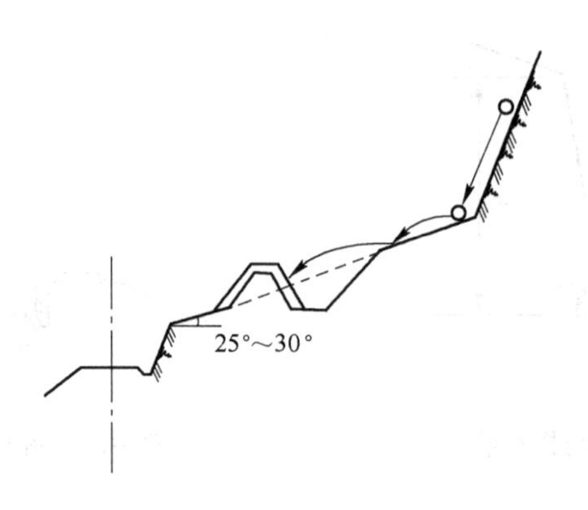

图 4-13　带落石槽的拦石堤

（4）钢轨栅栏。采用钢轨栅栏可以代替拦石墙起拦截落石的作用。它可以用浆砌片石或混凝土作基础，用废钢轨作立柱、横杆。立柱一般高 3 ~ 5m，间隔 3 ~ 4m，基础深 1 ~ 1.5m。横杆间距一般为 0.6m 左右。立柱、横杆用直径 20mm 的螺栓联结，栅栏背后留有宽度不小于 3.0m 的落石沟或落石平台。

钢轨栅栏基本克服了拦石墙的圬工量大、工程费用高、劳动强度大的缺点。但是，当落石太大时（超过 $2m^3$），虽然也能拦住落石，常常把立柱、横杆打断，打弯或打倾斜。为此，可以采用双层钢轨栅栏进行加强。

（5）SNS 被动防护系统技术。SNS 被动防护系统是一种能拦截和堆存落石的柔性拦石网，其显著特点是系统的柔性和强度足以吸收和分散所受的落石冲击动能并使系统受到的损失趋于最小，改变传统系统的刚性结构为高强度柔性结构。它以落石所具有冲击动能这一综合参数作为最主要设计参数，能对高达 4000kJ 的高能级冲击动能进行有效防护，能在系统的设计弹性范围内安全地吸收落石的冲击动能并将其转变为系统的变形能而加以消散，与落石在网上的冲击点位无关。

该系统由钢丝网（和铁丝格栅）、固定系统（拉锚、基座、支撑绳）、减压环、钢柱四个主要部分组成。系统的柔性主要来自钢丝绳网、支撑绳、减压环等结构。减压环是迄今为止所能实现的最简单而有效的消能元件。它为一在节点处按预先设定的力箍紧的环状钢管。实用钢丝绳顺钢管内穿过，当与减压环相连的钢丝绳收受拉力达到一定程度时，减压环启动并通过塑性位移来吸收能量。当冲击能量在设计范围内，能多次接受冲击功产生位移，从而实现过载保护功能，系统构成见图 4-14。

（6）森林防护技术。当陡崖或斜坡坡脚的斜坡不太陡峻，并有一定厚度的覆土，且崩塌体威胁不太严重时，可以通过植树造林防治崩塌体。但在种植初期，防护效果尚未显示，须依靠其他防护设施。森林防护崩塌体的根本出发点在于增

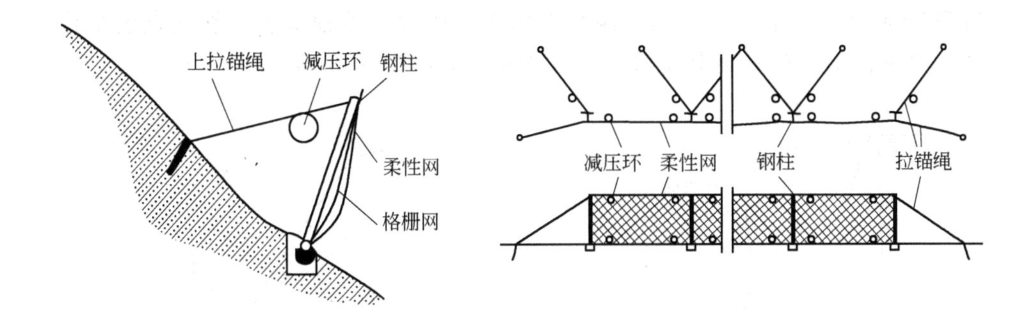

图 4-14 SNS 被动防护系统示意图

大地面的粗糙度，减缓崩塌体在林中的运动速度；森林类型应为乔木，尽可能构建乔、灌、草相结合的生态系统。乔木成林后可用建筑钮扣将钢绳固定在树木主干上，将森林防护系统构成整体，提高防护有效性。

4.3.4 防崩的主动加固措施

对于高陡边坡上的危岩，如果无条件修筑拦截和拦挡等建筑物，又不便于清除时，可采用各种主动加固措施。

(1) 锚固技术。锚固技术是指采用普通（预应力）锚杆、锚索、锚钉进行危岩体治理的技术类型。正确选用锚固材料，设计锚固力。锚固砂浆标号不低于 M30；锚杆、锚索及锚钉的锚固力应根据计算确定，并据此进行锚孔、锚筋及锚固深度设计。危岩体锚固深度按照伸入主控裂隙面计算，不应小于 5.0～6.0m；采用锚杆治理危岩体时，对于整体性较好的危岩体外锚头宜采用点锚，对于整体性较差的危岩体外锚头可采用竖梁、竖肋或格构等形式以加强整体性。合理控制预应力锚杆和锚索的预应力施加。施工过程中，对每个危岩体应钻取 3～5 个超深孔，孔深以在勘查认定主控裂面基础上增加 8.0～9.0m。取出岩芯，判别危岩体内裂隙的发育密度，最内侧一条裂隙作为主控裂隙面。据此调整治理方案。

当高陡的岩质边坡上有巨大的危岩和裂缝时，为了防止产生崩塌落石，也可以采用锚索进行加固。

(2) 封填与嵌补技术。当危岩体顶部存在大量较显著的裂缝或危岩体底部出现比较明显的凹腔等缺陷时，宜采用封填技术进行防治。顶部裂缝封填封闭的目的在于减少地表水下渗进入危岩体（图 4-15）。底部凹腔封填的目的在于显著地减慢危岩体基座岩土体的快速风化（图 4-16）。封填材料可以用低标号高抗渗性的砂浆、黏土或细石混凝土。对于采用柱撑、拱撑、墩撑等技术治理的危岩体，支撑体之间的基座壁面也应进行嵌补封闭，封闭层厚度宜在 30～40cm。在对顶部裂缝封填时，若裂缝宽度在 2cm 以上时，应采用具有一定强度的砂浆或坍落度超过200mm的细石混凝土使其入渗裂缝内进行固化。若顶部表面裂缝宽度小且广泛发育时，用细石混凝土或黏土全面浇筑，厚度20～30cm。

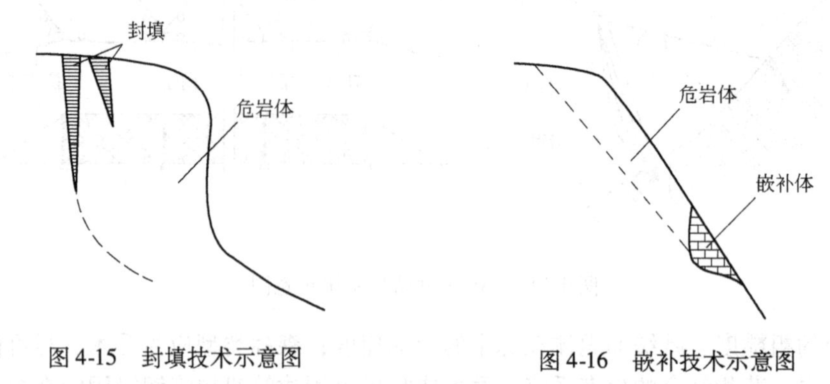

图4-15　封填技术示意图　　　图4-16　嵌补技术示意图

（3）钢轨插别与串联技术。实用圆钢和钢轨插别对加固陡坡上的分散的中、小型危岩很起作用，是我国山区铁路常采用的加固措施之一。与其他圬工支护加固技术相比，它具有造价低、工程量小、操作简单、与行车无干扰的特点，其适用条件如下：

1）被插别的危岩体必须是体积不甚大的中、小型危岩体，且为不易风化坚硬岩石，如未风化和风化轻微的花岗岩、大理岩、石灰岩、坚硬的砂岩等。

2）岩质边坡本身是稳定的，只是由于一组和几组节理，把岩层局部切割成块状，形成不稳定的危岩体，而危岩体本身是完整或基本完整的；或者由于软硬岩层互层，不厚的软岩层置于底层，因分化剥落的关系形成悬挂式危岩体，危岩体本身是完整或基本完整的。

3）危岩体有错动缝，或有层理面倾向坡外的断脚节理。

4）陡崖上的危岩体，往往距离危害区有一定的高度，其下方又常常是无支撑基础，为了避免清除危岩体时引发灾害，或影响上部岩层的稳定，采用圆钢、钢轨或钢筋混凝土桩插别危岩体具有更好的技术经济效果。有时虽然有条件采用其他加固方案，但不如插别方案经济。

当整个岩质边坡是稳定的，只是因为层理、节理把边坡岩层切割成厚度不大的板状，且节理、层理或构造面倾向坡外，其上覆岩层有顺层面下滑的可能而下方受地形限制，没有设置支撑结构的基础，或虽有设置支撑结构的条件，但工程艰巨、造价高，在这种情况下，采用圆钢或钢轨串联加固危岩体是经济合理的。

钢轨插别的长度、根数，可根据危岩的体积大小、边坡陡度、节理切割程度、控制危岩的结构面的产状要素等，经过近似计算确定。一般情况下，钢轨外露长度不宜小于危岩厚度的2/3（图4-17），埋入完整岩体的深度不得小于$(0.4 \sim 0.5)l$，外露部分为$(0.5 \sim 0.6)l$。插别孔眼位置的分布，可根据危岩的重心进行布置。插别的钢轨必须保持与危岩密贴，不能使钢轨扭曲。应将钢轨四周的空隙和危岩的裂缝用 1∶2～1∶2.5 水泥砂浆灌注捣实，勾缝封闭。钢轨外露部分除锈后，应涂刷防锈油漆。

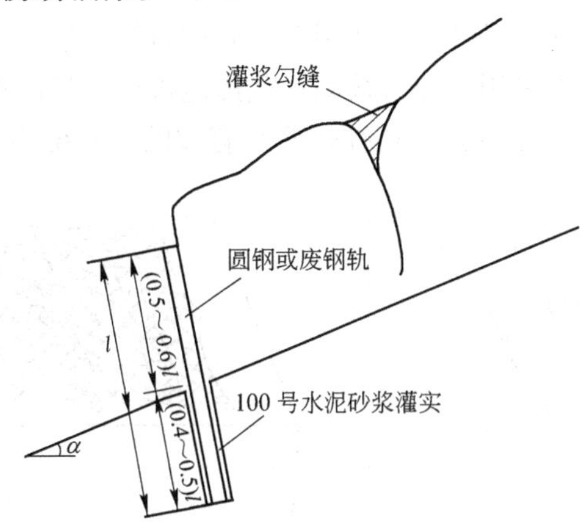

图 4-17 危石插别示意图

钢轨串联危岩体的施工顺序，先在岩层的适当位置，凿出一些深度、形状、大小符合要求的孔眼（平面上孔眼宜交错布置），然后插入圆钢或钢轨，并灌注标号不低于 M7.5 的水泥砂浆或 C15 级素混凝土，使其与稳定的岩层连接成一个整体。采用圆钢或钢轨串联加固薄层危岩体，如果使用得当，其技术经济效益是显著的。

（4）灌浆技术。危岩体中破裂面较多、岩体比较破碎时，为了确保危岩体的整体性，宜进行有压灌浆处理。灌浆技术应在危岩体中、上部钻设灌浆孔。灌浆孔宜陡倾，并在裂缝前后一定宽度内按照梅花型布设。灌浆孔应尽可能穿越较多的岩体裂隙面尤其是主控裂隙面。灌浆材料应具有一定的流动性、锚固力要强。对于危岩体四周的裂缝，可以采用灌浆技术进行加固。对于顶部出现显著裂缝，且稳定性差的危岩体，应谨慎采用灌浆技术，防止灌浆产生的静、动水压力造成危岩体的破坏失稳。若需采用灌浆技术，可采用分段无压灌浆，灌浆过程中注意检测危岩体的变形。通过灌浆处理的危岩体不仅整体性得到提高，而且也使主控裂隙面的力学强度参数得以提高、裂隙水压力减少。灌浆技术宜与其他技术共同使用。

对于危岩四周的裂缝，可以采用灌浆法进行加固，用以提高它的稳定性。这种方法常和其他加固措施相配合。在使用上述加固措施的地段，所有危岩裂缝都应用水泥砂浆灌注并勾缝。

（5）SNS 主动防护系统技术。SNS 主动防护系统主要有锚杆、支撑绳、钢绳网、格栅网、缝合绳等组成，通过固定在锚杆或支撑绳上施以一定预紧力的钢丝绳网和（或）格栅网对整个边坡形成连续支撑，其预紧力作业使系统紧贴坡面并形成阻止局部岩土体移动或在发生较小位移后，将其裹缚于原位附近，从而实现其主动防护功能，该系统的显著特点是对坡面形态无特殊要求，不破坏或改变原有的地貌形态和植被生长条件，广泛用于非开挖自然边坡，对破碎坡体浅表层防护效果良好。对于不能采用清除或被动拦截措施进行治理的孤立式或悬挂式危岩体，采用SNS主动防护系统技术往往是非常有效的，系统构成见图4-18。

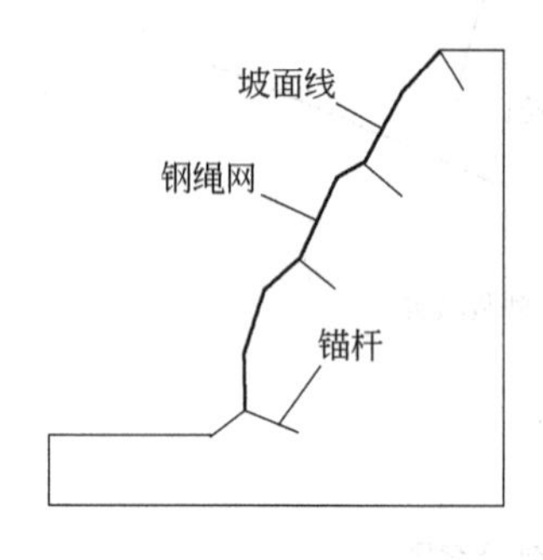

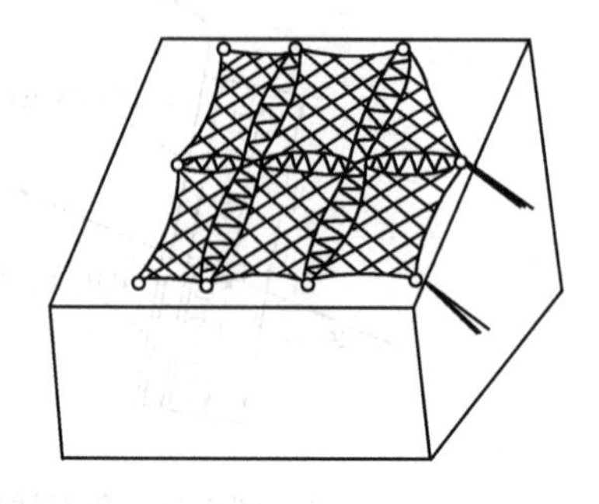

图4-18　SNS主动防护系统示意图

（6）钢筋（铁丝）捆扎。当坚硬的危岩体具有垂直的张开的节理或裂隙时可以采用钢筋（铁丝）捆扎法进行处理危岩体。一般将危岩拴在母岩上（图4-19）。钢筋（铁丝）的直径、根数和锚入母岩的深度，应根据危岩的下滑力经估算确定。钢筋（铁丝）应防锈处理。

（7）刷坡及护面技术。对于边坡坡度不大，裂隙发育，表层岩土体破碎且有危岩体突出坡面，但整体稳定性较好的边坡，可先对表层破碎岩土体进行刷坡，然后采用浆砌条石、混凝土或插筋挂网喷混凝土保护坡面，防治坡表落石和表层岩土体继续风化。

常用的护面技术有护墙和护坡两种均适用于易风化剥落的边坡地段。对陡边坡可采用护墙，如图4-20所示；对缓坡可以采用护坡。

采用刷坡来放缓边坡时，必须注意：

1）如危岩体位于构造破碎带、边缘接触带或节理裂隙极度发育的陡山坡地带，一般不宜刷方；

2）刷方边坡不宜高于30～40m；

3）刷坡时对边坡上或坡顶的大孤石、危岩可采用局部爆破清除；

4）对于位于已建好工程附近的大孤石，宜采用火烧办法，使岩石（指石灰岩、大理岩、石英岩等）熔解破裂，而后加以清除。

（8）清除技术。对规模较小，便于清除的危岩，应及时清除，并做好坡面加固，防止崩塌落石的产生。

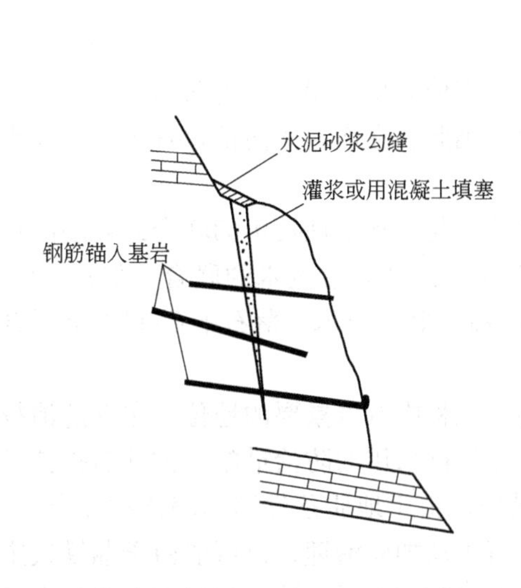

图4-19　钢筋（铁丝）捆扎示意图

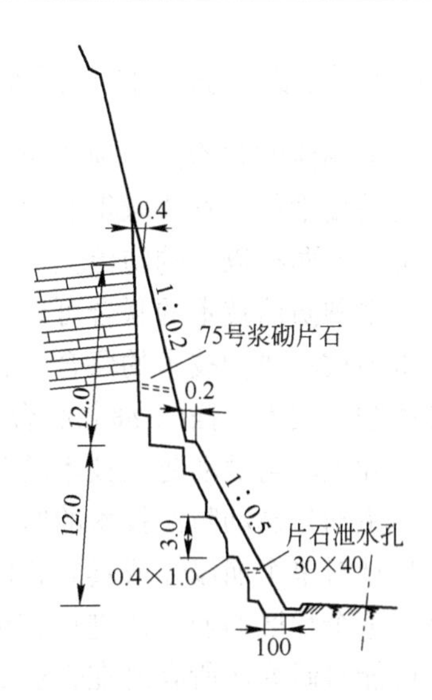

图4-20　护墙断面图（单位：cm）

危岩体下方地表坡度比较平缓（20°以内）、具有危岩体0.5～1.0倍的陡崖高度的地形平台，且平台上无重要建筑物及居民居住或危岩体下方具有有效的防御措施时，可采用清除技术。可对整个危岩体或危岩体的局部进行清除；清除危岩体时，可采用风枪凿眼、人工凿石、静态爆破、控制爆破等方法解体危岩体，化整为零、逐步清除。具备条件时，尚可进行爆破清除。危岩体清除过程中应加强施工监测，避免产生新的不稳定危岩体。并在危岩体实施清除处理前充分论证清除后对母岩的损伤程度。一般情况下应谨慎使用清除技术。对于停留于坡表的孤立式危岩体，采用清除技术可达到根除危岩体灾害的目的，但应注意清除后危岩体运动过程中可能存在的灾害风险，在条件许可下，可以对该类危岩体就地挖坑掩埋。

（9）排水技术。根据实际工程经验，降雨量与崩塌落石次数有明显的关系。这就说明降雨和地表水渗入不稳定的岩体，将降低其稳定性，诱发崩塌落石的产生。

倾倒式危岩体和滑移式危岩体的稳定性受孔隙水及裂隙水压力的影响很大。排水技术包括危岩体周围的地表排水和危岩体内部排水。地表排水沟应根据危岩体周围的地表汇流面积和雨强进行确定。通常采用地表明沟截、排水，其断面尺寸由降雨量及地表汇流面积计算确定。排水沟由浆砌块石或浆砌条石构成。底部地基为填土时，压实度不小于85%。也可在危岩体侧部稳定岩体内凿槽作排水沟。危岩体中地下水较丰富时，宜在危岩体中、下部适当位置设排水孔，排水孔应在较大范围内穿越渗透层结构面。

4.3.5　崩塌体的联合防治措施

崩塌体的防治是一项复杂的系统工程，即使对单个崩塌体的防治而言，单一的防治技术往往不能取得满意的防治效果。因此，在崩塌体防治过程中，往往需要两种或两种以上的防治技术联合使用。

多种防治技术的联合可以是主动治理技术与主动治理技术的联合或被动防护技术与被动防护技术的联合，也可以是主动与被动防治技术的联合。如，锚固-支撑联合技术、锚固-灌浆联合技术、护面-排水联合技术、落石平台-拦石墙联合技术和主动与被动防治技术的联合等。

主动与被动防治技术的联合在崩塌防治工程中有着重要的地位。主动防治技术是针对单个崩塌体或具有相同特点的崩塌体群采用的防治措施，被动防护技术是对整个片区的崩塌体进行整体的防护措施。由于地质条件和崩塌体的复杂性，不可能对研究区所有潜在失稳的崩塌体进行主动加固治理，也可能由于漏勘或主动加固技术施工难度大而没能进行主动加固治理，此时，被动防护技术就显得尤为重要。

总之，崩塌体防治措施的选择需要综合考虑各种影响因素，防治措施的选择也可以是多种多样的，但最终采取的防治措施应该是技术可行、安全可靠、经济合理、环保实用的。

5 泥石流灾害治理工程设计

5.1 概　　述

泥石流是指在山区小型流域内，突然暴发的包含有大量泥沙和石块的固、液相颗粒流体，是由于强降雨而形成的一种特殊洪流，是地质不良山区常见的一种地质灾害现象。

泥石流常在暴雨（或融雪、冰川、水体溃决）激发下产生，来势凶猛、破坏力极强，往往在顷刻之间造成巨大的灾害。如 1973 年 7 月，苏联中亚小阿拉木图河谷突然发生强烈泥石流。巨大水流向阿拉木图市方向倾泻。水流沿途捕获泥土、砂石及体积达 45m³、重达 120t 的巨大漂砾，形成了一股具有巨大能量的泥石流。一瞬间摧毁了沿途所遇到的一切防护物，只有中心高 112m、宽 500m 的专门石坝才抵住了此次巨大的冲击，使阿拉木图市免遭破坏。这次泥石流的强度之大，使原来按 100 年设计的泥石流库一次就淤满了 3/4。2003 年 8 月 28～29 日，陕西省宁陕县以县城为中心普降特大暴雨，诱发了大量滑坡、泥石流灾害，受灾最严重的城区以泥石流灾害为主，除了少量沟谷型泥石流外，发生了大面积的坡面泥石流，造成了多人死亡和失踪，损失惨重（图 5-1）。2010 年 8 月 7 日 22 时，甘南藏族自治州舟曲县突降强降雨，县城北面的罗家峪、三眼峪泥石流下泄，由北向南冲向县城，致使沿河房屋被冲毁，泥石流阻断白龙江、形成堰塞湖，这次泥石流灾害造成上千人的死亡和失踪。

沟谷型泥石流

坡面泥石流

图 5-1　宁陕泥石流照片

泥石流对山区开发和建设危害极大，尤其对山区城镇、村庄，以及点多线长的山区铁路、公路和水利等设施的危害更为突出。

泥石流与滑坡、崩塌关系十分密切。在泥石流频发地区，通常都发育有大量的危岩体和滑坡，暴雨后极易发生严重的崩塌、滑坡活动，由此形成大量碎屑物融入洪流，进而转化成泥石流。因此，滑坡和崩塌的物质经常是泥石流的重要固体物质来源。滑坡、崩塌还常常在运动过程中直接转化为泥石流，或者滑坡、崩塌发生一段时间后，其堆积物在一定的水源条件下生成泥石流。即泥石流是滑坡和崩塌的次生灾害。泥石流与滑坡、崩塌有着许多相同的促发因素。

由于泥石流的形成过程错综复杂，对泥石流的监测至今尚无很好的手段，许多泥石流的内在活动规律尚未被认识。所以，泥石流防治工作的难度很大，采用通常的工程技术，亦很难获得满意的效果。

本章主要在对现有研究成果和实践经验总结的基础上，介绍一些目前行之有效的泥石流治理工程技术。

5.1.1　泥石流的分类

分布在不同地区的泥石流，其形成条件、发展规律、物质组成、物理性质、运动特征及破坏强度等都具有一定的差异性。

5.1.1.1　按其流域的地质地貌特征分

（1）标准型泥石流。这是比较典型的泥石流。流域呈扇状，流域面积一般为十几至几十平方公里，能明显地区分出泥石流的形成区（多在上游地段，形成泥石流的固体物质和水源主要集中在此区）、流通区和堆积区（图 5-2a）。

（2）河谷型泥石流。流域呈狭长形，流域上游水源补给较充分，形成泥石流的固体物质主要来自中游地段的滑坡和塌方。沿河谷既有堆积，又有冲刷，形成逐次搬运的“再生式泥石流”（图 5-2b）。

（3）山坡型泥石流。流域面积小，一般不超过一平方公里。流域呈斗状，没有明显的流通区，形成区直接与堆积区相连（图 5-2c）。泥石流沟槽短小，流路不长，规模小，但来势猛，冲击力大。

5.1.1.2　按其组成物质分

（1）泥流。所含固体物质以黏土、粉土为主（占 80% ~90%），仅有少量岩屑碎石，黏度大，呈不同稠度的泥浆状。多分布于黄土高原山区和黄河的各大支流，如渭河、湟水、洛河、泾河等地区。如 1964 年 7 月 20 日夜间兰州洪水沟暴发一次规模较大的泥流，冲进居民区，造成较大损失。

（2）泥石流。固体物质由黏土、粉土及石块、砂砾所组成。它是一种比较典型的泥石流类型。西藏波密地区、四川西昌地区、云南东川地区及甘肃武都地区的泥石流，大都属于此类。1972 年川藏公路某段对岸山坡，两条沟谷先后暴发

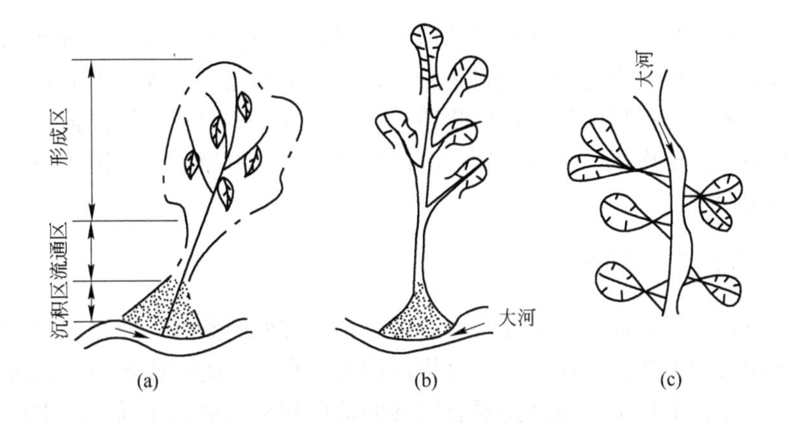

图 5-2　泥石流类型示意图
（a）标准型泥石流流域示意图；（b）河谷型泥石流流域示意图；（c）山坡型泥石流流域示意图

泥石流堵断天全河，水位急涨淹没公路，严重阻碍交通。

（3）水石流。固体物质主要是一些坚硬的石块、漂砾、岩屑及砂等，粉土和黏土含量很少，一般小于10%，主要分布于石灰岩、石英岩、大理岩、白云岩、玄武岩及砂岩分布地区。

5.1.1.3　按其物理力学性质、运动和堆积特征分

（1）黏性泥石流。黏性泥石流又称结构泥石流，是指含有大量细粒物质（黏土和粉土）的泥石流或泥流。其特征是黏性大，固体物质含量占40%～60%，最高可达80%。其中的水不是搬运物质，而是组成物质，水和泥沙、石块凝聚成黏稠的整体，并以相同的速度做整体运动。这种泥石流的运动特点，主要是具有很大的黏性和结构性。黏性泥石流在开阔的堆积扇上运动时，不发生散流现象，而是以狭窄的条带状向下奔泻。停积后，仍保持运动时的结构。堆积体多呈长舌状或岛状。由于黏性泥石流在运动过程中有明显的阵流现象，使得堆积扇的地面坎坷不平。这与由一般洪水或冰水作用形成的山麓堆积扇显著不同。黏性泥石流流经弯道时，有明显的外侧超高和爬高现象及截弯取直作用。在沟槽转弯处，它并不一定循沟床运行，而往往直冲沟岸，甚至可以爬越高达5～10m的阶地、陡坎或导流堤坝，夺路外泄。同时，这种泥石流往往以“突然袭击”的方式骤然爆发，持续时间短，破坏力大，常在几分钟或几小时内把几万甚至几百万立方米的泥砂石块和巨砾搬出山外，造成巨大灾害。

（2）稀性泥石流。稀性泥石流以水为主要成分，固体物质中黏土和粉土含量少，固体物质占10%～40%且有很大的分散性。这种泥石流的搬运介质主要是水。在运动过程中，水与泥沙组成的泥浆速度远远大于石块运动的速度。固液两种物质运动速度有显著的差异，属紊流性质。其中的石块以滚动或跃移的方式下

泄。稀性泥石流在堆积扇地区呈扇状散流，岔道交错，改道频繁，将堆积扇切成一条条深沟。这种泥石流的流动过程是流畅的，不易造成阻塞和阵流现象。停积之后，水与泥浆即慢慢流失，粗粒物质呈扇状散开，表面较平坦。稀性泥石流有极强烈的冲刷下切作用，常在短暂的时间内把黏性泥石流填满的沟床下切成几米或十几米的深槽。

5.1.2 泥石流的形成条件

根据泥石流的特征，形成泥石流必须具备三方面的条件，即物源条件、地形地貌条件和水动力条件。物源条件是指流域内应有丰富的固体物质并能源源不断地补给泥石流；地形地貌条件是要有陡峻的地形和较大的沟床纵坡；水动力条件是指在流域的中、上游，有由强大的暴雨或冰雪强烈消融及湖泊的溃决等形式补给的充沛水源。凡是具备这三种条件的地区，就会有泥石流发育。此外，泥石流的形成除与山区的自然条件有关外，还和人类生产活动有密切关系。

丰富的固体物质来源取决于地区的地质条件。凡泥石流十分活跃的地区都是地质构造复杂、断裂褶皱发育、新构造运动强烈、地震烈度大的地区。由于这些原因，致使地表岩层破碎，各种不良物理地质现象（加山崩、滑坡等）层出不穷，为泥石流的丰富的固体物质来源创造了有利条件。

泥石流流域的地形特征也很重要。一般是山高沟深，地势陡峻，沟床纵坡大及流域形状适宜于水流的汇集。完整的泥石流流域，上游多为三面环山、一面有出口的瓢状或斗状围谷。这样的地形既有利于承受来自周围山坡的固体物质，也有利于集中水流。山坡坡度多为30°~60°，坡面侵蚀及风化作用强烈，植被生长不良，山体光秃破碎，沟道狭窄。在严重的塌方地段，沟谷横断面形状呈V形。中游，在地形上多为狭窄而幽深的峡谷。谷壁陡峻（坡度在20°~40°），谷床狭窄，纵比降大，沟谷横断面形状呈U形。如通过坚硬的岩层地段，往往形成陡坎或跌水。大股泥石流常常迅速通过峡谷直泄山外。小股泥石流到此有时出现壅高停积现象。当后来的泥石流继续推挤时，才一拥而出，成为下游所见的破坏力很大的泥石流。泥石流的下游，一般位于山口以外的大河谷地两侧，多呈扇形或锥形，是泥石流得以停积的场所。

形成泥石流的水源取决于地区的水文气象条件。我国广大山区形成泥石流的水源主要来自暴雨。暴雨量和强度愈大，所形成的泥石流规模也就愈大。如我国云南东川地区，一次在6h内降雨量达180mm，形成了历史上少见的特大暴雨型泥石流。在高山冰川分布地区，冰川积雪的快速消融也能为形成泥石流提供大量水源，冰川湖或由山崩、滑坡堵塞而成的堰塞湖的突然溃决，往往形成规模极大的泥石流。这样的例子在西藏东南部是很多的。

除自然条件外，人类的经济活动也是影响泥石流形成的一个重要因素。在山区建设中，由于土地开发利用不合理，破坏了地表原有的结构和平衡，造成水土流失，产生大面积塌方、滑坡，或在采矿、修路过程中堆弃大量的弃渣及弃土等，这就为形成泥石流提供了固体物质。

从形成泥石流的条件中可以看出，泥石流流域内固体物质的产生过程（即岩石性质的变化，岩体的破碎）是一个漫长的逐渐积累的过程，而固体物质补给泥石流又常常是以突然性的山崩、滑坡、崩塌等方式来实现的。当这些固体物质崩落在陡峻的沟谷中与湍急的水流相遇时，形成泥石流。总之，固体物质的积累过程（包括水对固体物质的浸润饱和及搅拌过程），较之泥石流的突然暴发，是一个缓慢的孕育过程。当这个过程完成时，随之而来的就是来势凶猛的泥石流了。这一特点，对于我们认识泥石流的分布规律，暴发率及其特征，具有重要意义。

综上所述，泥石流的形成条件有：

(1) 地形条件。

1) 上游形成区的地形多为三面环山、一面出口的瓢状或漏斗状，地形比较开阔，周围山高坡陡；

2) 中游流通区的地形多为狭窄陡深的峡谷，谷床纵坡大；

3) 下游堆积区的地形为开阔平坦的山前平原或河谷阶地。

(2) 地质条件。

1) 地质构造。地质构造复杂，断层发育，新构造活动强烈，地震烈度较高；

2) 岩性。结构疏松软弱、易于风化、节理发育的岩层，或软硬相间成层的岩层。

(3) 水文气象条件。

1) 短时间内突然性的大量流水。强度较大的暴雨；冰川、积雪的强烈消融；冰川湖、高山湖、水库等的突然溃决；

2) 水的作用。浸润饱和山坡松散物质，使其摩阻力减小，滑动力增大，以及水流对松散物质的侧蚀掏挖作用。

(4) 其他条件。如人为地滥伐山林，造成山坡水土流失；开山采矿、采石弃渣堆石等，往往提供大量松散固体物质来源。

上述条件概括起来为：一是有陡峻便于集水、集物的地形；二是有丰富的松散物质；三是短时间内有大量水的来源。此三者缺一便不能形成泥石流。

5.2　泥石流治理工程设计关键技术参数的选取

5.2.1　泥石流防治标准

5.2.1.1　泥石流灾害治理工程安全等级标准

泥石流灾害治理工程安全等级的划分，宜采用以受灾对象及灾害程度为主、适当参考工程造价的原则，进行综合确定。根据泥石流灾害的受灾对象、死亡人数、直接经济损失、期望经济损失和治理工程投资五个因素，可将泥石流灾害防治安全等级划分为四个级别（表 5-1）。

表 5-1　泥石流灾害治理工程安全等级标准

地质灾害	防治工程安全等级			
	一　级	二　级	三　级	四　级
受灾对象	省会级城市	地、市级城市	县级城市	乡、镇及重要居民点
	铁道、国道、航道主干线及大型桥梁隧道	铁道、国道、航道及中型桥梁、隧道	铁道、省道及小型桥梁、隧道	乡、镇间的道路桥梁
	大型的能源、水利、通信、邮电、矿山、国防工程等专项设施	中型的能源、水利、通信、邮电、矿山、国防工程等专项设施	小型的能源、水利、通信、邮电、矿山、国防工程等专项设施	乡、镇级的能源、水利、通信、邮电、矿山等专项设施
	一级建筑物	二级建筑物	三级建筑物	普通建筑物
死亡人数	>1000	1000～100	100～10	<10
直接经济损失（104 元）	>1000	1000～500	500～100	<
期望经济损失（104 元/年）	>1000	1000～500	500～100	<
治理工程投资（104 元）	>1000	1000～500	500～100	<

注：表中的一、二、三级建筑物是指 GBJ7—89 规范中一、二、三级建筑物。

5.2.1.2　泥石流灾害治理工程设计标准

泥石流灾害治理工程设计标准的确定，应进行充分的技术经济比选，既要安全可靠，又要经济合理。泥石流灾害治理工程设计标准，应使其整体稳定性满足抗滑（抗剪或抗剪断）和抗倾覆安全系数的要求（表 5-2）。

表 5-2　泥石流灾害防治主体工程设计标准

治理工程安全等级	降雨强度	拦挡坝抗滑安全系数		拦挡坝抗倾覆安全系数	
		基本荷载组合	特殊荷载组合	基本荷载组合	特殊荷载组合
一　级	100 年一遇	1.25	1.08	1.60	1.15
二　级	50 年一遇	1.20	1.07	1.50	1.14
三　级	30 年一遇	1.15	1.06	1.40	1.12
四　级	10 年一遇	1.10	1.05	1.30	1.10

5.2.2　流量的计算

常用的流量计算方法有雨洪修正法和泥痕反算法两种。

5.2.2.1　雨洪修正法

理论上，泥石流的流量为清水流量与固体流量之和，但考虑到泥石流动过程与雨洪流动过程是不相同的，故需加上泥石修正系数 φ，其计算公式为

$$Q_c = Q_w(1+\varphi)D_c \tag{5-1}$$

式中　Q_c——泥石流的计算流量，m^3/s；

Q_w——泥石流沟的清水流量，m^3/s；

D_c——泥石流的堵塞系数，稀性泥石流无堵塞为1；

φ——泥石修正系数，应为泥石流的固体流量 Q_s 与清水流量 Q_w 之比。

下面介绍各参数的确定方法。

（1）清水流量 Q_w。用泥石流沟或所在部位处的小径流公式计算。此类公式繁多，铁路、公路、水利、城建部门都有小流域暴雨径流计算方法。设计洪水可根据资料及地区特点，采用多种方法计算，经分析论证后，选用合理的计算公式。

（2）泥石流的堵塞系数 D_c。泥石流的阵流堵塞现象，成因复杂，形成特殊。黏性泥石流有阵流堵塞，而稀性泥石流则无阵流堵塞。其堵塞系数 D_c 值可用下述方法确定：

1）查表法。黏性泥石流阵流堵塞系数 D_c 值如表5-3所示。

表5-3　黏性泥石流阵流堵塞系数 D_c 值

堵塞程度	特　征	密度 ρ_c /kg·m^{-3}	黏度 /Pa·s	堵塞系数 D_c
严重的	河槽弯曲，河段宽窄不均，卡口、陡坎多。大部分支沟交汇角度大，形成区集中。物质组成黏性大，稠度高，河槽堵塞严重，阵流间隔时间长	2300～1800	2.5～1.5	>2.5
中等的	沟槽较顺直，河段宽度较均匀，陡坎、卡口不多。主支沟交角多数小于60°。形成区不太集中，河床堵塞情况一般，流体多稠浆，稀稠状	1800～1500	1.5～0.5	2.5～1.5
轻微的	沟槽顺直均匀。主支沟交汇角小，基本无卡口、陡坎，形成区分散，物质组成黏稠度小，阵流间隔时间短而少	1500～1200	0.5～0.3	<1.5

2）计算法。根据堵塞系数时间 t 计算，则堵塞系数 D_c 的计算公式为

$$D_c = 0.87t^{0.24} \tag{5-2}$$

或根据泥石流流量进行计算，则

$$D_c = \frac{5.8}{Q_c^{\ 0.21}} \tag{5-3}$$

式中　t——堵塞时间，s；

其余符号意义同前。

（3）泥石流修正系数 φ。

1）查表法。ρ_c 值与 φ、a 值如表 5-4 所示（表内数字可以采用内插）。

表 5-4　ρ_c 值与 φ、a 值表

ρ_H /kg · m^{-3}	φ、a \ ρ_c /kg · m^{-3}	1200	1300	1400	1500	1600	1700	1800	1900	2000	2100	2200	2300
2400	φ	0.167	0.272	0.400	0.556	0.750	1.000	1.330	1.800	2.500	3.670	6.000	13.00
	a	1.180	1.29	1.40	1.53	1.67	1.84	2.05	2.31	2.64	3.13	3.92	5.68
2500	φ	0.154	0.250	0.364	0.500	0.667	0.875	1.140	1.500	2.000	2.750	4.000	6.500
	a	1.180	1.28	1.38	1.50	1.63	1.79	1.96	2.18	2.45	2.81	3.32	4.15
2600	φ	0.143	0.231	0.333	0.454	0.600	0.778	1.000	1.280	1.670	2.200	3.000	4.330
	a	1.17	1.26	1.37	1.48	1.60	1.74	1.90	2.08	2.31	2.55	2.96	3.50
2700	φ	0.133	0.214	0.308	0.416	0.545	0.700	0.890	1.120	1.430	1.830	2.400	3.250
	a	1.17	1.26	1.35	1.46	1.57	1.70	1.84	2.01	2.21	2.44	2.74	3.13

2）计算法。因固体物质的容重为 ρ_s，水的容重 $\rho_w = 1$，故泥石流的容重 ρ_c 为

$$\rho_c = \frac{1 + \varphi\rho_s}{1 + \varphi} \tag{5-4}$$

所以

$$\varphi = \frac{\rho_c - 1}{\rho_s - \rho_c} \tag{5-5}$$

式中，ρ_s 可查表 5-5。ρ_c 的取值应采用多种方法印证比较，使取值更为合理可靠。如缺少现场资料，可用塌方地貌图按下述经验公式计算：

$$\rho_c = \frac{1}{1 - 0.334AI_c^{\ 0.39}} \tag{5-6}$$

式中　A——塌方程度系数，见表 5-6；

I_c——塌方区平均坡度，‰。

当上式 $A = 1.4$，$I_c > 800$‰时，公式无意义。

表 5-5 岩石、土壤 ρ_s 值表

名称	石英	高岭石	白云石	石膏	石英岩	白垩
$\rho_s/kg \cdot m^{-3}$	2650～2660	2600～2650	2800～2900	2310～2320	2650	2630～2730
名称	石灰岩	黄土	黏土	土夹石	石英砂	
$\rho_s/kg \cdot m^{-3}$	2700	2680～2700	2730	2680	2650	

表 5-6 塌方程度系数（A）值表

塌方程度	塌方区岩性及边坡特征	塌方面积率/%	I_c/‰	A
严重的	塌方区经常处于不稳定状态，表层松散，多为近代坡积、残积层，第三系半胶结粉、细砂岩、灰色泥灰岩。松散堆积层厚度大于10m。塌方集中，多滑坡，冲沟发育，其沟头多为葫芦状	20～40	≥500	1.1～1.4
较严重的	山坡不很稳定，岩层破碎，坡积，残积层厚3～10m，中等密实，表层松散。塌方区不太集中，沟岸冲刷严重，但对其上方山坡稳定性影响较小	10～20	350～500	0.9～1.1
一般的	山坡为砂页岩互层，风化较严重。堆积层不厚，表土含砂量大，有小型坍塌和小型冲沟，且分散	5～10	270～400	0.7～0.9
轻微的	塌方区边坡一般较缓，或上陡下缓，有趋于稳定的现象，沟岸等处堆积层趋于稳定，少部分山坡岩层风化剥落，其他多属死塌方，死滑坡	3～5	250～350	0.5～0.7

（4）不同频率设计流量的换算。小径流公式计算的流量都有一定的设定频率标准。对于不同频率的设计流量，可按表5-7乘以频率换算系数求得。

表 5-7 不同频率换算系数表

频率 P/%	0.2	0.33	1	2	2.86	3.0	3.33	4	5	6.67	10	20
周期 T/年	500	300	100	50	35	33	30	25	20	15	10	5
换算系数	1.76	1.50	1.20	1.00	0.85	0.83	0.80	0.75	0.68	0.59	0.50	0.38

5.2.2.2 泥痕反算法

根据泥石流的泥痕和沟槽形态，可按下式计算泥石流的流量 Q_c：

$$Q_c = W_c v_c \tag{5-7}$$

式中　W_c——泥石流过流断面面积，m^3；

v_c——泥石流过流断面的流速，m/s，其计算方法见下一部分。

泥石流泥痕形态调查法基本与洪水调查法相同。

若调查到几个历史泥痕洪水资料并能确定它们的重现期，则可用几率格纸点绘成经验频率曲线，将曲线外延即可粗略读出泥石流设计洪水值。

若调查到的历史洪水泥痕资料较少，则估算设计洪水值可按下列方法进行。

因
$$Q_{C,P} = \overline{Q}_C(1 + C_V\varphi_P) = \overline{Q}_C K_P \tag{5-8}$$

得
$$Q_{C,P} = Q_{C,N}\frac{1 + C_V\varphi_P}{1 + C_V\varphi_N} = Q_{C,N}\frac{K_P}{K_N} \tag{5-9}$$

式中　$Q_{C,P}$——规定频率的设计泥石流流量，m^3/s；

$\overline{Q}_C$——多年平均的最大泥石流流量，m^3/s；

$Q_{C,N}$——相当于某一频率的调查历史泥石流流量，m^3/s；

K_P，K_N——相应于$Q_{C,P}$及$Q_{C,N}$的模量系数。

若能调查到两个不同重现期的流量Q_{C,T_1}和Q_{C,T_2}，将其代入式（5-8），即可得到两个不同重现期泥石流流量的比值。其公式如下：

$$f\left(\frac{T_1}{T_2}\right) = \frac{Q_{C,T_1}}{Q_{C,T_2}} = \frac{\overline{Q}_C\ (1 + C_V\varphi_{T_1})}{\overline{Q}_C\ (1 + C_V\varphi_{T_2})} = \frac{1 + C_V\varphi_{T_1}}{1 + C_V\varphi_{T_2}} = \frac{K_{T_1}}{K_{T_2}} \tag{5-10}$$

参考地区性C_V、C_S经验资料（可向当地水利、水文部门收集）选取适当的C_V、C_S后，根据两次不同重现期的T_1和T_2从附表2-1中查得φ_{T_1}及φ_{T_2}值，代入式（5-10）的右边，如右边计算的结果等于左边流量比值$f\left(\frac{T_1}{T_2}\right)$，则$C_V$和$C_S$就可确定，设计泥石流流量即可按式（5-9）计算。

$$Q_{C,P} = \frac{K_P}{K_{T_2}}Q_{C,T_2} = f\left(\frac{P}{T_2}\right)Q_{C,T_2} \tag{5-11}$$

为了减少试算工作量，按照C_S为平均数时，P—Ⅲ型曲线的K_P值，绘出了各种不同重现期组合的$f\left(\frac{T_1}{T_2}\right) = \frac{K_{T_1}}{K_{T_2}}$表（附表2-2 ~ 附表2-12），供查用。

当比值$f\left(\frac{T_1}{T_2}\right)$及重现期$T_1$及$T_2$为已知时，查该表即可直接得到$C_V$值。此时应注意，由于泥石流流量稍有误差，便会影响$C_V$值，故仍需将查出的$C_V$值与地区经验资料进行比较分析，才能做最后选定。按选定后的C_V值，查出$Q_{C,T_1}/Q_{C,T_2}$的换算系数$f\left(\frac{P}{T_2}\right)$，即可按式（5-11）计算泥石流设计洪水流量。

如果能调查到两个以上历史泥痕泥石流洪水流量时，可将其中任意两个组合，按上述方法计算 C_V 值，进行相互比较，并参考地区 C_V、C_S 的经验资料选定较为合理的 C_V 值，再按其中一个较可靠的历史泥石流洪水流量推求设计泥石流流量。

若只能调查到一个可靠的历史泥石流流量，则只能利用该地区经验或参考邻近类似泥石流沟选定 C_V 值。从附表 2-13 查得换算系数 $f\left(\frac{P}{T_2}\right)$，按式（5-11）计算求得泥石流设计流量。

【例 1】 根据泥痕调查到的三个历史泥石流流量分别为 $Q_{C,20}=150.0\text{m}^3/\text{s}$，$Q_{C,10}=112.0\text{m}^3/\text{s}$，$Q_{C,8}=97.0\text{m}^3/\text{s}$，求算 $Q_{C,100}$。

【解】 1. 计算

$$f\left(\frac{20}{10}\right)=\frac{Q_{C,20}}{Q_{C,10}}=\frac{150}{112}=1.34$$

$$f\left(\frac{20}{8}\right)=\frac{Q_{C,20}}{Q_{C,8}}=\frac{150}{97}=1.55$$

$$f\left(\frac{10}{8}\right)=\frac{Q_{C,10}}{Q_{C,8}}=\frac{112}{97}=1.15$$

2. 查附表 2-9，$T_1=20$，$T_2=10$，得 $f=1.34$，$C_V=1.1$

查附表 2-8，$T_1=20$，$T_2=8$，得 $f=1.55$，$C_V=1.3$

查附表 2-8，$T_1=10$，$T_2=8$，得，$f=1.15$，$C_V=1.6$

经分析研究，C_V选用 1.3 较为合理。

3. 在 $T_2=8$（附表 2-8），$C_V=1.3$ 的同横行中查得 $\frac{K_{100}}{K_8}=f\left(\frac{100}{8}\right)=2.58$，则所求的泥石流设计流量为

$$Q_{C,100}=97\times2.58=250\text{m}^3/\text{s}$$

【例 2】 已知调查历史泥石流洪水 $Q_{C,N}=120\text{m}^3/\text{s}$，重现期为 10 年，由地区资料得 $\overline{Q}_C=50.0\text{m}^3/\text{s}$，求 $Q_{C,50}$。

【解】 1. 按式（5-8）得 $K=Q_{C,N}/\overline{Q}_C=120/50=2.4$。

2. 查附表 2-13，在 $T=10$ 纵行下 $K=2.4$ 时，$C_V=1.1$，经分析 C_V 值尚属合理。

3. 查附表 2-9，在 $T_2=10$，$C_V=1.1$ 的横行上查得 $f\left(\frac{50}{10}\right)=1.79$，则

$$Q_{C,50}=1.79\times120=215\text{m}^3/\text{s}$$

5.2.3　流速

泥石流流速是泥石流工程设计中的重要数据。其计算方法按泥石流流体性质不同可分为黏性与稀性两大类。

（1）黏性泥石流。黏性泥石流流速为

$$v_c = K_c \cdot H_c^{2/3} \cdot I_c^{1/5} \tag{5-12}$$

式中　v_c——黏性泥石流流速，m/s；

H_c——泥石流深度，m；

I_c——泥石流水力坡度，‰；

K_c——黏性泥石流的流速系数，其值与深度 H 值有关，见表5-8。

表5-8　黏性泥石流流速系数 K 值

H/m	<2.50	2.75	3.00	3.50	4.00	4.50	5.00	>5.50
K	10.0	9.5	9.0	8.0	7.0	6.0	5.0	4.0

（2）稀性泥石流。稀性泥石流流速为

$$v_c = \frac{1/n}{\sqrt{1+\rho_s \cdot \varphi}} \cdot R_c^{2/3} \cdot I_c^{1/2} \tag{5-13}$$

$$1/n = m_c$$

式中　R_c——水力半径，m；

I_c——泥石流水力坡度，‰；

m_c——泥石流沟床的粗糙系数，可查一般水力学手册。

其余符号同前。

本式使用方便。但实践中发现在大水深、大坡度时流速有偏大现象，这有待于进一步验证和提高。

（3）弯道泥位超高法。根据弯道处两岸的泥位高差，可以由下式求算弯道处近似的泥石流流速：

$$v_c = \sqrt{\frac{\Delta H_c \cdot r \cdot g}{B_c}} \tag{5-14}$$

式中　r——弯道中心线曲率半径，m；

ΔH_c——两岸泥位高差，m；

g——重力加速度，m/s^2；

B_c——沟槽泥面宽度，m。

此法已在多处泥石流灾害点得到验证。

5.2.4　粗颗粒起动流速计算

粗颗粒石块起动流速计算，是泥石流排导工程设计中必不可少的内容。尤其是稀性泥石流的固体物质呈不等速运动状态，粗粒径的起动速度，有控制性作用。黏性泥石流因呈整体运动，粗颗粒呈悬浮状，起动流速不是控制条件。因此，稀性泥石流排导槽设计流速，必须大于泥石流体中最大石块的起动流速，即 $v_c > v_d$，此时泥石流固体物质不致在槽内产生淤积。反之，$v_c \leqslant v_d$ 时，排导槽就会产生淤积，影响泥石流的排导效果。因此，泥石流粗颗粒起动流速计算，是衡量泥石流排导槽效果的重要指标。

（1）经验公式。经验公式为

$$v_d = K \cdot \sqrt{d_c} \tag{5-15}$$

式中 v_d——泥石流体最大石块起动流速，m/s；

K——考虑河槽比降、摩阻力，颗粒形状及泥、砂、石密度等的系数；

d_c——泥石流体最大石块直径，m。

各国对 K 值的分歧较大。据 M. Ф. 斯里布内依教授对山区小河进行的研究，K 为 5.0。C. M. 伏列曼研究 K 在 3.5 ~ 4.5 范围内，平均定为 4.0。我国工程界习惯将 K 取为 5.5。通过比较计算，选取 K 值为 5.0 较为合适。

如果将颗粒直径换为颗粒的质量代入式（5-15）中，由于颗粒的质量与其粒径的 3 次方成正比，因此，颗粒的质量在其极限平衡状态下，与流速的 6 次方成正比，这也就是著名的艾里定律。

为方便使用起见，现列表于下，见表 5-9 泥石流粗颗粒起动流速 v_d 值表。

表 5-9 泥石流粗颗粒起动流速 v_d 值

d/m	0.2	0.4	0.6	0.8	1.0	1.2	1.4	1.6	1.8	2.0
v_d/m · s^{-1}	2.2	3.2	3.9	4.5	5.0	5.5	5.9	6.3	6.7	7.1
d/m	2.2	2.4	2.6	2.8	3.0	3.2	3.4	3.6	3.8	4.0
v_d/m · s^{-1}	7.4	7.7	8.1	8.4	8.7	8.9	9.2	9.5	9.7	10.0
d/m	4.2	4.4	4.6	4.8	5.0	5.2	5.4	5.6	5.8	6.0
v_d/m · s^{-1}	10.2	10.5	10.7	11.0	11.2	11.4	11.6	11.8	12.0	12.2
d/m	6.2	6.4	6.6	6.8	7.0	7.2	7.4	7.6	7.8	8.0
v_d/m · s^{-1}	12.4	12.6	12.8	13.0	13.2	13.4	13.6	13.8	14.0	14.2

（2）Г. И. 沙莫夫起动流速公式。该公式为

$$v_d = 3.6\sqrt{\frac{\rho_s}{\rho_c} - 1}\, d_c^{\ 1/3} \cdot H_c^{\ 1/6} \tag{5-16}$$

5.2.5 泥石流冲、淤计算

冲和淤既是泥石流的主要活动特征，又是泥石流危害的重要形式。关于冲、淤的计算目前尚缺乏实际资料，因而借用一般常用的清水流冲、淤公式来加以改进。在这类公式中，均系采用平均流速计算冲刷。而泥石流流速的特点是沿垂线

分布的均化程度很高，甚至呈整体运动。即当平均流速一定时，底速则有所增大，由于运动形式和阻力改变，也使平均流速增大。更由于泥石流密度的增加，底砂具有较大的活动性和挟运泥砂的起动流速也有减小。从实际观测和调查分析，泥石流的冲、淤现象是先冲后淤，所以许多建筑物常先遭冲刷，而后又被淤埋，因而实际上决定冲刷的是河底流速。冲刷允许流速取决于平均流速与河底流速之间的关系。在泥石流中，由于泥砂的原因，河底流速比相应的清水河底流速要大，因而同一种土壤的冲刷允许流速就应该减小。

按 E. K. 拉勃柯夫的资料表明，当 $\rho_c = 1200\ kg/m^3$ 时，泥石流造成的冲刷深度比“净”水流所造成的冲刷增大 $1.2e^{0.47} = 1.9$ 倍。

据 Д. Д. 赫尔赫乌利泽的意见，在泥石流沟上计算冲刷时，应减小土壤的冲刷允许流速 20%，即乘 0.8。

拉波卡娃娅则认为根据泥石流的密度 ρ_c，其平均流速应增大 K 倍，K 的取值见表 5-10。

表 5-10　泥石流平均流速增大系数 K 值

$\rho_c/kg \cdot m^{-3}$	1200	1300	1400	1500	1600	1700	1800	1900	2000	2100	2200
K	1.27	1.42	1.60	1.73	1.88	2.08	2.30	2.38	2.52	2.70	2.85

综上所述，泥石流冲刷主要取决于底速，因此，泥石流冲刷比相应的清水流冲刷为大。这一问题虽尚未合理解决，有待继续研究，但在目前条件下，为安全起见，建议用后两者方法较为适宜。

当泥石流拦碴坝淤满后，上游泥石流体挟带巨石翻越坝顶，飞坠坝下，对坝基产生严重的局部冲刷和破坏。

5.2.5.1　泥石流跌落坝下流速计算

忽略接近坝顶的流速和空气的阻力。

（1）水平流速。水平流速为

$$v_1 = \sqrt{2gh_1} \tag{5-17}$$

式中　v_1——水平流速，m/s；

g——重力加速度，m/s^2；

h_1——坝顶上游漫流泥深，m。

（2）垂直流速。垂直流速为

$$v_2 = \sqrt{2gh_2} \tag{5-18}$$

式中　v_2——垂直流速，m/s；

g——重力加速度，m/s^2；

h_2——跌落高度，m，即坝上坝下泥位差。

故泥石流跌落速度为

$$v_c = \sqrt{v_1^2 + v_2^2} = \sqrt{2g\ (h_1 + h_2)} \tag{5-19}$$

其方向与水平面的夹角 $\alpha = \arctan \dfrac{h_2}{h_1}$。

越坝泥石流所能搬运的最大石块粒径，可用拉斯来（Leslie）的近似公式计算，即

$$d_c = \frac{v_1^2}{\xi^2} \tag{5-20}$$

式中　d_c——搬运石块的最大粒径，m；

v_1——泥石流水平流速，m/s；

ξ——系数，对天然石块一般可取为4。

将式（5-24）代入式（5-27），得

$$d_c = \frac{v_1^2}{\xi^2} = 2gh_1/\xi^2$$

对天然石块，将 $\xi = 4$ 代入得

$$d_c = 2 \times 9.81 \times h_1/4^2 = 1.226h_1$$

所以，搬运最大石块的泥深为

$$h_1 = \frac{d_c}{1.226} = 0.816d_c$$

跌落石块的体积和重量，如将石块近似地看作球体，则体积 $\overline{V}$ 为

$$\overline{V} = \frac{\pi}{6}d_c^3 = \frac{\pi}{6}(1.226h_1)^3 \approx 0.96h_1^3 \tag{5-21}$$

因此，跌落石块的质量为

$$\overline{m} = \overline{V}\rho_H \tag{5-22}$$

式中　ρ_H——石块的密度，一般取 27kN/m^3。

5.2.5.2　*泥石流跌落石块的动能计算*

泥石流跌落石块的动能按下式计算：

$$E = \frac{1}{2}mv_c^2 \tag{5-23}$$

式中　E——跌落石块的动能（即跌落石块的破坏力），J；

m——跌落石块的质量，kg；

v_c——跌落速度，m/s。

将泥石流流速及石块质量代入，则跌入下游河床的最大石块动能为

$$E = \frac{1}{2}m\left(\sqrt{2gh_2}\right)^2 = mgh_2 = \overline{V}\rho_H gh_2 \tag{5-24}$$

将 $\overline{V}$ 值、ρ_H 及 g 代入，得

$$E = 0.96h_1^3 \times 2700 \times 9.81 \times h_2 = 25427h_1^3 \cdot h_2 \tag{5-25}$$

如拦碴坝泥深 h_1 为 2.0m，坝高为 10m，则所搬运的最大石块跌入下游河床具有的动能可达 2034201J，其破坏力是巨大的，因此，坝下应有坚固的措施。

5.2.5.3　坝下冲刷深度计算

图 5-3 为越坝泥石流冲刷示意图。

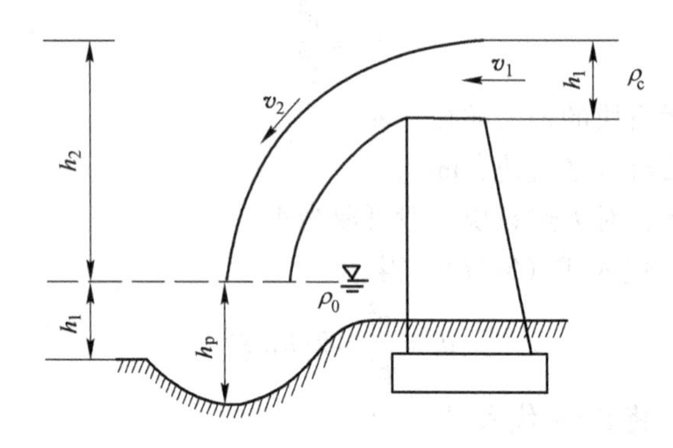

图 5-3　越坝泥石流冲刷示意图

（1）利地格（Riediger）公式。计算式如下：

$$h_p = h_0 \frac{\rho_c}{3\rho_0 - 2\rho_c} \tag{5-26}$$

式中　h_p——泥石流坝下冲刷深度，m；

ρ_c——泥石流体密度，kg/m³；

ρ_0——下游侧泥石流体的密度，kg/m³；

h_0——上下游泥石流体密度相等时的冲刷深度，$h_0 = 2h_2$；

h_2——上下游泥位差。

（2）肖克里希特实验式。计算式如下：

$$h_p = \left(\frac{4.75}{d_m^{0.32}}\right) h_2^{0.2} q^{0.57} \tag{5-27}$$

式中　d_m——河床标准砂石的直径，以 mm 计，即 90% 的粒径小于该粒径，10% 的粒径大于该粒径；

q——单宽流量，m³/s；

h_2——上下游水位差。

（3）柿德市简化公式。计算式如下：

$$h_p = 0.6h_2 + 3h_1 - 1.0 \tag{5-28}$$

（4）按跌落石块的动能计算冲刷深度公式。图 5-4 为越坝跌落石块冲击示意

图。计算式如下：

$$h_p = 0.815\rho_H h_2 h_1/\delta_s \tag{5-29}$$

式中 h_p——下游河床的冲刷深度，m；

ρ_H——跌落石块的密度，kg/m³；

δ_s——下游河床质或垫层的允许承载力，Pa。

5.2.5.4 坝下冲刷长度计算

图 5-5 为坝下冲刷长度示意图。

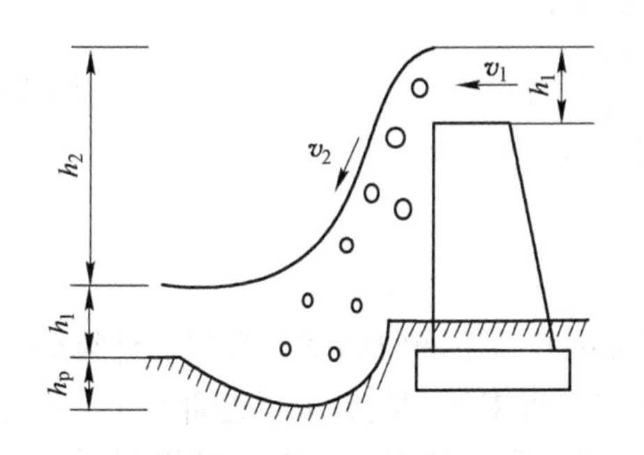

图 5-4 越坝跌落石块冲击示意图

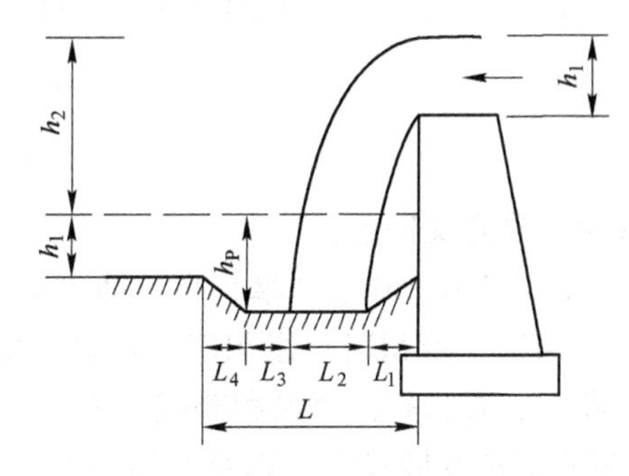

图 5-5 坝下冲刷长度示意图

（1）利地格公式。计算式如下：

$$L = L_1 + L_2 + L_3 + L_4 \tag{5-30}$$

$$L = v_1\sqrt{\frac{2(h_2 - h_1)}{g}} + h_p\frac{v_1}{\sqrt{2g(h_2 - h_1)}} + \frac{h_2}{\text{cotarctan}\ \sqrt{2g(h_2 - h_1)}} + n(h_p - h_1) \tag{5-31}$$

式中 L——冲刷坑长度，m；

v_1——越坝泥石流水平流速，m/s；

h_2——上下游水位差，m；

h_1——坝顶上游溢流水深，m；

n——冲刷坑边坡坡度。

（2）安格荷尔兹（Angerhalzen）公式。计算式如下：

$$L = (v_1 + \sqrt{2gh_1})\sqrt{\frac{2h_2}{g}} + h_1 \tag{5-32}$$

5.2.5.5 副坝位置公式

根据式（5-31），副坝距主坝的最近距离 l 为

$$l = L - L_4 = L - n(h_p - h_1) \tag{5-33}$$

排洪道、导流堤（坝）的冲刷可按式（5-34）和式（5-35）进行计算。

（1）在直道中冲刷计算。计算式如下：

$$h_p = \frac{0.1q}{\sqrt{d_{cp}}\left(\frac{h_c}{d_{cp}}\right)^{1/6}} \tag{5-34}$$

式中　h_p——冲刷后泥深，m；

q——单宽流量，m^3/s；

d_{cp}——泥石流体固体物质平均粒径，m；

h_c——设计泥深，m。

（2）在弯道凹岸处冲刷计算。计算式如下：

$$h_p = \frac{0.17q}{\sqrt{d_{cp}}\left(\frac{h_c}{d_{cp}}\right)^{1/6}} \tag{5-35}$$

式中符号意义同前。

5.2.5.6　河床（堆积扇）的淤积计算

河床（堆积扇）淤积值，是确定线路标高与桥下净空的基本数据。计算分析淤积时，要特别注意淤积时间（过去、现在、将来）、地点（所处部位）、速度（泥石流沟发展趋势）以及河相因素（河槽宽、窄，坡度陡、缓，淤积范围）与淤积环境及其变化，结合防治规划，用多种办法计算，相互比较，选取较为符合实际的结果。

A　多年平均淤积值计算

（1）调查法。计算式如下：

$$\bar{h} = \frac{\sum h}{n} \tag{5-36}$$

式中　$\bar{h}$——多年平均淤积值，m；

$\sum h$——调查（挖探、钻探、观测）年限内的淤积总值，m；

n——调查（观测）年限的年数，a。

（2）成因分析法。计算式如下：

$$\bar{h} = \frac{H}{N} \tag{5-37}$$

式中　N——设计年限，a；

H——设计年限内总淤积数，m，其值按下式计算：

$$H = \frac{\bar{W} - NW}{A} \tag{5-38}$$

$\bar{W}$——全流域在设计年限内可能补给的松散物质的储备量，m^3；

W——估算每年随水冲走的固体物质体积数，m^3；

A——沉积范围的面积，m^2，要注意堆积扇被切割的变化情况；

$\overline{h}$——年平均淤积值，m。

（3）数理统计法。有几年观测资料，已取得年淤积值的系列 h_1，h_2，h_3，…，h_n 的数值时，可以用数理统计法计算多年平均淤积值 $\overline{h}$。

$$\overline{h} = \frac{\sum_{1}^{n} h_i}{n} \tag{5-39}$$

由此求得频率为 $P\%$ 的年淤积值 $h_{\rm p}$：

$$h_{\rm p} = \overline{h}\ (\varphi_{\rm p} c_{\rm v} + 1)\ = K_{\rm p} \overline{h} \tag{5-40}$$

式中　$c_{\rm v}$——变差系数，其值按下式计算：

$$c_{\rm v} = \frac{1}{\overline{h}} \sqrt{\frac{\sum_{1}^{n} (h_i - h)^2}{n-1}} \tag{5-41}$$

$\varphi_{\rm P}$——频率为 P 时的离均系数，其值按下式计算：

$$\varphi_{\rm P} = \frac{K_{\rm P} - 1}{c_{\rm v}} \tag{5-42}$$

$K_{\rm P}$——频率为 $P\%$ 时的淤积值与平均值之比。

B　设计年限 N 年内累计淤积值 H_n 的计算

（1）平均年值法。计算式如下：

$$H_n = K \cdot N \cdot \overline{h} \tag{5-43}$$

式中　H_n——设计年限 N 年累计的淤积高度，m；

N——道路建筑的设计年限，a；

$\overline{h}$——多年平均的淤积高度，m；

K——淤积趋势系数，按泥石流发展趋势，也就是淤积趋势来选择之，对处于发展期的泥石流来说，K 值可取 1.0 ~ 1.5，而衰退期时，则可取 0.5 ~ 1.0。

（2）极限淤积值法。山麓区泥石流沟，由于受地形、地质、主河水文等自然条件的制约，其淤积值总在一定变化幅度范围内，或者有一个极限值。极限淤积法目前主要是调查研究泥石流的类型、性质和冲淤变化规律，从冲淤坡度、长度、排水基面升降幅度等综合分析，得出可能出现的最大极限淤积值，作为建筑物的设计淤积值。

5.2.6　泥石流流量合并计算

当两个或数个汇水区的泥石流流量，在地形、地质条件许可，在技术上可能，在经济上合理时，可用改沟办法，将流量并入邻近河沟，或在上游将清水流截流引入另一流域。如成昆线峨边车站内的马嘶溪泥石流在上游约30m 处并入祠堂沟泥石流渡槽排出车站；沙木拉打隧道北口的源头沟在下游30m处与普歪沟泥石流用V形槽并流后效果都很好；东川的红砂沟泥石流从上游截流引入小石洞泥石流沟，使下游公路危害明显减小；云南德钦县城泥石流，在县城五中桥前将水磨房河稀性泥石流并入只曲河黏性泥石流，既省工程费用，又稀释了泥石流的密度，还有利于排导，更节约了土地，为发展城市建设创造了条件。总之，实践证明，泥石流沟在技术条件允许时，仍然是可以改沟并流的。并流时，两沟交角宜小不宜大，以小于45°为佳。图5-6为泥石流沟并流交角示意图。

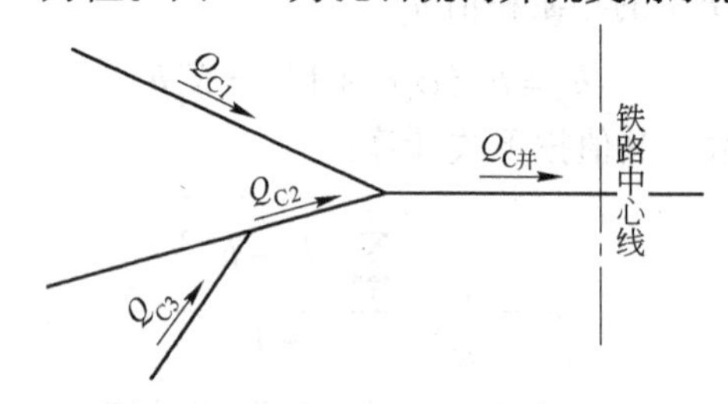

图5-6　泥石流沟并流交角示意图

（1）伊万诺夫法。计算式如下：

$$Q = Q_1 + 0.75(Q_2 + Q_3 + \cdots) \tag{5-44}$$

式中　Q——合并后的设计流量，m^3/s；

Q_1——设置建筑物的主沟设计流量，m^3/s；

Q_2，Q_3——各被合并沟的设计流量，m^3/s。

此经验公式，计算简便，但比较粗糙。被合并的流量在两个以上时，合并后的流量不宜小于本沟流量加被合并中任何一个最大的流量。

（2）洪峰流量过程线叠加法。将设置建筑物的流域与合并的邻近流域的洪峰流量过程线，绘于同一坐标纸上，叠加绘出设置建筑物处的合并流量过程线，求得叠加的洪峰流量即为设计流量。这个方法计算较精确合理，但计算复杂繁琐，适用于计算径流过程的个别较大的流域。

5.2.7　V形槽弯道泥位超高计算

泥石流在排导槽弯道上，明显产生泥位超高，其主要原因是泥石流流速的离心力。设弯道泥石流横比降与离心力成正比，则重力和离心力的合力与倾斜水面相垂直，由弯道泥石流横断面超高示意图（图5-7）得出以下几何关系：

$$\frac{\Delta H}{B} = \frac{F}{mg} = \frac{m\dfrac{v_c^2}{R}}{mg} \tag{5-45}$$

$$\Delta H = \frac{v_c^2 B}{gR} \tag{5-46}$$

$$\Delta h_c = \frac{1}{2}\Delta H \tag{5-47}$$

式中　ΔH——槽内两岸泥石流泥位差，m；

R——弯道中心线曲率半径，取凹岸与凸岸曲率半径的平均值，m；

B——槽内水面宽，m；

g——重力加速度，m/s^2；

Δh_c——凹岸泥位超高值，m，见表5-11。

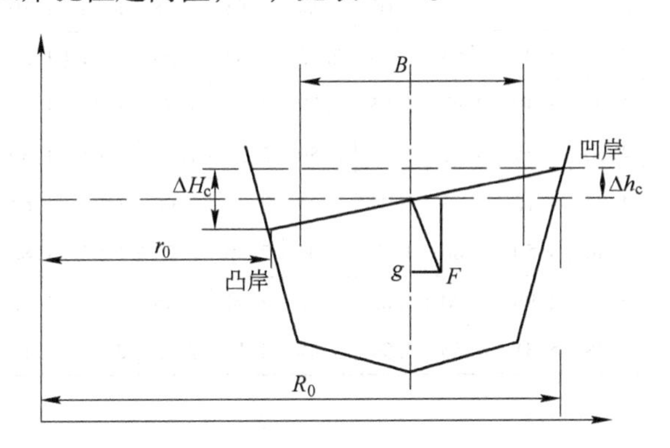

图5-7　弯道泥石流横断面超高示意图

表5-11　V形槽弯道水位超高比值表

v_c/m·s^{-1} \ Δh_c/m \ B/R	1/5	1/6	1/7	1/8	1/9	1/10	1/12	1/14	1/15	1/16	1/18	1/20
3.0	0.09	0.08	0.07	0.06	0.05	0.05	0.04	0.03	0.03	0.03	0.03	0.02
4.0	0.16	0.14	0.12	0.10	0.09	0.08	0.07	0.06	0.05	0.05	0.05	0.04
5.0	0.26	0.21	0.18	0.16	0.14	0.13	0.11	0.09	0.08	0.08	0.07	0.06
6.0	0.37	0.31	0.26	0.23	0.20	0.18	0.15	0.13	0.12	0.11	0.10	0.09
7.0	0.50	0.42	0.36	0.31	0.28	0.25	0.21	0.18	0.17	0.16	0.14	0.12
8.0	0.65	0.54	0.47	0.41	0.36	0.33	0.27	0.23	0.22	0.20	0.18	0.16
9.0	0.83	0.69	0.59	0.52	0.46	0.41	0.34	0.29	0.28	0.26	0.23	0.21
10.0	1.02	0.85	0.73	0.64	0.57	0.51	0.42	0.36	0.34	0.32	0.28	0.25
11.0	1.23	1.03	0.88	0.77	0.69	0.62	0.51	0.44	0.41	0.39	0.34	0.31
12.0	1.47	1.22	1.05	0.92	0.82	0.73	0.61	0.52	0.49	0.46	0.41	0.37
13.0	1.72	1.44	1.23	1.08	0.96	0.86	0.72	0.62	0.57	0.54	0.48	0.43
14.0	2.00	1.67	1.43	1.25	1.11	1.00	0.83	0.71	0.67	0.62	0.55	0.50
15.0	2.30	1.91	1.64	1.43	1.28	1.15	0.96	0.82	0.76	0.72	0.64	0.57

续表 5-11

B/R Δh_c/m v_c/m · s^{-1}	1/5	1/6	1/7	1/8	1/9	1/10	1/12	1/14	1/15	1/16	1/18	1/20
16.0	2.61	2.18	1.87	1.63	1.45	1.31	1.09	0.93	0.87	0.82	0.72	0.65
17.0	2.95	2.46	2.11	1.84	1.64	1.47	1.23	1.05	0.98	0.92	0.82	0.74
18.0	3.31	2.76	2.36	2.07	1.84	1.65	1.38	1.18	1.10	1.03	0.92	0.83
19.0	3.68	3.07	2.63	2.30	2.05	1.84	1.53	1.31	1.23	1.15	1.02	0.92
20.0	4.08	3.40	2.92	2.55	2.27	2.04	1.70	1.46	1.36	1.27	1.13	1.02
21.0	4.50	3.75	3.21	2.81	2.50	2.25	1.87	1.61	1.50	1.40	1.25	1.12
22.0	4.94	4.12	3.53	3.09	2.74	2.47	2.06	1.76	1.64	1.54	1.37	1.23
23.0	5.40	4.50	3.86	3.37	3.00	2.70	2.25	1.93	1.80	1.69	1.50	1.35
24.0	5.88	4.90	4.20	3.69	3.27	2.94	2.45	2.10	1.96	1.83	1.63	1.47
25.0	6.38	5.31	4.56	3.99	3.54	3.19	2.65	2.28	2.12	1.99	1.77	1.59

5.2.8　泥石流冲起爬高计算

5.2.8.1　桥墩冲高计算

当泥石流沟内架设有桥梁时，泥石流在运动过程中，若突然受到桥墩的拦阻会产生冲起爬高，泥石流爬高值用下式计算：

$$\Delta Z = \alpha \frac{v_c^2}{2g} \tag{5-48}$$

式中　ΔZ——泥石流冲起爬高值，m，见表 5-12；

v_c——泥石流设计流速，m/s；

g——重力加速度，m/s^2；

α——动能改正系数，$\alpha = 1.05 \sim 1.1$，泥石流 $\alpha = 1.1$。

表 5-12　泥石流冲起爬高值 ΔZ 表　(m)

v_c	2	3	4	5	6	7	8	9	10	11
ΔZ	0.22	0.5	0.9	1.40	2.02	2.75	3.59	4.54	5.61	6.79
v_c	12	13	14	15	16	17	18	19	20	21
ΔZ	8.08	9.48	11.0	12.62	14.36	16.21	18.18	20.25	21.58	23.79

5.2.8.2　导流堤斜流冲高计算

泥石流导流堤（坝）和束流堤轴线与泥石流流向不平行时，斜流向在堤

（坝）边坡上局部冲高可按下式计算：

$$\Delta Z = \frac{\overline{v}_c^2 \sin^2\beta}{g\sqrt{1+m^2}} \tag{5-49}$$

式中 ΔZ——斜流在导流堤边坡上的局部冲高值，m；

$\overline{v}_c$——冲向导流堤的水流或股流的平均流速，m/s；

m——导流堤的边坡坡度；

β——流向与导流堤边坡上水边线所成的平面夹角，(°)；

g——重力加速度，m/s^2。

5.2.9 泥石流冲击力计算

泥石流冲击力比水流大得多。在泥石流沟中的支挡结构物设计，应将泥石流的冲击力作为主力进行验算。目前对泥石流冲击力的计算公式尚不完备，计算时可以根据支挡结构的类型选用。

5.2.10 泥石流松散固体物质储量估算

能参与泥石流活动的松散固体物质的数量级、性质和分布，是衡量泥石流规模、性质、频率与发展趋势的主要依据之一。因此，评估泥石流松散固体物质储量，应着重于可直接参与泥石流活动的近期方量，以及次稳定的远期方量。由于影响泥石流固体物质的因子，系灰色因素，具有联动性、动态性和随机性的特征，体态表征千差万别，所以，评估泥石流松散固体物质储量，也是一个灰色系统的预测方法，要综合性地分析和恰当归纳，才能取得较为可信的资料。评估内容主要有崩塌、滑坡、错落与沟床和扇面堆积等不良地质体以及水土流失等。

5.2.10.1 塌方、滑坡等不良地质体计算

一般利用既有图纸资料补充测绘填出各种不良地质体的周边关系和地形平面与断面，用物探法探测或调查分析推测其厚度，然后根据几何图形分别计算其体积，评估其活动性成分。

（1）单体储量计算。计算式如下：

$$\overline{W} = A\overline{h} \tag{5-50}$$

式中 $\overline{W}$——单体储量体积，m^3；

A——不良地质体在平均长、宽上的垂直投影面积，m^2；

$\overline{h}$——不良地质体平均厚度，m。

（2）沟道储量计算。根据沟道横断面形状，可采用下列近似计算公式：

沟道横断面近似三角形时

$$\overline{W} = \frac{LBH}{6} \tag{5-51}$$

沟道横断面近似抛物线形时

$$\overline{W} = \frac{LBH}{4.5} \tag{5-52}$$

沟道横断面近似梯形时

$$\overline{W} = \frac{(B+b)LH}{6} \tag{5-53}$$

式中　$\overline{W}$——沟道内松散固体物的可能储量，m^3；

B——沟道横断面平均宽度，m；

L——沟道松散堆积物长度，m；

H——评估可能参与活动的厚度，m；

b——沟道横断面底部平均宽度，m。

（3）扇形地近似计算。计算式如下：

$$\overline{W} = \frac{1}{2}LRH \tag{5-54}$$

式中　$\overline{W}$——扇形地储量，m^3；

L——扇形地下缘周长，m；

R——扇形地半径，m；

H——扇形地平均厚度，m。

5.2.10.2　水土流失计算

目前我国许多省、市、自治区都有侵蚀模数的资料可供利用。其计算公式为

$$\overline{W} = Am \tag{5-55}$$

式中　$\overline{W}$——水土流失总质量，kg；

A——水土流失面积，km^2；

m——侵蚀模数，kg/km^2。

5.3　泥石流排导工程及其设计计算

泥石流排导工程是利用已有的自然沟道或由人工开挖及填筑形成有一定过流能力和平面形状的开敞式槽形过流建筑物。它的主要作用是将泥石流通过排导槽等顺畅地排入下游非危害区，控制泥石流对通过区或堆积区的危害。排导工程包括排导槽、排导沟、导流防护堤、渡槽等，一般布设于泥石流沟的流通段及堆积区。排导工程可以人为地调整泥石流流路，限制泥石流漫流；改善沟槽纵坡，调整过流断面，提高或控制泥石流流速及输沙能力，制约泥石流的冲淤变化与危害。

泥石流排导工程具有结构简单、施工及维护方便、造价低廉、效益明显等优

点。排导工程虽可改变泥石流的流速及流向，使流体运动受到约束，但不能制约和改变泥石流的发生、发展条件。排导工程可单独使用或在综合治理工程中与拦蓄工程配合使用。当地形等条件对排泄泥石流有利时，可优先考虑布设该项工程，将泥石流安全顺畅地排至被保护区以外的预定地域。排导工程应具备以下地形条件：

（1）具有一定宽度的长条形地段，满足排导工程过流断面的需要，使泥石流在流动过程中不产生漫溢。

（2）排导工程布设区应有足够的地形坡度，或采取一定的工程措施后，能创造足够的纵坡，使泥石流在运行过程中不产生危害建筑物安全的淤积或冲刷破坏。

（3）排导工程布设场地顺直，或通过截弯取直后能达到比较顺直，利于泥石流排泄。

（4）排导工程的尾部应有充足的停淤场所，或被排泄的泥沙、石块能较快地由大河等水流挟带至下游。在排导槽的尾部与其大河交接处形成一定的落差，以防止大河河床抬高及河水位大涨大落导致排导槽等内的严重淤积、堵塞，使排泄能力减弱或失效。

排导工程虽然种类很多，但其功能及设计原则却大同小异，故下面只重点介绍泥石流排导槽及渡槽等工程的结构及其设计中应注意的问题。

5.3.1 排导工程类型与功能

泥石流排导工程主要有槽、堤、坝三大类型。

5.3.1.1 排导槽

排导槽可分尖底槽、平底槽和V形固床槽。尖底槽又分为V形和圆形；平底槽则有梯形与矩形之分；V形固床槽则呈阶梯门槛形。

（1）尖底槽（V底形、圆底形、弓底形）。用于泥石流堆积区，有改善流速、引导流向、排泄固体物质、防止泥石流淤积为害的独特功能。尖底槽断面形式如图5-8所示。

（2）平底槽（梯形、矩形）。用于清水流的排洪道和引水渠道。这类平底槽很不利于排泄泥石流固体物质。铁路部门在成昆线泥石流沟上大量使用的结果证明，平底槽排泄泥石流是不可取的。平底槽断面形式如图5-9所示。

（3）V形固床槽（阶梯门槛型）。用于泥石流的集中形成区，引排上游清水区洪水，以免通过泥石流形成区时切蚀沟槽、侧蚀沟岸或冲刷坡脚。起固定沟床，稳定山体，减少崩塌、滑坡和河床堆积物参与泥石流的活动，控制泥石流的规模和发展走势，减轻泥石流危害。图5-10为V形固床槽示意图。

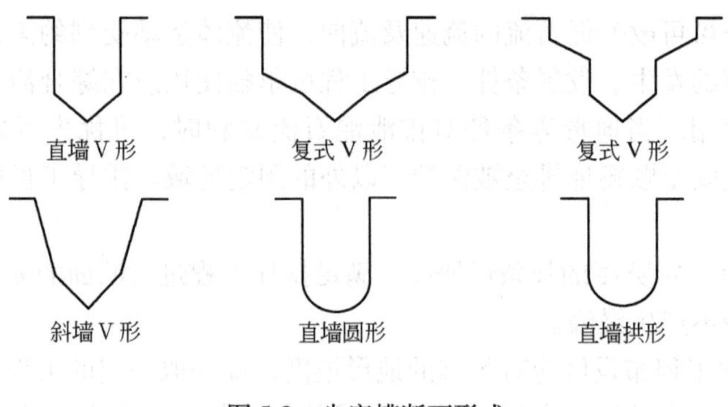

图 5-8　尖底槽断面形式

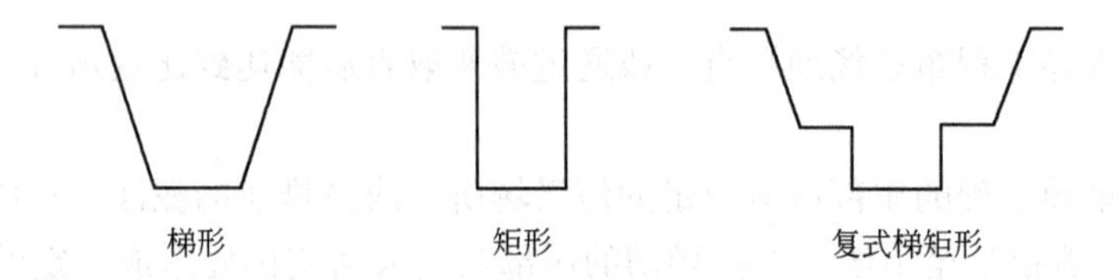

图 5-9　平底槽断面形式

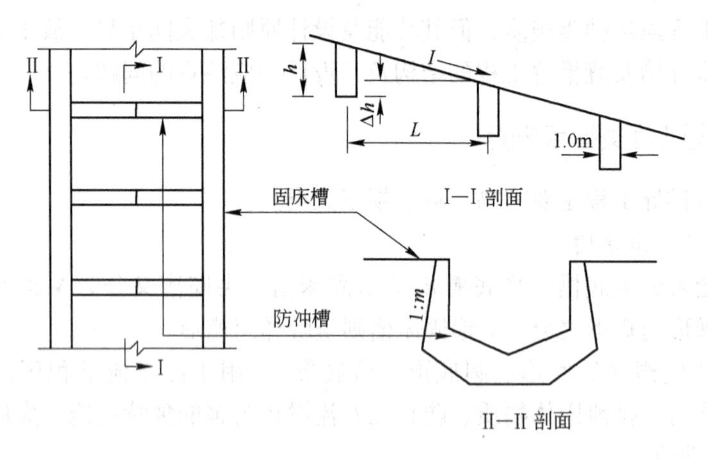

图 5-10　V 形固床槽示意图

5.3.1.2　导流堤

导流堤通常分为束流堤和顺流堤两种。迎水面作防护，有改善流向、流速、防止漫流与保护河岸、坡脚的功能。

（1）束流堤。用于压缩河道，限制流路宽度、归顺流向、引流入槽。防止乱流、偏流、绕流和横向侵蚀，有增强排导能力的效果，图 5-11 为束流堤示意图。

（2）顺流堤。常与流向平行修建，用于引流导向，顺流归槽，起到控制河势，防止漫流改向、防护河岸侧蚀等作用。图 5-12 为顺流堤示意图。

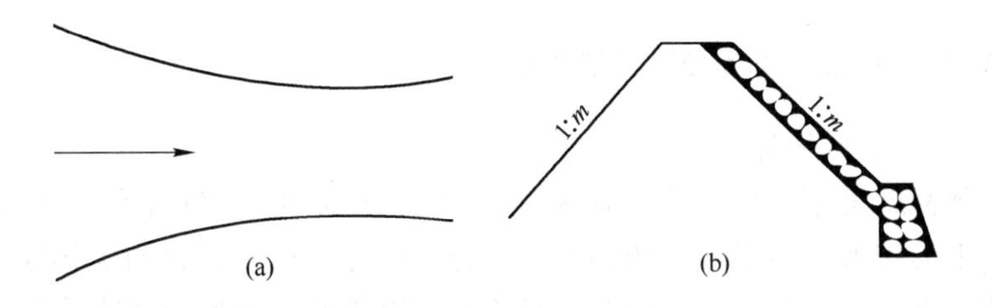

图 5-11 束流堤示意图
(a) 平面；(b) 半断面

5.3.1.3 导流坝

导流坝可分为顺流坝和挑流坝，起强制性的作用。其坝身较短，坝体要有足够的强度。

(1) 顺流坝。用于改沟堵口，起截流、引流、河弯顺流，带强制性归顺流向、引流入槽（桥）的作用。图 5-13 为顺流坝示意图。

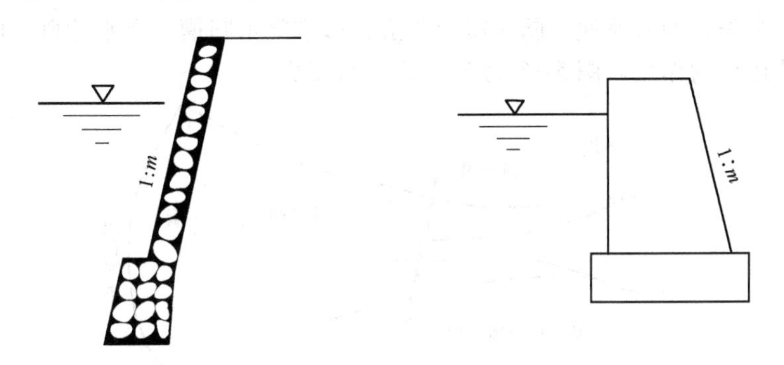

图 5-12 顺流堤示意图　　图 5-13 顺流坝示意图

(2) 挑流坝。强制性改变流向，缓和流势，限制流路宽度。防止乱流、偏流、绕流与横向冲刷或堆积，保护重点建筑物工程。图 5-14 为挑流坝示意图。

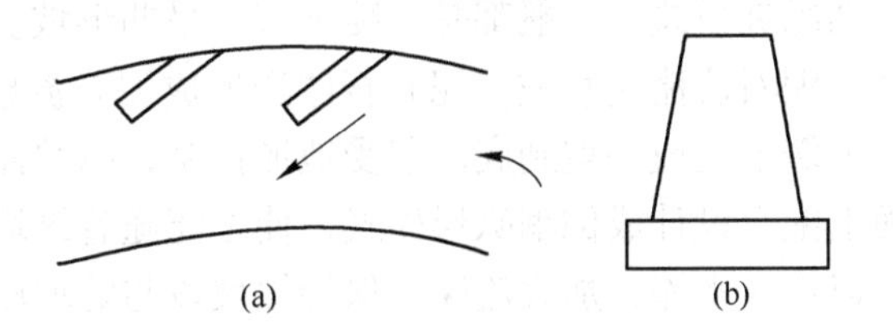

图 5-14 挑流坝示意图
(a) 平面；(b) 断面

由槽、堤、坝有效组合构成的最佳排导工程体系，能充分发挥排泄泥石流的流通效应。让泥石流沿指定的方向和流路前进。防止泥石流的漫流改道与淤积，减轻泥石流灾害。

5.3.2　V形槽特点、模式及其排防机理

5.3.2.1　V形槽特点

V形槽特点是窄、深、尖。这是在总结研究20世纪70年代以前大量使用宽、浅、平的梯形、矩形排导槽的教训及通过试建一批V形泥石流排导槽获得成功经验的基础上，针对泥石流的冲、淤危害，以排泄泥石流固体物质为目标，根据束水冲砂原理而提出的新结构。这种V形槽，具有明显的固定输砂中心和良好的固体物质运动条件。实践证明，V形槽是能有效排泄各种不同量级的泥石流固体物质而又不至于堆积淤塞的理想的泥石流排导槽。

5.3.2.2　V形槽平面模式

泥石流沟堆积区的天然平面模式呈扇形向下游展布，由归槽水流展宽成散乱漫流，明显降低水流输砂条件而产生堆积。反之，应将排导槽平面布设成倒喇叭形模式。从平面上改变堆积区为形成区、流通区的水流条件。重新组合动力束流，增大水深，加大流速，防止漫流改道，形成集水归槽，束水冲砂，归顺固体物质列队运行的作用。图5-15为V形槽平面模式。

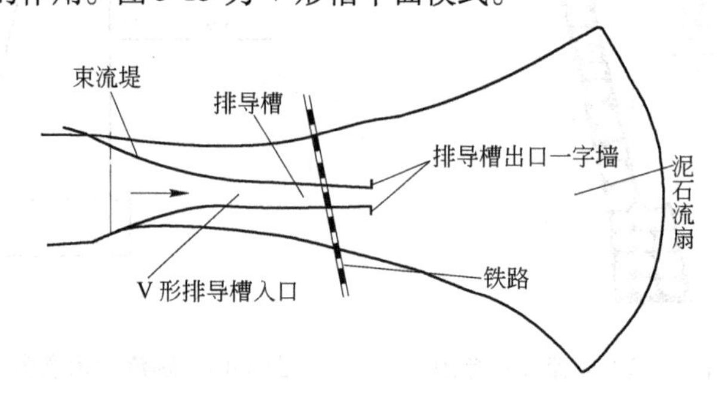

图5-15　V形槽平面模式

5.3.2.3　V形槽纵坡模式

泥石流沟的天然纵坡模式，一般都是上陡下缓，呈凹形坡。由于地形坡度变缓，水力要素下降，泥石流流速衰减，泥砂石停淤形成泥石流扇。因此，V形槽纵坡设计，最好是上缓下陡或一坡到底。若受地形控制，纵坡需设计成上陡下缓时，则必须从平面上配套设计成倒喇叭形模式，使之能随着纵坡的变缓而过流断面宽度相应减小，以增大水深，加大流速，保持缓坡段与陡坡段流速有同等的输砂能力和流通效应。

5.3.2.4　V形槽横断面模式

泥石流沟的天然沟槽横断面模式，基本上由形成区的狭窄V形逐渐转换成堆积区的宽、浅、平梯(矩)形。由集中深水流渐变成宽浅漫流。内冲蚀搬运过程演化成停淤堆积过程。这种天然泥石流沟槽断面的冲淤规律，完全符合V形槽窄、深、

尖的冲梯(矩)槽宽、浅、平的淤的特点。图5-16为V形槽横断面图。

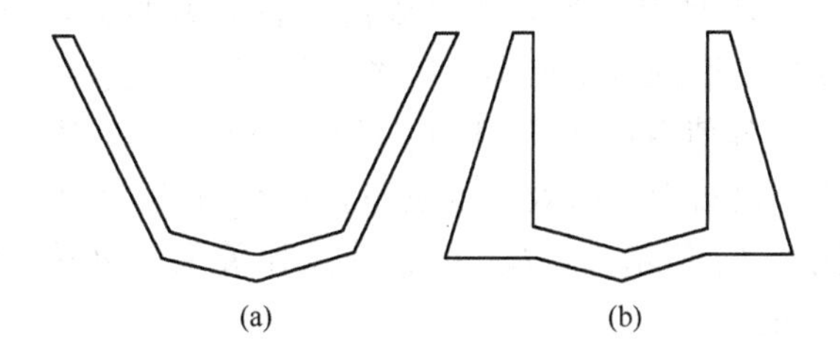

图5-16　V形槽横断面图

(a) 斜边墙；(b) 直边墙

5.3.2.5　V形槽排防机理

从防治泥石流的意义上讲，V形槽完全改变了平底槽的流通效应，其机理是:

(1) V形槽在横断面结构上构成了一个固定的最低点，也是泥石流的最大水深和最大流速所在点和固体物质的集中点。从而成为一个固定的动力束流、集中冲砂的中心。

(2) V形槽底能架空大石块，使大石块凌空呈梁式点接触状态，以线摩擦和滚动摩擦形式运动。沟心尖底部位的泥石流浆体的润滑浮托作用强。因而阻力小，速度大，这是排泄泥石流固体物质成功的关键。

(3) V形槽底是由纵、横向两斜面构成，松散固体物质在斜坡上始终处于不稳定状态，泥石流体在斜面上运动时，具有重力沿斜坡合力方向挤向沟心最低点的集流中心，呈立体束流现象。从而形成V形槽的三维空间重力束流作用，使泥石流输移能力更加稳定强劲，流通效应更佳。

5.3.3　V形槽纵、横坡度关系及水力学特征

5.3.3.1　V形槽纵、横坡度关系

V形槽底部由含纵、横坡度的两个斜面组成重力束流坡，其关系式如下:

$$I_{束} = \sqrt{I_{纵}^2 + I_{横}^2} \tag{5-56}$$

式中　$I_{束}$——重力束流坡度,‰;

$I_{纵}$——V形槽纵坡坡度,‰;

$I_{横}$——V形槽底横向坡度,‰。

由上式可以看出V形槽纵横关系成反比，与泥石流固体物质颗粒粗度成正比。因此，合理组合V形槽的纵横坡度，则是使V形槽达到理想的排泄防淤效果的关键。

$I_{纵}$值: $I_{纵}$值的大小是控制泥石流V形槽输砂能力的主要因素。$I_{纵}$增大则排

淤能力增强，反之则减弱。

$I_{横}$ 值：$I_{横}$ 值的大小是控制泥石流的束流集石能力的重要因素。$I_{横}$ 值愈大，则束流集石性能愈好，磨蚀范围愈小，反之，则集石性能愈差，磨蚀范围愈大。

$I_{束}$ 值：$I_{束}$ 值的最佳值取决于 $I_{纵}$ 和 $I_{横}$ 的合理组合。$I_{束}$ 值越大，泥石流的流通效应越佳，反之，则排泄防淤效果也越差。若 $I_{束}$ 值为定值时，$I_{纵}$ 值增大，$I_{横}$ 值减小；$I_{横}$ 值减小，$I_{纵}$ 值增大。$I_{纵}$ 和 $I_{横}$ 成反比关系，两者有机地结合就能使 $I_{束}$ 值达到最佳效果值。

5.3.3.2　V 形槽水力学特征

槽形和材质的变换，对泥石流的水力学特征值都有影响。根据现有的泥石流流速公式的通式 $v_C = K_C H_C^n I_C^m$ 分析，影响最大的因子是阻力系数（K_C）、水深（H_C 或 R_C）、水力坡度（I_C）及其指数。

（1）阻力系数（粗糙系数）的大小，与泥石流流速成反比（除泥石流体内部阻力外）。首先是槽形变换影响固体物质的运动态势和摩阻力。当泥石流大石块在 V 形槽内运动时，石块与排导槽呈点状接触，减小了摩擦力，石块处于不稳定状态，呈滚动或线性摩擦运动。平底槽则与之相反，呈平置或面接触的较稳定状态。要求起动平置式面接触石块所需的力，远比点接触石块的力要大得多。

其次是建筑材料及其表面粗糙度的影响。各种材质有其不同的摩擦系数，各种粗糙面也有不同的糙率。因此，选择材质和施工质量对排淤效果有一定的影响。特别对水石流固、液相不等速的流体，更有明显的作用。

（2）水深（水力半径）。在泥石流流速公式中，流速与水深（水力半径）成正比。当水深增大时，水力半径和流速亦随之增大，反之，则流速亦随之减小。因此，增大水深是加大流速，增强排导的又一有效方法。要增大水深，只有变换槽形，缩小槽宽，才能达到此目的。

通过水力计算与工程试验以及施工方便等全面经济技术比较，以 V 形槽排淤效果最佳，施工亦很方便，槽形水力条件虽居第二，但综合槽形最好。圆形槽水力要素最好，排淤效果也不错，但施工难度很大，综合槽形次之。平底槽施工条件最好，但水力条件与排淤效果太差，排泥石流不可取。详见表 5-13 中各种槽形水力计算比较结果。通过水力计算比较可知，在槽形与过流面积一定的条件下，槽宽与水深（水力半径）成反比。因此，在满足排泄泥石流最大石块顺利通行的边界条件下，压缩槽宽争取水深是有价值的。

同样的水力计算比较，在槽形、槽宽、过流面积一定的条件下，边墙坡度与水深成反比。所以边墙坡度愈陡愈有优越性。

在泥石流流速公式中，流速与水力坡度成正比。当水力坡度增大时，流速随之加大，反之，流速随之减小。因此，增大坡度也是加大流速的有效方法。但是，由于受地形条件的限制，常常不易增大坡度，如若强行增坡，就意味着加大工程，是不经济的。这时可以采取变换槽形的方式,如用 V 形槽、增大槽底的横坡,相应增强了水力束流坡度。这也是增强 V 形槽排泄防淤效果的另一种形式。

表 5-13 槽形与水力特征比较

项目名称			单位	尖底V形	圆底圆形	锅底弧形	平底梯形	平底矩形	备注
槽底横向坡/横			‰	250	圆形	弧形	0	0	1. 槽形与水力特征值用黏性泥石流流速公式 $v_c = KH^{2/3}I^{1/5}$; 2. V 形槽水力特征值仅次于圆形而优于弧形与梯形、矩形; 3. 圆形、弧形底均不易施工; 4. V 形槽水力条件既优而又便于施工; 5. 综合比较, V 形槽是排泥石流的最佳选择
槽底纵坡/纵			‰	100	100	100	100	100	
边墙坡度			1:m	1:0	1:0	1:0	1:1	1:0	
槽底宽度			m	8.0	8.0	8.0	8.0	8.0	
水深	槽底	h_1	m	1.0	4.0	1.0	0	0	
	槽深	h_2	m	4.5	1.87	4.33	3.49	5.00	
	总深	H	m	5.5	5.87	5.33	3.49	5.00	
	水深系数			1.000	1.067	0.969	0.634	0.909	
过水断面面积			m^2	40.0	40.0	40.0	40.0	40.0	
湿周(x)			m	17.25	16.29	17.09	17.86	18.00	
水力半径(R)			m	2.31	2.46	2.34	2.24	2.22	
按 R 计算	$R^{2/3}$		m	1.75	1.82	1.76	1.71	1.70	
	v_C		m/s	11.03	11.47	11.09	10.77	10.71	
	Q_C		m^3/s	441.2	458.8	443.6	430.8	423.4	
	流量误差		%	±0	+4	+0.05	−23.6	−2.9	
按 H 计算	$R^{2/3}$		m	3.12	3.25	3.05	2.30	2.92	
	v_C		m/s	17.30	17.40	17.10	14.49	16.92	
	Q_C		m^3/s	692.0	696.0	684.0	579.6	676.8	
	流量误差		%	±0	+0.06	−1.10	−16.24	−2.2	

5.3.4 V 形槽工程设计技术要点

V 形槽工程设计,要因地制宜,因势利导,顺其自然。在准确的泥石流水文泥砂数据与地质地貌资料基础上,重视泥石流沟的周边环境与出口地缘优势,综合经济技术比较,选择理想的平面、纵坡和横断面,做到三者的最佳有效组合,获取最好的流通效应。

5.3.4.1 V 形槽平面设计

(1) 平面布置。平面设计应由上而下,随纵坡的变缓,逐渐收缩槽宽,呈倒喇叭形,检算水文泥砂控制断面设在出口最窄处。上游入口用 15°~20°扩散角束流堤顺接原沟槽,防止上游沟槽漫流改道,联结部要圆顺渐变,从平面上形成束水攻砂，稳定主流动力线，理顺粗大石块列队归槽，控制大石块并行堵塞。

（2）出口走向。V 形槽出口走向应与下游大河主流方向斜交。交角以不大于 60°为佳。有利于输送泥石流固体物质，避免泥石流堵河阻水的危害。

（3）V 形槽长度。V 形槽上游要顺接沟槽，不使泥石流漫流改道为原则。桥址下游长度，除因保护物需要加长外，一般则不宜过长，并适当抬高出口，为出口留有充分的堆积场所和发挥 V 形槽出口能量集中的特点，使之能自由冲刷，降低出口排水基面，在泥石流堆积区拉沟成槽，以利排导，防止泥石流出槽后漫流堆积。

严禁 V 形槽伸入下游大河最高洪水位，预防受洪水顶托回淤。

（4）弯曲半径。V 形槽平面布设要尽量顺直。必须弯曲时，曲线半径不要小于槽底宽度的 10 ~ 20 倍。

5.3.4.2　V 形槽纵坡设计

（1）V 形槽纵断面设计。应由上而下设计成上缓下陡或一坡到底的理想坡度，这有利于泥石流固体物质的排泄。若受地形坡度限制，需设计成上陡下缓时，必须按输砂平衡原理，从平面上配套设计成槽宽逐渐向下游收缩的倒喇叭形，使水深亦逐步加大，保持缓坡段与陡坡段具有相同的水力输砂功能，确保 V 形槽的排淤效果。纵坡值通常用 30‰ ~ 300‰。阈值为 10‰ ~ 350‰。

纵坡设计可略缓于泥石流扇纵坡，使出口抬高出地面 1m 左右，有利于排泄和减轻磨蚀。

（2）坡度联结。当相邻纵坡设计的代数差大于等于 50‰时，纵坡设计用竖曲线联结。竖曲线半径尽量大，使泥石流体有较好的流势和减轻泥石流固体物质在变坡点对槽底的局部冲击作用。

（3）增坡设计。当纵坡过缓时，可在桥前设拦碴坝，提高泥石流位能，增大势能，以增强排导。或用人工增坡，加大局部河段纵坡，增强输送能力，提高排淤效果。

利用 V 形槽横坡加强纵坡。因为 V 形槽的纵、横坡度与流通效应成正比关系。在纵坡一定的条件下，加大横坡也有增排效应。因此，要注意选择有效的横坡设计值。

（4）V 形槽出入口设计。V 形槽入口以 15° ~ 20°扩散角用曲线顺接沟槽两岸，连接处须牢固可靠，以防淘刷改道，见图 5-15。槽前接堤迎水面防护基础埋深 1 ~ 2m。槽的入口垂裙埋深 1 ~ 2m。出口设一字墙，拦挡槽后填土，出口垂裙深度视地质、地形和流速确定，一般埋深 2.5 ~ 4.0m。图 5-17 为 V 形槽出口平面布置示意图；图 5-18 为 V 形槽出口一字墙图；图 5-19 为 V 形槽变高度边墙出口图。

（5）注意事项。禁止在排导槽出口纵坡延长线以下 1.5 ~ 2.0m 深度范围内

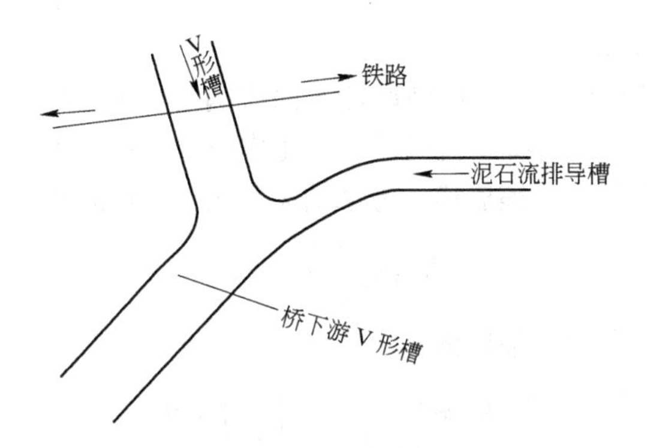

图 5-17　V 形槽出口平面布置示意图

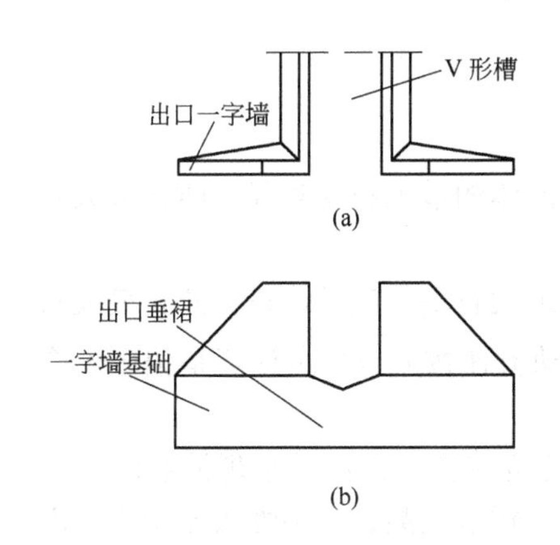

图 5-18　V 形槽出口一字墙图
（a）平面；（b）横断面

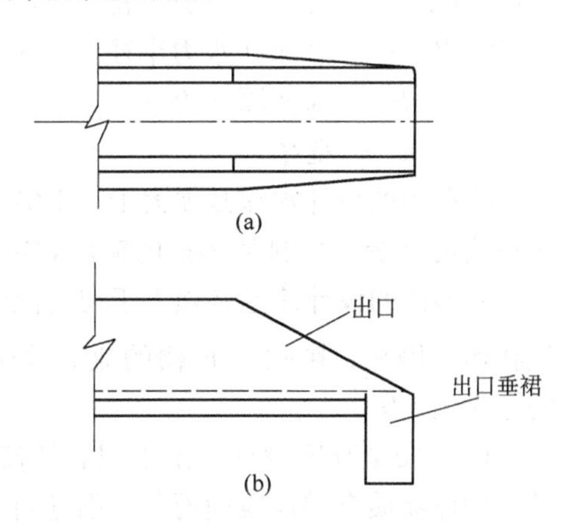

图 5-19　V 形槽变高度边墙出口图
（a）平面；（b）纵剖面

设防冲消能措施，以免受阻形成顶托、漫流回淤影响排泄效果。

（6）V 形槽槽顶，当排导槽上方有桥梁跨过时，在桥下一般应留有 1.5 ~ 2.0m 的净空，以满足泥石流的特殊要求。

5.3.4.3　*V 形槽横断面设计*

（1）V 形槽底横坡设计。V 形槽底部横坡通常用 200‰ ~ 250‰。限值为 100‰ ~ 300‰。横坡与泥石流颗粒粗度成正比，与养护维修、加固范围有关，横坡愈陡，固体物质愈集中，磨蚀、加固、养护范围愈小，在纵坡不足时加大横坡更有意义。特殊设计可用式（5-56）进行纵、横坡组合计算，获取最佳效果值。

（2）V 形槽槽宽设计。V 形槽宽度要有适度的深宽比控制，槽底过宽，水深就小，不利于排导，槽底磨蚀范围大、维修养护工作量大。但是，槽宽亦不能过小，过小将影响泥石流流体内的最大石块的并排运行，导致堵塞漫流危害。因此，V 形槽出口槽宽设计最小不得小于 2.5 倍泥石流流体的最大石块直径。通常深、宽比以 1∶1～1∶3 为宜。

（3）V 形槽槽深设计。V 形槽设计水深应满足 V 形槽流速 v_C 不小于泥石流流通区流速 v_1 的条件，选择适宜的深、宽比作设计。最小水深算式如下：

黏性泥石流 V 形槽（铺底槽，考虑铺床作用，k 值相似）

$$H_C \geqslant \left(\frac{I_1}{I_C}\right)^{0.3} \cdot H_L \tag{5-57}$$

稀性泥石流 V 形槽（铺底槽）

$$H_C \geqslant \left(\frac{I_1}{I_C}\right)^{0.75} \cdot \left(\frac{n_C}{n_1}\right) \cdot H_L \tag{5-58}$$

式中　C，l——脚标，分别代表 V 形槽和流通区；

H（R）——水深（水力半径），m；

I——纵坡深度，‰；

n——糙率。

V 形槽的设计水深必须大于 1.2 倍泥石流流体的最大石块直径。防止最大石块在槽内停淤，影响 V 形槽的输砂效果。

V 形槽的设计流速必须大于泥石流流体内最大石块的起动流速，防止最大石块在槽内停积，影响 V 形槽的流通效应。起动流速按 $v_d = 5\sqrt{d}$ 计算是偏于安全的，见表 5-9。

（4）安全高度设计。由于泥石流流动时的特殊性，流面常呈现波状阵流运动，固体物质有漂浮表面现象，引起石块碰撞，泥砂飞溅，危害性大于洪水。因此，安全高度设计，应按保护物的重要性设置不同的安全高度。在地势不利时，对受泥石流影响的重要保护物，安全高度用 0.5～1.0m。其余用 0.25m。

当 V 形槽通过能力大于设计流量的 20% 时，可不另加安全高。

（5）V 形槽边墙设计。V 形槽边墙分直墙式和斜墙式。设计边墙应视地质、地形、水文、泥砂等情况，综合经济技术比选而定。通常直边墙受力较大，适宜在曲线外侧和填方地段，有降低泥石流弯道超高值、抗侧压力较好的优势。斜边墙适宜于挖方和直线段，按护墙受力设计。

（6）V 形槽设计主要尺寸及圬工规格。V 形槽设计主要尺寸及圬工规格见图 5-20。

1）当 $v_C < 8$m/s 时，沟心最大厚度用 0.6m。边墙顶宽用 0.5m。槽底用 M10 级水泥砂浆砌片石、块石镶面。边墙用 M5 级水泥砂浆砌片石；沟心设马鞍面。

2）当 $8 \leqslant v_C \leqslant 12$m/s 时，沟心最大厚度用 0.8m。边墙顶宽用 0.6m，槽底用 M10 级水泥砂浆砌片石，并在沟心 0.4B 槽宽范围内用坚硬块石镶面，或用 C15 级混凝土、钢纤维混凝土护面 0.2m，并在沟心 0.4B 槽宽范围内设纵向旧钢轨滑床防磨蚀，钢轨底面向上，增大防磨面积，轨距 5～10cm。边墙用 M7.5 级水泥

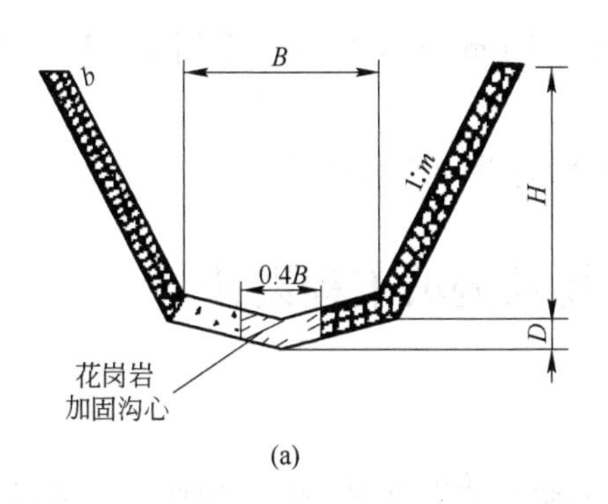

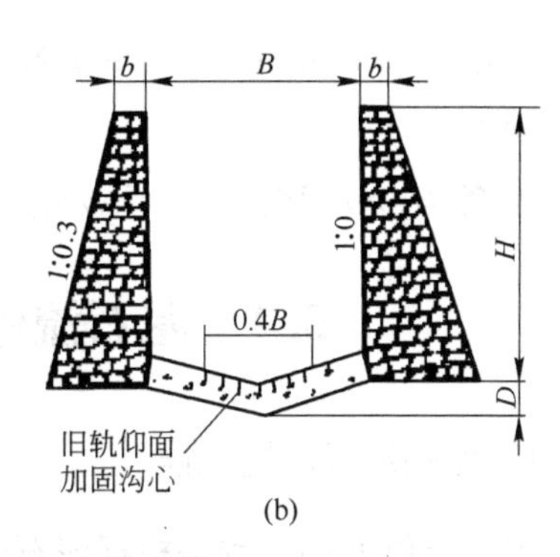

图 5-20 V 形槽设计主要尺寸及圬工规格图

（a）斜边墙；（b）直边墙

砂浆砌片石。

3）当 $v_C>12\text{m/s}$ 时，沟心最大厚度用 1.0m。边墙顶宽用 0.7m。槽底用 C20 级混凝土、钢纤维混凝土护面 0.3m，沟心 $0.4B$ 槽宽范围内用坚硬块石或铸石镶面，或设纵向旧钢轨滑床防磨蚀，钢轨底面向上，增大防磨面积，轨距 5～7cm，或采用钢板防护沟心。边墙用 M10 级水泥砂浆砌片石。

5.3.5 V 形槽设计水力要素表

为了方便 V 形槽设计时的比选，可采用 V 形槽水力要素表进行 V 形槽设计。具体使用方法如下：

（1）根据泥石流沟地形条件确定 V 形槽设计纵坡 $I_{纵}$；

（2）根据泥石流沟地质条件及填、挖方的经济技术比较，确定两侧边墙坡度 $(1:m)$；

（3）计算泥石流设计流量 Q_c；

（4）根据上述（1）、（2）、（3）项查表确定 V 形槽底宽 B 及槽深 H。然后按设计要点中的要求检查所选定的数据是否均满足设计边界条件，直至符合要求为止；

（5）根据查表确定的 v_c 值，决定槽底沟心厚度，构筑材料和加强措施。

（6）黏性、稀性泥石流 V 形槽设计水力要素表请查阅文献［38］。

【例 3】 某黏性泥石流沟地形纵坡为 80‰～60‰。沟岸自然边坡为 1:0.3 至 1:0.5，沟床宽 10.0m，最大石块直径 1.0m，泥石流设计流量 $100\text{m}^3/\text{s}$，求 V 形槽设计尺寸。

【解】 根据泥石流沟资料，确定 V 形槽设计纵坡为上陡下缓 $I_{纵}=80‰\sim60‰$，采用槽底挖，边墙填，边墙坡用 1:0.3，平面布置为倒喇叭形，出口最小断面控制设计。

查黏性泥石流 V 形槽设计水力要素表：$I_{纵}=60‰$，$I_{横}=250‰$，边墙坡 1:0.3，用

内插法得 $Q_c = 103.2\text{m}^3/\text{s}, v_c = 6.9\text{m/s}, B_c = 4.0\text{m}, H_c = 3.0\text{m}$。采用 $H = 3.0 + 0.25 = 3.25\text{m}$。

检查：$H_c > 1.2d_{max}, v_c > 5\sqrt{d_{max}}$，满足所有设计的边界条件。

5.4　泥石流停淤场及沟坡工程设计

5.4.1　泥石流停淤场工程

泥石流停淤场工程是根据泥石流的运动与堆积原理，在一定时间内，通过采取相应的措施后，将流动的泥石流体引入预定的平坦开阔洼地或邻近流域内的低洼地，促使泥石流固体物质自然减速停淤。从而大大削减下泄流体中的固体物质总量及洪峰流量，减少下游排导工程及沟槽内的淤积量。

停淤场属不固定的临时性工程，设计标准一般要求较低。可按一次或多次拦截泥石流固体物质总量作为设计的控制指标，通常采用逐段或逐级加高的方式，分期实施。

停淤场一般设置在泥石流沟流通段下游的堆积区，可以是大型堆积扇两侧及扇面的低洼地，或是开阔、平缓的泥石流沟谷滩地，扇尾至主河间的平缓开阔阶地及邻近流域内的荒废洼地等。

实践表明：只要有足够的停淤面积，停淤效益是比较好的，特别是对于黏性泥石流的停淤作用更为显著。停淤场的缺点是占用大量土地，短期内对开发利用不利，同时停淤场内的停淤总量亦是有限的，故在一定年限后就需改建。

5.4.1.1　停淤场的类型与布置

A　停淤场的类型

停淤场的类型按其所处的平面位置，可划分为以下四种：

(1)沟道停淤场。沟道停淤场利用宽阔、平缓的泥石流沟道漫滩及一部分河流阶地，停淤大量的泥石流固体物质。此类停淤场，一般均与沟道平行，呈条带状。优点是不侵占耕地，抬高了沟床的高程，拓展了沟床宽度，为今后开发利用创造了条件。缺点是压缩了常流水沟床宽度，对排泄规模大的泥石流不利。

(2)堆积扇停淤场。堆积扇停淤场利用泥石流堆积扇的一部分或大部分低凹地作为泥石流体固体物质的堆积地。停淤场的大小和使用时间，将根据堆积扇的形状大小、扇面坡度、扇体与主河的相互影响关系及其发展趋势、土地开发利用状况等条件而定。一般来说，若堆积扇发育于开阔的主河漫滩之上，则停淤场的面积及停淤泥沙量，将随河漫滩的扩大而增加。

(3)跨流域停淤场。跨流域停淤场利用邻近流域内荒废的低洼地作为泥石流体固体物质的停淤场地。此类停淤场不仅需要具备适宜的地形地质条件，能够通过相应的拦挡排导工程，将泥石流体顺畅地引入邻近流域内被指定的低洼地，同时还需要经过多方案比较后证明是最经济合理可行的。

(4)围堰式停淤场。在泥石流沟下游，将已废弃的低洼老沟道或干涸湖沼洼地的低矮缺口(含出水口)等地段，采用围堰等工程封闭起来，使泥石流引入后停淤此处。

B 停淤场的布置

停淤场的布置随泥石流沟及堆积扇等的地形条件而异，布置应遵循以下原则：

(1)停淤场应布置在有足够停淤面积和停淤厚度的荒废洼地，在停淤场使用期间，泥石流体应能保持自流方式，逐渐在场面上停淤。

(2)新停淤场应避开已建的公共设施，少占或不占农用耕地及草场。停淤场停止使用后，应具备综合开发利用价值。

(3)停淤场需保证有足够的安全性，要防止山洪泥石流暴发时，对停淤场的强烈冲刷及堵塞溃决给下游造成新的灾害。

(4)对于沟道停淤场，首先选择合适的引流口位置及高程，使泥石流能以自流方式进入停淤场地。引流口最好选择在沟道跌水坎的上游，两岸岩体坚硬完整狭窄地段或布置在弯道凹岸一侧。应严格控制进入停淤场的泥石流规模、流速及流向，使泥石流在停淤场内以漫流形式沿一定方向减速停淤。在沟岸一侧应修筑导流挡墙，防止泥石流倒流至沟道内。在停淤场的末端设置集流槽，将未停积的泥石流及高含沙水流排入下游。

(5)由于泥石流在堆积扇上流动时摆动较大，故需按漫流停淤的方式对相关工程进行布置。根据泥石流的性质和堆积扇的形态特征，确定停淤范围的大小。调整出山口外沟床纵坡，束窄过流断面，加大泥深，造成漫流停淤。修建引导槽，将泥石流引入场内，并沿槽的两侧和尾部开溢流口，增大停淤量。

(6)围堰式停淤场无规则形状，构筑的围堤高度和长度将决定泥石流停淤总量的大小。堤下土体的透水性不宜太强，土体的密实性和强度要求达到围堤基础的要求，否则应作加固处理，从而保证围堰的稳定与安全。

(7)在布设跨流域停淤场时，首先应在泥石流沟内选好适宜的拦挡坝及跨流域的排导工程位置，提供泥石流跨流域流动的条件，使其能顺畅地流入预定的停淤场地。然后再按停淤场的有关要求布置停淤场地。

5.4.1.2 停淤场停淤总量估算

停淤场停淤总量的大小，既与泥石流的性质、类型及流动形式等有关，也与停淤场的原始地形条件关系密切，往往对有关参数及总量很难判断准确，故最后多以实测值为准。

沟道式停淤场的淤积总量：

$$\overline{V}_s = B_c h_s L_s \tag{5-59}$$

堆积扇停淤场的淤积总量：

$$\overline{V}_s = \frac{\pi\alpha}{360}R_s^2 h_s \tag{5-60}$$

式中　h_s——平均淤积厚度；

B_c——淤积场地平均宽度；

L_s——沿流动方向的淤积长度；

α——停淤场对应的圆心角；

R_s——停淤场以沟口为圆心的半径。

对于围堰式停淤场，先将最终淤积顶面取平，然后按实际地形计算不规则形体的体积即为总停淤量。

停淤场的使用年限与泥石流的规模、暴发次数、停淤场的容积等直接相关。首先应正确估计其年平均停淤量，再按停淤场的总容积除以年平均停淤量即得使用年限。从防灾的角度出发，停淤场的标准不宜过高，停淤场的使用年限一般以10～20年为宜。

5.4.1.3　停淤场的工程结构物

泥石流停淤场内的工程结构物将因停淤场类型而异，共同的结构物包括：拦挡坝、引流口、围堤（堵截堤）、分流口、集流沟及导流堤等（图5-21）。

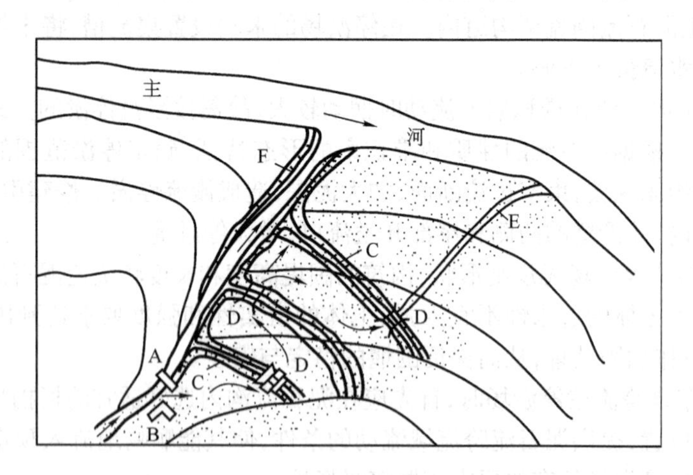

图5-21　停淤场工程结构物布置示意图

A—拦挡坝；B—引流口；C—围堤；D—分流口；E—集流沟；F—导流堤

（1）拦挡坝工程。位于停淤场引水口一侧的泥石流沟道上，主要拦截主沟部分或全部泥石流，抬高沟床高程，迫使泥石流进入停淤场。该项工程多属使用期长的永久性工程，故常用圬工或混凝土重力式结构，应按过流拦沙坝工程要求设计。

（2）引流口工程。位于拦沙坝的一侧或两侧，控制泥石流的流量与流向，使其顺畅地进入停淤场内。引流口根据所处位置的高低，可分为固定式或临时性的引流口两种。固定式引流口所处位置较高，在停淤场整个使用期间，都能将泥石流引入场内，因此不需更换或重建。临时引流口将会随着停淤场内淤积量的增大，而改变其位置。通过调整引流口方向及长度，使泥石流在不同位置流动或停淤。引流口既可与拦挡坝连接一体，亦可采用与坝体分离的形式。对于固定引流口可用圬工开敞式溢流堰或切口式溢流堰。

(3)围堤(堵截堤)工程。围堤分布在整个停淤场内，起沿途拦截泥石流，控制其流动范围，防止流出规定区间的作用。围堤在使用期间，主要承受泥石流的动静压力及堆积物的土压力。对于土体围堤应保持有足够的高度，防止泥石流翻越堤顶时拉槽毁坏。土堤应严格夯实，使其具有一定的防渗及抗湿陷能力。围堤一般按临时工程设计，如下游有重要保护对象时，则可按永久性工程设计。堆积扇上的围堤其长度方向应与扇面等高线平行，或呈不大的交角，这样才能达到拦截泥石流体的最佳效果，否则拦淤泥沙量将减少，仅起导流作用。

(4)分流口工程。分流口布置在围堤的末端或其他部位，主要是将未停积的泥石流体排入下一道围堤范围内继续停淤。分流口可做成梯形、矩形等过流断面，采用圬工结构或铅丝笼、编篱石笼等护砌防冲。断面大小应根据排泄流量确定。

(5)集流沟工程。集流沟位于停淤场的末端，主要是将剩余的流体或水流汇集并排入主河，可按排导槽工程相关要求设计。

(6)导流堤工程。导流堤设置在泥石流主沟或停淤场一侧，起拦挡、导流及保护堤内现有建筑与农田等安全的作用。多为永久性或半永久性工程，堤的高度及断面尺寸等均应按国家规定的防洪标准进行设计，其相关要求与排导槽工程类似。

5.4.2　泥石流沟坡整治工程

泥石流沟坡整治工程，主要是对泥石流沟道及岸坡的不稳定地段进行整治。通过修建相应的工程措施，防止或减轻沟床及岸坡遭受严重侵蚀，使沟床及岸坡上的松散土体能保持稳定平衡状态，从而阻止或减少泥石流的发生与规模。对于流路不顺、变化大的沟谷段进行调治，使泥石流能沿规定的流路顺畅排泄。

5.4.2.1　沟道整治工程

沟道整治工程，主要是对沟道的易冲刷侵蚀地段进行整治，可分为两类治理措施。

(1)拦沙坝固床稳坡工程。在不稳定(冲刷下切)沟道或紧靠岸坡崩滑体地段的下游，设置一定高度的拦沙坝，抬高沟床，减缓纵坡。利用拦蓄的泥沙、堵埋崩滑体的剪出口，或保护坡脚，使沟床及岸坡达到稳定(图5-22、图5-23)。对于纵坡较大的泥石流沟谷而言，采用梯级谷坊坝群稳定沟床，比用单个高坝，技术要求简单，经济效益更好。

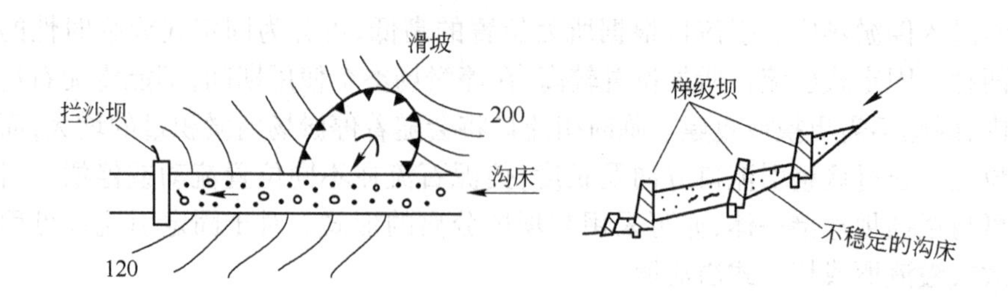

图 5-22　拦沙坝稳滑坡工程平面示意图　　图 5-23　拦沙坝保护沟床工程剖面示意图

(2)护底工程。护底工程主要是防止沟床不被严重冲刷侵蚀,达到稳定沟底的目的。一般采用沟床铺砌或加肋板等措施。

沟床铺砌工程,多采用水泥砂浆砌块石铺砌或混凝土板铺砌沟底。在不很重要的地段,亦可采用干砌块石铺砌。对于有大量漂石密布的陡坡沟床地段,还可采用水泥砂浆或细石混凝土将漂砾间的缝隙填实,使其连接成整体,同样达到固床的良好效果。

肋板工程,包括潜坝与齿墙工程,是在沟道内按照沟床纵坡的变化,以一定的间隔距离设置多个与流向基本垂直的肋板,从而达到防止沟床被冲刷的目的。一般采用浆砌石或钢筋混凝土砌筑。基础埋深应大于冲刷线,或者大于 1.5m。顶面应与沟底齐平,或不高出沟底面 0.5m,顶面宽度应不小于 1.0m。在沟岸两端连接处应设置边墙(坝肩),高度应大于设计泥深,以防止流体冲刷岸坡。肋板的中间应低于两端,减少水流的摆动。

5.4.2.2　护坡工程

护坡工程主要是防止坡脚被冲刷及岸坡的坍塌等,一般采用水泥砂浆砌石护坡,或用铅丝笼、木笼及干砌石护坡等。护坡高度应大于设计最高泥位。顶部护砌厚度最小应大于 0.5m,下部应大于 1.0m。基础埋置深度应在冲刷线以下,最小应大于 1.5m。石笼直径一般应为 1.0m 左右。下部直径需大于 1.0m。

对于崩滑体岸坡,可采用水泥砂浆砌石或混凝土挡墙支挡,按水工挡土墙要求进行设计。若崩滑体系由坡脚被冲刷侵蚀所引起,则在地形条件允许情况下,可将流水沟道改线,使流水沟道避开崩滑坡体。此外采用削坡减载或坡地改梯地及植树造林等水土保持措施,对岸坡加以保护。还可以利用坡面排水(沟)工程及等高线壕沟工程等拦排地表雨水,使坡体保持稳定。

5.4.2.3　调治工程

(1)改变流路。这种工程的作用是将泥石流流路改变到损失最小或不造成损失的地区通过,改后的流路一般由新开河道和锁口坝组成(图 5-24)。新开河道的过流断面、纵坡和平面形态以及锁口坝的高度,应能保证设计流量顺利通过。新开河道及锁口坝的设计参照5.3节、5.5节所述。

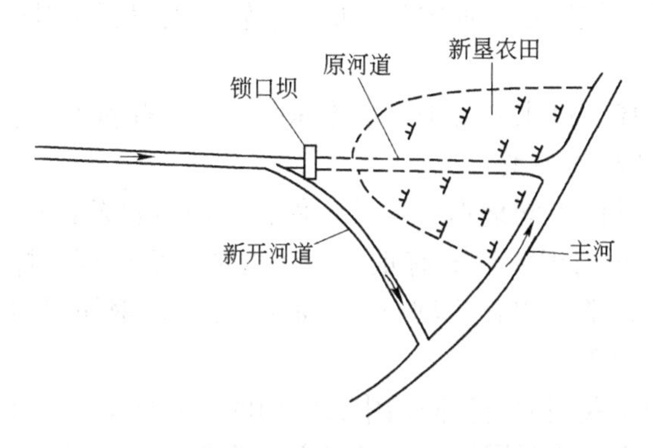

图5-24　泥石流改变流路工程示意图

(2)改善流路。这类工程主要包括疏浚、裁弯取直、清除卡口、规整流路等工程项目,根据实际情况进行设计选择。其目的是改善原有流路的排泄条件。

(3)引水疏沙。这类工程是利用水流将泥石流稀释并输送到不构成危害的地区。若邻近地域有足够水源,又具备引水的地形、地质条件,可以采用这种工程减轻或消除灾害。所引的水流在泥石流停止运动前到达预定的稀释和输送地点,其效果最佳。这种措施主要适用于稀释和输送容重较大和颗粒较细的黏性泥石流。

(4) 调节洪水。主要包括两类工程：一是在松散土体集中的沟床段上游，选择适合的坝址修建调洪水库，削减洪峰流量，削弱泥石流水动力条件，减轻对下游松散土体的冲刷，从而防止泥石流发生，或减小泥石流规模；二是修建截流沟，或排洪渠、排洪隧道，将部分，甚至全部洪水排至安全地区，使其不与松散土体相遇，从而防止泥石流发生或减小泥石流规模。

这类工程与一般的调洪水库和排洪渠道类似。在地形和地质条件具备的情况下，采用这种措施防治泥石流灾害是很有效的。

5.5　泥石流实体拦沙坝工程设计

5.5.1　拦沙坝的作用与类型

5.5.1.1　拦沙坝的作用

拦沙坝建成后，可以控制或提高沟床局部地段的侵蚀基准面，防止淤积区内沟床下切。稳定岸坡崩塌及滑坡体的移动，对泥石流的形成与发展起到抑制作用。

随着拦沙坝高度与库容的增加，在坝址以上拦截大量泥沙，从而改变泥石流的性质，减少泥石流的下泄规模。

拦沙坝建成后，将使沟床拓宽，坡度减缓。一方面可以减小流体流速，另一方面可使流体主流线控制在沟道中间，从而减轻山洪泥石流对岸坡坡脚的侵蚀速度。

拦沙坝下游沟床，因水头集中，水流速度加快，有利于输沙及排泄。

5.5.1.2　拦沙坝的类型

根据拦沙坝所处的不同地形、地质条件，采用材料及设计、施工要求不同，将有不同的类型。常用坝体形式有重力坝、拱坝、平板坝、爆破筑坝及格栅坝等。按建筑材料分，常用的有浆砌石坝、混凝土（含钢筋混凝土）坝、钢结构坝、干砌石坝及土坝等。

浆砌石重力坝是我国泥石流防治中最常用的一种坝型。适用于各种类型及规模的泥石流防治，坝高不受限制；在石料充足的地区，可就地取材，施工技术条件简单，工程投资较少。

干砌石坝适用于规模较小的泥石流防治，要求断面尺寸大，坝前应填土防渗及减缓冲击，过流部分应采用一定厚度（>1.0m）的浆砌块石护面。坝顶最好不过流，而另外设置排导槽（溢洪道）过流。此类坝型包括定向爆破砌筑的堆石坝。

当地缺少石料、两侧沟壁地质条件较好时，可采用节省材料的拱坝拦截泥石流。坝的高度及跨度不宜太大，并常用同心等半径圆周拱。此类坝的缺点是抗冲击及抗震动性能较差，因此不适宜含巨大漂砾的泥石流沟防治。

土坝多适用于泥流或含漂砾很小、规模又不很大的泥石流沟防治。优点是能就地取材、结构简单、施工方便。缺点是不能过流，需另行设置溢洪道，而且需要经常维护。若需坝面过流，则坝顶及下游坝面需用浆砌块石或混凝土板护砌，并设置坝下防冲消能工程；在坝体上游应设黏土隔水墙，减少坝体内的渗水压力（图 5-25）。

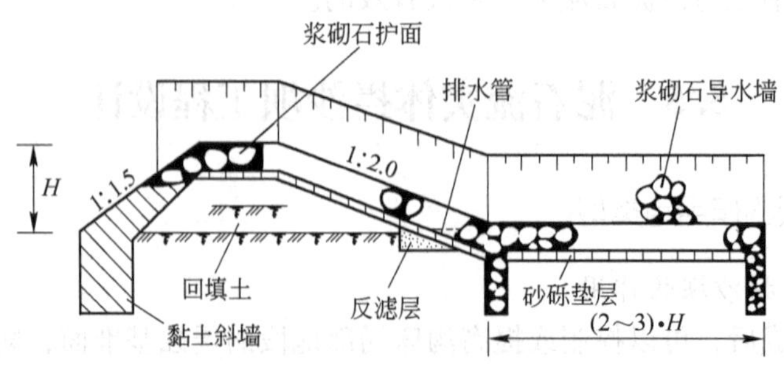

图 5-25　护面土坝剖面示意图

格栅坝主要适用于稀性泥石流及水石流防治，目前已修建的有钢结构或钢筋混凝土结构两大类，坝高多为 3～10m 的中小型坝。具有节省建筑材料、施工快速（可装配施工）、使用期长等优点。

钢筋混凝土板支墩坝适用于无石料来源、泥石流的规模较小、漂砾含量很少的泥石流地区。坝顶可以溢流，坝体两侧的钢筋混凝土板与支墩的连接为自由式，坝体内可用沟道内的砂砾土回填（图5-26），可根据需要设置一定数量的排水孔（管）。

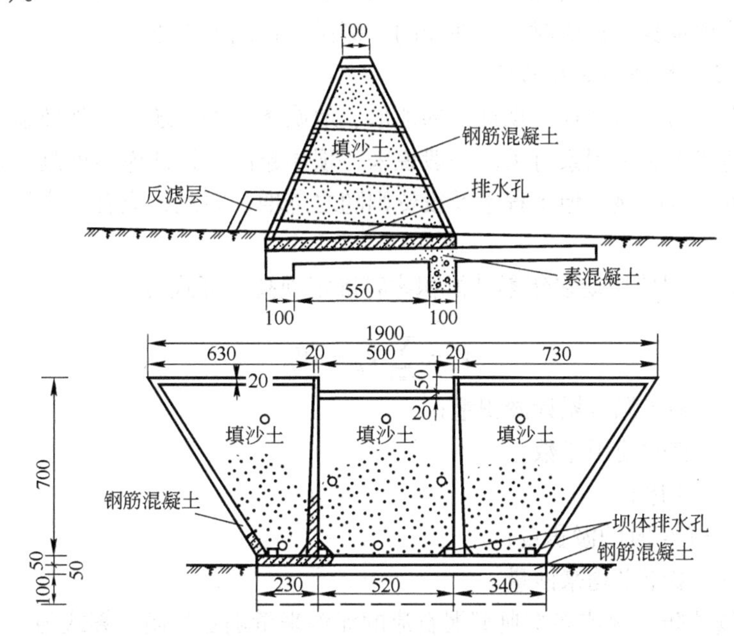

图5-26 某泥石流平板支墩坝（单位：cm）

5.5.2 拦沙坝的布置及结构设计

5.5.2.1 拦沙坝的平面布置

拦沙坝最好布置在泥石流形成区的下部，或置于泥石流形成－流通区的衔接部位。

从地形上讲，拦沙坝应设置于沟床的颈部（峡谷入口处）。坝址处两岸坡体稳定，无危岩、崩滑坡体存在，沟床及岸坡基岩出露、坚固完整，具有很强的承载能力。在基岩窄口或跌坎处建坝，可节省工程投资，对排泄和消能都十分有利。

拦沙坝应设置在能较好控制主、支沟泥石流活动的沟谷地段，或设置在靠近沟岸崩塌滑坡活动的下游地段，应能使拦沙坝在崩滑体坡脚的回淤厚度满足稳定崩塌滑坡的要求。

从沟床冲刷下切段下游开始，逐级向上游设置拦沙坝，使坝上游沟床被淤积抬高及拓宽，从而达到防止沟床继续被冲刷，进而阻止沟岸崩滑活动的发展。

拦沙坝应设置在有大量漂砾分布及活动的沟谷下游，拦沙坝高度应满足回淤后长度能覆盖所有漂砾，使漂砾能稳定在拦沙坝库内。

拦沙坝在平面布置上，坝轴线尽可能按直线布置，并与流体主流线方向垂直。溢流口应居于沟道中间位置，溢流宽度和下游沟槽宽度保持一致，非溢流部分应对称。坝下游设置消能工程，可采用潜槛或消力池构成的软基消能工程。

若拦沙坝本身不过流时，应在坝的一侧设置排洪道工程。

5.5.2.2　拦沙坝高度与间距

拦沙坝的高度除受控于坝址段的地形、地质条件外，还与拦沙效益、施工期限、坝下消能等多种因素有关。一般说来，坝体越高，拦沙库容就越大，固床护坡的效果也就越明显。但工程量及投资则随之急增，因此，应有一个较为合理的选择。

（1）按工程使用期多年累计淤积库容确定坝高，算式为

$$V_s = \sum_{i=1}^{n} V_{si} = nV_{sy} \tag{5-61}$$

式中　V_s——多年泥沙累计淤积量；

n——有效使用年数；

i——年序；

V_{si}——i 年时的淤积量；

V_{sy}——多年平均来沙量。

（2）按预防一次或多次典型泥石流的泥沙来量确定坝高，算式为

$$V_s = \sum_{i=1}^{n} V_{si} \tag{5-62}$$

式中，n 为次数，其他符号同前。

（3）根据坝高与库容关系曲线拐点法确定。该方法与确定水库坝高类似，不同点是水库水面基本是水平的，而拦沙库表面则是与泥石流性质有关的斜线或折线。因此计算得到的总库容大于同等坝高的水库库容。

（4）对于以稳定沟岸崩滑坡体为主的拦沙坝高，可按回淤长度或回淤纵坡及需压埋崩滑体坡脚的泥沙厚度确定。即淤积厚度下的泥沙所具有的抗滑力，应大于或等于崩滑体的下滑力。相应计算泥沙厚度（H_s）的公式为

$$H_s^2 \geqslant \frac{2Wf}{\gamma_s \tan^2(45° + \frac{\varphi}{2})} \tag{5-63}$$

式中　W——高出崩滑动面延长线的淤积物单宽重量；

f——淤积物内摩擦系数；

γ_s——淤积物的容重；

φ——淤积物内摩擦角。

拦沙坝的高度（H）可按下式计算：

$$H = H_s + H_1 + L(i - i_0) \tag{5-64}$$

式中 H_1——崩滑坡体临空面距沟底的平均高度；

H_s——泥沙淤积厚度；

L——回淤长度；

i——原沟床纵坡；

i_0——淤积后的沟床纵坡。

（5）根据坝址及库区的地形地质条件，按实际所需的拦淤大小确定坝高。

（6）当单个坝库不能满足防治泥石流的要求时，则可采用梯级坝系。在布置中，各单个坝体之间应相互协调配合，使梯级坝系能构成有机的整体。梯级坝系的总高度及拦淤量应为各单个坝的有效高度及拦淤量之和。

泥石流拦沙坝的坝下消能防冲及坝面抗磨损等问题一直未能得到很好解决。从维护坝体安全及工程失效后可能引发的不良后果考虑，在泥石流沟内的松散层上修建的单个拦沙坝高度，最好小于30m，对于梯级坝系的单个溢流坝，应低于10m。对于强地震区及具备潜在危险（如冰湖溃决、大型滑坡）的泥石流沟，更应限制坝的高度。

拦沙坝的间距由坝高及回淤坡度确定。在布置时，可先根据地形、地质条件确定坝的位置，然后计算坝的高度。亦可先选定坝高，然后按式（5-73）计算坝间距离。

拦沙坝建成后，沟床泥沙的回淤坡度（i_0）与泥石流活动的强度有关。可采用比拟法，对已建拦沙坝的实际淤积坡度与原沟床坡度 i 进行比较确定，即

$$i_0 = ci \tag{5-65}$$

式中，c 为比例系数，一般为0.5～0.9之间，或按表5-14采用，若泥石流为衰减期，坝的高度又较大时，则用表内的下限值。反之，选用上限值。

表5-14　c 值表

泥石流活动程度	特别严重	严　重	一　般	轻　微
c	0.8～0.9	0.7～0.8	0.6～0.7	0.5～0.6

5.5.2.3　拦沙坝的结构

A　拦沙坝的断面形式

对于重力拦沙坝，从抗滑、抗倾覆稳定及结构应力等方面综合考虑，比较有利的断面是三角形或梯形。在实际工程中，坝的横断面的基本形式如图5-27所示，下游面近乎垂直。

当坝高 $H<10$m 时，

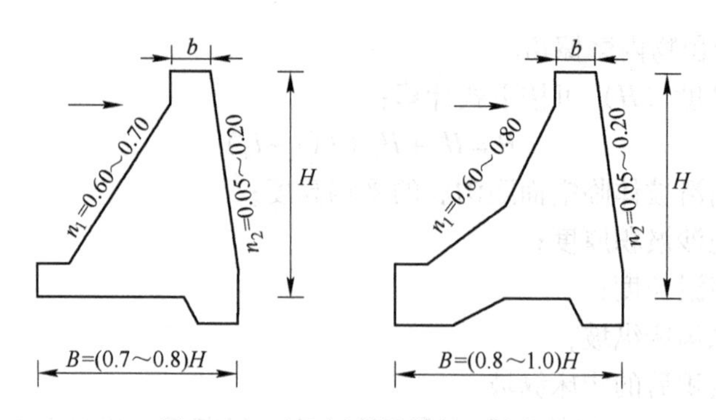

图 5-27　重力拦沙坝横断面示意图

则：底宽 $B=0.7H$

　　上游面边坡 $n_1=0.5\sim0.6$

　　下游面边坡 $n_2=0.05\sim0.20$

当坝高 H 为 $10\text{m}<H<30\text{m}$ 时，

则：底宽 $B=(0.7\sim0.8)H$

　　上游面边坡 $n_1=0.60\sim0.70$

　　下游面边坡 $n_2=0.05\sim0.20$

当坝高 $H>30\text{m}$ 时，

则：底宽 $B=(0.8\sim1.0)H$

　　上游面边坡 $n_1=0.60\sim0.80$

　　下游面边坡 $n_2=0.05\sim0.20$

为了增加坝体的稳定，坝基底板可适当增长，底板的厚度 $\delta=(0.05\sim0.1)H$，坝顶上、下游面均以直面相连接。

B　坝体其他尺寸控制

(1) 非溢流坝坝顶高度 (H)。等于溢流坝高 (H_d) 与设计过流泥深 (H_c) 及相应标准的安全超高 ($H_{\Delta c}$) 之和，即

$$H=H_d+H_c+H_{\Delta c} \tag{5-66}$$

(2) 坝顶宽度 b。应根据运行管理、交通、防灾抢险及坝体再次加高的需要综合确定。对于低坝，b 的最小值应在 1.2～1.5m，高坝的 b 值则应在 3.0～4.5m 之间。

(3) 坝身排水孔。对于一般的单个排水孔的尺寸，可用 0.5m×0.5m。孔洞的横向间距一般为 4～5 倍的孔径；纵向上的间距则可为 3～4 倍的孔径，上下层之间可按品字形分布。起调节流量作用的大排水孔，孔径应大于 1.5～2.0 倍的最大漂砾直径。

(4) 坝顶溢流口宽度。可按相应的设计流量计算。为了减少过坝泥石流对坝下游的冲刷及对坝面的磨损，应尽量扩大溢流宽度，使过坝的单宽流量减小。

（5）坝下齿墙。坝下齿墙起增大抗滑、截止渗流及防止坝下冲刷等作用。齿墙深应视地基条件而定，最大可达 3 ~5m。齿墙为下窄上宽的梯形断面，下齿宽度多为 0.10 ~0.15 倍的坝底宽度。上齿宽度可采用下齿宽度的 2.0 ~3.0 倍。

5.5.3 拦沙坝荷载及结构计算

5.5.3.1 拦沙坝承受的基本荷载

作用在拦沙坝上的基本荷载，包括坝体自重、泥石流体压力及冲击力、堆积物的土压力、水压力及扬压力等。

（1）单宽坝体自重 W_d。计算式如下：

$$W_d = V_b \gamma_b \tag{5-67}$$

式中 V_b——单宽坝体体积；

γ_b——坝体材料的容重。

（2）土体重 W_s 及泥石流体重 W_f。W_s 是溢流面以下堆积物垂直作用于上游坝面及伸延基础面上的重力，对于不同容重的堆积土层，则应分层计算，并求其和。

W_f 为泥石流体作用在坝体上的重力，为流体的体积与其对应的容重相乘积。

（3）流体侧压力 F_d。流体侧压力就是流体作用于坝体迎水面上的水平压力。

对于稀性泥石流体的侧压力 F_{dl}，按下式计算：

$$F_{dl} = \frac{1}{2}\gamma_{ys} h_s^2 \tan^2(45° - \frac{\varphi_{ys}}{2}) \tag{5-68}$$

$$\gamma_{ys} = \gamma_{ds} - (1 - n)\gamma_w$$

式中 γ_{ds}——干沙容重；

γ_w——水体容重；

n——孔隙率；

h_s——稀性泥石流堆积厚度；

φ_{ys}——浮沙内摩擦角。

对于黏性泥石流体的侧压力 F_{vl}，按土力学原理计算：

$$F_{vl} = \frac{1}{2}\gamma_c H_c^2 \tan^2(45° - \frac{\varphi_a}{2}) \tag{5-69}$$

式中 γ_c——黏性泥石流容重；

H_c——流体深度；

φ_a——泥石流体的内摩擦角，一般为 4° ~10°。

对于水流而言，侧压力 F_{wl} 按水力学计算，即：

$$F_{wl} = \frac{1}{2}\gamma_w H_w^2 \tag{5-70}$$

式中 γ_w，H_w——分别为水体的容重及水深。

(4) 扬压力 F_y。坝下扬压力取决于库内水深 H_w，迎水面坝踵处的扬压力，可近似按溢流口高度乘以 0.0 ~0.7 的折减系数而得。

(5) 泥石流冲击力 F_c。泥石流的冲击力包括泥石流体的动压力荷载及流体中大石块的冲击力荷载两种。

对于泥石流体动压力荷载 F_{c_1}，按下式计算：

$$F_{c_1} = \frac{k\gamma_c}{g}v_c^2 \tag{5-71}$$

式中 γ_c，v_c——分别为泥石流体的容重及流速；

k——泥石流不均匀系数，其值为 2.5 ~4.0，亦有专家建议用泥深代替 k 值。

对于泥石流体中大石块的冲击力 F_{c_2} 的计算公式，有很多种，建议按以下公式计算：

$$F_{c_2} = \frac{Wv_a}{gT} \tag{5-72}$$

式中 W——大石块的重量；

T——大石块与坝体的撞击历时；

v_a——大石块的运动速度。

作用在拦沙坝上的其他特殊荷载，包括地震力、温度应力、冰冻胀压力等的计算，可参阅有关专门规范。

5.5.3.2 荷载组合

根据不同的泥石流类型、过流方式及库内淤积情况，荷载组合如图 5-28 所示。

对于稀性或黏性泥石流荷载组合，均可分为空库过流、未满库过流及满库过流三种情况，共计 10 种组合类型。当坝高、断面尺寸、坝体排水布设、基础形状大小均相同时，经对比计算分析可知：

(1) 空库过流时的荷载组合对坝体安全威胁最大。特别是对稀性泥石流过坝，危险性更大。相反库满过流，则偏于安全。对于未满库过流，则介于空库与满库之间。

(2) 当过流方式相同时，稀性泥石流比黏性泥石流对坝体安全的威胁更大。

(3) 当不同容重的堆积物呈层分布时，若下层为黏性泥石流堆积，则对坝体安全有利。若整个堆积物均为黏性泥石流堆积物，坝体就会更安全。

5.5.3.3 结构计算

拦沙坝类型不同，其结构计算方法亦不一样。本节仅介绍重力坝的结构计算，对其他拦沙坝形式的计算，可参阅有关资料。重力拦沙坝的结构计算，主要包括抗滑、抗倾覆稳定计算，坝体及坝基的应力计算及下游抗冲刷稳定计算。

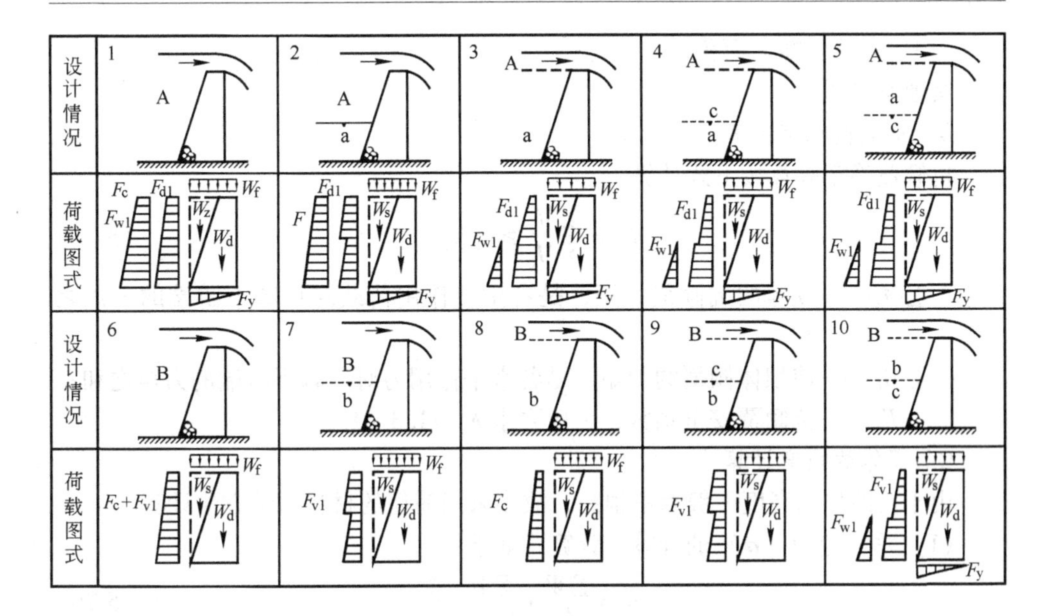

图 5-28　泥石流拦沙坝 10 种荷载组合图

A—稀性泥石流；B—黏性泥石流；

a—稀性泥石流堆积物；b—黏性泥石流堆积物；c—非泥石流堆积物；

1，6—空库；2，7—未满库；3～5，8～10—满库

A　抗滑稳定计算

抗滑稳定计算对拟定坝的横断面形式及尺寸起着决定性的作用。坝体沿坝基面滑动的计算公式为

$$K_0=\frac{f\sum W}{\sum F}\geqslant [K_c] \tag{5-73}$$

式中　$\sum W$——作用于单宽坝体计算断面上各垂直力的总和（如坝体重、水重、泥石流体重、淤积物重、基底浮托力及渗透压力等）；

$\sum F$——作用于计算断面上各水平力之和（含水压力、流体压力、冲击力、淤积物侧压力等）；

F——砌体同坝基之间的摩擦系数（可查表或现场实验确定）；

K_c——抗滑稳定安全系数，一般 $K_c=1.05\sim1.15$。

当坝体沿切开坝踵和齿墙的水平断面滑动，或坝基为基岩时，应计入坝基摩擦力与粘结力，则

$$K_c=\frac{f\sum W+CA}{\sum F} \tag{5-74}$$

式中　C——单位面积上的粘结力；

A——剪切断面面积；

其他符号同上。

B 抗倾覆稳定验算

抗倾覆稳定验算按下式计算：

$$K_y = \frac{\sum M_y}{\sum M_0} \geqslant [K_y] \tag{5-75}$$

式中 $\sum M_y$——坝体的抗倾覆力矩，是各垂直作用荷载对坝脚下游端的力矩之和；

$\sum M_0$——使坝体倾覆的力矩，是各水平作用力对坝脚下游端的力矩之和；

K_y——抗倾覆安全系数，一般要求 $K_y = 1.3 \sim 1.6$。

C 坝体的强度计算

由于拦沙坝的高度一般都不很高，故多采用简便的材料力学方法计算。

(1) 垂直应力（σ）的计算。计算式如下：

$$\sigma = \frac{\sum W}{A} + \frac{\sum M \cdot X}{J} \tag{5-76}$$

或

$$\sigma = \frac{\sum W}{b}\left(1 \pm \frac{6e}{b}\right) \tag{5-77}$$

式中 $\sum M$——截面上所有荷载对截面重心的合力矩；

X——各荷载作用点至断面重心的距离；

b——断面宽度；

e——合力作用点与断面重心的距离；

J——断面的惯性矩；

W——各荷载的垂直分量。

为了满足合力作用点在截面的三分之一内（$e \leqslant \frac{b}{6}$），满库时在上游面坝脚或空库时在下游面坝脚的最小压应力 σ_{min} 不变为负值，则需满足

$$\sigma_{min} = \frac{\sum W}{b}\left(1 - \frac{6e}{b}\right) \geqslant 0 \tag{5-78}$$

坝体内或地基的最大压应力 σ_{max} 不得超过相应的允许值，即

$$\sigma_{max} = \frac{\sum W}{b}\left(1 + \frac{6e}{b}\right) \leqslant [\sigma] \tag{5-79}$$

(2) 边缘主应力计算。

坝体上游面的一对主应力：

$$\sigma_{a_1} = \frac{\sigma' - \gamma_c \cdot y \cdot \cos^2\theta_{a_1}}{\sin^2\theta_{a_1}} \tag{5-80}$$

$$\sigma_{a_2} = \gamma_c \cdot y \tag{5-81}$$

坝体下游面的一对主应力：

$$\sigma_{b_1} = \frac{\sigma''}{\sin^2\theta_{a_2}} \tag{5-82}$$

$$\sigma_{b_2} = 0 \tag{5-83}$$

式中 σ'，σ''——分别为同一水平截面的上、下游边缘正应力；

θ_{a_1}，θ_{a_2}——分别为上、下游坝面与计算水平截面的夹角；

y——计算断面以上的泥架；

γ_c——泥石流容重。

（3）边缘剪应力 τ 的计算。

坝体上游面的边缘剪应力：

$$\tau_a = \frac{\gamma_c y - \sigma'}{\tan\theta_{a_1}} \tag{5-84}$$

坝体下游面的边缘剪应力：

$$\tau_b = \frac{\sigma''}{\tan\theta_{a_2}} \tag{5-85}$$

式中，τ_a、τ_b 应低于筑坝材料的允许应力值，其他符号同前。

5.5.4 拦沙坝消能防冲工程

泥石流过坝后，因落差增大，导致重力下落的速度和动能剧增。对坝下沟床及坝脚产生严重的局部冲刷下切，是造成坝体失事的重要原因。特别是对建筑在沙砾石基础上的坝体，更易因坝下冲刷引起底部被掏空，造成坝体倾覆破坏。冲刷坑的深度和长度既与沟床基准面的变化、堆积物组成及性质有关，也与坝高、泥石流性质、单宽流量的大小关系密切。应按其冲刷形成的原因采取对应的措施，防止沟床基准面下降，使坝下冲刷坑的发展得到控制。其次是按以柔克刚的原则，在坝下游形成一定厚度的柔性垫层，使过坝流体消能减速，并增强沟床防止流体及大石块的冲砸能力，从而达到降低冲刷下切的目的。坝下游消能主要采用以下措施：

（1）副坝消能工程。在主坝下游另建一座或几座低拦沙坝（称副坝），使主副坝之间形成一个消力池，从而达到减弱过坝流体的冲砸能力，控制冲刷坑的动态变形及纵深发展。主副坝之间的间隔距离、主坝下游的泥深及坝脚被埋泥沙的厚度，是主坝下游控制消能的关键因素，也直接与副坝高度的选择有关。主坝高度大，过流量大，坝下游沟床坡度也大，则副坝的高度就要增大。坝下冲刷深度与形态、主副坝之间的距离大小有关。当距离较短时，冲刷坑将向坝基方向伸展，这是十分危险的，应特别注意。主副坝之间的重合高度，多采用经验公式计算，一般取主坝高的1/3～1/4，最小高度应大于1.5m。主副坝之间的距离，应大于主坝高加坝顶泥深之和，或者借用水力学原理进行计算。

工程实践证明，处理好副坝下游的消能防冲是十分重要的。若副坝不安全，主坝的安全也无法保证。对副坝下游消能防冲的处理，一方面可根据需要设置第二、第三级副坝，使副坝高度降低（最好是起潜坝的作用）。另一方面可采用灌注桩解决坝下防冲等问题。云南盈江浑水沟泥石流治理中，最下游布设的门槛工程就是采用挖孔灌注钢筋混凝土桩基式重力坝（图 5-29）。该溢流段坝高 8.0m，长 20.0m；非溢流段坝高 13.0m。桩基布设在溢流段内，单桩长 11.5m，桩径为 2.2m，桩身用 C20 钢筋混凝土浇筑，按两排布置。工程已运行多年，坝下最大冲刷深度小于 3.0m，部分桩体虽然外露，但不影响坝体的安全，从而保护了上游已建 3 座、总坝高为 45m 的梯级拦沙坝的整体安全。

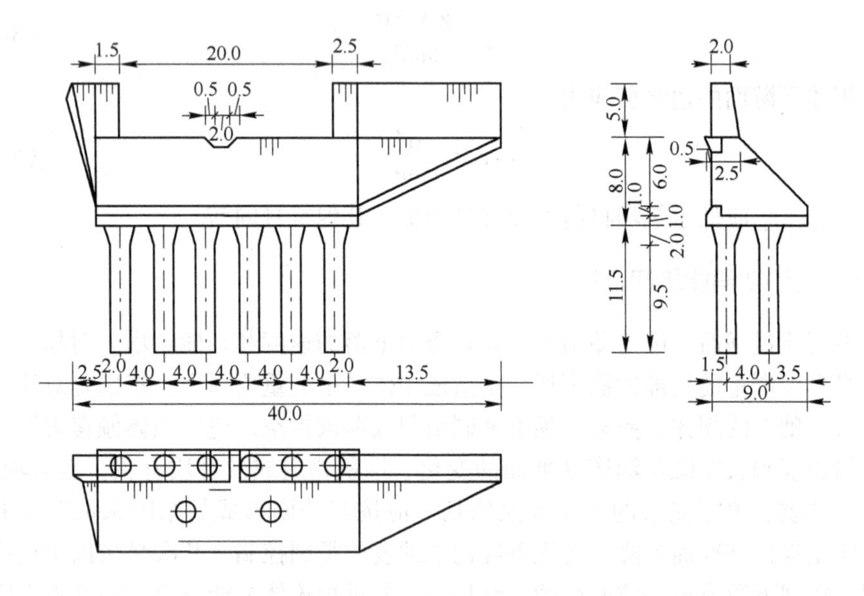

图 5-29　浑水沟门槛工程桩基布置图（单位：m）

（2）潜坝工程。在主坝下游沟床适当位置（冲刷坑以外）布设潜坝（或齿墙）稳定沟床基准面，控制主坝下游冲刷坑的发展。潜坝与主坝间的距离，应大于坝下游冲刷坑的尺寸；潜坝埋置深度应根据流体对沟床的冲刷深度变化及下游沟床的演变情况综合确定。当沟床较宽时，潜坝埋深可采用 1.5～2.5m。对较窄的沟床，沟床的粒径不大时，埋深可达 3.0m 以上。为了减缓沟床上的流速及冲刷，可根据需要设置多道潜坝。当沟床冲淤变化较大时，可对主坝及潜坝下的沙砾石地基采用水泥灌浆固结加固。

（3）拱基或桥式拱形基础工程。将拦沙坝建成拱基坝或桥式拱形基础重力坝，使坝体自身具有较好的受力条件和自保能力。当坝基部分被冲刷掏空时，不会对坝体安全构成威胁。四川金川八步里沟于 1983 年建成拱基组合式砌体结构重力坝（图 5-30），就是利用拱基支承，妥善地解决了坝下游冲刷及消能问题。拱基坝及桥式拱形坝对中高坝及多种类型的泥石流，都比较适用。但当泥石流（或沟床）为细颗粒物质组成时，则拦蓄条件欠佳。

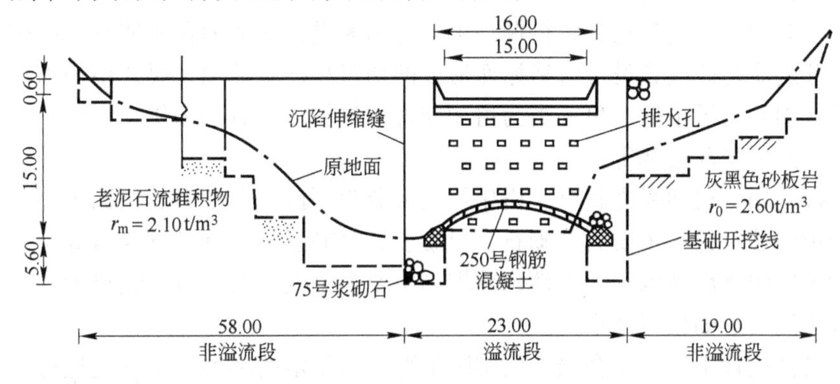

图 5-30　金川八步里沟拱基组合式砌体结构重力坝立面图（单位：m）

（4）护坦工程。当过坝泥石流规模不大且含沙石的粒径很小时，而坝高又很小的情况下，可在坝下游设置护坦工程防止冲刷。护坦的厚度可按弹性地基梁或板计算，应能抵挡流体的冲击力，一般厚度为 1.0 ~ 3.0m。若考虑护坦下游的冲刷，则护坦的长度越长就越安全。护坦通常按水平布设，并与下游沟床一致。当沟床坡度较陡时，亦可降坡，但应加大主坝的基础埋深。护坦尾部与副坝及潜坝工程一样，多会出现不同程度的冲刷，故需设置齿墙。在齿墙下游面应紧贴沟床布设一定长度的石笼或用大石块铺砌的海漫等。此外也还可以采取与水利工程类似的其他固床工程，使坝下游沟床的冲刷下切得到控制。

5.6　泥石流格栅坝工程设计

以混凝土、钢筋混凝土、浆砌石、型钢等为材料，将坝体做成横向或竖向格栅，或做成平面、立体网格，或做成整体格架结构的透水型拦沙坝，称为格栅拦沙坝。格栅坝不仅能拦蓄大量的泥沙、石块，而且能起到调节泥沙的作用，因此，亦称泥沙调节坝。与实体坝比较，格栅坝受力条件好，拦沙及排水效果突出；大部分构件可由工厂预制后装配，既缩短了工期，又保证了工程质量，节省材料，节约投资，有利于坝体维护管理。此类坝具备的拦大（漂石、巨石等）排小（挟沙水流及砾石等）功能，能达到调节拦排泥沙比例的目的，这是实体重力拦沙坝不可能达到的。

格栅坝主要适用于水及沙石易于分离的水石流、稀性泥石流，以及黏性泥石流与洪水交错出现的沟谷。对含粗颗粒较多的频发性黏性泥石流及拦稳滑坡体的效果较差，但当沟谷较宽时，由于格栅坝有透水功能，拦沙库内的地下水位被降低，则同样具备较好的效果。

按格栅坝的结构与构造，格栅坝可分为两大类：一类为在实体砌体结构重力坝体上开过流切口或布设过流格栅而形成的切口坝、缝隙坝、梁式格栅坝、梳齿坝、耙式坝及筛子坝等；另一类为由相应杆件材料（钢管、型钢、锚索）组成的格子坝、网格坝及桩林等。

若按使用材料和受力状况，格栅坝又可分为刚性及柔性两类格栅坝。刚性格栅坝使用的建筑材料主要为浆砌石、混凝土、钢筋混凝土及型钢管材等，是具有整体性较好的刚性结构坝。柔性格栅坝则主要为钢索及其相应的钢材配件，是具有较大柔性变形的临时性坝体。

在具体设计中，应结合当地的实际情况，对制定的多种技术方案进行综合技术经济比较，择优选择坝型及结构。

5.6.1　梁式格栅坝

在砌体结构重力式实体坝的溢流段或泄流孔洞或以支墩为支承的梁式格栅，形成横向宽缝梁式坝，或竖向深槽耙式坝。格栅梁用预应力钢筋混凝土或型钢（重型钢轨、H 型及槽型钢等）制作，是目前泥石流防治中应用较多的主要坝型之一（图 5-31、图 5-32）。这类坝的优点是梁的间隔可根据拦沙效率大小进行调整，既能将大颗粒砾石等拦蓄起来，而又可使小于某一粒径的泥沙石块排入下游，使下游段沟床不至于大幅度降低。堆积泥沙后，如将梁拆卸下来，中小水流能将库内泥沙自然带入下游，或可用机械清淤。

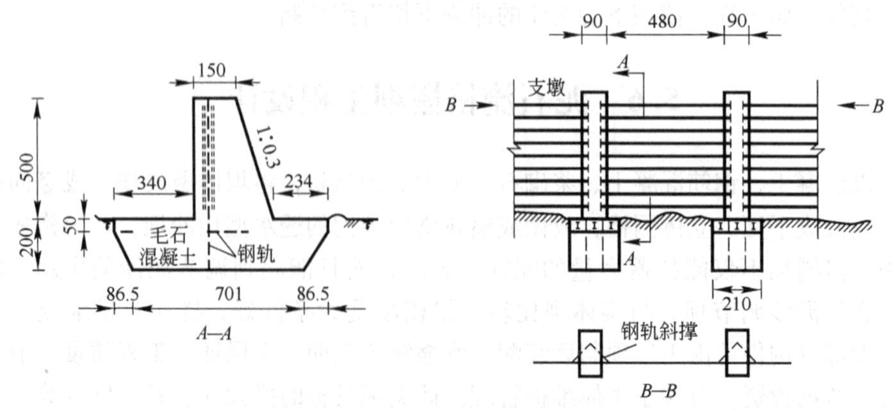

图 5-31　钢轨梁式格栅坝（单位：m）

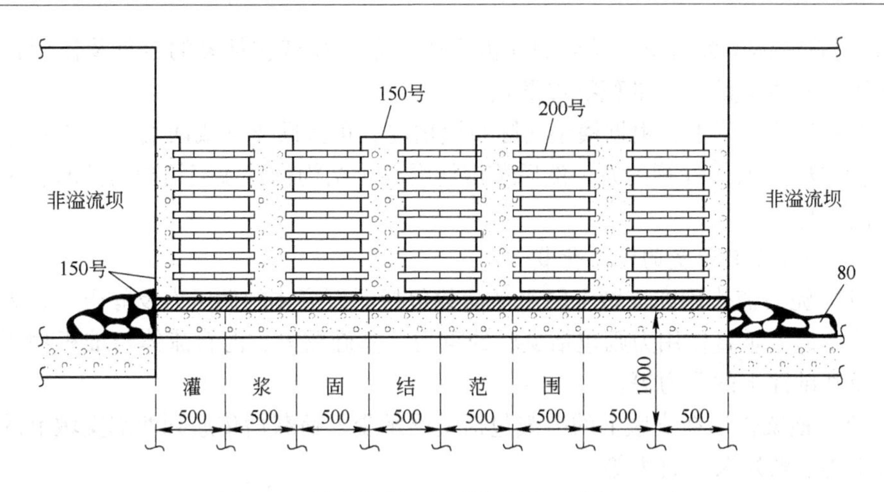

图 5-32 钢筋混凝土梁式格栅坝（单位：cm）

5.6.1.1 梁的形式和布置

对于钢筋混凝土梁，断面形式为矩形。型钢梁则多为工字钢、H 型及槽型钢，用型钢组成的桁架梁等。

当梁为矩形断面时，可采用：

$$\frac{h}{b}=1.5\sim2.0 \tag{5-86}$$

式中 h——梁高；

b——梁的宽度。

对于颗粒较小的泥石流，梁的间隔不宜过大，可用梁间的空隙净高（h_1）与梁高的关系控制，即

$$h_1=(1.0\sim1.5)h \tag{5-87}$$

对于颗粒较大（大块石、漂砾等）的泥石流，将会因大块石的阻塞，使本可流走的小颗粒也被淤积在库内，从而加速了库内的淤积。根据已建工程统计，建议采用下式计算：

$$h_1=(1.5\sim2.0)D_m \tag{5-88}$$

式中 D_m——泥石流体和堆积物中所含固体颗粒的最大直径。

设计时，水平横梁应伸入两侧支墩内 10～20cm，一般都不固定死，梁之间用压块支承、定位。靠近坝顶的横梁用压块（梁）及地脚螺栓固定。考虑到受力条件，梁的净跨最好不要大于 4m。布设时，梁的高度应与流体方向一致，梁的宽度及长度则与流体方向垂直。

5.6.1.2 受力分析

A 格栅梁承受的主要荷载

格栅梁承受的水平荷载主要为泥石流体的冲击力及静压力（含堆积物的压

力），泥石流体中大石块对横梁的撞击力等。垂直荷载包括梁的自重及作用在梁上的泥石流体重量（含堆积物重量）。

在各荷载作用下，根据横梁实际布设情况，可按简支梁或两端固定梁及悬臂梁（竖向耙式坝）计算内力，然后按钢筋混凝土结构构件或钢结构构件的有关计算方法进行。

B　梁端支墩承受的主要荷载

（1）泥石流作用在支墩上的水平荷载包括泥石流体的动压力及静压力，大石块的冲撞力。垂直作用力则包括支墩的重力、基础重力、泥石流体与堆积物压在支墩及基础面上的重力等。

（2）横梁作用在支墩上的荷载包括横梁承受外荷载后传递到两端支墩上的所有水平力、弯矩及垂直力等。

支墩受力条件确定后，就可按重力式结构（或水闸墩）的计算方法，对支墩进行抗滑、抗倾覆稳定校核计算，及对相应的结构应力进行校核计算，应达到安全、稳定要求。此外，还应验算支承端抗剪强度和局部应力是否在材料的允许范围内。

在设计中，应采取措施增大横梁的抗磨蚀能力，及抵抗大石块对横梁的冲撞能力。当横梁的跨度较大时，还应验算横梁承载泥石流及堆积物垂直重力的能力。必要时，可在梁的中间加支撑墩，使梁的跨度减小。对于梁式坝下游冲刷的防治，则与重力实体拦沙坝的措施类似。

5.6.2　切口坝

切口坝是在实体重力坝的过流顶部开条形的切口（图 5-33），当一般流体过坝时，流体中的泥沙能自由地由切口通过。而在山洪泥石流暴发期间，则大量泥沙石块被拦蓄在库区内。

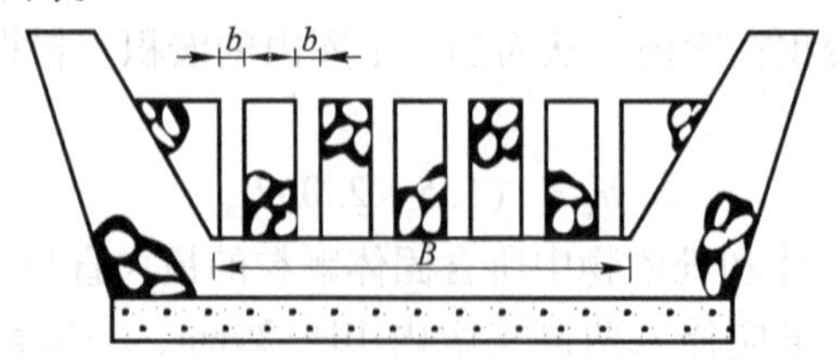

图 5-33　泥石流切口坝剖面图

5.6.2.1　切口坝的堵塞（闭塞）条件

切口坝的切口一旦被堵塞，就会与一般的实体重力拦沙坝无任何差别。实验证明：堵塞条件与粒径的分布无关，但与最大粒径（D_m）和切口宽度（b）的比值有关。发生堵塞的条件为

$$\frac{b}{D_m} \leqslant 1.5 \tag{5-89}$$

当$\frac{b}{D_m}>2.0$时，则切口部位不会发生堵塞。对于不同性质和规模的泥石流而言，当$\frac{b}{D_{m_1}}>2\sim3$，$\frac{b}{D_{m_2}}\leqslant1.5$时，切口坝可以充分发挥拦沙、节流和调整坝库淤积库容的效果。式中D_{m_1}和D_{m_2}分别为中小洪水和大洪水时可挟带的最大颗粒的粒径。

5.6.2.2 切口深度的确定

切口深度（h）与切口的宽度（b）有密切关系，b值愈大，h值就愈小，坝库上游停淤区可输沙距离就愈近，反之则愈远。切口深度通常取值如下式：

$$h=(1\sim2)b \tag{5-90}$$

5.6.2.3 切口密度的选取

切口密度（$\sum b/B$）的大小，对切口坝调节泥沙效果影响很大。当$\sum b/B=0.4$时，切口坝的泥沙调节量是非切口坝的1.2倍。当$\sum b/B>0.7$或$\sum b/B<0.2$时，则切口坝与非切口坝的调节效果是一样的。因此，切口密度应按下式选择：

$$\sum b/B=0.4\sim0.6 \tag{5-91}$$

坝体上开切口或留缝隙，应不影响坝体的整体稳定性，因此切口不宜过宽、太深，缝隙亦不能太大，通常采用如下：

$$L\geqslant1.5b \qquad \text{切口坝}$$

$$B\geqslant1.5b \qquad \text{缝隙坝}$$

式中 L——坝体沿流向的长度；

B——墩体宽度；

b——切口或缝隙宽度。

5.6.2.4 切口坝设计计算内容

切口坝需按重力坝的要求进行稳定计算和应力计算。切口坝的基本荷载中，水压力、泥沙压力可由切口底部开始计算，对经常清淤的区间，可用1.4倍水压力计算。应计入大石块对齿槛等的冲击力。

切口齿槛的抗冲击强度和稳定性按悬臂梁验算，若齿槛与基础交接断面的剪应力不满足要求，应加大断面尺寸或增加局部配筋量。

对迎水面及过流面应加强防冲击、抗磨损处理。

5.6.3 钢索网格坝

5.6.3.1 钢索网格坝的特点

钢索网格坝是利用钢索编织的有一定柔性的网状结构物（图5-34）。上端通过主索固定在沟道两岸锚固上，下部网格及绳头斜铺在沟床上，为不固定的自由端。这种坝只能拦截流体中的大石块，水流泥沙通过网孔排入下游，因此特别适用于水石流、稀性泥石流的防治，对于山洪与黏性泥石流交错出现的沟谷，亦有较好的效果。坝体柔性强，能抵抗泥石流的冲击，削减其动能，促使泥石流在坝上游自然停淤，达到预期的防治效果。坝体结构简单，材料加工、搬运、安装方便，使用材料少，工程造价低廉。

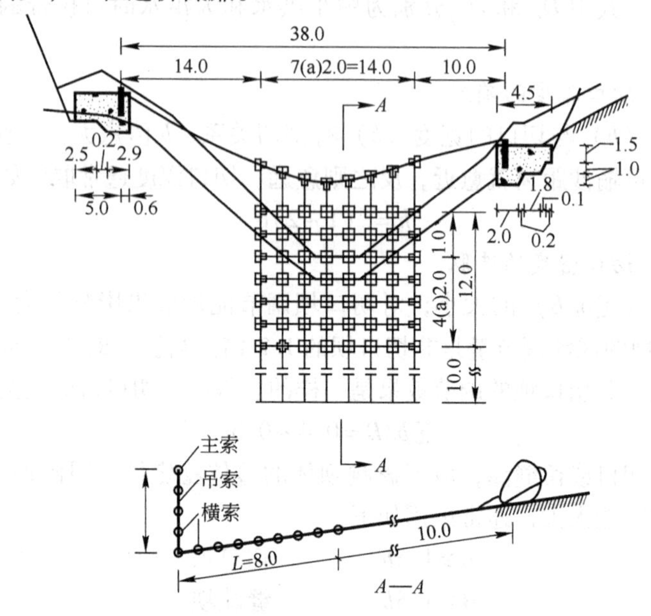

图 5-34　钢索网格坝（单位：cm）

5.6.3.2　网格坝的设计要点

（1）坝的位置选择。网格坝不宜布置在泥石流沟道的加速区，应设置在地形较窄、地质条件较好、两岸易于锚固的流通区或减速区。

（2）坝的高度。最小网格坝高应等于泥石流的最大龙头高度与相应的冲起高度之和。如需多次或长期承担泥石流的作用，则坝高需加上相应的淤积厚度。

（3）网孔大小。网孔大小取决于要拦截泥石流巨砾直径及流速等因素，其实验关系式如下：

$$1.5 \leqslant \frac{b}{D_m} \leqslant 2.0 \tag{5-92}$$

式中　b——网孔宽度，网孔多为正方形；

D_m——泥石流体石块的最大直径。

（4）网格体钢丝索的设计。

1）吊索及横索设计。作用在网格上的外力，除吊索及横索两端外，可近似按均布荷载作用在吊索上，求出加到每一根吊索上的荷载。一般吊索与横索可采用同一型号规格的钢索。

泥石流冲击力（P）按下式计算：

$$P = \frac{\gamma_c v_c^2 F}{g} \tag{5-93}$$

式中 γ_c——泥石流体的容重；

v_c——泥石流的流速；

F——投影面积；

g——重力加速度。

2）主索设计。可把作用在吊索上的各集中荷载简化为均布荷载，视为主索上的外力。则钢索的张力（T）可用下式计算：

$$T = \frac{(q_1 + q_2)\ L^2}{8f\cos\alpha} \tag{5-94}$$

式中 q_1，q_2——主索所受的均布荷载及单位长度的自重；

L，f——跨度与垂度；

α——主索锚固点处的方向与两端锚固点连线之间的夹角。

3）钢索的磨损处理。泥石流对钢索磨损高达30%～50%左右，对坝体安全构成严重威胁。采用最简单的处理办法是增大钢索的直径，或使用外层钢丝直径大的钢索规格，或用短钢管套在钢索上保护等。

4）钢索在沟床上敷设长度。网格体敷设在沟床上的末端，以不固定为好。敷设长度（L）除与网格体坝高（H）有关外，与泥石流的性质关系很大。目前只能用经验关系式表示，即

$$L = (1.5 \sim 2.0)H \tag{5-95}$$

5）钢索连接点金属夹具。主索与两岸锚固之间的金属连接夹具，应具备调节主索松紧长度的能力；主、吊索之间连接夹具，吊索与横索之间的连接夹具，两边用“T”字形，中间用“+”字形，可按有关规范设计。

值得注意的是网格坝的钢绳，经常与水接触的部分，很容易发生锈蚀，从而使钢绳的强度很快减小，直接影响网格体的使用寿命。最好采用不锈钢丝绳，其他（如涂黄油等）办法都很难维持长久，是该坝最大的缺点。

5.6.4 桩林

在暴发频率较低的泥石流沟道中下游，或含有巨大漂砾、危害性又较大的泥石流沟口，利用“树谷坊”、型钢、钢管桩、钢筋混凝土桩林等横断沟道，拦阻泥石流中粗大固体物质和漂木，使之造成连锁停积，从而达到减少泥石流危害的目的。泥石流活动停止后，将淤积物清除，使库内容量恢复，等待拦阻下一次泥

石流物质。

桩体沿垂直流向布置成两排或多排桩，纵向交错成三角形或梅花形。桩间距离为

$$\frac{b}{D_{m}}=1.5\sim2.0 \tag{5-96}$$

式中 b——桩的排距和行距；

D_m——泥石流体中最大石块粒径。

桩高（地面外露部分），一般限制在3~8m范围内。经验计算公式为

$$h=(2\sim4)b \tag{5-97}$$

式中 h——桩高；

b——桩的排距和行距。

桩体采用钢轨、槽钢、钢管或组合构件（人字形、三角形组合框架），或用钢筋混凝土柱体组成。

桩基应埋在冲刷线以下，可用混凝土或浆砌石做成整体式重力砌体结构基础。若采用挖孔或钻孔施工，直接将管、柱埋入地下亦可，但埋置深度应不小于总长度的1/3。

桩体的受力分析与结构设计，可按悬臂梁或组合悬臂梁计算。

除上述格栅坝外，尚有钢管格子坝、筛孔坝等，若治理工程方案需要，可参阅有关文献资料，本节不再作介绍。

5.7 泥石流治理生物措施设计

我国古代人民就在泥石流防治方面积累了一定的经验，当时采用的防治措施多是用木头拦，扎木圈挡等。20世纪50年代，我国铁路、公路部门为保证交通安全进行了一些单项的拦、挡、排治理工程。自60年代起，中国科学院、一些高等院校的水土保持和地学方向的专家、教授等开展了泥石流基本理论和灾害防治的科学研究，并进行综合治理试点。80年代以来中国科学院成都山地灾害与环境研究所的科研人员，运用系统概念的方法进行了泥石流防治理论与措施的研究，使泥石流由单一分散格局的单项治理，深入到全面、综合、系统的流域治理，泥石流防治研究得到进一步深入。

由于泥石流的发生、发展与危害，都与特定的地理环境、地质、气候条件和人类经济活动的方式与程度有密切关系。泥石流防治必须是全面、统一、综合系统治理，才可达到治理灾害、改善环境的目的。

5.7.1 泥石流综合治理措施

泥石流综合治理是通过工程（水利）措施、生物措施、社会防治措施来共同

达到治理泥石流的目的。

工程治理措施在前面已经做了介绍，归纳起来主要包括：

（1）防护工程。防护工程包括稳沟固坡和调洪蓄水工程，它以调节洪峰、削减泥石流形成水动力条件和控制固体物质补给为目的。

（2）拦挡工程。为防止泥石流危害各种建筑物、农田等，将泥石流的大部分冲刷物质拦截于泥石流沟道内停淤。

（3）排导工程。在地质构造复杂，岩层破碎，自然生态环境恶劣地区，采用较为完整的工程系统，如条件不具备，或泥石流规模较大难以拦挡时，可先用排导工程防止泥石流漫流，使其按人们指定的方向流走或停淤，从而达到减轻危害的目的。

生物措施主要包括：

（1）在泥石流发生源地，对森林遭到严重破坏或者过量采伐和乱砍滥伐的山地，进行封山工程和植树造林。

（2）泥石流发生区的山坡，多数地方造林条件较差，可先封山育草、灌，恢复植被小环境，然后再造林。

（3）凡属于泥石流地区防护林（尤其是陡坡林），禁止各种采伐，加强以保护为主的抚育管理。

社会防治措施主要是加强宣传，促进各地区领导和政府对泥石流治理工作的认识和重视，采取行之有效的行政管理措施，建立健全管理机构和制定完善的管理规程和规范。

下面重点对生物措施进行介绍。

5.7.2 生物（工程）措施分类与特点

生物措施亦可称为生物工程。它是通过对现有森林植被的保护、荒山荒坡营造水源涵养林、水流调节林、护坡林、沟道防冲林、治理工程的防护林等措施，使泥石流治理的流域内恢复植被，形成良好的生态环境，改善人类的生活、生产、生存条件，促进经济发展和农业、林业、畜牧业以及工业生产的繁荣。生物（工程）措施可分为两类主要措施和一类辅助措施。

5.7.2.1 林业工程

林业工程是通过植树造林手段使荒山荒坡恢复森林和对现有的用材林、各种防护林进行科学管理，保护及促进生长发育，使陆地生态系统恢复、稳定与平衡，充分地发挥其保持水土的作用。依据水土保持林造林地的部位及作用，现有林的保护有如下几种：

（1）水源涵养林。水源涵养林主要指分布在清水汇流区及泥石流形成区和汇流区的两岸山脚以上直至分水岭范围内的森林。这部分森林在防治泥石流中起着削弱水动力条件的作用，是泥石流生物防治措施的主体部分。水源涵养林区分布较高，受人类活动影响比中下游少。对在有林地主要是加强保护，或进行必要的补播和补植，并应设置防火林带。在可能的条件下，尽量使之形成针阔叶混交林区，并保留林下枯枝落叶层；在荒坡地一般以封山育林为主要手段，促进天然更新，辅之以人工造林。

水源涵养林的树种选择以高大的乔木树种为主，以乡土树种为主，并力求形成复层林。

(2) 水土保持林。水土保持林主要布置在植被易遭破坏，而破坏后又较难恢复的地段。这些地段生态环境比较恶劣，地表失去被覆后又易于发生面蚀和沟蚀，土壤一般比较瘠薄和干燥，水土流失严重。在树种选择与造林方法上，应根据环境的差异，选择相宜的乔灌木树种或草类，多采用耐旱、耐瘠薄的深根性树种，以能够成活和保存为先决条件。

在立地条件恶劣的地方营造水土保持林，不仅乔、灌、草种类选择不拘一格，而且往往需要采取容易成活的先锋树种，如马尾松、枫香、山杨、白桦、扁桃、柳、密油籽、马桑等，待其成林使环境得到改善后，再逐步改选为较理想的森林群落。

根据不同的条件，应注意选择适宜的整地方法、造林季节及造林方法。根据土壤条件、地形条件、降雨季节、气候特征，选用树种和草种。

水土保持林有以下四种：

1) 护坡林。主要为保护山坡免遭侵蚀，布置在坡脚至分水岭的广大坡面上。护坡林应沿等高线栽植，在坡的上部分水岭附近，须注意防风及抗风，在坡的下部须注意其萌生力及耐湿性，以适应坡积物的压埋及洪水季节的水浸。在凸形地的中部往往土层更瘠薄，水分状况更差，须用更为耐旱耐瘠薄的树种，而且常需用鱼鳔坑等整地方法。一般灌木树种比乔木适应性强。

2) 沟头防护林。主要为制止或减轻沟头的溯源侵蚀，布置在主沟沟头及支沟沟头。需选择根系发达和能够密植的树种，且以乔、灌木混交为有利，使根系的分布层更厚，更能够网络及固结土体、阻止溯源侵蚀的发展。栽植方向应与径流流向呈直交或接近直交的弧形。造林方法应以植苗造林为主。坡面不稳定的应辅之以沟头防护工程，如跌水、陡坡、谷坊等工程，使造林得以成功。

3) 沟沿防护林。主要为防止沟沿的冲刷和崩滑，布置在主沟沟沿和支沟沟沿。往往需配合护坡工程稳定坡体以保障造林成功。

4) 沟底防冲林。布置在冲沟底部，主要为制止沟床的底蚀，维护沟床的相对平衡，同时也能防止沟床的侧蚀。一般沿流向栽植，树种应选择耐水湿和根系发达的树种，以阔叶树为好。

(3) 护堤林。护堤林主要布置于堤防两侧，在沟床陡峻以冲刷为主的地段，亦可在堤防内侧堤脚栽植1行至数行乔木树种，以保护堤防，增强堤防对泥石流的抗御能力。

护堤林以不少于3行为好，沿堤栽植，株距2~3m，丁字形布置，以深根性高大乔木树种为宜。平时可保护堤防，在泥石流冲决堤防时，也可有力地削减其破坏作用。

（4）护滩林。护滩林布置在山口以外泥石流堆积扇、阶地以及山口内的宽谷段滩地上。主要作用是阻滞流体及石块的运动，保护滩地上的农田、果园及其他设施。栽植成林带，林带宽度以10m以上为宜，最少不应少于5m。宜采取乔、灌木行间混交。这样既有阻滞洪流拦蓄泥沙的作用，又可阻挡大石块的搬运。

5.7.2.2 农业工程

落后的耕作方式，陡坡垦殖，不合理的农田水利和坡地灌溉等，都会导致泥石流发生，造成灾害。因此，发展农业，扩大耕地和耕作要合理、科学，以防泥石流发生。

（1）梯地工程。我国北方、西南山区存在着顺坡耕作和沟道中填沟耕作的耕作方式，由于在暴雨作用下顺坡耕地的土层易被冲向沟道，当洪水暴发时，坡上的土体和沟道中填土的耕地全被冲，掺入到泥石流中，加大了泥石流规模。因此，在泥石流治理流域内，25°以下的坡地需沿等高线修梯地，改变顺坡耕作的方式，以利水土保持。

（2）25°以上的农耕地退耕。我国山区农业，赖以生存土地少，尤其是西南地区山陡，地少，由于人口的增长，为扩大耕地，一些25°以上的坡地仍在开荒种植，而且有的是毁林开荒，造成泥石流灾害。为防止泥石流发生，泥石流治理中必须遵守国家规定，凡是25°以上的耕地需退耕还林，禁止毁林开荒。

（3）农田水利和灌溉工程。坡地的农业水利工程和灌溉系统应当配套。我国干旱地区坡地，在修筑梯田的同时需修农田的蓄水池（涝池）、灌溉引水渠；在比较湿润的南方山区，修梯地同时需修农田水利和灌溉工程等，且都需做好防渗漏措施，以免因漏水而引起滑坡和崩塌导致泥石流发生。

泥石流防治生物措施除以上两项外，还需在高海拔林线以上的牧区，考虑保护草地措施，不能过度发展畜牧业，不能超牧，以防造成草地破坏、水土流失，而导致灾害性泥石流发生。

5.7.2.3 农田绿化与薪炭林及经济林工程

泥石流治理工程是控制泥石流的规模，改变泥石流运动条件，保护各种建筑物和人民生命财产少受或免遭损失和危害；生物治理通过林业工程、农业工程抑制泥石流产生的条件。但在治理的同时，要与恢复良性生态环境、改善流域的生存条件以及经济状况相结合，就需要保护治理的工程，使其发挥治理效益。

（1）农田绿化。为保农业工程保持水土的作用，需要进行农田（梯地）的绿化，使其保障农业的丰收和梯地的寿命，在不影响农作物的生长情况下，梯地埂上种植既具有经济价值又能保持水土的经济植物，蓄水池周围和水渠边都需进行绿化，以保这些水利工程使用寿命，发挥土地多方面效益。

（2）薪炭林的种植。在泥石流危害的山区，往往都是缺燃料之地，大部分都是靠生物质燃料（木柴），所以就要适当种植薪炭林解决群众燃柴问题，使之不能乱砍和过度索取生物质燃料，以保护林业工程实施和保存。

（3）经济林的种植。中国泥石流暴发的山区大部分是贫困山区和经济落后地区。因此，在实施农业、林业工程治理泥石流的同时，需要考虑帮助当地人们如何致富，如何发展经济，注意因地制宜地种植经济林木和经济作物，使当地的人们在能解决生存的条件下，发展经济，提高经济收入，逐渐地富起来。

5.7.3　生物措施规划

生物工程虽然费用省，但它的涉及面却非常广，是一项极为复杂的系统工程，只要有一个环节没有打通，就很难实施。凡事预则立，如若没有一个精细的规划设计和坚强的组织领导，实施起来，难度是很大的。

为了做好生物工程防治泥石流的规划，一般应按任务要求照以下步骤开展。

5.7.3.1　规划前调查

根据调查的全流域泥石流发生条件、危害程度、发生历史和发展规模、灾害情况，选择规划方案而做生物治理的规划设计。

（1）泥石流发生条件调查。即对泥石流形成的地质、地貌、降水三大基本条件进行调查，分析形成泥石流的原因和诱发因素，确定是自然因素为主导，还是人为因素诱发。

确定泥石流发生的原因和主导因素，根据危害程度、灾害历史和发展规模而拟定生物治理方案。

（2）地貌、土壤和土壤侵蚀状况，植被种类和覆盖度的调查。为植树造林的立地条件类型划分作基础，根据造林的立地条件类型，在不同部位、不同海拔高度，选择适宜的林种、树种、林型结构，达到治理的目的和效果。

（3）流域内社会经济调查。泥石流生物防治应结合当地经济发展，通过治理后既能控制泥石流发生发展，同时改善人们的生存条件、生态环境，还要促进流域内的农业、牧业等发展，使人们能富起来和安居乐业。在规划之前需对流域的经济状况、人文情况进行详细的调查，以便规划和治理措施能与原有经济相结合，生物措施才能适宜、科学可靠。

5.7.3.2　规划方案设计

泥石流防治生物治理规划，必须与全面治理规划方案设计同步，通过基本条件调查后，进行分析、实验、计算，根据调查的基本条件做出生物治理规划方案设计。规划设计做出后与当地有关人员进行方案设计的讨论评估，通过上级组织和有关专家评审后上报政府。

泥石流的防治也可以根据不同的生产经济体系，不同部门，即城镇、农业、林业、自然保护区和风景名胜区（如因公路修筑开挖山体和弃土与公路养护，水利水电建设弃石土，开矿弃渣），规划内容有所不同，但是生物措施中恢复植被和治理环境是一致的，仅仅是措施和规划内容侧重点有所差异。

（1）根据调查资料分析治理流域内的地质、地貌条件，土壤侵蚀状况，原有森林植被现状和泥石流形成原因、主导因素，为植树造林立地条件类型划分提供依据。

（2）根据调查资料绘出植被现状图，形成条件图（包括有土壤侵蚀状况）；依据地貌、土壤、植被编制出立地条件类型图，为规划措施设计奠定基础。

（3）规划措施设计。根据不同的治理对象采取不同的规划措施，森林区规划为林业工程，农业区规划为农业工程，同时与农业的农田水利工程和农田绿化工程配套，林业工程的管理与保护均应进行规划措施设计。

例如，在四川凉山州喜德县城灾害性泥石流治理规划（图5-35）中，对此沟的泥石流采用生物治理措施，依据原有森林植被，云南松纯林中补植阔叶树种，灌木林中加植乔木（针叶与阔叶）树种，立地条件良好类型种果树。

四川省金川县的综合治理规划是以工程辅以生物工程治理，在沟源清水区与林线以上草地交界处布置沟头防蚀林（与沟30°斜交坡地扦插高山柳，每隔1m一行并用柳条编起，以防沟头侵蚀）。

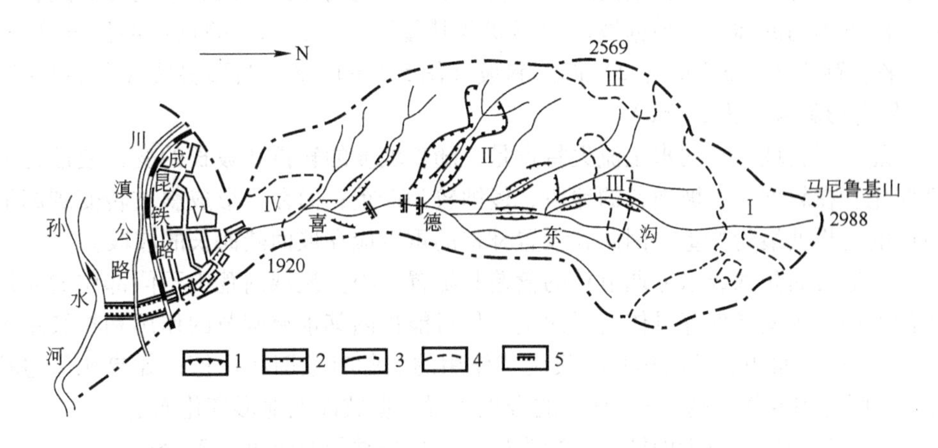

图5-35　四川喜德东沟泥石流综合治理现状图

1—崩塌；2—滑坡；3—流域界；4—植被界；5—拦沙坝

Ⅰ—灌木林；Ⅱ—松林；Ⅲ—经济林；Ⅳ—耕地；Ⅴ—县城

5.7.4　生物治理的技术措施

林业（工程）技术措施是生物治理的主要技术措施。林业（工程）技术措施实际分两部分：一是现有森林的保护（封山育林）和管理，使其永续利用；二是荒山荒坡造林，也就是水土保持林的营造。

5.7.4.1　现有森林的保护、管理

各种森林的地上部分有着保护地面的作用；其地下部分（根）系网络固持土壤，可以起到防止土壤侵蚀、调节径流、抑制泥石流发生的作用，如果在泥石流发生的流域内森林遭破坏，就需要封山育林，促进天然更新和植树造林，加强管理使其恢复森林植被。

5.7.4.2　水土保持林营造技术及配置

水土保持林广义上讲包括有水源涵养林、水流调节林（或称水土保持林）。在泥石流防治的流域内，按部位而言，上游集水区即清水区的防护林即是水源涵养林，它可以减少地表径流，调节土壤和主沟的水文条件，缓洪调枯，防止土壤冲刷。水流调节林或称水土保持林，是在中游坡地上起到调节坡面径流、防止土壤侵蚀的防护林，在沟底为防冲林。在设计上需上、中、下、沟头、沟岸、沟底结合配置。

（1）水源涵养林。水源涵养林的林种配置上，应当据立地条件类型，选择适宜的树种，林型配置应当是针阔混交林或者是乔灌混交林。

（2）水土保持林（水流调节林）。泥石流流域集水区以下坡面上的防蚀林，能起到调节径流和防止土壤侵蚀的作用。根据不同的侵蚀状况和不同坡面造林技术，配置不同的林型。根据坡面的形状及其侵蚀程度，林带的重点部位可分为：1）平直斜坡（图 5-36a）；2）凹形斜坡（图 5-36b）；3）凸形斜坡（图 5-36c）；4）复合形斜坡（图 5-36d）。

复合形斜坡，它的水土流失特点是，随着坡度的转折和坡长的变化侵蚀也随之变化。在斜坡大、坡面长的地段，侵蚀较为严重；而在已形成斜坡转变到凹形斜坡的转折处最为严重。因此，设置林带的重点应在坡面陡而长的坡段。

一般坡面防蚀或水流调节林的营造和配置，根据流域内荒山不同部位的立地条件类型，水文条件等具体情况而定，尽可能提高其水流调节的作用和护坡系数（护坡林的总面积和护坡林起吸收调节作用的实际有效面积比值，如果比值愈接近 1，则起到的作用越大）。林带的合理布置依据坡面上地形变化而定。

平直的沟坡一般为面蚀，侵蚀为轻度，防护林的布置可按 2 ~ 5m 一林带。立地条件类型较好且面积大的坡面，在林带中可以种植果树，在切沟的上方种植针阔混交林（见图 5-37）。这类坡面如果面积小，立地条件差，则在造林的配置上要较密植，先恢复草和灌木，后种树。树种需选择耐干旱，耐瘠土壤，根系发达

且生长迅速的植物。

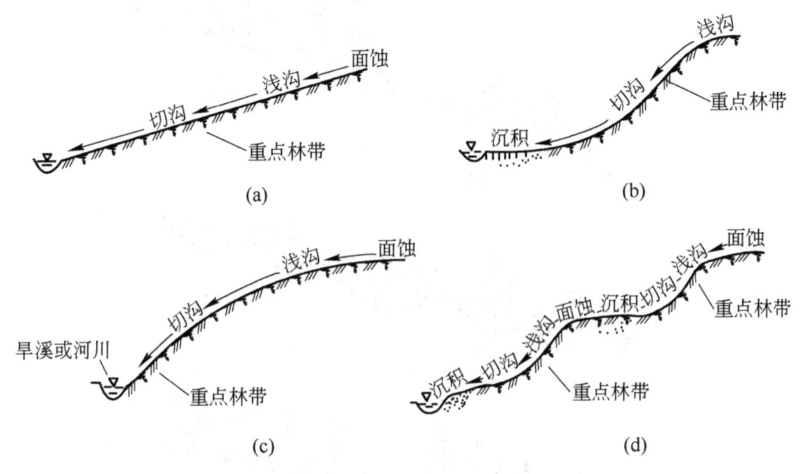

图 5-36　在坡面陡而长的坡段设置林带

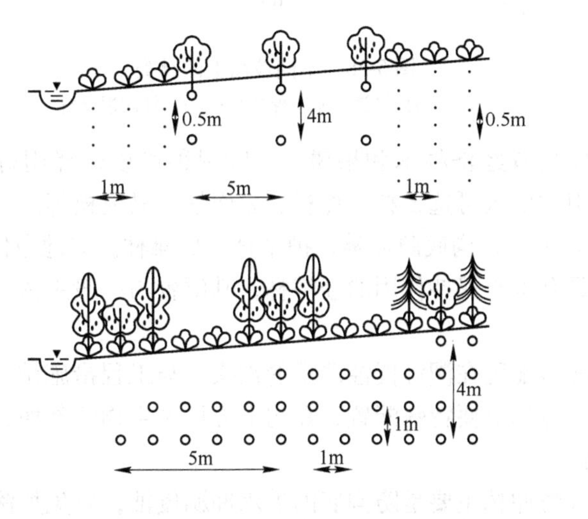

图 5-37　在切沟的上方种植针阔混交林

凹形、凸形、复合形沟坡面，坡度都比较陡，水土流失严重，侵蚀程度较重，其林带布置如图 5-38 所示，重点林带都需布置在较陡之处，且需密植。

重力侵蚀较严重坡面（沟坡），如有小型滑坡和坍塌、崩塌的坡面，则需要根据其侵蚀种类与程度，结合工程治理种植不同的树种。在滑坡上要种植蒸腾大的草类和灌木，造深根性的树种，避免种植针叶树种，以免增加地表荷载，促进滑坡活动。

防护林适合立地条件较良好的平缓的平直斜坡，林型配置为针阔混或乔灌混

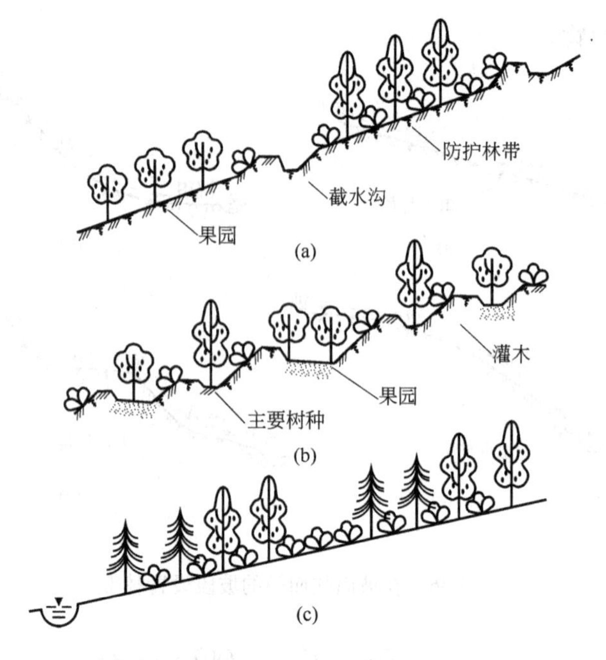

图 5-38　不同坡面上的林类

（a），（b）经济、水土保持林；（c）针阔混交林

交林，有的可以配置经济林木和果树。针叶树种可以选择用材树种，北方为红松、油松等，南方地区可选云杉、冷杉、云南松、马尼松等。

（3）沟头防护林、沟底防冲林、护岸林、护滩林。立地条件类型较好的山坡上，可以营造具有水土保持作用的经济林，其配置与一般果树不同，果树间可配置灌木。

沟头防护林多配置在溯源侵蚀严重的沟头，与工程措施结合，即与拦蓄、分流工程相结合，造林上要特殊配置，在沟下方可做生物活谷坊，如插柳谷坊，以防止冲刷和侵蚀。

护岸、沟底防冲林主要是防沟底的洪水冲刷侵蚀，以免加深侵蚀沟头以上的沟岸，其造林防止沟岸的水土流失和滑坡崩塌的发生和扩展，应采用阔叶、灌木与草被混合配置，沿等高线营造，株行距要较密，不宜全面整地，造林方法可以植树或植苗造林，采用穴播。

护滩林可以在泥石流滩地上与土地利用结合营造经济护滩林和薪炭水土保持林（速生树种）。

由于泥石流的形成因素复杂，其流量以及固体物质组成等参数各异，所以在对泥石流灾害进行治理前，必须对泥石流的现状、历史、性质、流量、流速等要素及其发展趋势和对当地居民、工矿企业的危害程度进行认真论证，在全面掌握灾害体情况的基础上，采用合理的比选方案。一般来说，排导措施对根治泥石流、保护自然环境而言，是一种消极的办法，因为它不仅任泥石流自然发展，且将大量的泥砂、石块排入到河里，使河床不断淤积，给下游的居民及设施带来危害；而水土保持、恢复生态平衡的措施如能彻底贯彻实施，对泥石流灾害可以起到减缓，甚至大大减少的作用，但这项措施收效慢，培育、管理、权益等方面牵涉的问题较广，对于应急工程来讲，就不太合适；而拦挡坝等措施收效快，但造价通常较高，且有不同的适用条件。设计者在进行治理措施选择时，应综合考虑各种因素，以求取得最大效益。

6 地面塌陷治理工程设计

6.1 概　述

地面塌陷是指地表岩、土体在自然或人为因素作用下向下陷落，并在地面形成塌陷坑（洞）而造成灾害的现象或者过程。当这种现象发生在有人类活动的地区时，就可能成为地质灾害。引起地面塌陷的动力因素主要有地震、降雨以及地下开挖采空、大量抽水等。

根据其发育的地质条件和作用因素的不同，地面塌陷可分为岩溶塌陷、采空区塌陷及黄土暗穴塌陷：

（1）岩溶塌陷。岩溶塌陷是指在岩溶地区，下部可溶岩层中的溶洞或上覆土层中的土洞，因自身洞体扩大或在自然与人为因素影响下，顶板失稳产生塌落或沉陷现象的统称。我国岩溶塌陷分布广泛，除天津、上海、甘肃、宁夏以外的省、自治区、直辖市都有发生，其中以广西、湖南、贵州、湖北、江西、广东、云南、四川、河北、辽宁等最为发育。据统计，全国岩溶塌陷总数达 2841 处，塌陷坑 33192 个，塌陷面积约 332km^2，造成年经济损失达 1.2 亿元以上。全球有 16 个国家存在严重的岩溶地面塌陷问题。

岩溶塌陷的平面形态具有圆形、椭圆形、长条形及不规则形等（图 6-1），主要与下伏岩溶洞隙的开口形状及其上覆岩、土体的性质在平面上分布的均一性有关。其剖面形态具有坛状、井状、漏斗状、碟状及不规则状等，主要与塌层的性质有关，黏性土层塌陷多呈坛状或井状，砂土层塌陷多具漏斗状，松散土层塌陷常呈碟状，基岩塌陷剖面常呈不规则的梯状。

岩溶塌陷的规模以个体塌陷坑的大小来表征，主要取决于岩溶发育程度，洞隙开口大小及其上覆盖层厚度等因素。

岩溶地面塌陷的产生，不仅使岩溶区的工程设施，如工业与民用建筑、城镇设施、道路路基、矿山及水利水电设施等遭到破坏，给人民生命带来威胁，而且还会造成岩溶区严重的水土流失、自然环境恶化，同时影响到各种资源的开发利用。

（2）采空区塌陷。采空区塌陷是指煤矿及其他非煤矿山由于地下采空区顶板产生陷落而在地表产生的塌落或沉陷现象（图 6-2），此类地质灾害在我国分布较广泛，目前已见于除天津、上海、内蒙古、福建、海南、西藏以外的省、自治

图6-1 岩溶塌陷（田富友摄）

图6-2 采空区塌陷（杨永存摄）

区、直辖市，其中黑龙江、山西、安徽、江苏、山东等省发育较严重，据不完全统计，在全国21个省区内，共发生采空塌陷182处以上，塌坑超过1592个，塌陷面积大于1150km^2，年经济损失达3.17亿元。由于地下采空区具有隐伏性强、空间分布规律性差、采空区顶板冒落塌陷情况难以预测等特点，因此，如何对地下采空区的分布范围、空间形态特征和采空区的冒落状况等进行量化评判，一直是困扰工程技术人员进行采空区潜在危害性评价及合理确定采空区处治对策的关键技术难题。

（3）黄土暗穴塌陷。黄土暗穴塌陷是指在黄土地区由于雨水的大面积汇集，沿黄土的垂直节理或大孔隙渗透、潜蚀，溶解了黄土中的易溶盐，破坏黄土结构，引起土体不断崩解，产生土粒流失，形成大小不一的暗沟、暗穴，这些暗沟、暗穴在水的浸泡和冲刷作用下，洞壁坍塌，逐渐扩大并引起地面塌陷的现象。黄土暗穴的发生与发展是相当快的，往往在一场大雨之后，就会形成很大的暗穴或陷穴，因此平时就应该在可能产生暗穴或陷穴的地带做好预防工作，对已查明的暗穴迅速进行处理。

在上述几类塌陷中，岩溶塌陷分布最广，数量最多，诱发因素最多，且具有较强的隐蔽性和突发性特点，严重地威胁到人民群众的生命财产安全，因此受到人们的广泛重视。

6.2 地面塌陷治理工程设计关键技术参数的选取

根据地面塌陷形成和发生的过程，影响地面塌陷的主要因素有空洞区面积、围岩岩性、地质构造和地下水四大因素。

（1）空洞区面积。地层中的空洞区，随其空洞范围的增加，周围地层中的应力扩大。当其大于某一界限值时，就会引发塌陷。一般来讲岩石强度高、分层厚度大的岩石空洞区的界限值大；反之，强度低、分层薄的岩石界限值较小。

（2）围岩岩性。围岩岩性影响着地面塌陷的时间、速度和变形范围等。如果空洞上覆岩层强度高，层厚大，那么地表变形所需的时间就长；而强度低、分层薄的岩层，地表变形的时间短；厚度大、塑性大的软弱岩层覆盖于强度高的岩石之上时，地表变形平缓，反之地表变形快。第四系堆积盖层越厚，当发生塌陷时，范围越大。

（3）地质构造因素。地层中的断裂是应力集中部位，是地层中的不稳定因素。岩石中的断裂、节理越发育，发生地面塌陷的时间就会越短，速度也越快，范围也会变大。

（4）地下水。矿山采掘必然遇到地下水的防治问题，目前我国地下水的防治方法多为疏干法，由于地下水从地层中大量排出，使地下水位发生变化，从而引发地面塌陷。

在地面塌陷的治理设计中，首先必须查明塌陷区地表形态，如出露的形态及其大小、洞穴及其充填物的情况，地面斜度、径流切割深度、覆盖层的厚度、河谷阶地情况及其现代水面的高度等；空洞的地下形态，如洞穴的走向、断面、长度、纵坡变化及顶板厚度等，还应查明降雨量、地表径流及落水洞的位置、地下水的补给、渗流、出水口的位置及人工降低地下水的情况等。

在地面塌陷治理设计及计算中，所涉及的各技术参数及物理意义如下：

E：空洞上覆岩体的弹性模量（GPa）；

μ：岩体的泊松比；

$[\sigma_1]$：岩体的许用抗拉强度（MPa）；

$[\sigma_y]$：岩体的许用抗压强度（MPa）；

C：岩体的黏聚力（MPa）；

φ：岩体的内摩擦角（°）；

φ_K：岩体的似摩擦角（°）；

h：空洞上部岩层顶的上覆松散土柱的计算高度（m）；

t：空洞底板至岩层顶面之间的岩体高度（m）；

h_0：空洞的最大高度，对于采空区即为采厚（m）；

b_0：空洞的最大宽度，对于采空区即为采宽（m）；

γ：岩体或上覆土柱的容重（kN/m^3）。

试验及工程实例表明，岩体的物理、力学、水理等性质之间存在一定的相关性，对岩性参数赋值时，应主要依据当地岩性的试验结果，同时也要注意分析各参数的相容性，剔除明显不合理的数据。

岩体中的节理、层理，以及风化程度、软化程度等因素对于岩体性质同样具有重要的影响，但如何用数值指标定量地反映这些因素，尚没有有效的方法，目前只能是将其与其他一些物理力学性质综合考虑，在其他参数中予以反映。

预防和治理地面塌陷的工作，有多方面内容，首先，为避免或减少地面塌陷灾害，必须十分重视建设场地的地质环境，查明建设区地面塌陷的危险程度和形成条件，对地面塌陷进行预测，把重要工程设施尽可能布设在塌陷危险性小的安全地带；对于那些必须建筑在地面塌陷区内的工程设施，则应根据具体情况，在设计和施工中采取钻孔灌浆、旋喷加固等必要的防塌措施。除上述预防途径外，在地面塌陷危险区进行抽水、排水、蓄水、爆破等活动时，要采用适当方法，防止诱发地面塌陷活动。如城镇和企业集中开发的地下水水源地，要尽可能远离城区和重要工程设施；在地下水资源开发中，避免开采井和开采时间过于集中；根据水资源条件，合理确定开采强度，控制地下水降落漏斗的规模和扩展速率，避免地下水水位急剧降落；根据含水层性质，对抽水井选择有效的过滤器，防止或减少土层颗粒从井孔中流失；正式开采前要进行生产性试验，开采过程中加强地下水和塌陷动态监测。在矿坑疏干排水过程中，要控制排水强度，防止地下水水位的突然下降和反复升降；必要时，可在疏干区上游采用灌浆帷幕方法拦截地下水，以限制地下水降落漏斗范围。地面塌陷区水库蓄水时，要使水库水位缓慢上升，防止急剧上升和大降大落。地面塌陷危险区的城镇和企业，特别注意保持排水系统的有效性，防止雨水、地表水以及废水的大量入渗。为了减轻矿区采空塌陷灾害，要根据地下矿产资源和地面工程设施的分布情况，限制采空区范围，或者增多、加大保安柱，减小塌陷规模。对于已经发生的塌陷灾害，要在查明地面塌陷发育状况和形成原因的基础上，因地制宜地采取针对性措施加以治理。其方法除了消除促使地面塌陷发展的各种动力活动外，还可采用填堵法、跨越法、强夯法、灌注法、深基础加固法、控制抽水（或排水）强度法、疏导水流法、地下水气调压法等充填加固地面塌陷坑和地下孔洞，堵截水流，强化土层及洞穴沉积物强度，削弱地面塌陷活动能力，保证工程设施安全。

6.3 岩溶塌陷治理工程设计

6.3.1 岩溶塌陷的主要成因

岩溶地面塌陷多发生于碳酸盐岩、钙质碎屑岩和盐岩等可溶性岩石分布地区。激发塌陷活动的直接诱因除降雨、洪水、干旱、地震等自然因素外，往往与抽水、排水、蓄水和其他工程活动等人为因素密切相关。

6.3.1.1 可溶岩及岩溶发育程度

可溶岩是岩溶地面塌陷形成的物质基础，而岩溶洞穴的存在则为地面塌陷提供了必要的空间条件。

岩溶的发育程度和岩溶洞穴的开启程度，是决定岩溶地面塌陷的直接因素，可溶岩洞穴和裂隙一方面造成岩体结构的不完整，形成局部的不稳定；另一方面为容纳陷落物质和地下水的强烈运动提供了充分的空间条件。一般情况下，岩溶越发育，溶穴的开启性越好，洞穴的规模越大，则岩溶地面塌陷也越严重。

6.3.1.2　*覆盖层结构和性质*

松散破碎的盖层是塌陷体的主要组成部分。塌陷体物质主要为第四系松散沉积物所形成的塌陷叫做土层塌陷。据南方十省区统计，土层塌陷约占塌陷总数的96.7%。

6.3.1.3　*地下水运动*

地下水运动是塌陷产生的主要动力。地下水的流动及其水动力条件的改变是岩溶塌陷形成的最重要的动力因素，地下水径流集中和强烈的地带，最易产生塌陷，这些地带有：

(1) 岩溶地下水的主径流带；

(2) 岩溶地下水的（集中）排泄带；

(3) 地下水位埋藏浅、变幅大的地带；

(4) 地下水位在基岩面上下频繁波动的地带；

(5) 双层（上为孔隙、下为岩溶）含水介质分布的地带，或地下水位急剧变化的地带；

(6) 地下水与地表水转移密切的地带。

地下水位急剧变化带是塌陷产生的敏感区，水动力条件的改变是产生塌陷的主要触发因素。

水动力条件发生急剧变化的原因主要有降雨、水库蓄水、井下充水、灌溉渗漏、严重干旱、矿井排水、强烈抽水等。

此外，地震、附加荷载、人为排放的酸碱废液对可溶岩的强烈溶蚀等均可诱发岩溶地面塌陷。

6.3.2　岩溶塌陷的治理措施

我国对岩溶塌陷的防治工作开始于20世纪60年代，目前已有一套比较完整和成熟的方法。对岩溶塌陷防治的关键是在掌握矿区和区域塌陷规律的前提下，对塌陷做出科学的评价和预测，即采取以早期预测、预防为主，治理为辅，防治相结合的办法。

塌陷前的预防措施主要有：合理布局居民区和厂矿企业；对河流改道引流，避开塌陷区；修筑特厚防洪堤；控制地下水位下降速度和防止突然涌水；建造防渗帷幕，避免或减少塌陷区的地下水位下降；建立地面塌陷监测网等。

塌陷后的治理措施主要有：塌洞回填、河流局部改道与河槽防渗、综合治理。

一般来说，岩溶塌陷的防治措施包括控水措施、工程加固措施和非工程性的防治措施。

6.3.2.1　控水措施

（1）地表水控水措施。其目的是防止地表水进入塌陷区，主要有：

1）清理疏通河道，加速泄流，减少渗漏；

2）对漏水的河、库、塘铺底防漏或人工改道；

3）严重漏水的洞穴用黏土、水泥灌注填实。

（2）地下水控水措施。根据水资源条件，规划地下水开采层位、开采强度、开采时间，合理开采地下水，加强动态监测。危险地段对岩溶通道进行局部注浆或帷幕灌浆处理。

6.3.2.2　工程加固措施

（1）清除填堵法。对于已延伸到地表的塌陷区，在确认塌陷已经稳定的前提下，采用水稳定性的材料进行全部回填并分层压实或夯实。特别是当附近有合适的填充材料，如碎石土、砂砾石等，这种方案的可行性就更大一些。

洞穴的填充物常具有很大的液性参数，其承载力往往不能满足上部建筑物的要求，应予清除并换填强度高、稳定性好的材料。换填必须填满填实。当地面以下空洞底板很薄，而且洞口很小，以至无法入内清除填充物和换填加固时，可先将顶板炸开，以清除洞穴内充填物及松散物，再回填片石。

对于深大的塌陷坑，也可以在下部回填大块石，上部夯填黏性土，并用水泥抹面。对于重要的场地，如重要的道路或上部需要承载的地面，可以在回填夯土的上部铺设钢筋混凝土网格板。抹面应略高于周边，以利排水。贵州省六盘水市环保局楼房某承重柱下，曾发现有埋深4m，高1m，承压地下水流量达0.007m^3/s的空土洞，经用回填法并配合通气减压、疏导地下水等综合处理措施，在大楼建成后观测了4年，未再发现异常现象。

（2）跨越法。在岩溶区，当溶洞的洞径与洞深相比不大，且空洞周围的围岩坚固稳定时，也可以在洞顶采用深梁、厚板来跨越孔洞并承担上部的工程荷载。梁板结构的优点是其设计截面只与洞径及其上部的工程荷载有关，而与洞深无关。在洞深较大的情况下，可能比回填法的处理结果更加可靠和节省工程投资，这在方案设计阶段可以通过方案比较来确定。

当采用深梁或厚板跨越空洞时，梁或板在空洞周围地面的跨越面积应根据地基承载力进行计算，当梁和板的刚度较大时，可以认为地基反力在与梁、板的接触面上呈直线分布，据此计算出梁、板的延伸长度后，再根据变形进行验算。要避免因梁或板的挠曲引起与地基的部分脱离，从而将荷载集中作用于空洞周围而导致洞周围岩体出现剪切破坏，导致空洞的进一步扩大。

对于既有建筑物下的隐伏空洞或塌陷，可以采用框架梁进行处理。这种方法是在既有建筑物的基础下，用顶进法将预制好的框架梁或涵洞顶进。框架梁的截面尺寸视岩溶塌陷的直径而定，梁的两端或边墙应置于稳定的基础上。

（3）强夯法。强夯的目的在于增加土体密度，降低压缩性，提高土体的强度。强夯还可以用于直接破坏隐伏的土洞，消除隐患。强夯的有效深度视锤重及下落高度而定，国内现有设备可达7～30m。

（4）钻孔充气法。当岩溶塌陷是因地下水位下降，在密闭的岩溶腔中形成真空吸蚀致塌时，可在密闭的岩溶腔中钻孔，消除真空状态，减少或免除塌陷的威胁。这一措施因为密闭的岩溶腔常常难以查清，钻孔又必须打入腔中，故实施难度较大。

（5）灌注填充法。用于埋深较深的溶洞。可以用水泥、碎石或砂进行灌注，以填满洞穴，起到强化土层的作用。

（6）深基础法。对于基岩面不平且埋藏较浅的塌陷地段，常用桩基工程，即钻（挖）孔至基岩面，用现浇或预制混凝土桩基打入洞穴底部的完整基岩上，在桩顶浇筑混凝土梁，做成建筑物的条形、框架基础。

（7）旋喷加固法。浅部用旋喷桩形成一“硬壳层”，（厚10～20m即可），其上再设筏板基础。

（8）注浆加固。注浆法是整治岩溶地面塌陷的常用且有效的措施，其目的在于充填洞隙，消除隐患，固结岩土体以增加溶洞顶板的抗塌力。注浆还可形成帷幕以隔绝水位变动对塌陷的影响。

1）注浆施工方法。注浆施工方法很多，在岩溶地面塌陷中最常用的方法有花管注浆和单向阀管注浆法。压密注浆则用专门的压力泵和管道传送设备。

①花管注浆。常用的注浆管的直径为ϕ25～400mm，头部1～2m为侧壁开孔的花管，孔眼直径一般为ϕ3～4mm，梅花形布置。注浆管开孔直径一般比锥尖直径小1～2mm。有时为防止堵眼，可以在开口孔眼先包一圈橡皮环。用人工或电动振动机把注浆管压入地层，在开孔段压入地表50cm开始压浆。常用水灰比为0.4～0.6。为了防止浆液沿管壁上冒，可加一些速凝剂（3%～5%的氯化钙）或压浆后间歇数小时，在地表形成一个封闭层。连着每压入1m注浆一次，直至到达设计深度，每段注浆的终止条件为吸浆量不少于1～2L/min。当某段注浆量超过设计值1.5～2.0倍时，应停止注浆，间歇数小时后再注，以防止注浆扩散到加固段以外。

②单向阀管注浆。钻孔的孔径一般在ϕ80～100mm范围内，采用泥浆护壁。孔内管套壳料又称封闭泥浆，封闭单向阀管和孔壁之间的间隙，迫使从灌浆孔内开环，压出的浆液挤出套壳，浆液注入四周土层。单向阀管用内径ϕ50～60mm的塑料管，每隔33～50cm钻一组射浆孔（即每米2组），外包橡皮管，管段封闭，管内充满水，必要时可加一定配重防止管子弯曲过大。在封闭泥浆达到一定

强度后，在单向阀管内插入双向密封注浆芯管进行分层注浆。

2）注浆材料的选择标准及技术指标。用于注浆的材料品种很多，性能各异，一般要求浆材具有以下特征：黏度小，可注性好，扩散半径大；浆液的凝结时间可以调整及控制；稳定性好，沉淀析水率小，结石率高，结石体应达到要求的强度；无毒，符合环保要求；拌和方便，操作简单；材料来源广，价格低廉，适用范围大。

注浆材料的主要技术指标为：

①水泥。注浆所采用的水泥品种，应根据注浆目的和环境水的侵蚀作用等由设计确定。一般情况下采用普通硅酸盐水泥，质量应符合现行国家技术标准。当有耐酸或其他要求时，可采用抗硫酸盐水泥或其他类特种水泥。

使用矿渣硅酸盐水泥或火山灰质硅酸盐水泥注浆时，应征得设计方许可。

充填注浆所用水泥标号不应低于325号，帷幕和固结注浆所用水泥标号不应低于425号。无论采用何种水泥，都必须达到国标的质量标准要求。

②水。注浆用水应符合拌制混凝土用水的质量要求。

③粉煤灰。粉煤灰掺入普通水泥中作为浆材，主要作用在于节约水泥和降低成本，具有较大的经济效益和社会效益。粉煤灰中含有约70%～90%的活性氧化物（SiO_2和Al_2O_3等），它们在常温下能与水泥水化析出的部分氢氧化钙发生二次反应而生成水化硅酸盐和水化铝酸钙等较稳定的低钙水化物，从而使结石强度增长、耐久性提高。

④黏性土。注浆施工中常用黏性土的塑性指数不宜小于14，黏粒（粒径小于0.005mm）含量不宜低于25%，含沙量不宜大于5%，有机物含量不宜大于3%。

⑤外加剂。根据浆液性能指标的需要，可在水泥浆液中分别掺入下列各类外加剂：

a. 速凝剂。包括水玻璃、氯盐、三乙醇胺等。

b. 减水剂。可采用萘系高效减水剂，木质素磺胺盐类减水剂等。

c. 稳定剂。膨润土及其他高塑性黏土等。所有外加剂凡是能溶于水的，应以水溶液状态加入。各类浆液掺入外加剂的种类及其掺入量应通过室内浆材试验和现场注浆试验确定。

3）岩溶塌陷的注浆参数选择

注浆参数包括：注浆深度、注浆段长、压力、浆液浓度、凝结时间、注浆时间以及孔距等。在选择参数时应根据地质条件及注浆的目的等，因地制宜，合理选用，必要时应做现场注浆试验。

①注浆深度。根据基岩埋深、岩石破碎程度及溶蚀程度而定。一般建筑物或道路的地基，其注浆加固深度10～15m即可，着重加固基岩面附近，既能充填开

口的洞隙，又能固结岩土体，使其形成硬壳，阻隔地下水上下活动，防止塌陷。

②注浆段长。为保持浆液有足够压力进入岩土体中，每次注浆段不能太长，一般3~5m，否则需分段注浆。

③注浆压力。压力选择受许多条件的制约，需要区别对待。以填充注浆为目的时的压力一般小于0.3MPa，如洞隙中有充填物，所需压力相当于固结的压力。以固结注浆为目的时的压力一般采用0.2~0.3MPa，以帷幕灌浆为目的时的压力一般应大于0.3MPa。

④浆液配比。常用水灰比为1∶1.3、1∶1、1∶0.8，如用水泥黏土浆，则为1∶8；如为粉煤灰砂浆，则其配比可采用1∶3。

⑤凝固时间。凝固时间受控于浆液浓度及加入的速凝剂。以在一定压力下能将所配置的浆液全部压入岩土体中，其扩散范围以能达到设计的理想距离为度。实际上，当凝结时间一定时，还受到地下水温、气温及地下水流速等因素的影响。如某工程在施工过程中，因地下水流速过大，导致浆液不能凝结，且被冲失，后来改变了浆液浓度，同时调整了速凝剂的掺加量，才获得成功。由于地下溶洞情况复杂，往往会提前或延长凝结时间，如地下水稀释与温度增高，凝结时间就将延长，因此最好是通过现场试验，以确定合理的凝固时间。

⑥注浆时间。注浆时间与凝结时间有关，两者成正比例关系。注浆时间的确定还应考虑浆液从中心孔扩散到地下水上游边界或设计边界。若设合适的注浆时间为T，扩散到上游边界的时间为T''，扩散到设计最大范围的时间为T'，则应有$T' < T < T''$。如$T < T''$则浆液扩散达不到设计边界，如$T > T'$则浆液只向下游扩散，浪费浆液。正确的办法仍需结合压力、进浆量及凝结时间试验确定。

⑦浆液扩散半径。浆液扩散半径与地质条件、压力以及浆液浓度等有关，波动范围较大。溶蚀不发育者半径为0.5m，较发育地段可达4~5m，一般则为1.5~3m。

⑧注浆工艺。经过大量的岩溶地面塌陷注浆工艺实践，注浆中的工艺问题可归纳为以下几点：

a. 单斜注浆。在公路或铁路的岩溶地面塌陷治理中，一般采用倾斜式注浆。如遇大洞穴则应加粗粒料和速凝剂先封底再行压浆，浆液可采用单液或双液，每孔压浆结束前必须有一定的压力，否则压浆不能形成扩散半径，达不到预期的效果。

b. 双斜注浆。除满足必要的倾斜外，为增大注浆覆盖面，并形成叠瓦状，可采用双向倾斜注浆。在既有建筑场地上注浆时，采用注浆孔在横断面上与铅垂线成α角，在平面上横方向成β角，均向场地中心倾斜。

c. 分段注浆。注浆段过长，压力损失过多，不能保证有足够压力，因此应分段注浆，每段长度为3~5m。

d. 间歇注浆。当浆液上冒或无压自流时，可采取间歇注浆，让浆液略微凝固后再行注浆，间歇时间一般为40～60min。

e. 封底注浆。为防治浆液向空的洞隙无效流失，可在流浆处用粗粒料填充后再进行注浆。

f. 逐渐加密注浆。因岩层洞隙发育程度不一，每孔注浆情况不尽相同，故在注浆时采取跳孔，逐渐加密的措施，有利于优化设计，提高注浆效果。

g. 双液注浆。在处理封底注浆或防止冒浆、流浆时，可加3%～5%的速凝剂，如水玻璃、氯化钙、丙烯酰胺（简称丙凝）等。其中水玻璃凝结过快，丙凝毒性较大，均不易控制，故以氯化钙为宜。

h. 掺合注浆。为降低注浆费用，可加入黏土、膨润土及粉煤灰等材料，掺合注浆。

当溶洞中充填物不多，空洞或空隙很大时，可先投入卵砾石及其他充填料回填洞穴，填满后，再灌注水泥砂浆，待到凝固一段时间后，再在此部位二次钻孔，进行灌浆，使溶洞最终被灌注密实。

当溶洞空洞或空隙不很大或卵石及其他充填料投入困难时，则可灌注浓的水泥黏土浆或水泥砂浆等混合浆液，必要时可掺入一些纤维质的惰性材料。待单位注入率明显减少时，再提高压力，改注常规浆液。

i. 基岩面注浆。具有开口的岩溶形态是岩溶地面塌陷的基本条件，据此可在基岩面上下各2～3m范围内注浆，堵塞洞隙。并可对基岩面的土体固结形成硬壳，防止塌陷。

j. 土层注浆。为充填或破坏土洞与固结土体的注浆，在松软、粗粒土体中均有良好效果。对密实的黏性土，则需加大压力至0.5～0.8MPa以上或大于土的固结压力。

k. 水位下的注浆。在地下水位以下的岩土体中注浆，一般终压为静水压力的2～3倍，并注意地下水的温度、流速对浆液凝固的影响。温度高、流速大，凝结时间将延长，反之则短。因此应提高浆液浓度及速凝剂的量。

l. 有压控压，无压控浆。当注浆已形成压力时，则不必盲目加压，应适当控制压力，持续进浆。如不能形成压力，则应采取堵塞洞隙、封底或间歇等措施控制浆液流失。

m. 引孔注浆。注浆时可在注浆孔附近向预定的引浆方向上设待压浆孔，作为引导和通气孔，以利进浆，如进浆迅速时，可用间歇时间注浆。

n. 稳定注浆。当进浆量与压力无变化或进浆量渐小，压力渐增变化甚微时，应保持一定时间的终压稳定，稳压时间不少于30min，并以清水将管路中的浆液顶出，防止浪费和堵塞管路。

o. 速关进浆阀门。稳定注浆时间结束时，应迅速关闭孔口进浆阀门，保持最终进浆压力，否则注入岩土体中的浆液因注浆压力突然释放产生反压力，使浆回入孔内。

⑨效果检验。主要由以下方法：

a. 吸水率对比。注浆前作压水，对比单位吸水率。

b. 取样观察。注浆后取样观察有无浆液及填充情况。

c. 地震波速对比。注浆前后测定地震波速的变化，注浆后波速应有明显的提高。

d. 声波对比。注浆前后测定声波的变化。

e. 电阻率对比。注浆前后测定、对比电阻率的变化。

f. 岩体完整系数对比。对注浆前后的岩体的完整系数进行对比。

g. 标贯试验对比。通过对比注浆前后岩土的标贯击数，进而进行效果检验。

由于各塌陷区的地层、环境等条件不同，设计的工程目的要求也不尽相同，而同类工程的注浆经验往往仅能作为参考，不宜直接搬用，为了了解地层注浆特性，取得必要的注浆经济技术数据，确定或修订注浆方案，使设计、施工更加符合实际情况，布置更为合理，对于重要工程、地质条件复杂的地区或有特殊要求的工程，在治理前应限期进行一定规模和深度的现场注浆试验，并以试验作为注浆设计和施工的主要依据。

岩溶塌陷具有突发性和多发性的特点，发生的时间与空间难以预测，且致塌因素甚多，要想取得预期的治理效果并非易事。尤其对于范围广、规模大、陷坑多的岩溶塌陷，治理费用很大，宜和居民搬迁、绕避等方案进行对比，如果确需进行治理时，可采用多种措施进行综合治理，如对重要的建筑物可采用设置排水沟、结构物加固、地基处理等措施共同进行防治。

6.4　采空区塌陷治理工程设计

6.4.1　采空区塌陷分带及移动盆地的概念

地下矿体采空后，周围岩石即失去平衡，当采空区面积很大时，采空区上部整个地层均向采空区移动，造成地层及地表面的破坏和变形，处在此范围内的建筑物及路基将受到不同程度的影响。

采空区上部地层按其破坏情况可分成 3 个或 4 个带，见图 6-3 及图 6-4。

（1）崩落带（不规则破裂带）。由直接顶板（采空区上部的岩石）破碎塌落而成，其高度取决于采出厚度及岩石的胀余系数，通常为采出厚度的 3 ~ 4 倍，由于破碎后体积的胀余作用，采空区便被充填起来。

（2）裂缝带（破裂弯曲带）。此带的岩层坠压于崩落带上并产生较大的弯曲

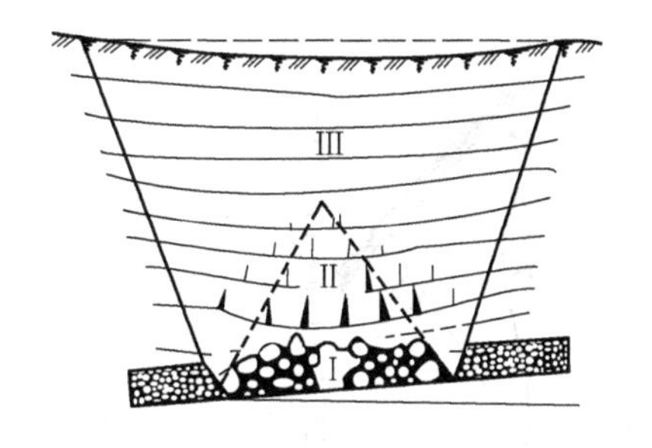

图 6-3 岩层内部移动分带
Ⅰ—崩落带；Ⅱ—裂缝带；
Ⅲ—不破裂弯曲带

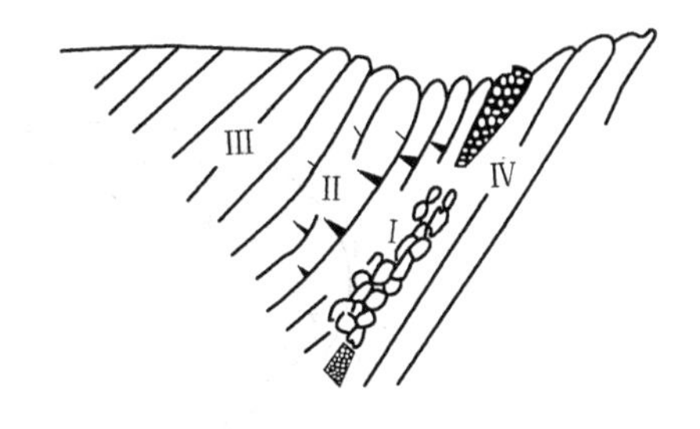

图 6-4 急倾斜矿层周围岩层的移动分带
Ⅰ—崩落带（不规则破裂带）；Ⅱ—裂缝带
（破裂弯曲带）；Ⅲ—不破裂弯曲带（弯曲带）；
Ⅳ—急倾斜矿层下盘移动带

和变形，因而出现裂缝或断裂。

(3) 不破裂弯曲带（弯曲带）。此带离采空区距离较大，岩层呈平缓弯曲，没有破裂。当矿层为急倾斜时，还将在下盘出现第Ⅳ个移动带。

由于采空区大小不同，采出厚度和开采深度不同，上述 3 个或 4 个带不一定同时存在。

矿体采空后，一般上覆岩层的移动都会波及地表，在地表形成一大凹地，这一凹地称为移动盆地。移动盆地的范围一般比采空区大，移动盆地与采空区的相对位置取决于矿层倾角。开采水平矿层后形成的盆地和采空区相对称，盆地中心即为采空中心。当矿层倾角较大时，移动盆地向下山方向（一般指矿层下坡方向）偏离，在垂直走向的断面上盆地和采空区的位置互不对称。

为表示移动盆地的特征，通常用沿走向和垂直走向并通过盆地内移动发展最大的地点的垂直断面来说明，这两个断面叫做主断面，参见图 6-5。

对移动盆地的确定一般是以对建筑物有害的移动和变形区的边界作为危险移动边界。《建筑物、水体、铁路及主要井巷煤柱留设与压煤开采规程》规定：建筑物的允许地表变形值采用下列数值。

倾斜 $i=\pm 3\text{mm/m}$；

曲率 $K=+0.2\times 10^{-3}/\text{m}$；

水平变形 $\varepsilon=\pm 2\text{mm/m}$。

这些值通常称为临界变形值。因这些值在地表的位置相当于地面下沉值为 20mm 的点处，所以也有以地面下沉值为 20mm 的点的连线作为危险移动边界，以下沉 10mm 作为最外边界线的。

采空区的类型多样，赋存条件复杂，在进行治理方法的选择时，应充分考虑其埋藏深度、塌陷情况、冒落情况、充水情况及开采时间、开采方式、顶板管理方法、上覆地层的岩性等。目前对采空区的治理措施主要有：

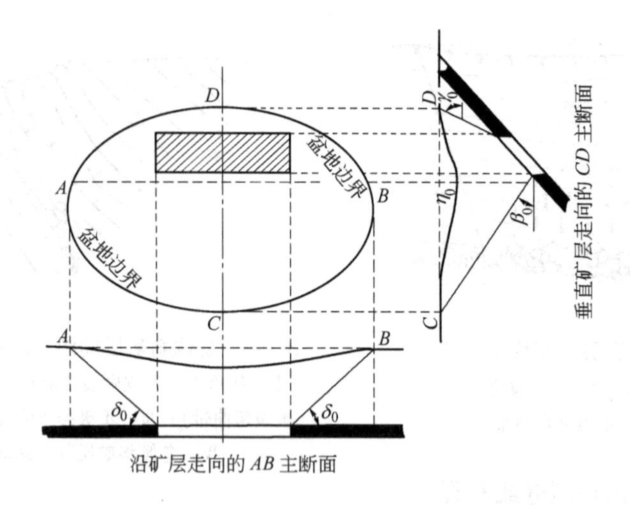

图 6-5　倾斜矿层上的地表移动盆地

(1) 明挖回填。矿层距地表较浅，岩层顶板已经破碎，坍塌已发展到地表，可清除上部地表土，回填片石、砂卵石，表层回填 1m 左右的不渗水黏性土并夯实。

(2) 水砂充填。如矿层倾角较大，有充足水源，水可泄出或有排水措施，可用水砂充填。

(3) 支撑加固。矿层距地表较深，岩层顶板完好，人可进入采空区时，可用片石、支撑柱等进行加固。

(4) 钻孔压浆。矿层距地表较深，岩层顶板已破裂（或未破裂），人已经无法进入采空区，可先用钻机钻孔，后压入水泥浆。

下面重点对支撑加固和钻孔压浆的治理设计作一介绍。

6.4.2　采空区支撑加固设计

对采空区加固的目的是保证采空区上覆岩层不再发生陷落，也就是要通过工程手段阻止上覆岩层不再继续破坏断裂。

支撑加固法与煤矿的煤柱支撑式开采的原理相同。采用支撑式加固方法的前提是洞室顶板坚硬、完整程度高，厚度大。当符合这一条件时，应优先考虑采用支撑法加固。支撑构件的形式主要是混凝土柱墩，由柱墩和空间顶板一起构成板柱体系，能充分利用顶板岩层的自稳能力，达到加固的目的。

在不具备洞内施工的条件下，可通过钻孔将混凝土用泵送入洞内。但采用这一方法时，由于混凝土的流动性强，柱墩截面不易控制，必须在混凝土中掺加速凝剂，分次浇筑，逐渐成形，可通过灌注压力和灌注方量进行质量控制。这种施工方法的技术较为复杂，必须选择有这方面实际经验的施工队伍，否则其质量难以保证。

在洞内有人工施工条件时，也可以采用干砌片石或浆砌片石进行填充。

干砌石料的选择原则是因地制宜、就地取材。所取片石或料石的厚度应大于15cm，长边大于30cm，片石的抗压强度不低于10MPa。砌筑前应清除洞底的碎屑、淤泥等杂物。自下而上逐层堆砌，错开接缝，直到堆砌到洞顶板。堆砌体与洞室顶板必须紧密接触，使堆砌物真正起到支撑顶板的作用。该方法适用于处理开挖后未完全塌落、空间较大的空洞，且埋深小、通风良好，具备人工作业，材料运输等条件。

浆砌方法是用砂浆砌筑。片石的规格应尽量大一些，抗压强度不低于10MPa，砌筑前同样要清除洞底的碎屑、淤泥等杂物。自下而上逐层砌筑，错开接缝，直到砌筑到洞顶板。浆砌石与洞室顶板紧密接触。该方法的适用条件与干砌法的适用条件基本相同，其不同之处在于要求浆砌石具有较高的整体强度，该法可用于较重要部位的空洞处理。

支撑柱的间距不宜过大，应保证柱间岩土体的稳定性，建议土质洞室的柱间净距一般不大于2.0m。岩质洞室的支撑柱间距通过计算确定。

由于地下空洞的形状不规则，在计算时需要对其进行较多的简化，因此建议设计安全系数比正常的地下结构取值大50%以上，具体取值应根据现场的实际情况以及对计算模型的简化程度来确定。

支撑加固方法的优点是不需要处理全部空洞，而是以柱的形式支撑未塌陷的空洞，并可以根据上部建筑物荷载的不同和沉降危害程度的不同而灵活设计柱间距离，所以材料用量少，经济合理。缺点是制作柱体需要反复作业，逐段施工，工序较复杂，工时长，且要设法保证柱的顶面与空洞顶板的有效接触面积，使其真正起到支撑作用，工艺难度较大。

6.4.3 注浆法治理工程设计

采空区注浆治理是通过把具有充填胶结性能的浆液注入采空区内，以达到充填采空区，控制上覆岩层移动和地表变形的目的。采空区充填注浆按照适用条件可分为全充填注浆和半充填注浆。全充填注浆是在上覆岩层稳定性要求较高或岩层本身强度较低的情况下，采用合适的、成本较低的注浆材料，使处理的采空区和上覆岩层的裂隙得到充分充填；半充填注浆是在确定处理的采空区范围内，进行局部的有效充填，且同时达到控制上覆岩层移动和地表变形的目的。

（1）注浆材料。对采空区注浆材料的要求与岩溶塌陷区的相同，即作为充填注浆，其充填后的强度要达到建筑物对承载力及变形的要求，同时又尽可能降低工程造价。为此，在浆材中可以掺入粉煤灰等材料，以节约水泥，降低成本。

（2）钻孔施工工艺要求。钻孔口径、孔斜、变径位置、止浆方法的选择与确定应根据勘查资料确定。在施工中应先施工先导孔，准确掌握施工区地层、岩性、采空区冒落带等特征，选择正确的钻孔施工工艺。变径位置应根据地层岩性，岩体破碎及裂隙发育程度确定，对于岩体完整、变形较小的地层，变径止浆深度一般控制在稳定基岩4～6m即可，破碎岩体止浆深度应为8～10m。浇筑孔口管一般采用法兰盘加纯水泥浆止浆法。

（3）施工顺序：应先施工帷幕孔（边缘孔），后施工注浆孔。一般要求帷幕孔超前注浆孔3～4个孔位。为使帷幕孔（或吸浆量大及有掉钻的注浆孔）注浆后尽快凝结形成帷幕，可在浆液中掺入水泥重量2%～3%的速凝剂，或采用间歇式注浆工艺，以使浆液能够充填堆高，形成幕墙。

（4）治理质量检验。采空区治理工程是一项隐蔽工程，其治理质量和治理后的效果如何，能否达到预定的设计要求，均需通过检测工作进行评价。目前用于采空区治理的质量检验方法有钻探、岩土测试、压水试验、物探、人工开挖及变形观测等。确定检验标准时，应首先了解地面建筑物对采空区治理的要求，技术质量指标、治理的范围和深度，其次根据采用的处理方法和施工资料评价采空区治理工程施工的质量，最后再选择几种技术上可行、操作方便、经济合理的监测方法进行治理效果监测，对采空区的治理质量与效果做出评价。

（5）注浆设计文件的内容。重要的注浆工程设计文件应包括下列内容：

1）工程设计图和设计说明书；

2）注浆地区工程地质和水文地质资料；

3）注浆实验报告和有关资料；

4）初步设计阶段的注浆施工组织设计；

5）注浆施工技术要求；

6）注浆质量检查方法和质量标准。

例[33]：柏井2号采空区位于山西省平定县柏井乡，太旧高速公路$K_{128+560}$－$K_{128+960}$之间，系人工采掘太原组15号煤层遗留下来的。通过勘探，查明该采空区影响线路长度约405m，宽度120m，采空区埋深为60～95m。所采煤层厚度6m，产状平缓，倾角为10°～15°，实际采厚2～4.0m，局部达6.0m。采矿方式为房柱式，顶板管理法为全部跨落法。回采率低，一般为20%～40%。采空区上覆岩性为泥岩、砂岩、石灰岩、薄煤层，顶部为80～20m厚黄土，地表可见裂缝、圆形塌陷坑。地下空洞大部充水。因柏井煤层埋深较浅，上覆岩层强度低，冒落破坏严重，对地面造成强烈损害，需要进行处理。处理方案是从15号煤层底板至基岩顶面全部灌浆充填加固。

灌浆孔的平面布置是在路基范围内，纵横孔距为10～12m，在桥头处为8～10m，路基外侧孔距为20～25m。为了防止浆液流失，在处理边缘布设帷幕孔，注入细骨料和水泥黏土浆。在注浆时，先注帷幕孔。

钻孔采用两种直径尺寸，一种用于灌注水泥黏土浆，另一种用于注入细骨料和水泥黏土浆（帷幕孔），前者自孔口至基岩以下5m，孔径ϕ108mm，在5m以下至终孔，孔径设计为ϕ89mm；第二种钻孔的开口孔径为ϕ127mm，至深入基岩5m，在5m以下变径为ϕ108mm至终孔。

灌浆材料采用水泥黏土浆，水泥为当地产的425号矿渣水泥，浆液材料配比有两种，一种是水泥∶黏土为0.2∶0.8，水灰比为3，这种浆液用于路基段灌浆；另一种材料配比为水泥∶黏土为0.3∶0.7，水灰比为2，这种浆液用于桥头构造物连接处的灌浆。灌浆方式采用分序次全孔一次灌注法。首先钻孔并灌注边缘帷幕孔，然后钻灌第一序次孔和第二序次孔，最后施工质量自检孔。

施工工艺流程为：放点→钻机就位→钻孔→清洗钻孔及安装灌浆孔口装置→连接输浆管路→检查灌浆系统→拌制水泥黏土浆液→灌浆及充填细骨料→终灌封孔→清洗灌浆系统→结束。

柏井工区共打灌浆孔170个，灌浆处理总长度为8011.50m，平均干料耗量为2.78t/m。

灌注效果检验以钻探为主，配以物探（瑞利波）及注水试验、沉降观测等。钻探取灌浆结石体做抗压试验，抗压强度大于1.5MPa，注水试验小于70L/min的孔占有90%，个别耗水量较大的孔又进行了补充灌浆。用瑞利波检测过35个测点，对灌浆处理前后的瑞利波速进行对比，处理后底层的v_r明显提高，其增加幅度为5%～35%。沉降观测的结果是：从处理竣工一个月至公路运营18个月的沉降量不足10mm，完全在公路工程允许范围之内。

采空区塌陷治理是一个复杂的生态工程，必须依靠科学技术手段进行科学治理。要处理好眼前与长远利益，局部与总体的关系，做到生态效益与经济效益相统一；要因地制宜，针对不同类型的采空区土地塌陷采取不同的治理方法，宜农则农、宜林则林；要加强对采空区的监测，采取有效办法填充采空区，最大限度地减少采空区塌陷的危害，以达到标本兼治的目的。

6.5　黄土陷（暗）穴治理工程设计

在黄土地层内，暗流冲刷产生陷穴后，穴壁逐渐坍塌扩大，往往发展很快，如果地表有建筑物，当陷穴扩大，顶板厚度逐渐减薄时，将发生突然陷落，使地表建筑物遭受破坏；在边坡上如有陷穴，可能使边坡失去稳定性而造成灾害。

和岩溶及地下采空区塌陷防治方法相比，湿陷性黄土洞穴塌陷治理主要是依据已往的工程经验进行设计和施工，因而存在以下几点不足：

（1）处治措施没有规范可查，大多只是根据各自的经验进行治理，质量不能完全保证。

(2) 缺乏结合黄土本身工程特性的治理方法，只是简单地照搬处理土洞、溶洞等的一些传统方法。

(3) 以人工处理为主，机械化程度低，对于大型洞穴，处理的工期较长。

显然，这一现状不能满足地质灾害防治工作的需要，随着国家经济建设的快速发展，进行更科学、合理和规范的黄土洞穴灾害治理设计及施工，是黄土地区地质灾害防治中亟待解决的问题。

黄土陷穴塌陷防治的主要措施有：

(1) 开挖回填法；

(2) 强夯法；

(3) 孔内深层超强夯（SDDC）法；

(4) 爆破法；

(5) 注浆法。

此外，也可以采用灌（压）土浆、灌砂等措施。对埋藏较深的陷穴，可采用导洞、竖井施工。灌（压）土浆和灌砂的方法来自我国治理河堤的经验。由于砂石不易流动，对弯曲的陷穴往往灌不满，因此灌砂只能在小而直的陷穴条件下使用。

下面分别对这些治理工程设计进行简要的介绍。

6.5.1 开挖回填法

用开挖回填法处理黄土洞穴时，首先将洞穴的上覆土挖去，然后再用素土或灰土进行回填，并分层夯实。在埋藏较浅的洞穴处理中，这是最常用、最简单、相对来说也是比较经济的一种方法。实际上，在洞穴最初形成阶段，如果能及时发现，对于浅埋洞穴，只需对其进行明挖回填的简单处理就可以了。另外，对于已塌陷的洞穴及时进行处理，可防止其进一步向建筑物底部扩展。明挖回填法主要适用于已经塌陷的洞穴，或者埋深较浅的洞穴，对于埋深相对较深的洞穴，则可以通过开挖导洞或竖井进行回填。该方法主要的特点是施工操作简单，只要控制好回填土的密实度，在施工时技术较易掌握。

(1) 回填材料。回填的材料可以是素土、灰土等。设计时，要合理确定灰土比、每层的夯击厚度、含水量等指标。

(2) 压实机械。主要有机械碾压、重锤夯实、平板振动等。应根据不同的换填材料和洞穴规模选择施工机械。粉质黏土、灰土宜采用平碾、振动碾或羊足碾，洞穴规模较小时也可采用蛙式夯、柴油夯。

(3) 施工参数。为了获得最佳夯实效果，应根据材料、施工机械设备及设计要求等通过现场试验确定。在不具备试验条件的场合，也可参照表6-1的经验数值确定。

表 6-1 夯实机械参数

施工设备	每层铺填厚度/m	每层压实遍数
平碾（8~12t）	0.2~0.3	6~8（矿渣 10~12）
羊足碾（5~16t）	0.2~0.35	8~16
蛙式夯（200kg）	0.2~0.25	3~4
振动碾（8~15t）	0.6~1.3	6~8
插入式振动器	0.2~0.5	
平板式振动器	0.15~0.25	

为获得最佳夯实效果，宜采用垫层材料的最佳含水量 w_{op} 作为施工控制含水量。对于粉质黏土和灰土，施工现场可控制最佳含水量 w_{op} 在 ±2% 的范围内；当使用振动碾压时，可适当放宽下限范围值，即控制在最佳含水量 w_{op} 的 -6% ~ +2% 范围内。最佳含水量可按现行国家标准《土工试验方法标准》GB/T 50123 中轻型击实试验的要求求得。在缺乏试验资料时，在轻型击实试验情况下，也可近似取 0.6 倍液限值；或按照经验采用塑限 w_p ±2% 的范围值作为施工含水量的控制值。

明挖回填时的填土一般应采用级配好的砂砾土或塑性指数满足规范要求的亚黏土，回填时，洞穴的开挖范围要大于洞穴的发育范围，以确保回填击实之后该处能与原有的土体较好地结合，不会由于水的浸蚀在交接处再次形成新的破坏区。施工时由下向上逐层回填，碾压密实，压实度以高出原地基压实度 1~2 个百分点为宜。

试验表明，用 3:7 灰土回填夯实的效果优于用 2:8 灰土的效果。因此，对于承载力要求较高的地基建议采用 3:7 灰土作为回填材料，承载力不大的地基可以采用 2:8 灰土或素土。在施工之前，应首先确定回填材料的最佳含水量，在施工时尽量使回填材料的含水量接近最佳含水量，以确保回填的质量。

6.5.2 强夯法

强夯法是法国梅纳公司于 1969 年首先在地基处理中使用的一种方法，20 世纪 70 年代末传入中国。由于强夯法具有设备简单、施工方便、适用范围广、经济易行、效果显著和节省材料等优点，很快得到迅速推广，目前强夯法已应用于碎石土、砂砾土、黏性土、杂填土、湿陷性黄土等不同土质的地基处理中。

强夯法是以发挥土层本身潜力为主的加固方法，它的基本原理是：将重锤从高处落下，从而获得比重锤（静态荷载）更大的荷载（冲击荷载）；土层通过夯实致密，承载力明显提高，其他力学特性亦得到改善。

在用于黄土洞穴处理时，应根据洞穴的坍塌程度来选择相应的处理方法，对于已经坍塌的洞穴，其处理方法与一般的地基处理方法基本相同；对没有坍塌的洞穴，在用强夯法处理时，必须先将其夯塌，然后根据预估的影响深度对其进行回填，再进行夯实。

强夯法至今尚无一套非常成熟的设计计算方法，目前主要是针对工程情况根据经验初步选定设计参数，再通过现场试验的验证和必要的修改后，最终确定适合于现场土质条件的设计参数。强夯法的主要设计参数包括：有效加固深度、夯击能、夯击次数、夯击遍数、间隔时间、夯击点布置和处理范围等。

（1）有效加固深度。费香泽等利用读数显微镜位移跟踪法，对黄土进行强夯半模试验，分析了各参数如夯击能、锤重、落距、击数、夯锤直径、夯点间距对强夯加固范围的影响，得出了如下加固深度的计算公式：

$$H = \sqrt{\frac{W^{2/3}hN}{10D\gamma_d\ (1-\bar{w})}} \tag{6-1}$$

式中 W——锤重；

h——锤的落距；

N——夯击次数；

D——夯锤直径；

γ_d——土的干重度；

$\bar{w}$——土的平均含水量。

（2）夯击能。夯击能分为单击夯击能和单位夯击能。单击夯击能（即夯锤重和落距的乘积）一般根据工程要求的加固深度来确定，但有时也取决于现有起重机的起重能力和臂杆的长度。单位夯击能指施工场地单位面积上所施加的总夯击能，单位夯击能的大小与地基土的类别有关，在相同条件下细颗粒土的单位夯击能要比粗颗粒土适当大些。作为细颗粒土的黄土单位夯击能一般为1500～4000kN。

（3）夯击次数。应按现场试夯得到的夯击次数和夯沉量关系曲线确定，并应同时满足下列条件：

最后两击平均夯沉量不宜大于下列数值：当单击夯击能小于4000kN · m时为50mm；当单击夯击能为4000～6000kN · m时为100mm；当单击夯击能大于6000kN · m时为200mm。

夯坑周围地面不应发生过大的隆起；不因夯坑过深而发生提锤困难。

（4）夯击遍数。夯击遍数应根据地基土的性质确定，可采用点夯2～3遍，最后再以低能量满夯2遍，满夯可采用轻锤和低落距锤多次夯击，锤印搭接。

（5）间隔时间。间隔时间取决于土中超静孔隙水压力的消散时间。当缺少实测资料时，可根据地基土的渗透性确定，对于渗透性好的地基可连续夯击。

（6）夯击点布置。一般采用等边三角形、等腰三角形或正方形布置。第一遍夯击点间距可取夯锤直径的2.5～3.5倍，第二遍夯击点位于第一遍夯击点之间。

以后各遍夯击点间距可适当减小。

如采用1000kN·m强夯能级处理黄土洞穴时，每一层的填方不宜超过2.0m，按梅花形布设夯击点，夯锤边缘间距50cm，按先边缘后中间的顺序满夯一遍，单点击数8~10击，然后将表面松散土拍平。采用该方法时，当地面发育的洞穴面积较大时，施工的费用较常规明挖回填碾压的费用小，工期也较短，随着施工面积的增大，效益会更加显著。

强夯法适宜于洞穴分布范围较大，洞穴上覆土厚度在其有效加固深度范围内，且深度不至于对施工机械造成倾覆的情况，如大量的串珠状洞穴，可采用此种方法进行处理。

6.5.3 孔内深层超强夯（SDDC）法

SDDC法采用高动能的特制重力夯锤冲击成孔，或采用长螺旋钻成孔，夯锤为尖锥杆状或橄榄状。夯击时，通过夯锤对下层填料进行深层动力夯、砸、压密，对上层新填料进行动力夯、砸、劈裂和强制侧向挤压。通过桩锤的动力夯击，在锤侧面上产生极大的动能，从而对土体产生强挤密作用，增加土体的强度，提高土体的承载力，并能消除黄土的湿陷性。

用SDDC法处理湿陷性黄土地基中的洞穴，主要是利用SDDC法的机具成孔作用和强夯作用，即通过螺旋钻在地基中成孔，直达洞穴顶部，通过钻孔向洞穴中填入回填料，利用SDDC夯锤，边填边进行夯实，直到将洞穴全部填实。用SDDC法处理洞穴，不用进行大范围开挖，这对于处理埋置较深的洞穴更为适宜。

6.5.3.1 设计参数的确定和孔距的布置

用SDDC法处理黄土地基洞穴，在布置孔径和孔间距时，可参考为消除黄土湿陷性所采用的孔径、孔距，即通常孔径为0.6~1.7m，具体尺寸根据洞穴的情况进行选择，洞穴大时选择较大的孔径，洞穴小时则选择较小的孔径。孔距一般为孔径的2.0~2.5倍，或按以下公式计算确定：

$$s = 0.95d\sqrt{\frac{\bar{\eta}_c \rho_{dmax}}{\bar{\eta}_c \rho_{dmax} - \bar{\rho}_d}} \tag{6-2}$$

式中 s——钻孔之间的中心距离，m；

d——钻孔直径，m；

ρ_{dmax}——孔间土的最大干密度，t/m³；

$\bar{\rho}_d$——处理前填土的平均干密度，t/m³；

$\bar{\eta}_c$——孔间土经成孔挤密后的平均挤密系数，对重要工程不宜小于0.93，对一般工程不应小于0.90。

成孔时可根据洞穴的埋深、大小及设备情况确定，一般来说，孔径小时，填土可以达到的范围及强夯挤密范围就小，施工时的孔距也小，而当孔径大时，填土可达范围及强夯挤密范围就大，孔距就可大些。为使填土能达到充分挤密的效果，建议布置孔距时，在上述基础上，再乘以0.8～0.9的折减系数。合理的孔距应使在洞穴中的填土挤密充分，中间不留疏松地带。有条件时最好通过现场试验来确定其孔径、孔距。另外，洞穴分布面积较大或孔径较小时，宜采用正方形或等边三角形进行均匀布孔；若洞穴呈线性分布，且孔径较大时，宜采用一字形布置。

6.5.3.2　施工设备与施工参数

以直径为3m，上覆土厚9m的洞穴为例，施工设备采用1001型履带起重机-龙门架、SDH-18型夯锤（其直径1.5m，重180kN）、装载机、载重自卸车及其他辅助工具。

孔距选3.0m，线性布置，成孔直径1.7m；夯锤落距13～20m，分层夯填的填料量为3.0～3.5m^3，填料采用素土。

6.5.3.3　用SDDC法处理黄土路基洞穴的步骤

用SDDC法处理黄土洞穴时，可分为成孔、填料、夯实、恢复场地几个步骤。

成孔：即利用SDDC成孔设备在洞穴顶部首先成孔穿透顶板。

向孔内注入填料：边回填边夯实。在夯填过程中，当检测数据达到要求后，就可充填新的一层继续进行夯实，当洞穴充填达到要求以后，对钻孔进行夯实充填，直到孔内夯实回填有效高度超出设计标高10cm为宜。

恢复场地：洞穴处理达到要求后，对其进行清理整平。

6.5.3.4　用SDDC法处理洞穴时的注意事项

为了达到充分夯实的目的，可以通过调整锤重及落距，选择适宜的夯击能。夯击能一般可借鉴以往的经验或者通过现场试验来确定。

孔内填料可以就地取材，但填料应有合理的级配，应使其夯实后密度均匀并能达到设计要求，不会出现较大的工后沉降。洞穴填充之后，应对填充效果进行检验，以保证洞穴能得到充分的填实效果。检测可通过静载、静探、动探、轻便触探、动力测试以及土工物理力学等方法进行。夯实后的土体强度应与原地基相同，以保证钻孔范围内的土体不致发生与地基不一致的变形而引起地面的不均匀沉陷。

洞穴中填土的含水量对施工与填土的挤密至关重要。工程实践表明，当天然土的含水量接近最佳（或塑限）含水量时（如粉质黏土一般为12%），洞穴中填土的挤密效果好。因此，应掌握好拟填土体的含水量不要太大或太小。

成孔和孔内回填夯实的施工顺序，整片处理时宜从里（或中间）向外间隔1～2孔进行，局部处理时，宜从外向里间隔1～2孔进行。在施工过程中应加强监督，采取随机抽样的方法进行检查，并对检验结果进行综合分析或综合评价，如果发现有缩颈、塌土、侵入虚土等情况，应及时采取补救措施，如局部灌浆、补夯等。另外，施工记录是验收的原始依据。必须强调施工记录的真实性和准确性，且不得任意涂改。

6.5.4 爆破法

爆破法是利用爆炸时产生的高速压力波和振动，使黄土洞穴上覆土层塌陷，然后再回填夯实。所以，爆破常和强夯联合使用。首先采用控制爆破技术将洞穴顶板土体松动破坏，填充空洞，然后采用大吨位强夯机（6000kJ 以上）对破碎松散土体进行密实加固，所以，此方法也是开挖法和强夯法的综合延伸应用。根据洞穴的大小，上覆土层厚度、形状与炸药埋深的关系以及不同土性与炸药量及种类的关系，决定炸药的布置方式及间距。强夯能级应根据爆破后松散土层的厚度选用，当土层厚度超过一定强夯能级的有效加固深度时，应考虑分层强夯。

6.5.5 注浆法

对于湿陷性黄土地基中洞穴的治理，目前还很少见到关于注浆法的资料，这里是根据作者所在课题组在处理湿陷性黄土地区路基中发育的洞穴的研究成果总结得出的，对于黄土暗穴塌陷灾害的处理有一定的借鉴作用。

6.5.5.1 注浆材料及其配比

常用的注浆材料有粒状材料和化学材料两大类，适宜于建筑场地洞穴治理的材料主要为粒状材料，包括水泥浆、黏土浆和水泥黏土浆等。

注浆法的成本在很大程度上取决于浆材的成本，当洞穴的范围较大时，采用传统的水泥浆作为浆材，其造价较高，为了降低注浆成本，可以在水泥浆中加入适量的黄土。作者所在课题组在公路黄土暗穴治理方法研究中，先后对几种不同配比的浆液的性能进行了试验研究，表 6-2 给出了试验结果，可以作为湿陷性黄土地基中洞穴治理的注浆参考。

表 6-2 不同配比时浆液的性能参数统计表

编号	水∶水泥∶黄土（重量比）	水玻璃含量	密度/kg·m^{-3}	浆液凝结时间		抗压强度/MPa			试样件数
				初凝时间	终凝时间	3d	7d	28d	
1	2.25∶1∶2	—	1490	>10h	<24h	—	2.98	7.58	22
2	2.7∶1∶1.7	1%	1390	9h25min	—	—	1.77	9.75	22
3	1.5∶1∶1	—	1480	>10h	<24h	—	3.78	7.92	22
4	0.75∶1∶0.15	—	1690	4h30min	7h15min	10.2	13.9	16.23	19
5	1∶1∶0.15	—	1610	4h30min	9h10min	4.47	6.6	10.24	19
6	1∶1∶0.5	10%	1600	3h15min	7h5min	2.98	4.13	5.08	19
7	1∶1∶0.5	20%	1610	40min	3h50min	3.0	4.08	5.35	19
8	1∶1∶0.8	—	1690	3h30min	7h50min	4.13	5.6	7.18	19

从试验数据中可以得出以下结论：

（1）浆液的凝结时间与浆液的成分以及各成分的含量有着密切的关系。当浆液中水泥和黄土的比例一定时，随着浆体中含水量的增加，浆液的终凝时间增大。如表中的4号和5号配比的浆液，其初凝时间相同，但终凝时间相差两个小时。加入水玻璃可以明显地缩短浆液的凝结时间，如表中的6号和7号配比的浆液，在水和水泥比例相同的情况下，分别加入水泥重量10%和20%的水玻璃，浆液的凝结时间明显较未加水玻璃的浆液凝结时间缩短。同时还可以得出，水玻璃的比例越大，浆液的凝结越迅速。如6号配比时，浆液的初凝和终凝时间分别为3h15min和7h5min，而当加入水泥重量20%的水玻璃后，浆液的初凝时间缩短为40min，而终凝时间缩短为3h50min。

在浆液中水泥和水的比例不变的情况下，随着黄土的比例增加，浆液的凝结时间随之缩短。如5号和8号浆液在水和水泥的重量比同为1∶1时，当黄土的比例从0.15增加到0.8时，浆液的初凝时间缩短一个小时，终凝时间缩短了1h30min。

（2）浆液的密度与浆液的配比有一定的关系。当浆液中水泥的含量增加时，浆液的密度增大，但浆液中加入水玻璃对浆液的密度并无多大的影响。如6号和7号试样在配比不变的情况下，浆液中分别加入了10%和20%的水玻璃，浆液的密度并无多大的变化。

浆液中水的含量越大，浆液的密度越小，也即在浆液越稀的情况下，浆液的密度越小。这与混凝土呈现相同的关系，即在骨料含量越多的情况下，浆体的密度越大。

（3）浆体的强度与浆液中的成分和各成分所占的比例有一定的关系。浆液中的水泥含量越大，浆体的强度越高；在水泥含量一定的情况下，增加浆液中黄土的含量也会增加浆体的强度；水玻璃加入之后浆体的强度有一定的提高，但水玻璃对浆体强度的影响受到制浆过程中水玻璃加入之后搅拌时间的影响。

（4）浆液的析水率也受浆液中各成分的影响。对1、2和3号配比的浆材所进行的析水率试验表明，浆液中含水量越大，则浆液的析水量越大，且浆液达到稳定状态所需的时间越长。

6.5.5.2 浆液加固半径的确定

注浆加固半径一般集中在1.0～1.5m，当注浆压力较大时，浆液的加固半径较大。在二次注浆时，由于第一次注浆的浆液已经凝结，所以浆体中通常有一个结合面。

6.5.5.3 注浆压力的确定

注浆压力影响着浆液的扩散半径以及上覆土体的稳定程度，选用的注浆压力必须考虑到不影响上部建筑物的安全。注浆压力可以根据浆液的浓度、洞穴的深度、上覆建筑物的刚度等条件来共同决定，建议应用如下经验公式：

$$[Pe]=C(0.75T+K\lambda h) \tag{6-3}$$

式中 $[Pe]$——容许注浆压力，10^5Pa；

C——与注浆期次有关的系数，第一期孔 $C=1$，第二期孔 $C=1.25$，第三期孔 $C=1.5$；

T——地基覆盖层厚度，m；

K——与注浆方式有关的系数，自上而下注浆时，$K=0.6$，自下而上注浆时 $K=0.8$；

λ——与地层性能有关的系数，可在 0.5 ~ 1.5 之间选择，结构疏松、渗透性强的地层取低值，结构紧密、渗透性弱的地层取高值；

h——地面到注浆段的深度。

由试验分析，在注浆时如能正确地确定公式中的各个参数，此经验公式能够反映注浆时的压力，但是在洞穴注浆时，由于洞穴的洞壁凹凸不平，其中仍存在一部分空洞，刚开始注浆时，浆液首先充填此部分空间，所以在注浆初期，注浆的压力一直保持为 0 压力状态，直至空洞充填满后，注浆的压力才开始上升，浆液在压力的作用下充填于洞穴中的黄土之中，形成浆土结合体。

6.5.5.4 注浆量

在黄土洞穴治理时，注浆量受到诸多因素的影响，洞穴的范围、洞穴的发育程度、洞穴的出口以及回填所选用的材料、回填料的颗粒及孔隙都会影响注浆量。

在利用注浆法治理洞穴时，当洞穴规模较大时，在注浆之前先对洞穴进行相应的处理，可以因地制宜地利用当地的材料，如用场地附近的黄土或砂砾等对洞穴进行回填，以减少注浆量。在理论上估算注浆量时，可以用注浆的加固体积乘以充填材料的吸浆率。如果充填材料的孔隙比较大，其吸浆率可取大值，如果充填材料的孔隙比较小，其吸浆率相应地取小值。

在湿陷性黄土地区洞穴形成的众多因素之中，水是主要的自然因素之一。因此，做好防水措施，对黄土洞穴的防治具有决定性的作用。

在建设场地勘查设计时应对沿线黄土洞穴的位置、形状、水源、水量等进行深入详细的调查，并完善排水系统设计。为防止雨水下渗，边沟、排水沟、截水沟等排水设施均应采取防渗加固，并综合考虑排水系统，采取拦、截、排、引等多种措施，保证建筑场地范围内的黄土免受雨水冲蚀或下渗。

7 地裂缝灾害综合治理措施

7.1 概　　述

地裂缝是地表岩土体在自然因素或人为因素的作用下，产生开裂并在地面形成具有一定长度和宽度裂缝的现象。地裂缝在世界上许多国家都有发育，如美国、新西兰、日本、墨西哥、德国、瑞士、加拿大等国都产生过不同类型的地裂缝。我国的地裂缝分布也十分广泛，且近年来具有范围不断扩大，危害不断加重的趋势。据统计，在陕西、山西、河北、山东、广东、河南及北京、天津等10多个省、市的300多个市县已发现地裂缝1000多处，危害严重的就有400多处。由于地裂缝两侧岩土体的相对沉降以及水平方向的拉张和错动作用，使地表及地下设施遭受严重破坏，给人民生命财产造成巨大损失。根据文献介绍，我国由于地裂缝灾害造成的经济损失已达数十亿元。

地裂缝引起的破坏是缓慢的，在地表产生的变形是以蠕动变形为主，但随着时间的推移，其累积破坏逐渐增大，导致工程建（构）筑物的变形及破坏日趋严重。如西安地裂缝在强烈活动时期就曾造成沿线大量房屋的破坏，并使多条道路出现开裂及变形，影响了正常使用；西安市南二环长安路立交桥由于地裂缝的长期作用，桥墩产生了约10cm的不均匀沉降，引起了桥面的严重错位，桥台也出现了多条裂缝，成为西安地裂缝对桥梁工程危害的重要例证。

地裂缝引起的工程灾害具有以下特点：

（1）灾害分布的成带性。最为典型的是西安地裂缝。西安地裂缝是在地质环境控制下产生的一种带状破裂，呈准平行等间距排列，在横向上，均由1条主干裂缝和若干条伴生或次级地裂缝组成一定宽度的裂缝带，地裂缝带宽可从几米到几百米不等，成带定向延伸。在地裂缝强烈活动时期，凡处于这一破裂带上的建筑物，不管是何种建筑类型，不管其强度多大，都遭受不同程度的破坏，而在地裂缝带以外的建（构）筑物，基本上不受其影响。

（2）灾害发育的不均衡性。在同一地区的不同地裂缝带上，其活动性有明显的差异，即使在同一条裂缝带上，其活动速率也不相同，显示出有明显的不均衡性。在引起的工程灾害的严重程度上，也表现出明显的不均匀性。在地裂缝强发育段，地表表现出明显的垂直位移和水平位移，建筑物破坏严重；中等发育地段，地裂缝较连续，主地裂缝清楚，影响宽度较窄，地表垂直位移中等，水平位移不明显，建筑物破坏率较高；弱发育段，地裂缝断续分布，主、次地裂缝难以分辨，垂直位移很小，建筑物损坏率较低。此外，还有一些隐伏的地裂缝段，未出露地表，有时用仪器探测或开挖探槽才能确定其位置，由于这些隐伏的地裂缝具有较强的隐蔽性，一般不会引起人们的注意，因而对工程建设具有更大的潜在威胁。

（3）灾害特征的相似性。在同一条地裂缝上，同类建筑物具有相似的破坏特征，如位于主裂缝上的房屋建筑，都出现一条较大的拉张裂缝，可明显地看到上盘相对下盘沉降，在主裂缝的上盘上，与主裂缝斜交为一系列羽状分布的剪切裂缝。建筑物破坏具有较明显的三维特征，即水平张裂、垂直位错和水平扭错，在地裂缝活动强烈地段，垂直位错比较明显。

（4）成灾过程的渐进性。地裂缝在地表产生的变形是以蠕动变形为主，这种变形是以累积的方式缓慢增加的。地表的变形首先引起地基的变形，随着地基变形的逐渐增加，基础及结构的变形也随之增大，当变形超过结构的允许变形时，就会在结构上产生开裂及破坏。因此，地裂缝的成灾过程是渐进的，随着时间的推移，结构的破坏程度逐渐加大。这种成灾过程的渐进性，既给地裂缝地带工程灾害的长期防治带来了一定的困难，也给工程的灾害预防提供了可资利用的时间。

（5）成灾类型的多样性。地裂缝引起的工程灾害是多方面的，既有民用建筑，也有工业建筑（车间、仓库等）和公共建筑，以及道路桥梁、地下管线、地下硐室等。

（6）工程结构破坏的不可抗拒性。地裂缝对建筑物的破坏程度与建筑结构的类型和强度有关，结构整体性较差，强度较低的建筑物，其破坏时间较早；而结构整体性较好，强度较大的建筑物，其破坏时间将会较晚。但随着应力的逐渐积累和传递，建筑物的破坏仍不可避免。在西安市，有的建筑物虽然在建设时已设置了缓冲装置，但最后同样不能抵御地裂缝的破坏。如西安市南二环路上的长安立交桥，设计时已考虑了地裂缝的影响，在桥面下部增设了活动支墩，但在运行不到两年的时间里，桥墩就出现了不均匀沉降，桥面最大下沉量达到了 10cm，近年来，随着该段地裂缝的不断活动，桥跨结构多处出现变形或开裂，在南侧桥台上也已出现了多道裂缝。

从地裂缝造成的工程灾害特征来看，引起建筑物破坏的主要原因是地裂缝两侧地表的蠕滑，引起地表的不均匀变形，这种不均匀变形导致建筑物地基产生不均匀沉降与开裂破坏，从而引起基础变形或开裂，这种变形及开裂又传递给上部结构，导致上部建（构）筑物随之变形和开裂，严重的使建（构）筑物丧失使用功能。

根据地裂缝的形成条件可分为内动力作用形成的构造地裂缝和外动力作用形

成的非构造地裂缝：

（1）构造地裂缝。构造地裂缝是由于地壳构造运动在基岩或土层中引起的开裂变形。构造地裂缝多数由断裂的缓慢蠕滑或快速黏滑而产生。断层的快速黏滑活动常伴随有地震发生，因此又称为地震地裂缝。此外，褶皱构造作用和火山活动也可产生构造地裂缝。

构造地裂缝的延伸稳定，不受地形、岩土体性质及其他地质条件的影响。在平面上，构造地裂缝常呈断续的折线状、锯齿状或雁行状排列，在剖面上近于直立，呈阶梯状、地堑状或地垒状排列。

（2）非构造地裂缝。非构造成因的地裂缝常伴随地面沉降、滑坡和崩塌等地质灾害而发生，其纵剖面形态大多近乎直立，或呈圈椅状、弧形等形状。此外，地面塌陷以及特殊土的理化性质改变也会引发地裂缝。

根据地裂缝灾害的表现形式分类，可将地裂缝引发的工程灾害划分为以下几种类型：

（1）水平拉裂。大多数房屋上的裂缝都具有这种特点。其位于地裂缝带的位置不同，采用的结构形式不同，水平拉裂的程度会表现出一定的差异。

（2）垂直位错。发生在主裂缝地带上的建筑物的垂直位错比较明显，这是引起结构最终破坏的主要原因。

（3）水平扭动。这种形式常伴随着结构的不均匀沉降，地裂缝本身的扭动分量很小，但当建筑物与地裂缝斜交，特别是交角较小时，在结构上产生的扭转变形比较明显。

（4）不均匀沉降。地表建筑物破坏不明显，但在一段距离内，可看到地面有明显的差异沉降。

在实际工程中，地裂缝引起的工程灾害不是单一的，常常是由两种或两种以上的破坏形式组合而成的，如房屋墙体上的裂缝，大多数是由垂向错动和水平张拉共同造成的。

根据地裂缝的破坏对象分类，可将地裂缝引发的工程灾害划分为：

（1）房屋建筑灾害。包括各类工业与民用建筑上的灾害。这是地裂缝地区最为严重的一类灾害，轻者在房屋墙体上产生裂缝，影响房屋的外观；重者引起房屋的开裂及结构的破坏，使房屋倒塌或成为危房，使房屋失去使用价值。

（2）道路及桥梁灾害。地裂缝对道路的危害主要是造成路面开裂和不均匀沉降，影响车辆的行驶速度，虽然经修复后可以继续使用，但在地裂缝活动强烈地区，经常是反复修补，反复开裂，影响道路的正常使用。而其对桥梁的危害，因修复起来较为困难，因而造成的后果比道路的要严重得多。

（3）地下管道灾害。包括各类给排水管道，供暖、供气管道的灾害。地下管线作为城市的生命线工程，一旦出现破坏，将会造成居民生活的困难，或造成企业的停产，不仅会造成经济的损失，有时还会产生较大的社会影响。

（4）地下建筑灾害。随着地下空间的开发利用，尤其是城市地下铁道的修建，这类灾害也越来越受到人们的关注。由于地铁隧道属于线性工程，不可避免地要穿过地裂缝带，对它的防灾设计已越来越多地受到关注。

（5）其他建（构）筑物灾害。如在水塔、烟囱、围墙等建（构）筑物上引起的灾害。这类灾害虽然不多见，但如果建在地裂缝带上，其灾害也是不可避免的，同样应当引起人们的注意。

7.2　地裂缝灾害治理原则与主要措施

地裂缝治理的目的是避免地裂缝对工程建筑物造成破坏，保障工程建设的安全。构造作用形成的地裂缝只能采取预防措施，减少灾害损失；对人类活动诱发的地裂缝，可以针对诱发因素，消除和控制诱因，抑制地裂缝的发展，消除地裂缝的致灾作用。国内外的研究结果表明，现代地裂缝的频繁发生多与人类工程活动（抽取地下水和石油）有关。因此人类可以通过约束自己的活动（如停止过量开采地下水和石油）来消除地裂缝的诱发因素，从而达到防灾减灾的目的。

国外对地裂缝灾害是通过立法来严格管理的。1958 年美国加利福尼亚州政府颁布了地面沉降法（加利福尼亚公共资源条例 3315、3347 条，Holzer，1989），严格控制开采地下水和石油。该法令对减缓地面沉降和地裂缝起到了很大作用。当时，长滩市已沉降了 7m，法令实行 3 ~4 年后，长滩的地裂、地面沉降问题就很快得到缓解。得克萨斯州于 1975 年通过立法（H. B. 552，得克萨斯州立法第 64 条，1975），并成立了限制开采地下水的地方机构。对于休斯敦沉降区的所有抽水井实行 1 ~5 年的抽水量审批制度，按抽水量核收审批费，并鼓励开发与应用地表水源。针对地裂缝灾害，亚利桑那州成立了专门的地裂缝灾害委员会，统一管理地裂缝减灾各项事宜，并提出了普及地裂缝减灾的科普教育、地裂缝早期监测与识别和及时处置相结合的对策（Sandoval，Bartlett，1991）。从 2006 年开始，亚利桑那州法律规定，土地权所有者、开发商和不动产代理方必须声明其出售的房产附近是否有地裂缝存在。2006 年 7 月 1 日政府通过立法，将专门投资用于建设具有高精度的城市地裂缝图库，以便市民查验他们的住区是否受到地裂缝的威胁。

在国内，随着对地裂缝灾害认识的不断深化，一些地方也制定了相应的规范或规程，对地裂缝的有效治理起到了重要的作用。陕西省建设厅于 1988 年组织制订了《西安地裂缝场地勘察与工程设计规程》（DBJ 24-6—88）。规程提出了地裂缝场地勘察和工程评价的方法和内容，并就地裂缝场地的工程设计提出了相应的工程设防措施。为了遏制西安城区因超采地下水而引起的地裂缝扩延和地面沉降问题，西安市政府从大环境治理方面入手，积极采取了各种有效的整治措施，并于1996年对大雁塔周边单位的400多口自备井实施了封井措施。2006年陕西省建设厅重新修订了该规范，出台了（DBJ 61-6—2006）新规程。通过一系列的有效措施，使西安市地裂缝灾害得到了明显的缓解。

根据地裂缝地区的灾害防治经验来看，地裂缝灾害尽管是人类不可抗拒的，但是只要采取切实可行的预防措施，完全可以避免其对房屋等单体建筑物的破坏，而对于跨地裂缝而建的一些道路、桥梁，以及地下管线等线性工程，只要措施得当，也可以减轻其破坏程度，保证工程的安全运行。关于地裂缝灾害的防治措施，近年来许多专家学者已进行了较深入的研究，提出了许多行之有效的措施。下面在总结归纳前人研究成果的基础上，提出以下防治措施：

（1）对房屋等单体建筑严格遵守避让为主的原则。对于构造成因的地裂缝，因其规模大，影响范围广，在地裂缝发育地区进行工程建设时，必须进行详细的工程地质勘查，查明研究区域的构造和断层活动历史、地裂缝发育带及隐伏地裂缝的潜在危害区，合理规划建筑物布局。

采取避让的措施是防止地裂缝灾害的最有效措施，特别是对于高层建筑和大型工程尤为重要。关于房屋等单体建筑物的安全避让距离一直是地裂缝防治中的重要课题。而安全避让距离的确定又是非常复杂的地质环境问题，它涉及地裂缝的地质特征、地质构造背景、成因机理、灾害效应、地层、地形变和应力场，以及城市规划、建筑物类型和社会经济效益等一系列问题。在确定建筑物的安全距离时，既要考虑地裂缝的灾害现状和发育现状，又要根据构造应力场以及抽取地下水等情况进行综合分析，充分考虑到今后一段时间内的地裂缝发展趋势。

陕西省工程建设标准《西安地裂缝场地勘察与工程设计规程》（DBJ 61-6—2006，J 10821—2006）根据多年来对西安地裂缝两侧既有建筑物大量的裂缝调查和变形观测结果，结合工程经验，规定了西安地裂缝场地建筑物规划设计时基础外沿至地裂缝的最小避让距离（表7-1）。

表7-1　地裂缝场地建筑物最小避让距离　（m）

结构类别	构造位置	建筑物重要性类别		
		一	二	三
砌体结构	上　盘	—	—	6
	下　盘	—	—	4
钢筋混凝土结构、钢结构	上　盘	40	20	6
	下　盘	24	12	4

注：1. 底部框架砖砌体结构、框支剪力墙结构建筑物的避让距离应按表中数值的1.2倍采用；

2. Δk 大于2m时，实际避让距离等于最小距离加上 Δk；

3. 桩基础计算避让距离时，地裂缝倾角统一采用80°。

对于地裂缝的影响区范围及其建筑物的允许布置类别，在《西安地裂缝场地勘察与工程设计规程》（DBJ 61-6—2006，J 10821—2006）中做了如下规定：

地裂缝影响区范围：上盘0～20m，其中主变形区0～6m，微变形区6～20m；下盘0～12m，其中主变形区0～4m，微变形区4～12m。

建筑物基础地面外沿（桩基时为桩端外沿）至地裂缝的最小避让距离，应符合表7-1的规定。

一类建筑应进行专门研究或按表7-1采用。二类、三类建筑应满足表7-1的规定，且基础的任何部分都不得进入主变形区内。

四类建筑允许布置在主变形区内。

实践证明，严格遵守这一规程，完全能够防止地裂缝对各类单体建筑物的影响。

《西安地裂缝场地勘察与工程设计规程》（DBJ 61-6—2006，J 10821—2006）自颁布以来，对西安地裂缝的工程灾害防治起到了重要作用。但关于地裂缝的合理避让距离、设防宽度，以及隐伏地裂缝的设防问题仍然受到人们的关注。随着城市建设的快速发展，城市建设用地日趋紧张，导致在一些地段的工程建设中，突破规范限制而进行建设的事例时有发生，在一些繁华地段，有的建筑物紧贴地裂缝而建，有的建筑距地裂缝仅有1～2m，甚至有的建筑物的一个角跨越地裂缝，今后这种情况会越来越多。因此，对地裂缝合理避让距离问题进行深入讨论，重新审视规范中的相关规定，是很有必要的。

《西安地裂缝场地勘察与工程设计规程》在地裂缝避让距离的确定上，是以结构类别作为基本依据的，且只列出了砌体结构、钢筋混凝土结构和钢结构两大类，总体上线条较粗，对基础在地裂缝灾害防治中的作用不够明确。而在实际工程中，结构的破坏是首先由基础变形过大或破坏引起的，基础的类型对结构的变形及破坏起着重要的作用。因此，以基础类型作为避让距离的确定依据，会更合理一些。根据土力学中的极限平衡分析理论和土压力扩散原理，建议在确定地裂缝场地建筑物最小避让距离时，以基础类别作为基本依据，参照表7-2选取基础外延至地裂缝带的最小避让距离。

（2）对地面建筑选择可行的基础加固措施和上部结构加强方案。地裂缝对建筑物的三维破坏作用，主要表现在对跨主地裂缝建筑的直接破坏方面，而未跨地裂缝的建筑，其影响主要为地基的差异沉降。为避免由于差异沉降造成的结构破坏，就要求基础和上部结构必须有足够的刚度，以抵抗差异沉降引起的破坏，同时要使地基、基础和上部建筑形成整体，以避免由于基础开裂导致上部结构的破坏。因此，对于位于地裂缝及影响带上的建筑，严禁采用砖石等脆性材料做基础，而应采用能够抵抗弯曲和剪切变形的钢筋混凝土基础。

表 7-2　建议地裂缝场地建筑物最小避让距离　　(m)

基础类别	基础位置	建筑物重要性类别		
		一	二	三
刚性基础	上　盘	—	—	6
	下　盘	—	—	4
条形基础	上　盘	—	12	6
	下　盘	—	4	4
筏形基础	上　盘	16	8	—
	下　盘	8	4	—
箱形基础	上　盘	12	6	—
	下　盘	8	4	—
桩基础	上　盘	16	11	—
	下　盘	4	2	—

注：1. 在对靠近地裂缝处的钢筋混凝土基础加强配筋的情况下，最小避让距离可适当减小，但减小后的上盘最小避让距离不宜小于与地裂缝相垂直的基础宽度 B 的 1/5；下盘最小避让距离不宜小于2m；

2. 若上部结构为容易引起次生灾害的建筑物（如储水构筑物和大量用水的工业与民用建筑物），其最小避让距离不得减小；

3. 本表不适宜于穿越地裂缝的地铁隧道及各类地下管线。

在设防带内的框架结构，其基础可做成井字形或交叉基础梁，构成封闭的框架结构，这样一来，即使靠近地裂缝带近侧的土体发生沉降，该基础和上部框架也可以形成一个整体式悬臂结构，共同抵御上部结构的变形，阻止结构的开裂。如果兼顾处理湿陷性黄土而使用灰土地基，则考虑做成带肋的筏板式地基，只要地基不被拉断，其上部结构也不会出现破坏。对于高层建筑，采用刚度更大的箱型基础，会收到更好的效果。对于小于3层的普通民用建筑，设置钢筋混凝土圈梁和构造柱，同样可以起到抵御地裂缝，减轻破坏程度的作用。实践证明，采取合理的基础形式和上部加固措施，对于防止地裂缝的危害具有重要的作用。如西北林业规划院（图7-1）原四层住宅楼建于1964年，条形基础，砖混结构，无构造柱，在地裂缝的作用下遭到了严重破坏。1984年，在拆除该四层楼原东单元的基础上，向东增加了11.75m，建成了两个单元的六层住宅楼，地裂缝从新楼东北角通过，伸入北墙体6.5m，东墙体2.7m。该六层住宅楼建成时，地裂缝仍在继续活动，但活动强度已大幅度减小。由于设计时在住宅楼上部增设了构造柱，增强了上部结构的整体性，地基采用筏板基础，基础的刚度大大增加，该六层楼建成之后，地裂缝虽绕楼角而过，但整体结构完好无损。

对地裂缝附近的建筑物应加强上部结构的强度和刚度设计，以抵抗差异沉降

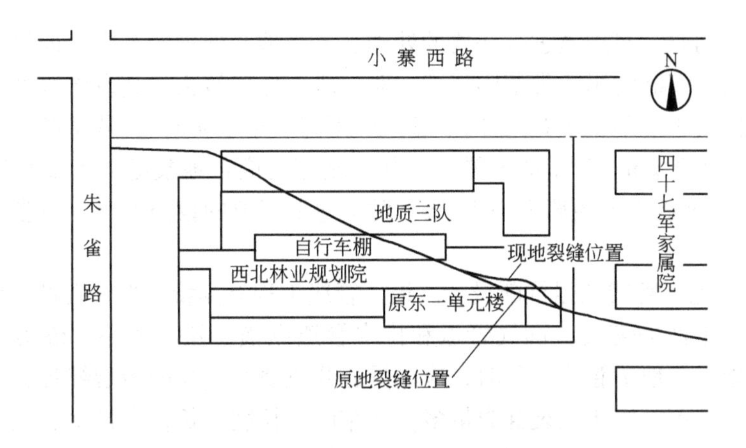

图 7-1　西北林业规划院附近地裂缝分布图

产生的拉裂破坏。另外对于建筑面积大、长度较长的建筑物，可垂直地裂缝一侧布置，同时对设防区内的单元进行分离，减小其沉降差，使其应力不向相邻单元传递，即使该单元在今后若干年内遭到破坏，仍可保持大部分建筑物完好。在多层砖混结构楼房的层间处，均应设置现浇的钢筋混凝土圈梁或采用现浇楼板，使单元具有足够的强度。对于跨度较大的单层厂房，因为多为排架结构体系，空间大，整体刚度小，应避免建在次不安全带和次安全带内，特别是有桥式吊车的单层工业厂房更是如此。对受条件限制必须修建在次安全带内的厂房，应考虑采取能适应差异沉降的结构形式，如采用铰接排架，同时在设计时应确定现今和工程使用期内的沉降差，在立柱上设置可调节装置，当立柱发生不允许的沉降时，可通过调节装置使其复位，以避免造成严重破坏。在地裂缝影响带不能准确确定的情况下，可通过增设沉降缝来减轻结构的变形及破坏。

如果一些厂房内有振动机器或供排水管道密集的建筑，它们会因振动使地裂缝场地土体压密下沉或湿陷，应尽量修筑在安全带内或设计时采取防振措施。

对于位于地裂缝下盘的建筑物，在查明主裂缝的前提下，可以考虑使用桩基础，以适当缩小设防区的距离。以 10m 桩长为例，如果在距地裂缝 4m 处施工，地裂缝产状为 70°，则桩基下部距主裂缝的距离为 $L = 4 + \tan 70° = 6.75$m，从而增大了距地裂缝的垂直距离。

对于处于隐伏地裂缝地带的工程建筑，应根据隐伏地裂缝的埋深及岩性等条件，分别考虑。如果该地裂缝隐伏较深，上面的覆盖层较厚，不存在引起地表断裂的情况，就可以不去处理，但如果埋藏较浅，在地裂缝活动时，有引起地表破裂的可能性，就必须进行妥善的处理，以确保建筑物的安全。

对于地下铁道、地下管线等线性工程，要想完全避开地裂缝的影响是很难做到的，因此，对这类工程，只能在地裂缝带及其附近一定范围内采取适当的结构措施，与此同时，对地基进行必要的处理。关于地基处理的范围，即设防宽度的确定，应从地裂缝的影响带范围考虑。对一般单体建筑物，其设防宽度应自地裂缝向上盘扩展距离不小于6m，向下盘扩展距离不小于4m，且从基础边缘向外延伸的距离不小于2m。对于地铁隧道，其处理宽度应自地裂缝向上盘扩展距离不小于8m，向下盘扩展距离不小于6m，对于地下管道的设防宽度，可参考地下铁道的取值。

（3）对地下管线加强抗断设计。地下管线工程有其特殊性，在城市和工业区由于生产和生活的需要，燃气管道和排水管道纵横交错，道路、桥梁成网状分布，在规划设计地下管线工程时，应尽量避开或绕开已知的地裂缝带，但对于像西安这样的城市，由于地裂缝数量多，分布广、长度较长，在排水、燃气等管道的规划设计中无法完全避让开地裂缝，就必须采取切实可行的防灾措施。

由于地裂缝所产生的形变应力非一般管材所能抗拒，形变量一般也远大于常用管材的允许变形值。一般管材的排水管道在地裂缝的作用下都会破裂，所以对于穿越地裂缝地段的排水管道，应采用柔性管材，如PVC管、钢管等，使管道能较好地适应地裂缝的变形。一般情况下，管线的接头处都是管线的薄弱部位，在地裂缝作用下，容易发生错断或开裂，因此在管道的设计和施工中，应加强对这些部位的设计，并确保施工质量。

西安市市政工程管理处在通过地裂缝带处的旧排水管道的改造方案中，提出采用柔性管材和柔性管道接头，并配合以加强的砂基础。对于在不小于地裂缝上盘15m，下盘10m范围内的排水管道，选用聚乙烯双臂波纹管（PE）或玻璃钢夹砂管（PVC）、双波纹塑料螺旋管等可变形较大的管材。这些管材接口采用双密封圈，由于管材的密封圈接口允许变形量大，所以为了保证有充分的变形预留，每根管的管长尽可能短一些。这些新型可变形柔性管材是目前经验证最适宜用于地裂缝处的管材。它们不仅可允许变形量大，而且采用双密封圈接口还可有一定的伸缩量，这样不但能适应垂直变形，还可适应地裂缝的水平张拉和扭动。为了避免柔性管道受到刚性挤压，减小变形量，将管道安放于充满中、粗沙的沟槽中，并在沟两边砌墙，在沟顶加盖板，这样就使柔性管材的自由变形受外界影响较小，而且一旦沟底由于地裂缝的作用发生开裂，沟内的砂还可灌入裂缝，避免发生空洞。实践证明，这些措施对于减轻地裂缝灾害发挥了有效的作用。

在满足冻深及车辆通行所需的最小覆土厚度的前提下，管道尽量浅埋，以减小作用于管道上的土压力，提高管道适应变形的能力。在条件允许的情况下，可将直埋式管道改为悬空式，使其直接跨越地裂缝带。

对于天然气、煤气管道系统，应尽量避让地裂缝。按照陕西省工程建设标准《西安地裂缝场地勘察与工程设计规程（DBJ 61-6—2006，J 10821—2006）》的规定，门站和蓄配站工艺区的避让距离可按一类建筑物的避让距离确定。高中压调压站工艺区的避让距离可按二类建筑物的避让距离确定。附属建筑物可根据建筑分类确定避让距离。如果必须跨地裂缝时，应采取可靠的防灾措施。如果所经过地段的地裂缝出现新的活动，随着地裂缝变形量的积累，燃气管道被损坏的情况可能出现，特别是近年来，进入各单位的分支管道逐年增多，这些分支管道穿越地裂缝的数量更多，对其采取一些具有针对性的预防措施，尤其是加强接头的可靠性设计，对降低其危害性是非常必要的。

当管道位置与地裂缝走向平行时，应适当调整管线的位置，宜将其设置于相对稳定的下盘。

在管线穿越地裂缝的部位安装简易的监测装置，经常测量其形变量，在形变量接近管线的允许变形量时，及时调整管线的位置和释放应力，如开挖后重新安装等。对于天然气及煤气管道，在适当部位安装检漏及预警装置，发现异常立即进行维修，对于预防地裂缝造成的损失，都会起到一定的作用。

在地裂缝活动情况下，地铁隧道在靠近地裂缝附近出现底部脱空是一种普遍现象。隧道底部脱空区的长度与地裂缝的活动强度、隧道的埋深、长度、土与隧道的刚度比等诸多因素有关，它对隧道的变形模式起着控制作用，同时反过来又影响到隧道的变形及内力计算。因此，对于地铁隧道等必须穿越地裂缝的线性工程结构，必须采取合理的变形监测措施，当隧道应力或底板下的脱空长度达到结构允许变形临界值时，及时采取在脱空区注浆等措施，以改善隧道的受力，防止结构发生开裂。

（4）合理规划和设计道路及桥梁等跨地裂缝的线性工程。对于铁路、公路、市政工程跨越地裂缝时，应着重从场地勘察、桥墩基础合理避让和采取稳妥的上部结构形式三方面采取措施。

对于道路、桥梁及地下管线等线性结构物无法避开地裂缝且必须相交时，应尽量使其与地裂缝大角度相交，以缩小受损及破坏的范围。

地裂缝的走向与工程建（构）筑物的交角不同，对其破坏程度也有差别，总的来看，其夹角越小，破坏程度和范围越大；夹角越大，破坏程度和范围越小，即建筑物的受损害程度和面积随建筑物轴线与地裂缝走向夹角变小而显著增大。

对于道路、桥梁及地下管线等线性构筑物，由于可能会跨越多个地貌单元，沿线地质条件变化大，因此，在选线时应充分搜集所经地区的地裂缝资料，为地裂缝地区的道路及桥梁等建筑物的合理设计提供可靠的依据。

加强地基的调整和处理，减小地裂缝活动时的地基变形，防止地基失效引起的建筑物变形及破坏，是地裂缝地带地质灾害治理的重要措施。

（5）限制地下水开采与做好地表排水相结合。由于地裂缝活动对建筑物破坏的难以抵御性，地裂缝灾害治理主要以避让为主。为此，在有地裂缝的场地进行建设时，必须进行详细的地裂缝场地勘察，确定主、次裂缝准确位置，确定合适的避让距离和选择必要的建筑结构。在工程建设初期，查明场地地裂缝的基本状况，是采取合理的防治措施的前提。

对地裂缝灾害，除应针对不同结构采取相应的治理对策外，还应与控制地面沉降和地裂缝活动相结合，通过综合治理，收到明显效果。

对现有地裂缝，应从以下几点入手，防止地裂缝的继续发展：

1）采取强有力的措施控制地下水的过量开采，保持地下水储量动态平衡，使水位不再下降，减缓地裂缝活动。实践表明对由于开采地下水而导致活动加剧的地裂缝，通过限制地下水开采能够大幅度减小地裂缝的活动。

2）合理进行排水设计，包括地面排水、地下排水，尤其对于地裂缝附近的雨水、污水排水系统进行妥善处理。严禁将场地排水排入地裂缝中。值得一提的是，一些文献建议在地裂缝带上建设绿化区，但必须注意由于在绿化带内浇地而引起地裂缝的重新活动。

3）各种管道应避免跨越主地裂缝和次生地裂缝，必须跨越时，应采取可靠的设防措施，防止由于排水系统设置不合理或失效，水灌入地裂缝带诱发或加剧地裂缝的活动。

4）及时封填夯实地表裂缝，防止地表水进入裂缝中诱发地裂缝的活动。

（6）加强对开裂地表的及时修补。对已产生的地表裂缝，要及时进行修补，防止地表水入渗后引起地裂缝的进一步发展。对表面能够看到的裂缝地段，可采用三合土材料，通过漏斗直接灌入裂缝内，用锤或木棍捣实，然后找平表面，做好排水。该施工方法简单、便捷、速度快、投资少，但缺点是效果差，在雨水过后，纵向裂缝常会再次出现。也可直接用素土填平裂缝，并在表面进行硬化处理，防止雨水从裂缝进入地基内。硬化处理材料可以采用素混凝土。该方法简单、便捷，速度快，效果明显。

沿地裂缝局部开挖成槽后回填土压实，分层填筑、分层夯实。回填材料可以采用拌和三合土。该方法虽然施工进度慢，投资大，但效果较理想。

在有条件的地方，可以在断裂或地裂缝影响带内按照一定的间距施工钻孔，然后利用高压泥浆泵顺钻孔向断裂带或地裂缝中灌注水泥砂浆，水泥浆液扩散后既起到填充裂隙的作用，又可以使破碎带中的岩体产生胶结作用，从而起到加固地基的作用。

（7）建立完善的监测预警系统。鉴于地裂缝的复杂性，建立完善的地裂缝监测预警系统和数据库是十分必要的。只有通过对监测数据的分析才能较好地掌握地裂缝的发展变化、各因素对地裂缝活动的影响以及预测、预报地裂缝的发展方向、速率及可能的危害范围。同时，对于位于地裂缝带附近的各类建筑结构，定期进行检查，必要时可安装一些简易的监测预警设备，当发现地基有不均匀变形时，及时对地基进行注浆加固或采取其他加固措施，防止变形的进一步扩大。定期对管沟内的管道以及地裂缝附近的管道进行巡检，特别是对各管道的接头处进行重点检查，将会取得事半功倍的效果。

除以上所述的灾害治理措施外，一些专家学者还提出了如时间避让法、空间避让法、裂缝置换法、部分拆除法，以及抗剪梁加固法、局部浸水法等多种方法，各自有不同的适用条件。这里不再一一叙述。

地裂缝灾害治理是一项复杂的系统工程，除工程措施外，政府的行为和决策，人们对地裂缝灾害的认识等都对治理效果产生影响。加之人们目前对地裂缝成因、地裂缝防灾工程措施等问题的研究还有待进一步深化，因此要做好地裂缝灾害预防工作，还需要各方面的不断努力。

8 地质灾害治理工程监测设计

8.1 概　　述

地质灾害治理工程监测有三方面的内容：一是在治理工程进行设计和施工之前，通过监测，了解和掌握灾害体的演变过程，捕捉灾害的特征信息，为地质灾害的分析评价、预测预报及治理工程方案的选择提供可靠资料和科学依据；二是在地质灾害治理工程施工期间，对灾害体进行监测，防止在施工期间出现变形或失稳，保证施工安全；三是在治理工程结束后，对工程的运营情况进行监测，对工程治理的效果进行检验。因此，监测既是地质灾害调查、研究与防治工作的重要组成部分，又是获取地质灾害预测预报信息和评价治理工程效果的有效手段。

通过监测可掌握地质灾害的变形特征及规律，预测预报灾害体的边界条件、规模、运动方向、破坏方式、发生时间及危害性，及时采取防灾措施，尽量避免和减轻灾害损失。

8.2 地质灾害治理工程常用监测技术

8.2.1 滑坡的监测技术及方法

滑坡是我国地质灾害发生规模最大，最频繁、危害较大的灾害之一，对于它的研究也较多，监测技术方法和手段也比较多，根据其监测内容不同分为地表变形监测、地下变形监测、影响因素监测（地下水动态、地表水、地声、地温、地应力、岩石压力、人类活动）、宏观地质监测等。

8.2.1.1 地表位移监测

地表位移监测主要有大地测量法、全球定位系统（GPS）法、遥感（RS）法、近景摄影法、激光全息摄影法、激光散斑法、测缝法（包括位移计、位错计、伸缩计、收敛计等）、垂锤法、沉降法等。监测方法有简易的人工观测法、自动监测法和遥测法。

简易的人工监测优点是简便、直观、可靠、投入快、成本低，便于普及，不受环境影响，缺点是精度稍差、信息量少。适用于群测群防监测。

自动监测法简便、直观、仪器自动记录、处理，人员定期去采集数据，精度较高，资料可靠，节约人力和资源，适用于各种监测项目。

遥控监测法自动化程度高，可全天候观测，安全、速度快、省人力、可自动采集、存储、打印和显示观测值，远距离传输；缺点是精度相对低、仪器易出故障，长期稳定性差，资料需用其他监测方法校核后使用。该法适用于加速变形阶段及施工期安全监测，受气候等外界因素影响较大。

（1）大地测量法。大地测量法的基本原理是从滑坡体外的稳定体上设立一系列基准点通视滑体内各条块的各个部位上设立的固定监测点，以基准点为不动点，监测点为运动点，通过观测监测点坐标同基准点的相对位移变化来确定监测点的运动状态。

大地测量法主要的观测方法有：两方向（或三方向）前方交会法、双边距离交会法（监测二维水平位移）；视准线法、小角法、测距法（监测单方向水平位移）；几何水准测量和精密三角高程测量法（观测垂直方向位移）等。

传统的大地测量法使用的仪器主要为经纬仪、水准仪、测距仪，随着科学技术的发展，各种现代仪器、仪表的研究与开发，大地测量使用的工具也由传统的建网用的经纬仪、水准仪和直接量距过渡到用光电测距仪和能同时测量角度距离和高差，并能自动计算的多功能仪器——全站型电子速测仪。全站仪进一步发展成为能自动跟踪、定位、识别活动目标的全自动全站仪——测量机器人，它的出现使全自动滑坡实时监测成为可能。

在地表变形测量的各种方法中，以精密大地测量技术最为成熟、精度最高，是目前广泛使用的最有效的外观方法，可用于滑坡的不同变形阶段的位移监测。传统的大地测量方法投入快、精度高、监测范围大、直观、安全，可直接确定滑坡位移方向及变形速率，但是传统的大地测量仪器受地形视通和气候条件影响，不能连续观测，在山地及通视条件不良之处，要注意严格按照作业程序进行；劳动强度大，费时，一个作业循环系统要花几天时间；数据处理慢，误差大。因此，传统的大地测量方法对测量人员的专业素质要求较高。新型的大地测量仪器具有精度高、速度快，自动化程度高，易操作，省人力，可跟踪自动连续观测，可适用于变形速率较大的滑坡监测，监测信息量大的特点。并且新型的测量仪器受地形条件限制小，观测网可任意建立。

大地测量法的优点是技术成熟、精度高、资料可靠、信息量大；缺点是受地形通视条件和气候影响均较大。大地测量法使用的仪器有：

1）经纬仪、水准仪、测距仪。其特点是投入快，精度高、监测面广、直观、安全，便于确定滑坡位移方向及变形速率，适用于不同变形阶段的水平位移和垂直位移，受地形通视和气候的条件影响，不能连续观测。

2）全站式电子测距仪、电子经纬仪。其特点是精度高、速度快、自动化程度高、易操作、省人力、可跟踪自动连续观测，监测信息量大，适用于加速变形至剧变破坏阶段的水平位移、垂直位移监测。

该方法在长江三峡库区十几个监测体上得到普遍应用，监测结果直接用于指导防治工程施工。1995 年 1 月 30 日的甘肃黄茨滑坡剧滑预报，基本上是由 10 个桩提供的监测数据资料确定的。

（2）全球定位系统（GPS）法。GPS 是 20 世纪 70 年代由美国国防部研制的全球定位系统（global positioning system），它可为用户提供全球范围的连续、实时、高精度的定位，只需要天线、GPS 接收机、计算机、输入输出控制以及显示设备，就可对任意一点精确定位。一般进行水平位移观测可以得到小于 ±5mm 的位移量，高程测量误差精度小于 ±10mm。

精度高、投入快、易操作、可全天候观测，同时测出三维位移量 X、Y、Z，对运动中的点能精确测出其速率，且不受通视条件限制，能连续监测。其缺点是成本较高。适用于不同变形阶段的水平位移和垂直位移监测。我国已经在京津唐地壳活动区、长江三峡工程坝区和首都国际机场建立了 GPS 测网，并将 GPS 技术应用在三峡库区滑坡、链子崖危岩体变形监测以及铜川市川口滑坡治理效果监测。

（3）遥感（RS）法和近景摄影法。遥感（RS）法适用于大范围、区域性崩滑体监测。根据遥感图片，进行滑坡判释，根据不同时期图像变化了解滑坡的变化情况；利用高分辨率遥感影像对地质灾害动态监测：随着遥感传感器技术的不断发展，遥感影像对地面的分辨率越来越高。例如：美国 LANDSAT 卫星的 TM 遥感影像对地面的分辨率为 29m，法国 SPOT 卫星全波段影像对地面分辨率达 10m，而美国 IKNOS 卫星影像对地面的分辨率高达 1m。利用卫星遥感影像所反映的地面信息丰富，并能周期性获取同一地点影像的特点，可以对同一地质灾害点不同时相的遥感影像进行对比，进而达到对地质灾害动态监测的目的。近景摄影法用陆摄经纬仪等进行监测，其特点是监测信息量大，省人力、投入快、安全；但精度相对较低，主要适用于变形速率较大的滑坡水平位移和危岩体陡壁裂缝变化的监测，受气候条件影响较大。

（4）伸缩计。伸缩计（又称滑坡记录仪、滑坡计）：其特点是：原位记录；用于滑坡地表裂缝和位移的监测；可以直接得到连续变化位移-时间曲线；能满足野外条件下工作的长期性、稳定性、可靠性、坚固性要求；全机械式。但在滑动出现险情时，有人员不宜接近的缺点。本仪器传感、记录、速率检知均为全机械式，故特别适用于野外长期工作，记录到的数据曲线直观、干扰少、可信度高，因此应用非常广泛。

8.2.1.2　地下变形监测技术方法及应用

（1）钻孔倾斜法。利用钻孔倾斜仪和多点倒垂仪进行监测，主要适用于崩滑体变形初期的监测，即在钻孔、竖井内测定滑体内不同深度的变形特征及滑带位置。

钻孔倾斜法是监测深部位移的最好办法之一。精度高、效果好，易遥测、易保护，受外界因素干扰少，资料可靠，但测程有限、相对成本较高。钻孔倾斜仪按探头的安装和使用方法可分为手提式和固定式两类。

（2）测缝法（竖井法）。利用多点位移计、井壁位移计、位错计、收敛计等进行监测。其特点是精度较高、效果较好、易保护，但投入慢、成本高，仪器、传感器易受地下水、气候等环境的影响。一般通过钻孔、平硐、竖井监测深部裂缝、滑带或软弱带的相对位移情况，目前因仪器性能、量程所限，主要适用于滑坡初期变形阶段，即小变形、低速率、观测时间相对不很长的监测。

8.2.1.3 地下水动态监测方法和应用

地下水动态监测包括地下水位和间隙水压监测。利用自动水位记录仪测量水位，这种方法对进行远距离遥测、多点测量及小口径钻孔（仅30mm）很有效。我国正在普遍使用自动水位记录仪。

间隙水压力计：在国外，应用间隙水压力计进行滑坡监测已较普遍，但国内尚未普及使用。技术关键是如何实测滑动带中的真实孔隙水压力值，为此牵连到很多安装埋设的工艺技术问题。近10年来各国先后研制了各种形式的间隙水压力测量仪器，如开口立管式、卡隆格兰德型、气动型、液动型和电动型的探头等。国土资源部地质技术方法研究所也研制了相应的监测仪器和方法。该方法对于降水引起的滑坡的监测具有非常重要的作用。

8.2.1.4 地声监测技术方法和应用

地声监测技术是利用测定滑坡岩体受力破坏过程中所释放的应力波的强度和信号特征，来判别岩体的稳定性。最早应用于矿山应力测量，近10年来逐渐被应用到滑坡的监测中。仪器有地声发射仪、地音探测仪。利用仪器采集岩体变形破裂或破坏时释放出的应力波强度和频度等信号资料，分析判断崩滑体变形的情况。仪器应设置在崩滑体应力集中部位，灵敏度较高，可连续监测，仅适用于岩质崩滑体或斜坡的变形监测，在崩滑体匀速变形阶段不适宜。测量时将探头放在钻孔或裂缝的不同深度来监测岩体（特别是滑动面）的破坏情况。声发射技术可作为滑坡挤压阶段、地表裂缝不明显、地面位移难以测出的早期监测预报手段，对崩塌性滑坡具有较高的应用前景，但对其他类型滑坡应用的可能性尚待深入研究。

8.2.1.5 地应力监测法

地应力监测包括地下和地表水平地应力的监测。这些物理量不能直接反映变形量,但能反映变形强度,可配合其他监测资料,分析变形动态。利用应力计进行监测。

8.2.1.6 地温监测技术方法

地温监测技术方法是指利用温度计测量地温，分析温度变化与岩石变形的关系，间接了解危岩体的变形特征。

8.2.1.7 气象监测技术方法

气象监测技术方法是指通过雨量计、蒸发仪等对气象因素进行观测，分析降雨与滑坡滑动的关系。我国大部分地区的滑坡都和降雨有关，所以研究降雨的临界值与滑坡的关系有非常重要的意义。

表 8-1 所示为滑坡、崩塌变形监测的主要内容和方法。

表 8-1　滑坡、崩塌变形监测主要内容和方法

监测内容		监测方法	常用监测仪器	监测特点	监测方法适用性
地表变形监测	滑坡、崩塌变形绝对位移监测	（常规）大地测量法（两方向或三方向前方交会法、双边距离交会法，视准线法、小角法、测距法、几何水准法和精密三角高程测量法等）	高精度测角、测距光学仪器和光电测量仪器，包括经纬仪、水准仪、测距仪等	监测滑坡、崩塌二维（X，Y）、三维（X，Y，Z）绝对位移量。量程不受限制，能大范围全面控制滑坡、崩塌的变形，技术成熟，精度高，成果资料可靠。但受地形、通视条件限制和气象条件（风、雨、雪、雾等）影响，外业工作量大，周期长	适用于所有滑坡、崩塌不同变形阶段的监测，是一切监测工作的基础
		全球定位系统（GPS）测量法	单频、双频GPS 接收机等	可实现与大地测量法相同的监测内容，能同时测出滑坡、崩塌的三维位移量及其速率，且不受通视条件和气象条件影响，精度在不断提高。缺点是价格稍贵	同大地测量法
		近景摄影测量法	陆摄经纬仪等	将仪器安置在两个不同位置的测点上，同时对滑坡、崩塌监测点摄影，构成立体图像，利用立体坐标仪量测图像上各测点的三维坐标。外业工作简便，获得的图像是滑坡、崩塌变形的真实记录，可随时进行比较。缺点是精度不及常规测量法，设站受地形限制，内业工作量大	主要适用于变形速率较大的滑坡监测，特别适用于陡崖危岩体的变形监测
		遥感（RS）法	地球卫星、飞机和相应的摄影、测量装置	利用地球卫星、飞机等周期性的拍摄滑坡、崩塌的变形	适用于大范围、区域性的滑坡、崩塌变形监测
	滑坡、崩塌变形相对位移监测	地面倾斜法	地面倾斜仪	监测滑坡、崩塌地表倾斜变化及其方向，精度高，易操作	主要使用于倾斜和角变化的滑坡、崩塌（特别是岩质滑坡）的变形监测。不适用于顺层滑坡的变形监测

续表 8-1

监测内容		监测方法		常用监测仪器	监测特点	监测方法适用性
地表变形监测	滑坡、崩塌变形相对位移监测	测缝法	简易监测法	钢尺、水泥砂浆片、玻璃片	在滑坡、崩塌裂缝、崩滑面两侧设标记或埋桩（混凝土桩、石桩等）、插筋（钢筋、木筋等），或在裂缝、崩滑面、软弱带上贴水泥砂浆片、玻璃片等，用钢尺定时量测其变化（张开、闭合、位错、下沉等）。简便易行，投入快，成本低，便于普及，直观性强，但精度稍差	适用于各种滑坡、崩塌的不同变形阶段的监测，特别适用于群测群防监测
			机测法	双向或三向测缝计、收敛计、伸缩计等	监测对象和监测内容同简易监测法。成果资料直观可靠，精度高	同简易监测法。是滑坡、崩塌变形监测的主要和重要方法
			电测法	电感调频式位移计、多功能频率测试仪和位移自动巡回检测系统等	监测对象和监测内容同简易监测法。该法以传感器的电性特征或频率变化来表征裂缝、崩滑面、软弱带的变化情况，精度高，自动化，数据采集快，可远距离有线传输，并数据微机化。但对监测环境（气象等）有一定的选择性	同简易监测法，特别适用于加速变形、临近破坏的滑坡、崩塌的变形监测
地下变形监测		深部横向位移监测法		钻孔倾斜仪	监测滑坡、崩塌内任一深度崩滑面、软弱面的倾斜变形，反求其横向（水平）位移，以及崩滑面、软弱带的位置、厚度、变形速率等。精度高，资料可靠，测读方便，易保护。因量程有限，故当变形加剧、变形量过大时常无法监测	适用于所有滑坡、崩塌的变形监测，特别适用于变形缓慢、匀速变形阶段的监测。是滑坡、崩塌深部变形监测的主要和重要方法
		测斜法		地下倾斜仪、多点倒垂仪	在平硐内、竖井中监测不同深度崩滑面、软弱带的变形情况。精度高，效果好，但成本相对较高	适用于不同滑坡、崩塌，特别是岩质滑坡、崩塌的变形监测，但在其临近失稳时慎用

续表 8-1

监测内容		监测方法	常用监测仪器	监测特点	监测方法适用性
地下变形监测	滑坡、崩塌变形相对位移监测	测缝法（人工测、自动测、遥测）	基本同地表测缝法，还常用多点位移计、井壁位移计等	基本同地表测缝法。人工测在平硐、竖井中进行；自动测和遥测将仪器埋设于地下。精度高，效果好。缺点是仪器易受地下水、气候的影响和危害	基本同地表测缝法
		重锤法	重锤、极坐标盘、坐标仪、水平位错计等	在平硐、竖井中监测崩滑面、软弱带上部相对于下部岩体的水平位移。直观、可靠，精度高，但仪器易受地下水、气等的影响和危害	适用于不同滑坡、崩塌的变形监测，但在其临近失稳时慎用
		沉降法	下沉仪、收敛仪、静力水准仪、水管倾斜仪等	在平硐内监测崩滑面（带）上部相对于下部的垂向变形情况，以及软弱面、软弱带垂向收敛变化等。直观，可靠，精度高，但仪器易受地下水、气等的影响和危害	同重锤法
与滑坡、崩塌变形有关的物理量监测		声发射监测法	声发射仪、地音仪	监测岩音频度（单位时间内声发射事件次数）、大事件（单位时间内振幅较大的声发射事件次数）、岩音能率（单位时间内声发射释放能量的相对累计值），用以判断岩质滑坡、崩塌变形情况和稳定情况。灵敏度高，操作简便，能实现有线自动巡回自动监测	适用于岩质滑坡、崩塌加速变形、临近崩滑阶段的监测。不适用于土质滑坡的监测
		应力、应变监测法	地应力计、压缩应力计、管式应变计、锚索（杆）测力计等	埋设于钻孔、平硐、竖井内，监测滑坡、崩塌内不同深度应力、应变情况，区分压力区、拉力区等。锚索（杆）测力计用于预应力锚固工程锚固力监测	适用于不同滑坡、崩塌的变形监测； 应力计也可埋设于地表，监测表部岩土体应力变化情况
		深部横向推力监测法	钢弦式传感器、光纤压力传感器、频率仪等	利用钻孔在滑坡的不同深度埋设压力传感器，监测滑坡横向推力及其变化，了解滑坡的稳定性。调整传感器的埋设方向，还可用于垂向压力的监测，均可以自动测和遥测	适用于不同滑坡的变形监测，也可以为防治工程设计提供滑坡推力数据

续表 8-1

监测内容	监测方法	常用监测仪器	监测特点	监测方法适用性
滑坡、崩塌形成和变形相关因素监测	地下水动态监测法	测盅、水位自动记录仪、孔隙水压力计、钻孔渗压计、测流仪、水温计、测流堰	监测滑坡、崩塌内及周边泉、井、钻孔、平硐、竖井等地下水水位、水量、水温和地下水孔隙水压力等动态，掌握地下水变化规律，分析地下水、地表水、大气降水的关系，进行其与滑坡、崩塌变形的相关分析	地下水监测不具普遍性。当滑坡、崩塌形成和变形破坏与地下水具有相关性，且在雨季或地表水位抬升时滑坡、崩塌内具有地下水活动时，应予以监测
	地表水动态监测法	水位标尺、水位自动记录仪、流速仪和自动记录流速仪、流量堰等	监测与滑坡、崩塌相关的江、河或水库等地表水体的水位、流速、流量等，分析其与地下水、大气降水的联系，分析地表水冲蚀与滑坡、崩塌变形的关系等	主要在地表水、地下水有水力联系，且对滑坡、崩塌的形成、变形有相关关系时进行.
	水质动态监测	取水样设备和相关设备	监测滑坡、崩塌内及周边地下水、地表水水化学成分变化情况，分析其与滑坡、崩塌变形的相关关系。分析内容一般为：总固形物、总硬度、暂时硬度、pH 值、侵蚀性 CO_2、Ca^{2+}、Mg^{2+}、Na^+、K^+、HCO_3^{2-}、SO_4^{2-}、Cl^-、耗氧量等，并根据地质环境条件增减监测的内容	根据需要确定
	气象监测	温度计、雨量计、风速仪等气象监测常规仪器	监测降水量、气温等，必要时监测风速，分析其与滑坡、崩塌形成、变形的关系	降雨是滑坡、崩塌形成和变形的主要环境因素，故在一般情况下均应进行以降雨为主的气象监测（或收集资料），进行地下水监测的滑坡、崩塌则必须进行气象监测（或收集资料）

续表 8-1

监测内容	监测方法	常用监测仪器	监测特点	监测方法适用性
滑坡、崩塌形成和变形相关因素监测	地震监测	地震仪等	监测滑坡、崩塌内及外围地震强度、发震时间、震中位置、震源深度、地震烈度等，评价地震作用对滑坡、崩塌形成、变形和稳定性的影响	地震对滑坡、崩塌的形成、变形和稳定性起重要作用，但基于我国设有专门地震台网，故应以收集资料为主
	人类工程活动监测		监测开挖、削坡、加载、洞掘、水利设施运营等对滑坡、崩塌形成、变形的影响	一般都应进行
滑坡、崩塌宏观变形地质监测		常规地质调查设备	定时、定线路、定点调查滑坡、崩塌出现的宏观变形情况（裂缝的发生和发展，地面隆起、沉降、坍塌、膨胀，建筑物变形、开裂等），以及与变形有关的异常现象（地声，地下水或地表水异常，动物异常等），并详细记录，必要时加密调查，在平硐等地下工程时，还应进行地下宏观变形调查。该法直观性和适应性强，可信度高，具有准确地预报功能	适用于一切滑坡、崩塌变形的监测，尤其是加速变形、临近破坏阶段的监测，是滑坡、崩塌变形监测的主要、重要监测方法

8.2.2 泥石流的监测技术方法

泥石流的监测技术方法主要与降雨有关，主要有：遥测地声警报，超声波泥位报警，接触型泥石流报警传感器等。泥石流监测及预报以长期、中期为主。在长期系列观测数据基础上，提出了一系列泥石流预报模型，使用遥感技术、灰色系统理论、专家系统判别技术、信息处理技术、计算机仿真和人工神经网络方法等进行了泥石流预测预报。

泥石流的监测预警，使泥石流危害减轻或消除，对保护山区的城镇及重要经济建设及资源开发项目显得更为重要。泥石流的预警措施包括采用仪器探测并传达其发生或造成灾害的临界值信号，以及人们采取疏散等应急行动。

8.2.2.1 泥石流自动化监测

泥石流自动化监测系统是由地声遥测、泥位遥测、雨量遥测、冲击力遥测和监测中心等组成，共同对泥石流活动进行监测。它既可以全自动监测预报泥石流的暴发，还能够实时、全程地监测和收集有关泥石流形成、运动规律、灾害程度等多方面的信息数据。其中，主要有降雨量、地声强度、泥位高度、泥石流表面平均流速、泥石流冲击力强度等方面的数据。

A　泥石流地声监测

把泥石流看作一个震源，它摩擦、撞击、侵蚀沟床及沟岸而产生振动并沿沟床方向传播，称为泥石流地声。这种振动波的绝大部分能量均沿地面岩层传播，而以声音传播者，则是其中的一小部分。为此，必须直接从岩层中检测其信号。

泥石流作为一个震源，其能量远不能与地震相比，但它作为一个发生在地面上的震源，对沟床中及沟岸的工程建筑物却大有影响。另外，由地声特性亦可监测泥石流的发生，研制相应的报警装置，泥石流地声对沟岸稳定性的影响及可能产生的“液化”现象，也是其研究范畴之一。

（1）地声传感器。地声传感器精度和灵敏度都很高，且频响范围宽，结构简单，防水性能好，便于安装。泥石流地声传感器应安置于基岩岸壁。为了避免环境干扰，埋深最好在1～2m范围内，且加盖或填料并封闭。

（2）地声测量系统。地声器监测到地声信号后，首先经前置放大器放大再进入微机。微机对监测泥石流地声数据进行采集，并应用处理程序进行监测资料的统计、波形及频谱分析，经自动判定频率、幅值及时间后，判定是否发出泥石流警报。

B　泥石流泥位监测

由于泥石流的泥位深度能直观地反映泥石流的暴发与否、规模大小和可能危害程度，因而，可以根据泥位对泥石流活动进行监测。目前泥位的监测有两种，分别是接触型泥石流警报传感器监测和超声波泥位监测。

（1）接触型泥石流警报传感器监测。由于泥石流是多相混合流体，具有重复性活动的特点，因而，可以预先在泥石流沟谷中安装接触型泥石流警报传感器，监测传感器（安装在泥石流断面侧壁的盆形凹槽里）被泥石流体淹没之前的高电位 V_1，和传感器被泥石流体淹没后的回路电位 V_2，根据 V_2 与 V_1 两个电位之间的显著差异，来判别传感器是否被淹没，从而确定并发报泥石流是否发生及其发生的规模。

（2）超声波泥位监测。泥石流泥位监测和报警与泥石流的暴发及运动特征有关。泥石流的暴发具有突发性的，同时又有阵性的特征，往往头几阵规模较大，这同洪水过程完全不同，前者是高陡的阵流，而后者却是由小到大再由大到小的连续过程。因此可根据上述特征，来判定所测到的深度发生的是泥石流还是洪水。

8.2.2.2　泥石流遥感监测

与传统地面调查方法相比，遥感技术在泥石流调查监测领域的优势主要体现在遥感信息的及时获取与海量提取方面。依靠遥感技术（RS）、全球定位系统（GPS）和地理信息系统（GIS）等技术来获得、提取与泥石流相关的信息具有高效、快速、动态性、全天候、宏观性等诸多优点。

国外泥石流遥感调查技术方法经过20～30年的发展，已基本上形成工程化技术，在泥石流遥感识别、分类、编目及制作相应的图件方面都有较成熟的技术及经验。如，日本利用黑白航片解译泥石流，编制了1/50000比例尺的全国泥石流地形分布图。欧共体各国在大量泥石流遥感调查的基础上，对遥感方法技术进行了系统总结，指出了识别不同规模、不同对比度（泥石流与周围环境地物影像特征比较的差异程度）的泥石流所需的遥感图像的空间分辨率。结合地面调查的分类方法，用GPS测量及雷达数据监测泥石流、滑坡活动，利用遥感方法分析泥石流、滑坡危险性可能达到的程度，以及现有的泥石流遥感调查技术方法所包含的不确定性等。

我国的泥石流遥感调查技术，是在为山区大型工程（水电站、铁路、公路）建设服务中逐渐发展起来的。经过多年的实践，国土资源部门已摸索出一套较为合理有效的泥石流、滑坡遥感调查方法，该套方法可以概括为：信息源采用以彩红外航片为主，以TM、SPOT、IKONOS、QuickBird影像为辅，以目视解译为主，计算机图像处理为辅，并将重点区遥感解译结果与现场验证相结合，同时结合其他非遥感资料，综合分析，多方验证。主要成果为：识别泥石流、滑坡，制作泥石流、滑坡分布图；判别泥石流、滑坡的微地貌类型及活动性；评价泥石流、滑坡对大型工程施工及运行的影响等。

由于遥感技术具有其他方法不可比拟的优越性，目前遥感技术已成为识别区域泥石流、滑坡及宏观调查其发育环境的不可缺少的先进技术。该技术为区域大型工程建设的环境灾害调查及防灾减灾工作做出了不可磨灭的贡献。同时大量实践证明，遥感技术在识别泥石流沟谷流域、区划泥石流区域分布图、判别泥石流的微地貌类型，以及评价泥石流对大型工程施工和工程安全正常运行的影响等方面也发挥了巨大的作用。

（1）泥石流沟谷的解译方法。泥石流的遥感解译可以从几何形态和光谱特性两个方面来进行。几何形态是指泥石流的特殊地貌现象在遥感图像上的形态特征，可以作为泥石流的识别标志。

应用光谱研究成果，可以了解不同物质成分、结构构造、含水量、植被状况等泥石流发育环境的光谱特性，从而逐步实现光谱特性的解译，这是近年来的重要研究方向。

1）直接判译法。利用遥感图像可以直观、真实记录泥石流地表现象。根据这些特点可以进行泥石流沟谷的解译。由于近期泥石流沟谷色调多呈白色线状，而早期泥石流沟谷多呈灰暗的粗糙条带状或沟口处有扇状堆积体，可根据这些影像特点，判译出泥石流沟谷及流域边界、流通路径长度、堆积扇体大小与形状、固体松散物质补给源的范围和泥石流沟谷的背景条件。

2）对比法。不同时期的遥感图像可以记录各个时期的泥石流活动及变化状况，因此，通过不同时期的图像资料分析对比，可以了解泥石流的发生时期、特点和规模，确定泥石流的活动周期和发展阶段；掌握泥石流暴发前后的沟谷变化，了解松散固体物质在泥石流暴发前的状态，并可以对一些防治工程的效果进行评估；确定以往泥石流的危害范围，分析区域的危险程度，为防灾减灾提供指导和决策支持。

（2）泥石流沟谷的判译。泥石流发生的三个条件为地形、松散固体物质和降水。降水可以利用气象数据获取，而其他两个条件都可以考虑利用遥感数据获得。可以从区域地形地貌特征、地质构造、植被状况、地层岩性和堆积扇等方面考虑。

1）地形地貌特征。泥石流沟在遥感图像上具有特殊几何形态，多呈短小沟谷，与规模庞大的堆积扇不协调地组合在一起；堆积扇呈现单一或多层次浅色调的扇体影像，呈垄岗状或串珠状堆积体；泥石流角峰地貌。葫芦谷、沟床比降可以利用数字高程计算，来判断泥石流沟流域的发育阶段。

2）地质构造。活动断层和深大断裂等地质构造是泥石流发育的重要因素，它们在遥感图像上呈线性影像显示，常表现为色线、阴影线，不同地貌单元的分界线和水系的突变等。

3）植被发育。植被发育状况可以反映松散固体物质的区域面积。对植被覆盖区，可以通过对不同时相的 NDVI 图合成，并计算 NDVI 植被指数来反映植被覆盖度；对裸露区，可以根据影像颜色，结合实地资料来判断松散固体物质的种类。

4）地层岩性。根据遥感图像上显示的形态、纹理、水系、地貌、色彩等影像特征，可以判读岩石的软硬和抗风化能力。例如，坚硬岩层分布区地形陡峻，发育树枝状水系，沟谷深而稀。

8.3　滑坡与泥石流治理工程监测设计

8.3.1　滑坡治理工程监测设计

8.3.1.1　监测内容

滑坡、崩塌监测可分为变形监测、相关因素监测、宏观前兆监测。

（1）变形监测又分为位移监测和倾斜监测，以及与变形有关的物理量监测。

1）位移监测。分为地表的和地下（钻孔、平硐内等）的绝对位移监测和相对位移监测。

①绝对位移监测。监测滑坡、崩塌的三维（x，y，z）位移量、位移方向与位移速率。

②相对位移监测。监测滑坡、崩塌重点变形部位裂缝、崩滑面（带）等两侧点与点之间的相对位移量，包括张开、闭合、错动、抬升、下沉等。

2）倾斜监测。分为地面倾斜监测和地下（平硐、竖井、钻孔等）倾斜监测，监测滑坡、崩塌的角变位与倾倒、倾摆变形及切层蠕滑。

3）与滑坡、崩塌变形有关的物理量监测。一般包括地应力、推力监测和地声、地温监测等。

（2）滑坡、崩塌形成和变形相关因素监测。一般包括下列内容：

1）地表水动态。包括与滑坡、崩塌形成和活动有关的地表水的水位、流量、含沙量等动态变化，以及地表水冲蚀情况和冲蚀作用对滑坡、崩塌的影响，分析地表水动态变化与滑坡、崩塌内地下水补给、径流、排泄的关系，进行地表水与滑坡、崩塌形成与稳定性的相关分析。

2）地下水动态。包括滑坡、崩塌范围内钻孔、井、洞、坑、盲沟等地下水的水位、水压、水量、水温、水质等动态变化，泉水的流量、水温、水质等动态变化，土体含水量等的动态变化。分析地下水补给、径流、排泄及其与地表水、大气降水的关系，进行地下水与滑坡、崩塌形成与稳定性的相关分析。

3）气象变化。包括降雨量、降雪量、融雪量、气温等，进行降水等与滑坡、崩塌形成与稳定性的相关分析。

4）地震活动。监测或收集附近及外围地震活动情况，分析地震对滑坡、崩塌形成与稳定性的影响。

5）人类活动情况。主要是与滑坡有关的人类工程活动，包括洞掘、削坡、加载、爆破、振动以及高山湖，分析其对滑坡、崩塌形成与稳定性的影响。

（3）滑坡、崩塌变形破坏宏观前兆监测。一般包含下列内容：

1）宏观变形。包括滑坡、崩塌变形破坏前常常出现的地表裂缝和前缘岩土体局部坍塌、鼓胀、剪出，以及建筑物或地面的破坏等。测量其产出部位、变形量及其变形速率。

2）宏观地声。监听在滑坡、崩塌变形破坏前常常发出的宏观地声，及其发声地段。

3）动物异常观察。观察滑坡、崩塌变形破坏前其上动物（鸡、狗、牛、羊等）常常出现的异常活动现象。

4）地表水和地下水宏观异常。监测滑坡、崩塌地段地表水、地下水水位突变（上升或下降）或水量突变（增大或减小），泉水突然消失、增大、浑浊、突然出现新泉等。

滑坡、崩塌都应进行绝对位移、相对位移、宏观变形前兆监测和主要相关因素监测。监测的具体内容应根据滑坡、崩塌特点，有针对性地确定。

不同类型和特点的滑坡、崩塌，其相关因素监测的重点内容是：

1）降雨型土质滑坡，应重点监测地下水、地表水和降水动态变化等内容；降雨型岩质滑坡、崩塌，除监测上述内容外，还应重点监测裂缝的充水情况、充水高度等。

2）冲蚀型及明挖型滑坡、崩塌，应重点监测：前缘的冲蚀（或开挖）情况，坡脚被切割的宽度、高度、倾角及其变化情况，坡顶及谷肩处裂缝发育程度与充水情况，以及地表水和地下水的动态变化。

3）洞掘型滑坡、崩塌，应进行洞内、井下地压监测。包括：顶板（老顶）下沉量及岩层倾角变化，顶板冒落、侧壁鼓出或剪切，支架变形和位移，底鼓等。有条件时应进行支架上压力值的监测。

8.3.1.2　监测方法

滑坡、崩塌变形监测方法，分为地表变形监测，地下变形监测，与滑坡、崩塌变形有关的物理量监测和与滑坡、崩塌形成、活动相关因素的监测等，方法很多，应根据滑坡、崩塌特点，本着少而精的原则选用。

列为群测群防监测的滑坡、崩塌，宜用地表变形监测中的简易监测法和宏观变形地质监测法监测。

8.3.1.3　监测频率

正常情况下每15天一次，比较稳定的可每月一次；在汛期、雨季、预报期、防治工程施工等情况下应加密监测，宜每天一次或数小时一次直至连续跟踪监测。

8.3.1.4　监测点网布设

滑坡、崩塌变形监测网，应根据滑坡、崩塌的地质特征及其范围大小、形状、地形地貌特征、通视条件和施测要求布设。监测网是由监测线（即监测剖面，以下简称测线）、监测点（以下简称测点）组成的三维立体监测体系，监测网的布设应能达到系统监测滑坡、崩塌的变形量、变形方向，掌握其时空动态和发展趋势，满足预测预报精度等要求。

滑坡、崩塌变形测线，应穿过滑坡、崩塌的不同变形地段或块体，并尽可能照顾滑坡、崩塌的群体性和次生复活特征，还应兼顾外围小型滑坡、崩塌和次生复活的滑坡、崩塌。测线两端应进入稳定的岩土体中。纵向测线与主要滑坡、崩塌变形方向相一致；有两个或两个以上变形方向时，应布设相应的纵向测线；当滑坡、崩塌呈旋转变形时，纵向测线可呈扇形或放射状布设横向测线，一般与纵向测线相垂直。在以上原则下，测线应充分利用勘探剖面和稳定性计算剖面，充分利用钻孔、平硐、竖井等勘探工程。

测线确定后，应根据滑坡、崩塌的地质结构、形成机制、变形特征等，分析、建立沿测线在平面上、垂向上所表征的变形地段、块体及其组合特征。

测点应根据测线建立的变形地段、块体及其组合特征进行布设，宜在测线上或测线两侧5m范围内布设。以绝对位移监测点为主，在沿测线的裂缝、滑带、软弱带上布设相对位移监测点，并利用钻孔、平硐、竖井等勘探工程布设深部位移监测点。每个测点，均应有自己独立的监测、预报功能。

测点不要求平均布设。对如下部位应增加测点和监测项目：

(1) 变形速率较大或不稳定块段与起始变形块段（滑坡源、崩塌源等）。

(2) 初始变形块段（滑坡主滑段、推移滑动段、松脱滑动段等）。

(3) 对滑坡、崩塌稳定性起关键作用或破坏初始块段（滑坡阻滑段、崩塌锁固段等）。

(4) 易产生变形部位（剪出口、裂缝、临空面等）。

(5) 控制变形部位（滑带、软弱带、裂缝等）。

滑坡变形监测网型，有以下几种：

(1) 十字形。纵向、横向测线构成十字形，测点布设在测线上。测线两端放在稳定的岩土体上并分别布设为测站点（放测量仪器）和照准点。在测站点上用大地测量法监测各测点的位移情况。这种网型适用于范围不大、平面狭窄、主要活动方向明显的活动。

(2) 方格型。在滑坡范围内，多条纵向、横向测线近直交，组成方格网，测点设在测线的交点上（也可加密布设在交点之间的测线上）。测站点、照准点布设同十字网型。这种网型测点分布的规律性强，且较均匀，监测精度高，适用于滑坡地质结构复杂，或群体性滑坡。

(3) 三角（或放射）形网。在滑坡外围稳定地段设测站点，自测站点按三角形或放射状布设若干条测线，在各测线终点设照准点，在测线交点或测线上设测点，在测站点用大地测量法等监测测点的位移情况。对测点进行三角交汇法监测时，可不设照准点。这种网型测点分布的规律性差，不均匀，距测站近的测点的监测精度较高。

(4) 任意型。在滑坡范围内布设若干测点，在外围稳定地段布设测站点，用三角交汇法、GPS法等监测测点的位移情况，适用于自然条件、地形条件复杂的滑坡的变形监测。

(5) 对标型。在裂缝、滑带（软弱带）等两侧，布设对标或安设专门仪器，监测对标的位移情况，标与标之间可不相联系，后缘缝的对标中的一个尽可能布设在稳定的岩土体上。在其他网型布设困难时，可用此网型监测滑坡重点部位的绝对位移和相对位移。

（6）多层型。除在地表布设测线、测点外，利用钻孔、平硐、竖井等地下工程布设测点，监测不同高程、不同层位滑坡的变形情况。

无论采用哪种网型，测站点、测线、测点的数量均应根据需要确定或调整。可同时采用两种网型，布成综合型网。

测站点、测点（含对标点）、照准点，均应设立混凝土桩。必要时设保护桩和负桩，防止测桩遭受自然或人为因素破坏。

崩塌变形监测网型可根据崩塌体所处的地形与地质条件参见滑坡变形监测网布设。

8.3.2 泥石流治理工程监测设计

8.3.2.1 监测目的

泥石流监测工作的任务是对泥石流灾害体进行变形监测、施工安全监测和防治效果监测。达到以下目的：

（1）形成立体监测网；

（2）监测灾害体的变形动态，对变形发展趋势做出预测；

（3）施工过程中进行跟踪监测、超前预报，确保施工安全；

（4）反馈设计、指导施工；

（5）检测防治效果。

监测设计应根据以下技术规范：《国家水准测量规范》、《国家三角测量和精密导线测量规范》、《大地变形测量规范》、《水工建筑物观测工作手册》。

8.3.2.2 监测内容

应采取群众性监测网与专业性监测网相结合。监测内容包括泥石流的频率、流量以及泥石流流量的变化与河水流量、降雨量的关系。

监测内容，分为形成条件（固体物质来源、气象水文条件等）监测、运动特征（流动动态要素、动力要素和输移冲淤等）监测、流体特征（物质组成及其物理化学性质等）监测。

泥石流固体物质来源是泥石流形成的物质基础，应在研究其地质环境和固体物质、性质、类型、规模的基础上进行稳定状态监测。固体物质来源于滑坡、崩塌的，其监测内容按滑坡、崩塌监测；固体物质来源于松散物质（含松散体岩土层和人工弃石、弃渣等堆积物）的，应监测其在受暴雨、洪流冲蚀等作用下的稳定状态。

气象水文条件监测。监测降雨量和降雨历时等；水源来自冰雪和冻土消融的，监测其消融水量和消融历时等。当上游有高山湖、水库、渠道时，应评估其渗漏的危险性。在固体物质集中分布地段，应进行降雨入渗和地下水动态监测。

泥石流动态要素监测，包括暴发时间、历时、过程、类型、流态和流速、泥位、流面宽度、爬高、阵流次数、沟床纵横坡度变化、输移冲淤变化和堆积情况等，并取样分析，测定输砂率、输砂量或泥石流流量、总径流量、固体总径流量等。此外，Ⅰ、Ⅱ级监测站（点）应监测泥位。

泥石流动力要素监测内容，包括泥石流流体动压力、龙头冲击力、石块冲击力和泥石流地声频谱、振幅等。

泥石流流体特征监测内容，包括固体物质组成（岩性或矿物成分）、块度、颗粒组成和流体稠度、重度（重力密度）、可溶盐等物理化学特性，研究其结构、构造和物理化学特性的内在联系与流变模式。

8.3.2.3　监测方法

泥石流固体物质来源于滑坡、崩塌的，其变形破坏监测方法按照滑坡、崩塌监测方法合理采用。固体物质来源于松散物质的，可以在不同地质条件地段设立标准片蚀监测点，监测不同降雨条件下的冲刷侵蚀量，分析形成泥石流临界雨量的固体物质供给量。

暴雨型泥石流应设立以监测降雨为主的气象站，监测气温、风向、风速、降雨量（时段降水量和连续变化降水量）等。在有条件时，宜利用遥测雨量监测系统、测雨雷达超短时监测系统、气象卫星短时监测系统等自动化监测仪器，进行降雨量的监测。对冰雪消融型泥石流，还应对冰雪消融量进行监测。

泥石流动态要素、动力要素监测，应在选定的若干个断面上进行。

（1）小型泥石流沟或暴发频率低的泥石流沟，一般采用水文观测方法进行监测。

（2）较大的或暴发频率较高的泥石流沟，宜利用专门仪器进行监测。常用的有雷达测速仪、各种传感器与冲击力仪、超声波泥位计（带报警器）、无线遥测地声仪（带报警器）、地震式泥石流报警器，以及重复水准测量、动态立体摄影测量等。

泥石流流体特征监测应与泥石流运动特征监测结合进行。

在有条件时，宜采用遥感技术对泥石流规模、发育阶段、活动规律等进行中长期动态监测，用地面多光谱陆地摄影、地面立体摄影测量技术，进行短周期动态监测。

8.3.2.4　监测频率

泥石流监测频率与滑坡、崩塌监测频率相同，其中以降雨监测为中心的气象监测频率，应与附近气象部门气象站的监测频率保持一致。

8.3.2.5　监测点网布设

在泥石流补给区、流动区和堆积区，都应布设一定数量的监测点网。

泥石流固体物质来源于滑坡、崩塌的，其变形破坏监测点网的布设依照滑坡、崩塌监测点网布设原则布设。固体物质来源于松散物质的，其稳定性监测点网的布设，应在侵蚀程度分区的基础上进行，测点密度按表 8-2 确定。重点布设在严重侵蚀区内，并根据侵蚀强度的发展趋势和变化来调整。

表 8-2 松散物质稳定性测点布设数量表

侵蚀程度	测点密度/个 · km^{-2}
严重侵蚀区	20 ~ 30
中等侵蚀区	10 ~ 20
轻微侵蚀区	少布或不布测点

以监测降雨为主的泥石流气象站，应布设在泥石流沟或流域内有代表性的地段或试验场。降雨按下列原则布设监测点：

（1）泥石流形成区及其暴雨带内；

（2）泥石流沟或流域内滑坡、崩塌和松散物质储量最大的范围内及沟的上方；

（3）测点选在四周空旷、平坦且风力影响小的地段。一般情况下，四周障碍物与仪器的距离不得小于障碍物顶高与仪器口高差的 2 倍；

（4）测点布设数量视泥石流沟或流域面积和测点代表性好坏而定。测点宜以网格状方式布设，泥石流沟或流域面积小时也可采用三角形方式布设。

泥石流运动情况和流体特征监测断面布设数量、距离，视沟道地形、地质条件而定，一般在流通区纵坡、横断面形态变化处和地质条件变化处以及弯道处等，都应布设。同时，必须充分考虑下游保护区（居民区、重要设施）撤离等防灾救灾所需提前警报的时间和泥石流运动速度，可按下式估算：

$$L \geqslant t \cdot v \tag{8-1}$$

式中 L——断面距防护点的距离，m；

t——需提前报警的时间，h；

v——泥石流运动速度，m/h，多按下游居民避难的最短时间考虑。

泥位监测点布设在防护点上游的基岩跌水或卡口处（距防护点的距离不小于 L）部位，且在其区间河段内无其他径流或补给量可忽略不计。监测并确定警报泥位及雨量。

8.4 监测数据处理与信息反馈

8.4.1 监测数据处理与信息反馈的目的意义

监测数据处理与信息反馈是地质灾害监测工作中必不可少的组成部分，也是满足诊断、预测、治理和研究四方面需求，进行安全监控、指导施工和改进设计方法的一个关键环节，在地质灾害防治工程的施工、运行等阶段都将发挥重要作用。

由于地质灾害的复杂性，一般情况下，直接采用安全监测原始数据对防治工程的安全稳定状态进行评估和反馈是困难的。滑坡、崩塌和泥石流监测资料整理的任务是：对各种监测数据进行综合整理归纳和分析、研究，找出它们之间的内在联系和规律性，及其与自然条件、地质环境和各种因素之间的关系，对滑坡、崩塌与泥石流的稳定性做出正确的评价，对其变形破坏和活动做出正确的预报。

地质灾害防治工程监测资料分析和反馈的方法及内容，通常包括监测资料的收集、整理、分析、反馈及评价决策5个方面：

（1）收集。监测数据的采集、与之相关的其他资料的收集、记录、存储、传输和表示等。

（2）整理。原始观测数据的检验、物理量计算、填表制图、异常值的识别剔除、初步分析和整编等。

（3）分析。通常采用比较法、作图法、特征值统计法和各种数学、物理模型法，分析各监测物理量量值大小、变化规律、发展趋势、各种原因量和效应量的相关关系和相关程度，以便对防治工程的安全状态和应采取的技术措施进行评估决策。

（4）安全预报和反馈。应用监测资料整理和分析的成果，选用适宜的分析理论、模型和方法，分析解决防治工程面临的实际问题，重点是安全评估和预报，补充加固措施和对设计、施工及运行方案的优化，实现对防治工程系统的反馈控制。

（5）综合评判和决策。应用系统工程理论方法，综合利用所收集的各种信息资料，在各单项监测成果的整理、分析和反馈的基础上，采用有关决策理论和方法，对各项资料和成果进行综合比较和推理分析，评判防治工程的安全状态，制定防范措施和处理方案。综合评判和决策是反馈工作的深入和扩展。

8.4.2　监测数据采集

8.4.2.1　资料收集的主要范围

监测资料的收集包括观测数据的采集、人工巡视检查的实施和记录、其他相关资料收集。按有关规程规范的频次和技术要求进行的观测数据采集记录是资料收集的一项基本内容。人工巡视检查是必不可少的，必须认真实施和记录，作为监测资料的一个基本组成部分。另外，监测资料整理分析反馈还要采用或参考其他相关数据、记录、文件、图表等信息资料。一般情况下，监测资料的收集主要包括以下几个方面内容：

(1) 详细的监测数据记录、观测的环境说明，与观测同步的气象、水文等环境资料及水位等资料。

(2) 监测仪器设备及安装的考证资料。监测设备的考证表、监测系统设计、施工详图、加工图、设计说明书、仪器规格和数量、仪器安装埋设记录、仪器检验和电缆连接记录、竣工图、仪器说明书及出厂证明书、观测设备的损坏和改装情况、仪器率定资料等。

(3) 监测仪器附近的施工资料。

(4) 现场观察巡视资料。

(5) 监测工程有关的设计资料。如图纸、参数、计算书、计算成果、施工组织设计、地质勘测及详查的资料报告和技术文件等。

(6) 设计、计算分析、模型试验、前期监测工作提出的成果报告、技术警戒值、安全判据及其他技术指标和文件资料。

(7) 有关的工程类比资料、规程规范及有关文件等。

8.4.2.2 监测资料收集的原则要求

监测资料收集主要包括资料的采集、收集、记录、撰写、采用计算机整理分析的录入、存储、拷贝、向工作站或资料整理分析中心的传输通信等作业。在收集资料的过程中，必须遵循以下原则：

(1) 监测资料的收集必须做到及时准确，并应尽可能全面、完整。

(2) 资料的录入、誊抄、传输、拷贝等作业应按全面质量管理的要求，做好校核检验工作，切实保证资料的准确可靠，严防数据资料的损坏、失误和丢失。

(3) 监测资料的存储和表示方法要力求简洁、清晰、直观，尽可能采用图表。采取的存储形式便于保管、归档和查询。目录尽可能通用规范。要保证资料的完整安全，避免丢失、损坏。在可能条件下，各种资料都应有备份。

8.4.2.3 监测数据采集方法

(1) 监测点位的手动记录。包括各类位移监测点位处的手动记录和探头位置处的手动记录。

(2) 探头位置处的自动记录。采用能传送到探头位置或附近控制板上的自动记录设备，根据手动指令将数据记录到磁带或穿孔纸带上。

(3) 中心站处的手动记录。探头输出信号通过有线或无线方式传送到中心站，中心站将信号连续转换为数字输出。监测人在中心站手动记录或采用手动指令将输出数据记录在穿孔纸带上。

(4) 中心站处的全自动记录。采用自动化系统，自动激发记录启动装置，进行全自动操作。

8.4.2.4 数据采集时的误差消除

(1) 手动记录时，应详细检查数据，校正明显的错误，或对有问题的数据重新量测，以消除错误和明显的误差。

（2）自动记录系统有可能会产生附加的错误源。记录数据在用计算机处理之前，应对数据逐一进行筛选，检查和误差解释，消除明显的错误。

8.4.3　监测数据处理

对监测数据的处理主要是指对原始观测数据的复制件的处理，包括误差的修改、缺值的补差、平差、平滑和修匀等。处理工作不得直接对原始观测数据进行。每次处理必须做相应记录，最后形成整理整编数据或数据库。包括地质条件数据库、地质灾害数据库和监测数据库等。建立资料分析处理系统。根据所采用的监测方法和所取得的监测数据，应用相应的地理信息系统、数据处理方法和程序软件包，对监测资料进行分析处理。一般包括滑坡、崩塌变形量、变形速率，泥石流运动速率等，进行监测曲线拟合、平滑和滤波，绘制变形时程曲线、运动时程曲线、降雨过程曲线等，并进行时序和相关分析。

8.4.3.1　观测数据的平差

由于观测结果不可避免地存在着随机误差，在实际观测时，通常要进行多余观测。对这一系列带有随机误差的观测值，采用合理方法来消除它们之间的不符值，求出未知量的最可靠值，并评定测量结果的精度，这就是观测数据的平差。

对观测数据进行平差的方法很多，当观测数据相互独立时，可采用直接平差法，否则可采用条件平差或两组平差、间接平差、矩阵平差等方法。可参阅相关平差方法的书籍资料，本文仅介绍条件平差方法。

（1）条件方程式的建立。设有 r 个多余观测，共 n 个观测值，欲平差求出的观测值改正数为 V_1，V_2，…，V_n。则由 r 个多余观测，可建立联系改正数 V_1，V_2，…，V_n的 r 个条件方程。

$$\left.\begin{aligned} a_1V_1+a_2V_2+\cdots+a_nV_n+w_1=0 \\ b_1V_1+b_2V_2+\cdots+b_nV_n+w_2=0 \\ \vdots \\ r_1V_1+r_2V_2+\cdots+r_nV_n+w_r=0 \end{aligned}\right\} \tag{8-2}$$

式中，w_1，w_2，…，w_r为利用多余观测条件所求出的 r 个不符值。

一般情况下，改正数 V_1，V_2，…，V_n的条件方程本身就是线性的。如若不然，则需用泰勒公式将其线性化。

（2）改正数方程组。平差的原则是只采用唯一一组改正值消除不相符值，并使误差函数 f 最小，即

$$f=[PVV]=P_1V_1V_1+P_2V_2V_2+\cdots+P_nV_nV_n=\mathrm{Min} \tag{8-3}$$

式中　P_1，P_2，…，P_n——分别为观测值（L_1），（L_2），…，（L_n）的权。

平差计算实际上是求出满足条件方程式的误差函数极值问题。按最小二乘原理求最或然值方法，对每一条件方程式乘以一个拉格朗日乘子 K_i（亦称联系数），$i=1, 2, \cdots, r$，然后建立新的误差函数 ϕ。

$$\phi = [PVV] - \sum_{i=1}^{r} 2K_i(A_{i1}V_1 + A_{i2}V_2 + \cdots + A_{in}V_n + w_i) \tag{8-4}$$

对 ϕ 依次对 V_i 求偏导数，并令其等于零，求得改正数方程组：

$$\left.\begin{aligned} V_1 &= a_{11}K_1 + a_{12}K_2 + \cdots + a_{1r}K_r \\ V_2 &= a_{21}K_1 + a_{22}K_2 + \cdots + a_{2r}K_r \\ &\vdots \\ V_n &= a_{n1}K_1 + a_{n2}K_2 + \cdots + a_{nr}K_r \end{aligned}\right\} \tag{8-5}$$

（3）联系数法方程组。将改正数方程组代入条件方程组中，消去 V_1，V_2，…，V_n，即可求得以联系数 K_1，K_2，…，K_r 为未知量的（线性）法方程组：

$$\left.\begin{aligned} b_{11}K_1 + b_{12}K_2 + \cdots + b_{1r}K_r + w_1 &= 0 \\ b_{21}K_1 + b_{22}K_2 + \cdots + b_{2r}K_r + w_2 &= 0 \\ &\vdots \\ b_{n1}K_1 + b_{n2}K_2 + \cdots + b_{nr}K_r + w_r &= 0 \end{aligned}\right\} \tag{8-6}$$

（4）平差计算和精度评定。求得联系数 K_i，$i=1, 2, \cdots, r$ 后，即可由式（8-5）和式（8-6）求得改正数 V_i，和平差值 $(L_i)+V_i$，$i=1, 2, \cdots, n$。

平差精度评定要由误差函数［PVV］给出。

观测值中误差为

$$m = \pm\sqrt{\frac{[PVV]}{r}} \tag{8-7}$$

观测值中误差以及工作基点的计算等均可由以上成果计算导出。

8.4.3.2 监测数据的补插

如果因某种原因出现漏测，或由于剔除了粗差而缺少某次观测值时，需要补充上合理的值，这就是观测资料的补插。补插一般采用多项式插值、样条函数插值等数学插值方法。

（1）全段拉格朗日一次插值法。设距待插值测点最近的两个测点为：(X_1, Y_1)，(X_2, Y_2)，则横坐标的插补点 (X, Y) 的 Y 坐标为

$$Y = \frac{X - X_2}{X_1 - X_2}Y_1 + \frac{X - X_1}{X_1 - X_2}Y_2 \tag{8-8}$$

（2）全段拉格朗日二次插值法。设距待插值测点最近的三个测点为：(X_1, Y_1)，(X_2, Y_2)，(X_3, Y_3)，则插补点 (X, Y) 的 Y 坐标为

$$Y = \frac{(X - X_2)(X - X_3)}{(X_1 - X_2)(X_1 - X_3)}Y_1 + \frac{(X - X_1)(X - X_3)}{(X_2 - X_1)(X_2 - X_3)}Y_2 +$$

$$\frac{(X-X_1)\ (X-X_2)}{(X_3-X_1)\ (X_3-X_2)}Y_3 \tag{8-9}$$

这里的 X 通常为时间，Y 通常为观测值。

8.4.3.3　监测数据的修匀

如果观测数据受偶然因素影响较大，起伏不定，则可以通过对这组数据进行修匀来消除偶然因素的影响，把未知量真实的变化规律展现出来。

修匀的方法很多，最常用的为三点移动平均法。

当相邻三个测点的测值分别为

$$(X_{i-1},\ Y_{i-1}),\ (X_i,\ Y_i),\ (X_{i+1},\ Y_{i+1})$$

则中央一个测点的修匀值为

$$\{(X_{i-1}+X_i+X_{i+1})/3,\ (Y_{i+1}+Y_i+Y_{i-1})/3\}$$

而起点（$i=0$）和终点（$i=n$）的修匀值则分别为（X_1，$2Y_1/3+Y_2/3$）、（X_n，$2Y_n/3+Y_{n-1}/3$）。

在计算机处理时，建议剔除粗差的数据作为基本数据（整编资料）保留。修匀只在必要时进行（例如绘图或进行计算时）。修匀后的数据不一定都要保留，如果要保留的话，也应与未修匀的数据分开存放。

8.4.4　监测资料整理

（1）监测资料应及时整理、建档。

1）对于手动记录的原始监测数据，应计算其长度、体积、压力等有关参数，并与其他相关资料如日期、监测点号、仪器编号、深度、气温等，以表格或其他形式记录下来，进行统一编号、建卡、归类和建档。

2）对于自动记录在穿孔纸带上的数据等资料，应及时检查并归类、建档。

3）对于全自动记录的数据，应及时进行数据拷贝，并编号存档。

（2）应按规定间隔时间（日、旬、月、季、半年、年）对数据库内的监测数据等资料进行分析统计，计算特征值，如求和、最大值、最小值、平均值等，并分类建档。

（3）按监测内容和方法分类，对各类监测资料分别进行人工曲线标定和计算机曲线拟合，编制相应的图件。重要图件包括：

1）对绝对位移监测资料应编制水平位移、垂向位移矢量图及累计水平位移、垂向位移矢量图，上述二种位移量迭加在一起的综合性分析图，位移（某一监测点或多测点水平位移、垂向位移等）历时曲线图。相对位移监测，编制相对位移分布图、相对位移历时曲线图等。

2）对地面倾斜监测资料应编制地面倾斜分布图、倾斜历时曲线图。地下倾斜监测，编制钻孔等地下位移与深度关系曲线图、变化值与深度关系曲线图及位移历时曲线图等。

3）对地声等物理量监测资料应编制地声（噪声）总量与地应力、地温等历时曲线图和分布图等。

4）对地表水、地下水监测资料应编制地表水水位、流量历时曲线图，地下水位历时曲线图、土体含水量历时曲线图、孔隙水压力历时曲线图、泉水流量历时曲线图。

5）对气象监测资料应编制降水历时曲线图、气温历时曲线图、蒸发量历时曲线图，以及不同雨强等值线图等。

6）为进行相关分析，还应编制如下图件：滑坡、崩塌变形位移量（包括相对的和绝对的）与降水量变化关系曲线图、变形位移量与地下水位变化关系曲线图、倾斜位移量（包括地表的和地下的）与降水量变化关系曲线图、倾斜位移量与地下水位变化关系曲线图；滑坡、崩塌区与泥石流固体物质分布区地下水位、土体含水量、降水量变化关系曲线图，泉水流量与降水量变化关系曲线图，地表水水位、流量与降水量变化关系曲线图等。

（4）编制监测报告，分为月报、季报、年报。

监测月报、季报应有主要监测数据和主要历时曲线及相关曲线图等，并对该时段内的滑坡、崩塌与泥石流的稳定性进行综合分析评价。

监测年度报告的主要内容包括：自然地理与地质概况，滑坡、崩塌（或泥石流）特征与成因、变形或活动动态特征和发展趋势，结论和建议（稳定程度，防灾、治灾措施等）。若有防治工程，应增加防治工程效果评价。主要图和表包括：地质图、监测点网布置图，各种监测资料分析图和数据表等。

9 地质灾害治理工程概预算

9.1 概　　述

工程概预算是指在工程建设过程中，根据不同设计阶段的设计文件的具体内容和有关定额、指标及取费标准，预先计算和确定建设项目的全部工程费用的技术经济文件。

根据不同阶段的要求，工程概预算又可以分为设计概算、施工图预算和施工预算等。

设计概算是在初步设计或扩大初步设计阶段，由设计单位根据初步设计或扩大初步设计图纸，概算定额、指标，工程量计算规则，材料、设备的预算单价，在建设主管部门颁发的有关费用定额或取费标准等资料的基础上，预先计算工程从筹建至竣工验收交付使用全过程建设费用的经济文件。它的主要作用是：（1）确定和控制基本建设总投资；（2）确定工程投资的最高限额；（3）作为工程承包、招标的依据；（4）作为核定贷款额度的依据；（5）考核分析设计方案的经济合理性。

施工图预算是指拟建工程在开工之前，根据已批准并经会审后的施工图纸、施工组织设计、现行工程预算定额、工程量计算规则、材料和设备的预算单价、各项取费标准，预先计算工程建设费用的经济文件。其主要作用为：（1）作为考核工程成本、确定工程造价的依据；（2）作为编制标底、投标文件、签订承发包合同的依据；（3）是工程价款结算的依据；（4）是施工企业编制施工计划的依据。

施工预算是施工单位内部为控制施工成本而编制的一种预算。它是在施工图预算的控制下，由施工企业根据施工图纸、施工定额并结合施工组织设计，通过工料分析，计算和确定拟建工程所需的工、料、机械台班消耗及其相应费用的技术经济文件。施工预算实质上是施工企业的成本计划文件。主要作用为：（1）是企业内部下达施工任务单、限额领料、实行经济核算的依据；（2）是企业加强施工计划管理、编制作业计划的依据；（3）是实行计件工资、按劳分配的依据。

9.1.1　定额的类别及其工程单位的层次划分

9.1.1.1　定额的类别

按照定额指标中是否含有资金，定额一般分为计价定额和生产定额。

（1）生产定额。生产定额主要是施工定额，它是施工企业为组织生产和加强管理在企业内部使用的一种定额，它是工程建筑定额中的基础性定额。在编制过程中，施工定额的人工、机械和材料消耗的数量标准是计算预算定额中相应消耗数量标准的重要依据。

（2）计价定额。计价定额包括预算定额、概算定额和概算指标等。

1）预算定额。预算定额主要用于编制施工图预算，计算工程造价和人工、机械及材料的消耗量。从编制程序上看，施工定额是预算定额的编制基础，而预算定额则是概算定额或概算指标的编制基础，因此预算定额在计价定额中是基础性定额。

2）概算定额。概算定额是编制设计概算或修正概算，确定工程概算造价、计算人工、机械和材料的消耗量所使用的定额，它是在预算定额的基础上，将项目进一步综合扩大后，以扩大后的工程项目为单位进行计算的定额。一般是编制初步设计概算或进行投资包干计算的依据。

概算定额与预算定额相比，预算定额的工程项目划分较细，每一项目所包括的工程内容较单一；概算定额的工程项目划分较粗，每一项目所包括的工程内容较多，也就是把预算定额中的多项工程内容合并到一项之中了，因此，概算定额中的工程项目较预算定额中的项目要少得多。另外，从二者的造价上来说，一般概算要比预算多出5%左右。

3）概算指标。概算指标是概算定额的扩大与合并，通常是以整个建筑物或构筑物为研究对象，以m^2、$100m^2$、m^3、$1000m^3$、座、万元等为计量单位，规定所需人工、材料、机械台班消耗量和资金数量的定额指标。

在初步设计阶段，特别是当工程设计形象尚不具体时，计算分部分项工程量有困难，无法查用概算定额，同时又必须提出建筑工程概算的情况下，可以使用概算指标编制设计概算。

9.1.1.2 工程单位的层次划分

为了便于建设项目管理和确定工程造价，工程建设项目依次划分成不同的工程单位。

（1）建设项目。建设项目是指具有一个计划任务书，在一个场地或几个场地上，按一个总体设计进行施工的，由一个或几个单项工程所组成，在经济上实行统一核算，在行政上实行统一管理的工程单位。它的实施单位一般称为建设单位或业主、开发商。在地质灾害治理中，一个灾害治理项目就可视为一个建设项目。

（2）单项工程。单项工程又称工程项目，是建设项目的组成部分，是指具有单独的设计文件，竣工后可以独立发挥作用或效能的工程单位。如一个滑坡治理工程包含的锚索抗滑桩工程、截排水工程和挡墙工程等都可视为一个单项工程。

(3) 单位工程。单位工程是单项工程的组成部分，是指具有独立的设计施工图纸，可以独立组织施工，但竣工后不能独立发挥作用或效能的工程单位。如锚索抗滑桩工程一般可以分为抗滑桩和锚索两个单位工程。

(4) 分部工程。分部工程是单位工程的组成部分，是指为便于工料核算，按照工程的结构特征、施工方法或不同的材料和设备种类所划分的工程单位，可以是某一工程部位或者是某些构配件。如抗滑桩工程一般可以分为抗滑桩成孔、混凝土加工和灌注以及钢筋制作、安装三个分部工程。

(5) 分项工程。分项工程是分部工程的组成部分，它是将分部工程进一步细分的工程单位，通过较简单的施工过程就可以完成，并可以用适当的计量单位加以计算。如抗滑桩成孔可以划分为土方和石方成孔两个分项工程。

分项工程是建筑安装工程的基本构成元素，是为便于计算和确定单位工程造价而设想出的一种中间产品，在概预算编制和工程量统计等工作中是不可缺少的。

由上可知，一个建设项目由一个或几个单项工程所组成，一个单项工程由几个单位工程组成，一个单位工程又可划分为若干个分部和分项工程。概预算的编制工作就是从分项工程开始，计算不同工程的单位造价，汇总各单位工程造价得到单项工程造价，进而综合成建设项目总造价。工程单位的这种层次划分，既有利于编制概预算文件，也有利于项目的组织管理。

当然，对于地质灾害治理项目来说，不一定严格按以上5个层次进行划分。如一个边坡治理建设项目，包含浆砌片石挡墙和截排水两个单项工程；浆砌片石挡墙可分为基础开挖和浆砌片石墙身两个单位工程；对于基础开挖，由基槽开挖和土石方外运两个分项工程组成；浆砌片石挡墙由基础以下和基础以上浆砌片石、伸缩缝、墙后防水层、反滤层以及基础垫层等分项工程组成，中间则省去了分部工程这一个层次。

9.1.2　不同工程阶段造价文件的编制

我国的建设程序基本分以下几个阶段：投资决策阶段（项目建议书、可行性研究)、工程设计阶段（简称设计阶段，分初步设计和施工图设计)、工程实施阶段（简称施工阶段）和竣工验收阶段。对于不同阶段，需要编制相对应的概预算文件。

由于各阶段概预算编制基础和工作深度不同，建设工程概预算一般分为两类，即概算和预算。其中，概算有可行性研究投资估算和初步设计概算两种，预算有施工图设计预算和施工预算之分，我们一般所说的建设工程预算是上述估算、概算和预算的总称。以下对各个阶段进行逐一介绍：

第一个阶段是可行性研究阶段。需要编制投资估算，一般采用定额指标方法进行投资估算的编制。投资估算是一个项目决策的关键依据，它的真实程度，直接影响到一个项目的投资效益。

第二阶段是初步设计阶段。需要编制投资概算，对于一些国家投资项目和重大建设项目，初步设计概算非常重要，它是工程投资最直接的依据。

对于一般的地质灾害治理工程，常把可行性研究与初步设计合二为一。由于投资概算是地质灾害治理工程可行性研究报告的重要组成部分，是确定地质灾害治理工程费用投资的重要文件，其经有关主管部门批准审定后，便是确定工程投资的最高限额，所以投资概算的内容和结论就非常重要。

第三阶段是施工图设计预算。它是按施工设计图纸计算工程量，套用相应定额进行预算编制，施工图设计预算是编制工程招投标标底的直接依据。

第四阶段是施工预算。它是施工承包方按现场施工工艺及技术要求计算得出的工程量和直接费，是施工方控制施工成本的一个技术手段，施工预算必须在施工图设计预算的控制下进行编制。

第五阶段是竣工决算。它是由建设单位编制的反映建设项目实际造价和投资效果的文件。通过竣工决算，一方面能够正确反映建设工程的实际造价和投资结果；另一方面可以通过竣工决算与概算、预算的对比分析，考核投资控制的工作成效，总结经验教训，积累技术经济方面的基础资料，提高未来建设工程的投资效益。

对于地质灾害治理工程来说，前三阶段的概预算编制工作由勘查及设计单位来完成，内容主要包括工程建筑安装工程费用、其他费用及预备费用等，费用计算套用相应的工程定额；第四阶段的编制工作由项目承包单位，即施工单位来完成，内容主要包括工程建安费用，费用计算可以套用相关工程定额，但一般施工单位都套用相应的施工定额；竣工决算报告是在项目竣工后，由建设单位按照国家有关规定编制，它是以实物数量和货币指标为计量单位，综合反映竣工项目从筹建开始到项目竣工交付使用为止的全部建设费用、建设成果和财务情况的总结性文件。

本文介绍的概预算编制工作主要指前三个阶段，即可行性研究、初步设计和施工图设计阶段。

相对于其他工程，如水利、公路和工民建等行业，地质灾害防治有其自身的特点，好多项目具有不确定性，至今还没有一套适合于本行业的专业概预算定额，所以在进行概预算编制时，往往参考水利、公路和工民建等行业的定额标准，而这些定额都有其行业本身的特点，特别是在人工、机械和材料的消耗量和费用计取等方面不尽相同，这就给概预算编制人员确定工程的合理造价造成了一定的困难。

9.2 地质灾害治理工程概预算文件的编制

9.2.1 地质灾害治理工程项目概预算的内容

9.2.1.1 地质灾害治理工程项目的构成

地质灾害治理工程的工作内容主要包括：滑坡治理工程、边坡支护工程、塌岸处理工程、泥石流治理工程、危岩体治理工程、地面塌陷和采空区治理工程等。

具体工程项目有：阻滑工程、减载支挡工程、锚喷支护工程、排水工程、监测工程、临时工程、其他工程。

9.2.1.2 地质灾害治理工程项目的费用构成

一般来说，一个地质灾害治理工程项目的概预算费用由三部分构成，即建筑安装工程费、建设工程的其他费用和预备费，具体见9.3节。

（1）建筑安装工程费是用于建筑施工及设备安装部分的工程费，也即永久性和临时性构筑物的所需费用。如阻滑工程、减载支挡工程、排水工程、监测工程、临时工程等单位工程所产生的费用都属于建筑安装工程费。建筑安装工程费包括直接费、间接费、计划利润、税金和价差。

（2）建设工程的其他费用是指整个建设工程中必须发生的，但与建筑安装工程费用无直接关系的费用。地质灾害治理工程的其他费用包括临时建设用地征用费和拆迁补偿费、建设单位管理费、勘查费、设计费、工程监理费等。

（3）预备费由基本预备费和价差预备费组成，其中基本预备费是指在初步设计和概算中难以预料的工程和费用；价差预备费是对建设工期较长的投资项目，在建设期内可能发生的材料、人工、设备、施工机械等价格上涨，以及费率、利率、汇率等变化，而引起项目投资的增加，需要事先预留的费用。对于地质灾害治理项目来说，由于施工期相对较短，价差预备费一般只在编制概算文件时予以考虑，而预算文件基本不予考虑。

9.2.2 地质灾害治理工程概预算的编制依据

地质灾害治理工程概预算编制的主要依据有：

（1）批准项目的任务书及主管部门的审批文件；

（2）地质灾害治理工程的勘查报告、可行性研究报告、初步设计报告、施工图设计报告及相应的工程设计图；

（3）工程所在地的概预算定额和费用定额及有关行业定额；

（4）各省（市、自治区）、地区、市、县有关造价文件和信息；

（5）该工程的性质、类别，取费标准等；

（6）工程所在地的土地征购费、施工场地租用费的价格和有关文件规定以及青苗、房屋等赔偿费和价格等文件规定；

（7）其他相关资料。

9.2.3 地质灾害治理工程概预算的编制程序

9.2.3.1 编制程序

（1）了解工程情况和深入调查研究；

（2）编制基础价格；

（3）编制材料、机械台班、单价汇总表；

（4）编制工程概预算；

（5）编制总概预算；

（6）编写编制说明；

（7）打印和整理；

（8）审查和修改。

9.2.3.2 编制步骤

（1）收集各种编制依据和资料，确定本项目的性质以及应选用的定额；

（2）熟悉施工图；

（3）了解设计方案和施工工艺；

（4）熟悉本地区的现行定额，了解其工程量计算规则；

（5）计算工程量，应根据相应定额的工程量的计算规则；

（6）套用定额单价，如果没有合适定额的可作相应调整，但要有说明；

（7）计算合价和小计；

（8）进行工料分析；

（9）编制预算书；

（10）编写编制说明；

（11）复核并装订。

9.2.4 地质灾害治理工程概预算的编制方法

一个完整的概预算文件包含编制说明和概预算表两部分内容。

9.2.4.1 编制说明的编制

编制说明包含的内容有：

（1）概预算编制的原则和依据；

（2）基础价格包括人工、主要材料、施工用水、电等基础单价；

（3）工程所选用的定额、指标的依据；

（4）工程材料费、机械使用费调差系数的计算说明；

（5）费用计算标准和依据；

（6）工程技术经济指标分析；

（7）其他需要说明的问题。

要根据实际编制过程中发生的情况进行详细的说明。

9.2.4.2　工程量的计算

根据设计方案和图纸计算工程量，填写工程量汇总表。

工程量计算是编制概预算的基础，工程量的计算项目是否齐全，计算结果是否准确关系到概预算编制的质量和速度。为使工程量计算迅速准确，工程量计算应遵循以下原则：

（1）工程量计算的项目必须与选用的定额项目一致。

（2）工程量的计量单位必须与选用的定额的计量单位一致。

（3）工程量的计算规则要与选用定额的计算规则一致。

（4）工程量的计算要按照图纸和设计说明进行计算，不重算不漏算，不高抬等级。确保数字准确、项目齐全。

9.2.4.3　定额的选用技巧

使用定额前首先必须认真学习定额的总说明、分部工程说明以及附录、附表的说明和规定，掌握定额的编制依据、适用范围和分部分项工程的内容范围。其次还要学习定额项目中，各分项子目的内容、计量单位，以及允许换算的范围和方法；正确理解并熟记各分项工程的工程量计算规则。

（1）掌握定额各分部工程的基本内容。

（2）套用单价的同时填写材料分析表。以便用来确定定额材料的消耗量和市场采购价格的单价调差。

（3）熟悉各分项子目定额单价的换算内容。当工程项目的设计与定额项目的内容和条件不一致时，不能直接套用定额单价和材料的消耗量，应根据有关规定进行换算，这是在编制概预算中要经常用到的。有时是局部换算，有时需整体换算，还有不需换算的。但我们在使用过程中基本上是全部可以换算的，因为我们是借用和参考，不是相同的应用条件。

（4）掌握定额单价的换算方法。

9.2.5　地质灾害治理工程编制概预算应注意的问题

（1）明确投资的主体。如国家投资就按国家的相应标准套编制方法和定额；若是地方投资，就按当地的定额标准和相应的编制办法编制概预算。

（2）定额标准选用的基本原则和顺序：国家标准——行业标准——专业标准——地方标准——其他标准。

（3）预算人员要多了解施工工艺和过程，计算工程量时切勿漏项。

（4）对各项费用的计取一定要依据充分、合理。类别、规模与设计对应；取费的基础要合理，取费的范围要合适。

（5）定额单价的名称、内容、计量单位与设计一致，换算的要注明，补充的定额单价的编制依据和方法要正确。

9.2.6 向工程工程量清单计价模式推进

长期以来，我国的工程造价管理按照传统的定额模式进行计价，实行的是与高度集中的计划经济相适应的概预算定额管理制度，虽然在很长一段时间内工程建设概预算定额管理制度曾经对工程造价的确定和控制起过积极有效的作用，但随着市场经济的发展，原有的概预算定额管理制度与经济的发展越来越不相适应。20 世纪 90 年代以后，我国就如何建立社会主义市场经济体制的工程造价管理模式展开了积极有效的探索，为适应新的形势提出了全新的工程量清单计价模式，并于 2003 年 2 月 17 日颁发了《建设工程工程量清单计价规范》GB50500—2003，于 2003 年 7 月 1 日正式实施。在此之后，许多省份相继发布了建设工程工程量清单计价暂行办法。

地质灾害治理工程作为一项特殊的建设工程，目前基本上是由国家或国有企业投资建设的项目，理应纳入工程量清单计价的范围，但是近几年来，由于我国的建筑市场行为还不够规范，全面推行工程量清单计价的条件还不够成熟，目前还处在一个试点阶段。如何在地质灾害治理工程中规范市场，并制定一套与市场经济相适应的计价依据和办法，在此基础上总结经验，为推进工程工程量清单计价工作做好准备，是当前地质灾害治理工程造价管理工作的前进方向。

9.3 地质灾害治理工程概预算的费用构成及计算

地质灾害防治工程概预算费用一般由建筑安装工程费、其他费用和预备费构成，具体见表 9-1。

表 9-1 地质灾害治理工程概预算费用构成表

<table>
<tr><td rowspan="11">总投资</td><td rowspan="11">建筑安装工程费（一类费用）</td><td rowspan="11">直接费</td><td rowspan="3">基本直接费</td><td>人工费</td></tr>
<tr><td>材料费</td></tr>
<tr><td>机械使用费</td></tr>
<tr><td rowspan="4">其他直接费</td><td>冬季施工增加费</td></tr>
<tr><td>雨季施工增加费</td></tr>
<tr><td>夜间施工增加费</td></tr>
<tr><td>施工辅助费</td></tr>
<tr><td rowspan="4">现场经费</td><td>安全及文明施工措施费</td></tr>
<tr><td>环保措施费</td></tr>
<tr><td>临时设施费</td></tr>
<tr><td>现场管理费</td></tr>
</table>

续表 9-1

<table>
<tr><td rowspan="13">总
投
资</td><td rowspan="7">建筑安装
工程费
（一类费用）</td><td rowspan="5">间接费</td><td rowspan="3">规费</td><td>养老和失业保险费</td></tr>
<tr><td>医疗保险费</td></tr>
<tr><td>工伤保险费</td></tr>
<tr><td rowspan="2">企业管理费</td><td>基本费用</td></tr>
<tr><td>财务费用</td></tr>
<tr><td>计划利润</td><td></td><td></td></tr>
<tr><td>税　金</td><td></td><td></td></tr>
<tr><td rowspan="5">其他费用
（二类费用）</td><td>施工场地征用及拆迁补偿费</td><td></td><td></td></tr>
<tr><td>建设单位管理费</td><td></td><td></td></tr>
<tr><td>勘查设计费</td><td></td><td></td></tr>
<tr><td>监理费</td><td></td><td></td></tr>
<tr><td>工程招标代理费</td><td></td><td></td></tr>
<tr><td>预备费</td><td></td><td></td><td></td></tr>
</table>

9.3.1　建筑及安装工程费

建筑及安装工程费由直接工程费、间接费、企业利润、税金及价差组成。

9.3.1.1　直接工程费

直接工程费是指建筑安装工程施工过程中直接消耗在工程项目上的活劳动和物化劳动。它由直接费、其他直接费、现场经费组成。

直接费包括人工费、材料费、施工机械使用费。

其他直接费包括冬雨季施工增加费、夜间施工增加费、环境保护费、安全文明生产措施费和其他费用。

现场经费包括临时设施费和现场管理费。

A　直接费

直接费按下式计算：

$$直接工程费 = 人工费 + 材料费 + 施工机械使用费$$

（1）人工费。指直接从事建筑安装工程施工的生产工人开支的各项费用，内容包括：

1）基本工资 G_1。指发放给生产工人的基本工资。

$$G_1 = \frac{生产工人平均月工资}{年平均月法定工作日}$$

2）工资性补贴 G_2。指按规定标准发放的物价补贴，煤、燃气补贴，交通补贴，住房补贴，流动施工津贴等。

$$G_2 = \frac{\sum 年发放标准}{全年日历日 - 法定假日} + \frac{\sum 月发放标准}{年平均每月法定工作日} + 每工作日发放标准$$

3）生产工人辅助工资 G_3。指生产工人年有效施工天数以外非作业天数的工资，包括职工学习、培训期间的工资，调动工作、探亲、休假期间的工资，因气候影响的停工工资，女工哺乳时间的工资，病假在六个月以内的工资及产、婚、丧假期的工资。

$$G_3 = \frac{\text{全年无效工作日} \times (G_1 + G_2)}{\text{全年日历日} - \text{法定假日}}$$

4）职工福利费 G_4。指按规定标准计提的职工福利费。

$$G_4 = (G_1 + G_2 + G_3) \times \text{福利费计提比例}(\%)$$

5）生产工人劳动保护费 G_5。指按规定标准发放的劳动保护用品的购置费及修理费，徒工服装补贴，防暑降温费，或在有碍身体健康环境中施工的保健费用等。

$$G_5 = \frac{\text{生产工人年平均支出劳动保护费}}{\text{全年日历日} - \text{法定假日}}$$

由以上五项，可以计算出各个工种的人工费。

$$\text{人工费} = \sum(\text{工日消耗量} \times \text{日工资单价}\ G)$$

式中，工日消耗量可以在各个对应定额表中查得；日工资单价 $G = \sum_{i=1}^{5} G_i$。

（2）材料费。指用于建筑安装工程项目上的消耗性材料、装置性材料和周转性材料摊销费。包括定额工作内容规定应计入的未计价材料和计价材料。

材料预算价格一般包括材料原价、包装费、运杂费、运输保险费和采购及保管费五项。

1）材料原价。指材料指定交货地点的价格。

2）包装费。指材料在运输和保管过程中的包装费和包装材料的折旧摊销费。

3）运杂费。指材料从指定交货地点至工地分仓库或相当于工地分仓库（材料堆放场）所发生的全部费用。包括运输费、装卸费、调车费及其他杂费。

4）运输保险费。指材料在运输途中的保险费。

5）材料采购及保管费。指材料在采购、供应和保管过程中所发生的各项费用。主要包括材料的采购、供应和保管部门工作人员的基本工资、工资性补贴、辅助工资、职工福利费、劳动保护费、教育经费、办公费、差旅交通费及工具用具使用费；仓库、转运站等设施的检修费、固定资产折旧费、技术安全措施费和材料检验费；材料在运输、保管过程中发生的损耗等。

$$\text{材料费} = \sum(\text{材料消耗量} \times \text{材料基价})$$

式中，工日消耗量可以在各个对应定额表中查得。

$$\text{材料基价} = \{(\text{供应价格} + \text{运杂费}) \times [1 + \text{运输损耗率}(\%)]\} \times [1 + \text{采购保管费率}(\%)]$$

（3）施工机械使用费。指消耗在建筑安装工程项目上的机械磨损、维修和动力燃料费用等。包括折旧费、修理及替换设备费、安装拆卸费、机上人工费和动力燃料费等。

1）折旧费。指施工机械在规定使用年限内回收原值的台时折旧摊销费用。

2）修理及替换设备费。修理费是指施工机械使用过程中，为了使机械保持正常功能而进行修理所需的摊销费用和机械正常运转及日常保养所需的润滑油料、擦拭用品的费用，以及保管机械所需的费用。替换设备费指施工机械正常运转时所耗用的替换设备及随机使用的工具附具等摊销费用。

3）安装拆卸费。指施工机械进出工地的安装、拆卸、试运转和场内转移及辅助设施的摊销费用。部分大型施工机械的安装拆卸费不在其施工机械使用费中计列，而包含在其他施工临时工程中。

4）机上人工费。指施工机械使用时机上操作人员人工费用。

5）动力燃料费。指施工机械正常运转时所耗用的风、水、电、油和煤等费用。

施工机械使用费 = Σ(施工机械台班消耗量 × 机械台班单价)

式中，施工机械台班消耗量可以在各个对应定额表中查得。

机械台班单价 = 台班折旧费 + 台班大修费 + 台班经常修理费 + 台班安拆及场外运费 + 台班人工费 + 台班燃料动力费 + 台班养路费及车船使用费

B　其他直接费

（1）冬、雨季施工增加费。指在冬雨季施工期间为保证工程质量和安全生产所需增加的费用。包括增加施工工序，增设防雨、保温、排水等设施增耗的动力、燃料、材料以及因人工、机械效率降低而增加的费用。

冬、雨季施工增加费，一般以各类工程的定额直接费之和为基数，按工程所在地的气温区、雨量区及雨季期，选用相应的费率计算。

（2）夜间施工增加费。夜间施工增加费系指根据设计、施工的技术要求和合理的施工进度要求，必须在夜间施工而发生的工效降低、夜班津贴以及有关照明设施等增加的费用。

夜间施工增加费按夜间施工工程项目的直接工程费之和为基数，按相应的费率计算。

（3）施工辅助费。施工辅助费包括生产工具用具使用费、检验试验费和工程定位复测、工程点交、场地清理等费用。

生产工具用具使用费指施工所需不属于固定资产的生产工具、检验、试验用具等的购置、摊销和维修费，以及支付给生产工人自备工具的补贴费。

检验试验费指施工企业对建筑材料、构件和建筑安装工程进行一般鉴定、检查所发生的费用，但不包括新结构、新材料的试验费和建设单位要求对具有出厂合格证明的材料进行检验、对构件破坏性试验及其他特殊要求检验的费用。

施工辅助费以各类工程的定额直接费之和为基数，按相应的费率计算。

C 现场经费

（1）安全及文明生产措施费。安全及文明施工费系指工程施工期间为促进安全生产、文明施工、职工健康生活所发生的费用。

安全及文明施工费以各类工程的直接工程费之和为基础，按相应的费率计算。

（2）环境保护费。指由于兴建工程建筑物对环境等造成不利影响，而为达到环境保护部门要求所需要的各项费用。

环境保护费以各类工程的直接工程费之和为基础，按相应的费率计算。

（3）临时设施费。临时设施费系指施工企业为进行建筑安装工程施工所必需的生活和生产用的临时建筑物和其他临时设施的费用等。

临时设施包括：临时生活及居住房屋（包括职工家属房屋及探亲房屋）、文化福利及公用房屋和生产、办公房屋等，工地范围内的各种临时工作便道、人行便道，工地临时用水、用电的水管支线和电线支线，以及其他小型临时设施。临时设施费用包括：临时设施的搭设、维修、拆除费或摊销费。

临时设施以各类工程的直接工程费之和为基数，按相应的费率计算。

（4）现场管理费。指除了直接用于各分部分项工程施工所需的人工、材料设备和施工机械等开支之外的为工程现场管理所需要的各项费用。一般包括：管理人员和后勤服务人员工资、办公费、差旅交通费、医疗费、劳动保护费、固定资产折旧、工具用具使用费、检验试验费和其他费用。

现场管理费以各类工程的直接工程费之和为基数，按相应的费率计算。

9.3.1.2 间接费

间接费是指施工企业为建筑安装工程施工而进行组织与经营管理所发生的各项费用，一般由规费和企业管理费组成。

A 规费

（1）规费的内容。规费是政府和有关权力部门规定必须缴纳的费用，简称规费，包括：

社会保险费：包括养老保险费、失业保险费、医疗保险费。其中养老保险是指企业按照规定标准为职工缴纳的基本养老保险费；失业保险费是指企业按照国家规定标准为职工缴纳的失业保险费；医疗保险是指企业按照规定标准为职工缴纳的医疗保险费。

住房公积金：是指企业按规定标准为职工缴纳的住房公积金。

危险作业意外伤害保险：是指按照《建筑法》规定，企业为从事危险作业的建筑安装施工人员支付的意外伤害保险。

（2）规费的计算。规费的计算按下列公式执行：

$$规费 = 计算基数 \times 规费费率$$

计算基数可采用“直接费”、“人工费和机械费合计”或“人工费”，投标人在投标报价时，规费的计算一般按国家及有关部门规定的计算公式和费率进行。

B　企业管理费

企业管理费包括基本费用、财务费用和其他费用。

（1）基本费用。基本费用包括以下内容：

管理人员工资：指管理人员的基本工资、工资性补贴、职工福利、劳动保护费等。

办公费：是指企业管理办公用的文具、纸张、账表、印刷、邮电、书报、会议、水电、烧水和集体取暖（包括现场临时宿舍取暖）用煤等费用。

差旅交通费：是指职工因公出差、调动工作的差旅费、住勤补助费，市内交通费和误餐补助费，职工探亲路费，劳动力招募费，职工离退休、退休一次性路费，工伤人员就医路费，工地转移费以及管理部门使用的交通工具的油料、燃料、养路费和牌照费等。

固定资产使用费：是指管理部门和试验部门及附属生产单位使用的属于固定资产的房屋、设备等的折旧、大修、危险或租赁费。

工具用具使用费：是指管理使用的不属于固定资产的生产工具、器具、家具、交通工具和检验、试验、测绘、消防用具等的购置、维修和摊销费。

劳动保险费：是指由企业支付给离退休职工的易地安家补助费、职工退职金、六个月以上的病假人员工资、职工死亡丧葬补助费、抚恤金、按规定支付给离休干部的各项费用等。

工会经费：是指企业按职工工资总额计提的工会经费。

职工教育经费：是指企业为职工学习先进技术和提高文化水平，按职工工资总额计提的费用。

（2）财务费用。指企业为筹集资金而发生的各项费用，包括企业经营期间发生的短期贷款利息净支出、汇总净损失、调剂外汇手续费、金融机构手续费，以及企业筹集资金发生的其他财务费用。

（3）其他费用。指按规定支付工程造价（定额）管理部门的定额编制管理费和劳动定额测定费，以及经有权机关批准的建安企业的上级管理费。

企业管理费的计算主要有两种方法：公式计算法和费用分析法。

1）公式计算法。利用公式计算法计算企业管理费的方法比较简单，也是投标人经常采用的一种计算方法，其计算公式为：

$$企业管理费 = 计算基数 \times 企业管理费费率$$

其中企业管理费费率的计算因计算基数不同，分为三种：

①以直接费为计算基数。

企业管理费率 = 生产工人年平均管理费/(年有效施工天数 × 人工单价) × 人工费占直接费比例

②以人工费和机械费为计算基数。

企业管理费率 = 生产工人年平均管理费/(年有效施工天数 ×(人工单价 + 每一工日机械使用费)) ×100%

③以人工费为计算基数。

企业管理费率 = 生产工人年平均管理费/(年有效施工天数 × 人工单价) × 100%

2）费用分析法。用费用分析计算企业管理费就是根据企业管理费的构成，结合具体的工程项目确定各项费用的发生额，计算公式为：

企业管理费 = 管理人员工资 + 办公费 + 差旅交通费 + 固定资产使用费 + 工具用具使用费 + 劳动保险费 + 工会经费 + 职工教育经费 + 财产保险费 + 财务费 + 税金 + 其他

9.3.1.3 计划利润

计划利润系指施工企业完成所承包工程应取得的盈利。其一般根据费用定额的规定计取，选取适合的费率。计费基础是直接费和间接费之和。材料费、人工费及机械费的差价（除特殊规定外），一般不作为计算计划利润的基础。

对于公路工程概预算的编制，计划利润按直接费与间接费之和扣除规费的7%计算。

9.3.1.4 税金

税金系指按国家税法规定应计入建筑安装工程造价内的营业税、城市维护建设税及教育费附加等。根据施工工地所在地和相应的有关文件，先取适合的税率，以直接费、间接费、计划利润及差价之和为计费基础。

税金计算公式为：

$$\text{税金} = (\text{税前造价} + \text{利润}) \times \text{税率}(\%)$$

对于公路工程来说，税率计算为：

纳税地点在市区的企业

$$\text{税率}(\%) = \frac{1}{1 - 3\% - (3\% \times 7\%) - (3\% \times 3\%)} - 1$$

纳税地点在县城、镇的企业

$$\text{税率}(\%) = \frac{1}{1 - 3\% - (3\% \times 5\%) - (3\% \times 3\%)} - 1$$

纳税地点不在市区、县城、镇的企业

$$\text{税率}(\%) = \frac{1}{1 - 3\% - (3\% \times 1\%) - (3\% \times 3\%)} - 1$$

9.3.2　其他费用

其他费用包括施工场地征用及拆迁补偿费、建设单位管理费、勘查设计费、监理费和工程招标代理费等。

9.3.2.1　施工场地征用及拆迁补偿费

施工场地征用及拆迁补偿费是指按照《中华人民共和国土地管理法》及《中华人民共和国土地管理法实施条例》、《中华人民共和国农田保护条例》等法律、法规的规定，为进行工程建设需要征用土地所支付的土地征用及拆迁补偿费等费用。

A　费用内容

（1）土地补偿费。指被征用土地地上、地下附着物及青苗补偿费，征用城市郊区的菜地等缴纳的菜地开发建设基金，租用土地费，耕地占用费，用地图编制费及勘界费，征地管理费等。

（2）征用耕地安置补助费。指征用耕地需要安置的人口补助费。

（3）拆迁补偿费。指被征用或占用土地上的房屋及附属构筑物、城市公用设施等拆除、迁建补偿费，拆迁管理费等。

（4）复耕费。指临时占用的耕地等，待工程竣工后将其恢复到原有标准所发生费用。

（5）耕地开垦费。指工程建设项目占用耕地的，应由建设项目法人（业主）负责补充耕地所发生费用；没有条件开垦或开垦的耕地不符合要求的，按规定缴纳的耕地开垦费。

（6）森林植被恢复费。指工程建设项目需要占用、征用或者临时占用林地的，经县级以上林业主管部门审核同意或批准，建设项目法人（业主）单位按照有关规定向县级以上林业主管部门预缴的森林植被恢复费。

B　计算方法

施工场地征用及拆迁补偿费应根据审批单位批准的建设用地和临时用地面积及其附着物的情况，以及实际发生的费用项目，按国家有关规定及工程所在地的省（自治区、直辖市）人民政府颁发的有关规定和标准计算。

森林植被恢复费应根据审批单位批准的建设工程占用林地的类型及面积，按国家有关规定及工程所在地的省（自治区、直辖市）人民政府颁发的有关规定和标准计算。

9.3.2.2　建设单位管理费

建设单位管理费指建设单位从项目开工之日起至办理竣工财务决算之日止发生的管理性质的开支。包括：不在原单位发工资的工作人员工资、基本养老保险费、基本医疗保险费、失业保险费，办公费、差旅交通费、劳动保护费、工具用具使用费、固定资产使用费、零星购置费、招募生产工人费、技术图书资料费、印花税、业务招待费、施工现场津贴、竣工验收费和其他管理性质开支。

建设单位管理费以建筑安装工程费总额为基数（一般不含设备费），按相应的费率，以累进办法计算。对于不同的定额标准，费率的取值有所不同，如对于公路工程，费率如表9-2所示，对于陕西省水利水电工程最新调整，费率标准如表9-3所示。

表9-2 公路工程建设单管理费费率表

建筑和安装工程费/万元	费率/%	建安工程费/万元	建设单位管理费
500以下	3.48	500	500×3.48% =17.4
501~1000	2.73	1000	17.4+500×2.73% =31.5
1001~5000	2.18	5000	31.5+4000×2.18% =118.25
5001~10000	1.84	10000	118.25+5000×1.84% =210.25
10001~30000	1.52	30000	210.25+20000×1.52% =514.25
30001~50000	1.27	50000	514.25+20000×1.27% =768.25
50001~100000	0.94	100000	768.25+50000×0.94% =1238.25
100001~150000	0.76	150000	1238.25+50000×0.76% =1618.25
150001~200000	0.59	200000	1618.25+50000×0.59% =1913.25
200001~300000	0.43	300000	1913.25+100000×0.43% =2343.25
300000以上	0.32	310000	2343.25+10000×0.32% =2375.25

表9-3 陕西省水利水电工程建设单管理费费率表

建筑和安装工程费/万元	费率/%	建安工程费/万元	建设单位管理费
≤1000	1.5	1000	1000×1.5% =15
1001~5000	1.2	5000	15+（5000~1000）×1.2% =63
5001~10000	1.0	10000	63+（10000~5000）×1.0% =113
10001~50000	0.8	50000	113+（50000~10000）×0.8% =433
50001~100000	0.5	100000	433+（100000~50000）×0.5% =683
100001~200000	0.2	200000	683+（200000~100000）×0.2% =883
>200000	0.1	280000	883+（280000~200000）×0.1% =963

9.3.2.3 勘查设计费

勘查设计费是指工程从可行性研究阶段开始，包括初步设计阶段、施工图设计阶段发生的勘查费、设计费。有时还包括设计、监理、施工招标文件及招标标底（或造价控制值或清单预算）文件编制费等。

勘查设计费的取费一般根据《工程勘察设计收费标准（2002 年修订本）》进行计算，其中勘查以发生的实物工作量为基础，根据工作的难易程度，计算相应的实物收费预算，然后在此基础上，收取一定比例的技术工作费。

设计收费根据工程的概预算建安费用，确定相应的收费基价，然后再乘以相应的调整系数来进行计算。

9.3.2.4　工程监理费

工程监理费系指建设单位（业主）委托具有工程监理资格的单位，按施工监理规范进行全面的监督和管理所发生的费用。

其费用内容一般包括工作人员的工资和工资性补贴、办公费、差旅交通费、咨询费、业务招待费和监理单位的临时设施费、各种税费和其他管理性开支。

工程监理费的计算有两种方法，一种以建筑安装工程费总额为基数，按相应的费率计算；另一种按照国家发展和改革委员会、建设部《关于印发〈建设工程监理与相关服务收费管理规定〉的通知》（发改价格［2007］670 号）规定计算。

9.3.2.5　工程招标代理费

招标代理费就是招标公司作为中介机构，受业主的委托代理招标工作，业主支付报酬的费用。

招标代理费执行国家计划委员会《招标代理服务收费管理暂行办法》（计价格［2002］1980 号）的规定，按差额定率累进法计算。

9.3.3　预备费

预备费是指考虑建设期可能发生的风险因素而导致的建设费用增加的这部分内容，一般包括基本预备费和价差预备费两种类型。

9.3.3.1　基本预备费

它是指由于如下原因导致费用增加而预留的费用：

（1）设计变更导致的费用增加；

（2）不可抗力导致的费用增加，如由于一般自然灾害所造成的损失和预防自然灾害所采取的措施费用。

（3）在设备订货时，由于规格、型号改变的价差；材料货源变更、运输距离或方式的改变以及因规格不同而代换使用等原因发生的价差。

（4）隐蔽工程验收时发生的挖掘及验收结束时进行恢复所导致的费用增加。基本预备费一般按照前五项费用（即建筑工程费、设备安装工程费、设备购置费、工器具购置费及其他工程费）之和乘以一个固定的费率计算。其中，费率往往由各行业或地区根据其项目建设的实际情况加以制定。

基本预备费的计算方法一般以建筑及安装工程费和其他费用之和为基数按相

应费率计算。对于不同的定额，在不同设计阶段，其费率是不同的。如对公路工程，设计概算按5%费率计取，修正概算按4%费率计取，施工图预算按3%费率计取。但是对于一般房建工程，项目建议书和可行性研究阶段，按10% ~15%费率计取，初步设计阶段，按7% ~10%费率计取，施工图设计阶段，按3% ~5%费率计取。

9.3.3.2 *价差预备费*

它是指建设项目在建设期间内由于价格等变化引起工程造价变化的预测预留费用。费用内容包括：人工、材料、施工机械的价差费，建筑安装工程费及工程建设其他费用调整，利率、汇率调整等增加的费用。价差预备费的计算方法，一般是根据国家规定的投资综合价格指数，按估算年份价格水平的投资额为基数，采用复利方法计算。计算公式为

$$E = \sum_{t=0}^{n} \left[I_t (1+f)^n - 1 \right]$$

式中 E——价差预备费；

n——建设期年份数；

I_t——建设期中第 t 年的投资额；

f——年投资价格上涨率。

年工程投资价格上涨率按有关部门公布的工程投资价格指数计算，由设计单位会同建设单位根据该工程人工费、材料费、间接费和其他工程费等可能发生的上浮等因素，以第一部分建安费为基数进行综合分析预测。

对于地质灾害治理工程来说，设计文件编制至工程完工在一年以内的工程，一般不列此项费用。

9.4 概预算定额消耗量指标的确定

一般概预算定额中，消耗量指标主要包括人工、材料和机械台班三种。

9.4.1 人工消耗量指标的确定

人工消耗量指标一般由以下两种方法确定。

9.4.1.1 *以劳动定额为基础的人工工日消耗量*

人工消耗量指标 = 基本用工 + 其他用工

= 基本用工 + 辅助用工 + 超运距用工 + 人工幅度差用工

= (基本用工 + 辅助用工 + 超运距用工) × (1 + 人工幅度差系数)

其中：基本用工消耗量 = Σ(各工序工程量 × 相应的劳动定额)

其他用工消耗量 = 辅助用工 + 超运距用工 + 人工幅度差用工，它指的是劳动

定额中没有包括而在预算定额内又必须考虑的工时消耗，其他用工各项的具体计算为：

辅助用工 = Σ(材料加工数量 × 相应的劳动定额)

超运距 = 预算定额取定的运距 − 劳动定额已包括的运距

超运距用工消耗量 = Σ(超运距材料数量 × 相应的劳动定额)

人工幅度差 = (基本用工 + 辅助用工 + 超运距用工) × 人工幅度差系数

人工幅度差主要指的是劳动定额作业时间未包括而在正常施工情况下不可避免发生的各种工时损失。内容包括：

（1）各种工种的工序搭接及交叉作业互相配合发生的停歇用工；

（2）施工机械在单位工程之间转移及临时水电线路移动所造成的停工；

（3）质量检查和隐蔽工程验收工作的用工；

（4）班组操作地点转移用工；

（5）工序交接时对前一工序不可避免的修整用工；

（6）施工中不可避免的其他零星用工。

人工幅度差一般为10% ~15%。

9.4.1.2　*以现场测定资料为基础计算人工消耗量*

这种方法是采用计时观察法中的测时法、写实记录法、工作日记录法等测时方法测定工时消耗数值，再加一定人工幅度差来计算预算定额的人工消耗量，它一般适用于劳动定额缺项的预算定额项目编制。

【例9-1】 某地预算定额人工挖基础深2.0m，三类土编制，已知现行劳动定额，挖基础深2.0m以内底宽分为1.0m，2.0m，3m三档，其时间定额分别为0.496工日/m^3、0.424工日/m^3和0.396工日/m^3，并规定底宽超过2.0m，如一面抛土，时间定额系数为1.15，试计算工日消耗量（该地预算定额综合考虑以下因素：1）底宽1.0m以内占40%，2.0m以内占40%，3m以内占20%；2）底宽3m以内单面抛土按50%；3）人工幅度差按10%计）。

【解】 由上述计算公式得每1m^3挖土人工工日定额为：

基本用工 = 0.496 × 40% + 0.424 × 40% + 0.396 × 20% × 1.075（单面抛土占50%的系数）= 0.45工日

预算定额工日消耗量 = 0.45 × (1 + 10%) = 0.495工日/m^3

9.4.2　材料消耗指标的确定

材料消耗指标按用途划分为以下四种：

（1）主要材料（直接构成工程实体材料，包括成品和半成品）。

（2）辅助材料（构成工程实体主要材料以外的其他材料，如挡墙工程中的沥青麻絮、PVC管等）。

（3）周转材料（多次使用但不构成工程实体的摊销材料，如脚手架、模板等）。

（4）其他材料（指用量较少，难以计量的零星材料，如铁钉等）。

$$材料消耗量 = 材料净用量 + 材料损耗量$$

其中：

$$材料消耗量 = 材料净用量 \times (1 + 损耗率)$$

$$损耗率 = 耗损量/净用量 \times 100\%$$

【例9-2】 经测定计算，每$10m^3$标准砖墙，墙体中梁头、板头体积占2.8%，$0.3m^2$以内孔洞体积占1%，突出部分墙面砌体占0.54%。试计算标准砖和砂浆定额用量。

【解】 1）每$10m^3$标准砖理论净用量

$$砖数 = \frac{1}{(砖宽 + 灰缝) \times (砖厚 + 灰缝)} \times \frac{1}{砖长} \times 10$$

$$= \frac{1}{(0.115 + 0.01) \times (0.053 + 0.01)} \times \frac{1}{0.24} \times 10 = 5291 \text{ 块}/10m^3$$

2）按砖墙工程量计算规则规定不扣除梁头、板垫及每个孔洞在$0.3m^2$以下的孔洞等体积；不增加突出墙面的窗台虎头砖、门窗套及三皮砖以内的腰线等体积。这种为简化工程量而做出的规定对定额消耗量的影响在制定定额时给予消除，即：

$$定额净用量 = 理论净用量 \times (1 + 不增加部分比例 - 不扣除部分比例)$$

$$= 5291 \times [1 + 0.54\% - (2.8\% + 1\%)]$$

$$= 5291 \times 0.9674$$

$$= 5119 \text{ 块}/10m^3$$

3）砌筑砂浆净用量

$$砂浆净用量 = (1 - 529.1 \times 0.24 \times 0.115 \times 0.053) \times 10 \times 0.9674$$

$$= 2.26 \times 0.974$$

$$= 2.186m^3/10m^3$$

4）标准砖和砂浆定额消耗量

砖墙中标准砖及砂浆的损耗率均为1%，则：

$$标准砖定额消耗量 = 5119 \times (1 + 1\%) = 5170 \text{ 块}/10m^3$$

$$砂浆定额用量 = 2.186 \times (1 + 1\%) = 2.208m^3/10m^3$$

9.4.3　机械台班消耗量指标的确定

9.4.3.1　以施工定额为基础的机械台班消耗量的确定

其计算式如下：

$$预算定额机械台班消耗量 = 施工定额中机械台班用量 + 机械幅度差$$

$$= 施工定额中机械台班用量 \times (1 + 机械幅度差率)$$

机械幅度差是指施工定额中没有包括，但实际施工中又必须发生的机械台班用量。主要考虑以下内容：

（1）施工中机械转移工作面及配套机械相互影响损失的时间；

（2）在正常施工条件下机械施工中不可避免的工作间歇时间；

（3）检查工程质量影响机械操作时间；

（4）临时水电线路在施工过程中移动所发生的不可避免的机械操作间歇时间；

（5）冬季施工发动机械的时间；

（6）不同厂牌机械的工效差别，临时维修、小修、停水、停电等引起机械停歇时间；

（7）工程收尾和工作量不饱满所损失的时间。

9.4.3.2　*以现场实测数据为基础的机械台班消耗量的确定*

如遇施工定额缺少的项目，在编制预算定额的机械台班消耗量时，则需通过对机械现场实地观测得到机械台班数量，在此基础上加上适当的机械幅度差，来确定机械台班消耗量。

9.5　概预算定额计算说明

9.5.1　编制方法

对于地质灾害治理工程，目前主要根据概预算定额和指标进行编制，其具体计算步骤如下：

（1）根据选用定额情况的工程量计算规则，计算或核查工程量。

（2）根据定额及造价信息，确定人工及主要材料预算价格。

（3）根据有关概预算定额，结合工程项目，查找相应定额。概预算定额缺项或与设计要求不完全相同时，可以补充或换算套用类似定额项目，概预算表中的工程量和单价一般取小数点后两位或整数，合计取整数。根据定额中的人工、材料费，机械费、定额用人工工日及各种主要材料用量分别乘以工程量，计算出各单位工程的人工费、材料费、机械费、人工工日数、各种主要材料用量等。

（4）直接工程费。包括各单项工程综合概算。根据各单位工程的工程量和工程项目及适用的费率定额，分别计算定额直接费、其他直接费、间接费、利润、税金及其他应计取的费用。

1）定额直接费计算方法。定额直接费计算方法有两种，第一种方法是工程量直接乘以定额中的基价，就可以计算出各单位工程的定额直接费；第二种方法为用人工、材料和机械台班的预算单价乘以各自定额对应中的消耗量，然后将相乘后的各项相加便得定额直接费。一般来说，第一种方法计算较为简单，但一般不太切合实际，因为定额基价是由人工、材料和机械台班的定额单价乘以各自定额对应中的消耗量，而定额单价基本为一不变量，而预算单价为一变量，它一般随着时间和市场的变化而变化，所以定额直接费的计算一般选用第二种方法。

2）其他直接费计算方法。其他直接费包括：冬雨季施工增加费、材料多次搬运费、工程定位、点交场地清理费、流动施工津贴等。计费基础是定额直接费。可根据工程类别、取费标准，选取合适的费率计算其他直接费。

3）间接费。包括施工管理费、临时设施费、现场经费、劳动保险费等。计费基础是直接费（即定额直接费与其他直接费之和）。根据工程的性质和费用定额的规定，选取适合的费率分别计算各项费用，并根据工程实际情况，取舍有关项目。

4）计划利润。根据费用定额的规定计取，选取适合的费率，计费基础是直接费和间接费之和。

5）差价。包括人工费调差、材料费调差、机械费调差。根据价差（调差系数）乘以相应的人工工日（人工费合计）、材料用量（材料费合计、机械费合计），分别计算差价。

6）税金。根据施工工地所在地和相应的有关文件，先取适合的税率，以直接费、间接费、计划利润及差价之和为计费基础。

根据以上计算，做出各单项工程综合概预算，汇总各单项工程综合概预算即得出工程的建安费。

9.5.2 定额的选用

目前，地质灾害治理工程仍没有一本专业概预算定额，所以对于大多数编制者来说，只能套用相关定额，如工民建定额、水利定额和公路定额。总的来说，由于目前工民建施工工艺相对成熟，且施工场地主要集中于城市，因而定额的消耗量普遍较低，导致概预算金额相对较低。另外，地质灾害治理和建筑工程在施工工艺上也存在较大差别，许多施工定额在建筑定额中根本无法查到，所以目前进行地质灾害概预算编制时，一般套用水利和公路定额。

另外，由于各地情况的差异，有些定额编制时间较早，不能反映现时地质灾害治理工程中所使用的新工艺及新材料，且老的施工方法和现行的施工方法有着一定的差距，新材料、新机械的使用消耗量没有标准的编制依据，造成造价人员在编制概、预算时的不确定性，容易引起造价管理的混乱。就锚固工程来说，现行的施工工艺是用 MZ 型锚杆钻机钻孔，材料也是锚杆钻机的耗材，可是一些老定额中只有地质钻机钻孔的消耗量，用的材料还是老钻机上所使用的材料，有的材料已经淘汰，市面上根本找不到，这不仅让造价人员在编制概、预算时觉得很为难，而且施工人员也觉得不合时宜。这样会造成造价人员在编制概、预算时的不确定性，形成的单价存在着一定的差异。

因此，在进行定额选用时，最好选用和地质灾害施工工艺比较相近且较新的定额。作者这几年经常进行地质灾害治理工程概预算的编制，由于公路定额相对较新，所以常用公路定额。而作者所在省的水利定额为2000年左右编制，其中一些量的计算根据现行规则要进行调整，另外一些缺项的工程还要进行补充，对于一些初学者来说，一般不太容易掌握。

9.5.3　定额计算说明

这里以抗滑桩土方成孔分项工程作为举例，以公路定额作为计算依据进行说明，假设人工挖土方量为30m³，具体计算如表9-4所示。

表9-4　抗滑桩挖孔土方分项工程预算

Y5-1－26-1　　（10m³）

顺序号	项　目	单位	预算单价（元）	定额消耗量	完成挖30m³土方的消耗量	金额（元）
1	人工（1）	工日	45.04	6.8	6.8×（30/10）＝20.4	45.04×20.4＝918.82
1′	人工(1)	工日	49.2	6.8	6.8×(30/10)＝20.4	49.2×20.4＝1003.68
2	原木(101)	m³	1120	0.001	0.001×(30/10)＝0.003	1120×0.003＝3.36
3	锯材(102)	m³	1350	0.004	0.004×(30/10)＝0.012	1350×0.012＝16.2
4	光圆钢筋(111)	t	3300			
5	型钢(182)	t	3700			
6	钢钎(211)	kg	5.62			
7	电焊条(231)	kg	4.9			
8	组合钢模板(272)	t	5710			
9	铁件(651)	kg	4.4	1	1×(30/10)＝3	4.4×3＝13.2
10	20～22号铁丝(656)	kg	6.4			
11	32.5级水泥(832)	t	320			
12	硝铵炸药(841)	kg	6			
13	导火线(842)	m	0.8			
14	普通雷管(845)	个	0.7			
15	水(866)	m³	0.5			
16	中(粗)砂(899)	m³	60			
17	碎石(4cm)(952)	m³	55			
18	碎石(8cm)(954)	m³	49			
19	其他材料费(996)	元	1	14	14×(30/10)＝42	1×42＝42

续表 9-4

顺序号	项目	单位	预算单价（元）	定额消耗量	完成挖 $30m^3$ 土方的消耗量	金额（元）
20	强制式混凝土搅拌机 250L 以内(1272)	台班	96.79			
21	电动卷扬机单筒慢动 30kN 以内(1499)	台班	87.09	1.15	1.15×(30/10)=3.45	87.09×3.45=300.46
22	交流电弧焊机 32kV·A 以内(1726)	台班	104.64			
23	空气压缩机机动 $9m^3/min$ 以内(1842)	台班	547.93			
24	小型机具使用费(1998)	元	1	6.5	6.5×(30/10)=19.5	1×19.5=19.5
25	每挖 $30m^3$ 土方的预算价	元	1+2+3+9+19+21+24			1313.54
25′			1′+2+3+9+19+21+24			1398
26	定额基价	元		466	466×(30/10)	1398

一般的概预算定额只给出表9-4中的第1、第2、第3和第5列，同时会给出分项工程的计算单位，如表9-4中右上角的 $10m^3$，前3列的含义大家一看就懂，这里不做过多解释，第5列中人工、材料和机械台班的消耗量计算见上一节。这里重点介绍第6列和第7列。

第6列的各项为完成挖孔 $30m^3$ 土方人工、材料和机械台班的消耗量，其具体计算为第5列中的定额消耗量乘以实际工程量，再除以计量单位。

第7列各项为第4列中的预算单价乘以第6列中对应的实际工程消耗量，便可得到完成挖孔 $30m^3$ 土方人工、材料和机械台班的花费。

此外，表中第25行为每挖 $30m^3$ 土方的人机料各项预算花费的相加，可以明显看出，它与第26行的预算价一致，这主要由于第25行所得的预算价是以定额单价作为基础得出的，也就是定额编制年时人工、材料和机械台班的单价，一般的预算定额都给出定额单价。这也从另外一个方面反映了定额基价的含义，它其实是完成某项工程人工、材料和机械台班的综合单价。

表中第25行也为每挖 $30m^3$ 土方的人机料各项预算花费的相加，但它与第26行的预算价不相同，这主要由于该行所得的预算价是以预算单价作为基础得出的，也就是工程预算编制年对应的人工、材料和机械台班的单价，一般通过市场调查或官方每月、每季度发布的市场信息指导价得出，它比较真实地反映了在工程概预算编制年时人机料的价格。如第1行第4列所对应的为陕西省交通厅公布的每个工日每个生产工人人工费标准，为45.04元/工日，而第1′行第4列所对应的为交通部公布的每个工日每个生产工人人工费标准，为49.2元/工日，所以，如果套用交通部标准，就与陕西当地人工的实际所得不符，所得出的预算价明显偏高，并不能比较真实地反映一个工程的实际花费。

9.6 某滑坡工程抗滑桩建筑安装工程费预算举例

下面以某滑坡抗滑桩工程预算编制为例来说明如何进行地质灾害治理工程概预算的计算，定额还是选用2008年版的最新公路定额，根据该定额的划分原则，抗滑桩工程一般分为挖孔土方、挖孔石方、混凝土护臂、混凝土桩身和抗滑桩钢筋五项分部工程，根据计算规则，得出的工程量如表9-5所示，各分项工程预算如表9-6所示。

表9-5 某滑坡抗滑桩工程量计算汇总表

序 号	工程名称	单 位	工程量
1	挖孔土方	$10m^3$	$4.56m^3$
2	挖孔石方	$10m^3$	$4.56m^3$
3	混凝土护壁	$10m^3$	$1m^3$
4	混凝土桩身	$10m^3$	$5.02m^3$
5	抗滑桩钢筋	t	$1.06m^3$

利用各分项工程的建安费以及相应的工程量，我们很容易地就得出各分项工程的单价，如抗滑桩钢筋的建安费为4589元，而相应的钢筋工程量为1.06t，所以该滑坡工程抗滑桩钢筋的预算单价为4589/1.06 =4329元。另外，叠加各分项工程的建安费就得到该滑坡工程抗滑桩总的建安费，同时利用总的建安费可以得到每米抗滑桩的综合单价。

利用分项工程单价和综合单价我们就可以评价该预算是否合理，如不合理，首先检查预算过程中是否漏项或多算了某些项，其次也可以通过调整人机料的差价来使预算达到一个较为合理的水平。

最后的预算报告一般要提交以下工作成果：

(1) 文字报告一份。如编制依据，编制原则和调整说明等。

(2) 各种表格，主要包括：

1) 工程量汇总表；

2) 总概预算汇总表；

3) 人工、主要材料、机械台班数量汇总表；

4) 人工、材料、机械单价汇总表；

5) 建筑安装工程费计算表；

6) 分项工程概预算表；

7) 材料机械台班预算单价计算表。

表 9-6 分项工程预算表

工程项目			抗滑桩			抗滑桩			抗滑桩			抗滑桩			抗滑桩			总金额	
工程细目			挖孔土方			挖孔石方			混凝土护壁			混凝土桩身			抗滑桩钢筋				
定额单位			10m³			10m³			10m³			10m³			t				
工程数量			4.56			4.56			1			5.02			1.06				
定额表号			预 5-1-26-1			预 5-1-26-2			预 5-1-26-3			预 5-1-26-4			预 5-1-26-5				
工、料、机名称	单位	单价	定额	数量	金额	定额	数量	金额	定额	数量	金额	定额	数量	金额	定额	数量	金额	数量	金额
人工(1)	工日	49.2	6.8	31.008	1526	9.9	45.144	2221	28	28	1378	12.3	61.746	3038	8.3	8.798	433	174.7	8595
原木(101)	m³	1120	0.001	0.005	5	0.002	0.009	10	0.053	0.053	59							0.07	75
锯材(102)	m³	1350	0.004	0.018	25	0.004	0.018	25										0.04	49
光圆钢筋(111)	t	3300													1.025	1.087	3585	1.09	3585
型钢(182)	t	3700							0.034	0.034	126							0.03	126
钢钎(211)	kg	5.62				1	4.56	26										4.56	26
电焊条(231)	kg	4.9													4	4.24	21	4.24	21
组合钢模板(272)	t	5710							0.049	0.049	280							0.05	280
铁件(651)	kg	4.4	1	4.56	20	1	4.56	20	7.8	7.8	34							16.92	74
20～22 号铁丝(656)	kg	6.4													5.4	5.724	37	5.72	37
32.5 级水泥(832)	t	320							2.723	2.723	871	2.876	14.438	4620				17.16	5491
硝铵炸药(841)	kg	6				7.2	32.832	197										32.83	197
导火线(842)	m	0.8				30	136.8	109										136.8	109
普通雷管(845)	个	0.7				17	77.52	54										77.52	54
水(866)	m³	0.5							12	12	6	12	60.24	30				72.24	36
中(粗)砂(899)	m³	60							5.1	5.1	306	5.51	27.66	1660				32.76	1966
碎石(4cm)(952)	m³	55							8.67	8.67	477							8.67	477
碎石(8cm)(954)	m³	49										8.36	41.967	2056				41.97	2056
其他材料费(996)	元	1	14	63.84	64	14.3	65.208	65	56.4	56.4	56	1	5.02	5	0.5	0.53	1	191	191
强制式混凝土搅拌机	台班	96.79							0.67	0.67	65	0.67	3.363	326				4.03	390
电动卷扬机单筒慢动	台班	87.09	1.15	5.244	457	1.97	8.983	782	0.8	0.8	70	0.57	2.861	249	0.12	0.127	11	18.02	1569
交流电弧焊机 32kV·A	台班	104.6													0.42	0.445	47	0.45	47
空气压缩机机动	台班	547.9				0.7	3.192	1749										3.19	1749
小型机具使用费(1998)	元	1	6.5	29.64	30	59.2	269.95	270	9.1	9.1	9	4.1	20.582	21	12.5	13.25	13	342.52	343
直接工程费	元				2126			5529			3737			12004			4147		27543
利润及税金	元				226			589			398			1278			442		2933
建筑安装工程费	元				2352			6118			4135			13283			4589		30476

附　表

附表 1　抗滑桩设计用表

附表 1-1　*m* 法影响系数表

αy	A_1	A_2	A_3	A_4	B_1	B_2	B_3	B_4
0	1	0	0	0	0	1	0	0
0.1	1	-0.000004	-0.000167	-0.005	0.1	1	-0.000008	-0.000333
0.2	0.999997	-0.000067	-0.001333	-0.02	0.2	0.999995	-0.000133	-0.002667
0.3	0.99998	-0.000337	-0.0045	-0.045	0.299998	0.99996	-0.000675	-0.009
0.4	0.999915	-0.001067	-0.010667	-0.079998	0.399989	0.999829	-0.002133	-0.021333
0.5	0.99974	-0.002604	-0.020833	-0.124991	0.499957	0.999479	-0.005208	-0.041665
0.6	0.999352	-0.0054	-0.035998	-0.179967	0.59987	0.998704	-0.0108	-0.071994
0.7	0.998599	-0.010003	-0.057158	-0.244902	0.699673	0.997199	-0.020007	-0.114313
0.8	0.99727	-0.017064	-0.085308	-0.31975	0.799272	0.994539	-0.034128	-0.170608
0.9	0.99508	-0.027331	-0.121436	-0.404431	0.898524	0.99016	-0.05466	-0.242851
1	0.991668	-0.04165	-0.166518	-0.49881	0.997223	0.983337	-0.083295	-0.332986
1.1	0.986583	-0.060965	-0.221514	-0.602681	1.09508	0.973168	-0.121917	-0.442922
1.2	0.979274	-0.086315	-0.28736	-0.715736	1.191708	0.958552	-0.172601	-0.574507
1.3	0.969082	-0.118829	-0.364953	-0.837533	1.286598	0.938171	-0.237599	-0.729502
1.4	0.955229	-0.159725	-0.455138	-0.967459	1.379099	0.910474	-0.319336	-0.909545
1.5	0.936814	-0.210302	-0.558688	-1.104677	1.46839	0.87366	-0.420392	-1.116106
1.6	0.9128	-0.271931	-0.67628	-1.248082	1.553458	0.825661	-0.543484	-1.350432
1.7	0.882012	-0.346045	-0.808463	-1.39623	1.633071	0.764135	-0.691436	-1.613472
1.8	0.843126	-0.434123	-0.955623	-1.547276	1.705747	0.686449	-0.867154	-1.905792
1.9	0.794671	-0.537675	-1.117938	-1.698892	1.769725	0.58968	-1.073574	-2.227476
2	0.735025	-0.658213	-1.295325	-1.848183	1.82294	0.470613	-1.313612	-2.577999
2.1	0.662413	-0.797229	-1.48738	-1.991597	1.862988	0.325743	-1.590094	-2.956087
2.2	0.574915	-0.956152	-1.693306	-2.124822	1.887103	0.151291	-1.905676	-3.359554
2.3	0.470474	-1.136311	-1.911833	-2.242679	1.892126	-0.056776	-2.262743	-3.785112
2.4	0.346906	-1.338878	-2.141125	-2.339015	1.874486	-0.302708	-2.663283	-4.228156
2.5	0.201919	-1.564812	-2.378678	-2.406586	1.830175	-0.590931	-3.108753	-4.682528
2.6	0.033142	-1.814781	-2.621204	-2.436947	1.754739	-0.925982	-3.599903	-5.140254
2.7	-0.161848	-2.08908	-2.864504	-2.420337	1.643265	-1.31243	-4.136582	-5.591249
2.8	-0.38548	-2.387534	-3.103334	-2.345577	1.490389	-1.754775	-4.717515	-6.023013
2.9	-0.640136	-2.709385	-3.33126	-2.199979	1.290303	-2.257321	-5.340039	-6.420289
3	-0.928089	-3.053165	-3.540495	-1.969271	1.036786	-2.824027	-5.999815	-6.764716
3.1	-1.251423	-3.416553	-3.721749	-1.63755	0.723244	-3.458317	-6.690497	-7.034471
3.2	-1.611943	-3.796218	-3.864055	-1.187266	0.342779	-4.162869	-7.40337	-7.203902
3.3	-2.011061	-4.187641	-3.954613	-0.599256	-0.111729	-4.939352	-8.126944	-7.243172
3.4	-2.449669	-4.584925	-3.978627	0.147172	-0.647503	-5.788129	-8.846526	-7.117924
3.5	-2.927993	-4.980586	-3.919163	1.07408	-1.271724	-6.707916	-9.543745	-6.788982
3.6	-3.445424	-5.365338	-3.757023	2.204654	-1.991345	-7.695386	-10.196063	-6.212109
3.7	-4.000322	-5.727852	-3.470645	3.562862	-2.812867	-8.74473	-10.77626	-5.337848
3.8	-4.589803	-6.054529	-3.036053	5.17298	-3.742064	-9.847159	-11.251902	-4.11147
3.9	-5.209499	-6.329245	-2.426852	7.05898	-4.783662	-10.99036	-11.584825	-2.473068
4	-5.853294	-6.533123	-1.614296	9.243746	-5.940953	-12.157895	-11.730626	-0.357837

续附表 1-1

αy	C_1	C_2	C_3	C_4	D_1	D_2	D_3	D_4
0	0	0	1	0	0	0	0	1
0. 1	0. 005	0. 1	1	-0. 000012	0. 000167	0. 005	0. 1	1
0. 2	0. 02	0. 2	0. 999992	-0. 0002	0. 001333	0. 02	0. 2	0. 999989
0. 3	0. 045	0. 299997	0. 999939	-0. 001012	0. 0045	0. 045	0. 299996	0. 999919
0. 4	0. 079999	0. 399983	0. 999744	-0. 0032	0. 010667	0. 079999	0. 399977	0. 999659
0. 5	0. 124995	0. 499935	0. 999219	-0. 007812	0. 020833	0. 124994	0. 499913	0. 998958
0. 6	0. 179983	0. 599806	0. 998056	-0. 016199	0. 035998	0. 179978	0. 599741	0. 997408
0. 7	0. 244951	0. 69951	0. 995798	-0. 03001	0. 057161	0. 244935	0. 699346	0. 994398
0. 8	0. 319875	0. 798908	0. 991809	-0. 051191	0. 085317	0. 319834	0. 798544	0. 989078
0. 9	0. 404715	0. 897786	0. 98524	-0. 081987	0. 121457	0. 40462	0. 897048	0. 98032
1	0. 499405	0. 995834	0. 975007	-0. 124934	0. 166567	0. 499206	0. 994445	0. 966677
1. 1	0. 60384	1. 09262	0. 959754	-0. 182857	0. 221621	0. 603454	1. 090161	0. 946342
1. 2	0. 717868	1. 187563	0. 937833	-0. 258859	0. 287573	0. 717157	1. 183418	0. 917117
1. 3	0. 841266	1. 279899	0. 907268	-0. 356311	0. 365358	0. 840022	1. 273201	0. 876372
1. 4	0. 973728	1. 368651	0. 865735	-0. 478834	0. 45587	0. 971638	1. 358206	0. 821012
1. 5	1. 114836	1. 452591	0. 810538	-0. 630271	0. 559959	1. 111449	1. 436797	0. 747447
1. 6	1. 264036	1. 530201	0. 738583	-0. 814658	0. 678408	1. 258717	1. 506952	0. 651565
1. 7	1. 420604	1. 599633	0. 646368	-1. 036175	0. 811919	1. 412477	1. 566211	0. 528713
1. 8	1. 583616	1. 658669	0. 529968	-1. 299094	0. 96108	1. 571498	1. 611623	0. 373684
1. 9	1. 751904	1. 704675	0. 385027	-1. 607699	1. 126342	1. 734224	1. 639684	0. 18071
2	1. 924015	1. 734564	0. 206765	-1. 966196	1. 307984	1. 89872	1. 64629	-0. 056521
2. 1	2. 098161	1. 744745	-0. 01001	-2. 378597	1. 506067	2. 062609	1. 626677	-0. 344846
2. 2	2. 27217	1. 731092	-0. 270875	-2. 848577	1. 72039	2. 223	1. 575374	-0. 691581
2. 3	2. 443429	1. 688903	-0. 581751	-3. 379303	1. 950435	2. 376421	1. 486157	-1. 104453
2. 4	2. 608823	1. 612869	-0. 948843	-3. 973229	2. 195304	2. 518735	1. 352011	-1. 591502
2. 5	2. 764677	1. 497048	-1. 378555	-4. 631849	2. 45365	2. 645065	1. 16511	-2. 160956
2. 6	2. 906688	1. 334854	-1. 877379	-5. 355411	2. 723596	2. 749711	0. 916798	-2. 821058
2. 7	3. 029861	1. 119053	-2. 451759	-6. 142583	3. 00265	2. 826063	0. 597608	-3. 579849
2. 8	3. 12845	0. 841776	-3. 107909	-6. 990068	3. 287613	2. 866529	0. 197285	-4. 444905
2. 9	3. 195886	0. 494553	-3. 851596	-7. 892166	3. 574473	2. 862451	-0. 295142	-5. 423
3	3. 224729	0. 068369	-4. 68788	-8. 840278	3. 858294	2. 804044	-0. 89127	-6. 519713
3. 1	3. 206612	-0. 446246	-5. 620789	-9. 82235	4. 133106	2. 680338	-1. 603171	-7. 738945
3. 2	3. 132205	-1. 059099	-6. 65295	-10. 822261	4. 39178	2. 479139	-2. 443202	-9. 082357
3. 3	2. 991185	-1. 780173	-7. 785146	-11. 819146	4. 625904	2. 187014	-3. 423745	-10. 548717
3. 4	2. 772231	-2. 619414	-9. 015807	-12. 786679	4. 825664	1. 789303	-4. 556885	-12. 133131
3. 5	2. 463041	-3. 58647	-10. 340425	-13. 692286	4. 979719	1. 270169	-5. 853999	-13. 826179
3. 6	2. 050375	-4. 690365	-11. 750888	-14. 496339	5. 075088	0. 612696	-7. 325252	-15. 612931
3. 7	1. 520138	-5. 9391	-13. 234734	-15. 151313	5. 097052	-0. 200967	-8. 978999	-17. 471839
3. 8	0. 857508	-7. 339177	-14. 774317	-15. 600945	5. 02907	-1. 189384	-10. 821056	-19. 373519
3. 9	0. 047107	-8. 895037	-16. 345895	-15. 7794	4. 852718	-2. 371541	-12. 853855	-21. 279408
4	-0. 926754	-10. 608403	-17. 918631	-15. 610498	4. 547669	-3. 766455	-15. 075452	-23. 140321

附表 1－2　常数法影响系数

$z=\beta y$	A_{1x}	B_{1x}	C_{1x}	D_{1x}
0	1	0	0	0
0.1	0.99998	0.10000	0.00500	0.00017
0.2	0.99973	0.19999	0.02000	0.00133
0.3	0.99865	0.29992	0.04500	0.00450
0.4	0.99573	0.39966	0.07998	0.01067
0.5	0.98958	0.49896	0.12491	0.02083
0.6	0.97841	0.59741	0.17974	0.03598
0.7	0.96001	0.69440	0.24435	0.05710
0.8	0.93180	0.78908	0.31854	0.08517
0.9	0.89082	0.88033	0.40205	0.12112
1	0.83373	0.96671	0.49445	0.16587
1.1	0.75683	1.04642	0.59517	0.22029
1.2	0.65611	1.11728	0.70344	0.28516
1.3	0.52722	1.17670	0.81825	0.36119
1.4	0.36558	1.22164	0.93830	0.44898
1.5	0.16640	1.24857	1.06197	0.54897
1.6	−0.07526	1.25350	1.18728	0.66143
1.7	−0.36441	1.23193	1.31179	0.78640
1.8	−0.70602	1.17887	1.43261	0.92367
1.9	−1.10492	1.08882	1.54633	1.07269
2	−1.56563	0.95582	1.64895	1.23257
2.1	−2.09224	0.77350	1.73585	1.40196
2.2	−2.68822	0.53506	1.80178	1.57904
2.3	−3.35618	0.23345	1.84076	1.76142
2.4	−4.09766	−0.13862	1.84612	1.94607
2.5	−4.91284	−0.58854	1.81044	2.12927
2.6	−5.80028	−1.12360	1.72557	2.30652
2.7	−6.75655	−1.75089	1.58264	2.47245
2.8	−7.77591	−2.47702	1.37210	2.62079
2.9	−8.84988	−3.30790	1.08375	2.74428
3	−9.96691	−4.24844	0.70686	2.83459
3.1	−11.11188	−5.30222	0.23028	2.88233
3.2	−12.26569	−6.47111	−0.35742	2.87694
3.3	−13.40480	−7.75487	−1.06777	2.80676
3.4	−14.50075	−9.15064	−1.91213	2.65892
3.5	−15.51973	−10.65246	−2.90144	2.41950
3.6	−16.42214	−12.25071	−4.04584	2.07346
3.7	−17.16216	−13.93148	−5.35434	1.60486
3.8	−17.68744	−15.67599	−6.83427	0.99688
3.9	−17.93876	−17.45985	−8.49085	0.23211
4.0	−17.84985	−19.25241	−10.32654	−0.70726

附表2 泥石流治理工程设计用表

附表 2-1 皮尔逊Ⅲ型曲线的离均系数 ϕ_P 值表

C_S \ P/%	0.01	0.1	0.2	0.33	0.5	1	2	5	10	20	50	75	90	95	99
0.0	3.72	3.09	2.88	2.71	2.58	2.33	2.05	1.64	1.28	0.84	0.00	−0.67	−1.28	−1.64	−2.33
0.1	3.94	3.23	3.00	2.82	2.67	2.40	2.11	1.67	1.29	0.84	−0.02	−0.68	−1.27	−1.62	−2.25
0.2	4.16	3.38	3.12	2.92	2.76	2.47	2.16	1.70	1.30	0.83	−0.03	−0.69	−1.26	−1.59	−2.18
0.3	4.38	3.52	3.24	3.03	2.86	2.51	2.21	1.73	1.31	0.82	−0.05	−0.70	−1.24	−1.55	−2.10
0.4	4.61	3.67	3.36	3.14	2.95	2.61	2.26	1.75	1.32	0.82	−0.07	−0.71	−1.23	−1.52	−2.03
0.5	4.83	3.81	3.48	3.25	3.04	2.68	2.31	1.77	1.32	0.81	−0.07	−0.71	−1.22	−1.49	−1.96
0.6	5.05	3.96	3.60	3.35	3.13	2.75	2.35	1.80	1.33	0.80	−0.10	−0.72	−1.20	−1.45	−1.88
0.7	5.28	4.10	3.72	3.45	3.22	2.82	2.40	1.82	1.33	0.79	−0.12	−0.72	−1.18	−1.42	−1.81
0.8	5.50	4.24	3.85	3.53	3.31	2.89	2.45	1.84	1.34	0.78	−0.13	−0.73	−1.17	−1.38	−1.74
0.9	5.73	4.39	3.97	3.65	3.40	2.96	2.50	1.86	1.34	0.77	−0.15	−0.74	−1.15	−1.35	−1.66
1.0	5.96	4.53	4.09	3.76	3.49	3.02	2.54	1.88	1.34	0.75	−0.16	−0.73	−1.13	−1.32	−1.59
1.1	6.18	4.67	4.20	3.86	3.58	3.09	2.58	1.89	1.34	0.74	−0.18	−0.74	−1.10	−1.28	−1.52
1.2	6.41	4.81	4.32	3.95	3.66	3.15	2.62	1.91	1.34	0.73	−0.19	−0.74	−1.08	−1.24	−1.45
1.3	6.64	4.95	4.44	4.05	3.74	3.21	2.67	1.92	1.34	0.72	−1.21	−0.74	−1.06	−1.20	−1.38
1.4	6.87	5.09	4.56	4.15	3.83	3.27	2.71	1.94	1.33	0.71	−0.22	−0.74	−1.04	−1.17	−1.32
1.5	7.09	5.23	4.68	4.24	3.91	3.33	2.74	1.95	1.33	0.69	−0.24	−0.73	−1.02	−1.13	−1.26
1.6	7.31	5.37	4.80	4.34	3.99	3.39	2.78	1.96	1.33	0.68	−0.25	−0.73	−0.99	−1.10	−1.20
1.7	7.54	5.50	4.91	4.43	4.07	3.44	2.82	1.97	1.32	0.66	−0.26	−0.72	−0.97	−1.06	−1.14
1.8	7.76	5.64	5.01	4.52	4.15	3.50	2.85	1.98	1.32	0.64	−0.28	−0.72	−0.94	−1.02	−1.09
1.9	7.79	5.77	5.12	4.61	4.23	3.55	2.88	1.99	1.31	0.63	−0.92	−0.72	−0.92	−0.98	−1.04
2.0	8.21	5.91	5.22	4.70	4.30	3.64	2.91	2.00	1.30	0.61	−0.31	−0.71	−0.895	−0.949	−0.989
2.1	8.43	6.04	5.33	4.79	4.37	3.66	2.93	2.00	1.29	0.59	−0.32	−0.71	−0.869	−0.914	−0.945
2.2	8.65	6.17	5.43	4.88	4.44	3.71	2.96	2.00	1.28	0.57	−0.33	−0.70	−0.844	−0.879	−0.905
2.3	8.87	6.30	5.53	4.97	4.51	3.76	2.99	2.00	1.27	0.55	−0.34	−0.69	−0.820	−0.849	−0.867
2.4	9.08	6.42	5.63	5.05	4.58	3.81	3.02	2.01	1.26	0.54	−0.35	−0.68	−0.795	−0.820	−0.831
2.5	9.30	6.55	5.73	5.13	4.65	3.85	3.04	2.01	1.25	0.52	−0.36	−0.67	−0.772	−0.791	−0.800
2.6	9.51	6.67	5.82	5.20	4.72	3.89	3.06	2.01	1.23	0.50	−0.37	−0.66	−0.748	−0.764	−0.769
2.7	9.72	6.79	5.92	5.28	4.78	3.93	3.09	2.01	1.22	0.48	−0.37	−0.65	−0.726	−0.736	−0.740
2.8	9.93	6.91	6.01	5.36	4.84	3.97	3.11	2.01	1.21	0.46	−0.38	−0.64	−0.702	−0.710	−0.714
2.9	10.14	7.03	6.10	5.44	4.90	4.01	3.13	2.01	1.20	0.44	−0.39	−0.63	−0.680	−0.687	−0.690

续附表 2-1

C_S \ P/%	0.01	0.1	0.2	0.33	0.5	1	2	5	10	20	50	75	90	95	99
3.0	10.35	7.15	6.20	5.51	4.96	4.05	3.15	2.00	1.18	0.42	−0.39	−0.62	−0.658	−0.665	−0.667
3.1	10.56	7.26	6.30	5.59	5.02	4.08	3.17	2.00	1.16	0.40	−0.40	−0.60	−0.639	−0.644	−0.645
3.2	10.77	7.38	6.39	5.66	5.08	4.12	3.19	2.00	1.14	0.38	−0.40	−0.59	−0.621	−0.624	−0.625
3.3	10.97	7.49	6.48	5.74	5.14	4.15	3.21	1.99	1.12	0.36	−0.40	−0.58	−0.604	−0.606	−0.606
3.4	11.17	7.60	6.56	5.80	5.20	4.18	3.22	1.98	1.11	0.34	−0.41	−0.58	−0.587	−0.588	−0.588
3.5	11.37	7.71	6.65	5.86	5.25	4.22	3.23	1.97	1.09	0.32	−0.41	−0.55	−0.570	−0.571	−0.571
3.6	11.57	7.83	6.73	5.93	5.30	4.25	3.24	1.96	1.08	0.30	−0.41	−0.54	−0.555	−0.556	−0.556
3.7	11.77	7.94	6.81	5.99	5.35	4.28	3.25	1.95	1.06	0.28	−0.42	−0.53	−0.540	−0.541	−0.541
3.8	11.97	8.05	6.89	6.05	5.40	4.31	3.26	1.94	1.04	0.26	−0.42	−0.52	−0.526	−0.520	−0.520
3.9	12.16	8.15	6.97	6.11	5.45	4.34	3.27	1.93	1.02	0.24	−0.41	−0.506	−0.513	−0.513	−0.513
4.0	12.36	8.25	7.05	6.18	5.50	4.37	3.27	1.92	1.00	0.23	−0.41	−0.495	−0.500	−0.500	−0.500
4.1	12.55	8.35	7.13	6.24	5.54	4.39	3.28	1.91	0.98	0.21	−0.41	−0.484	−0.488	−0.488	−0.488
4.2	12.74	8.45	7.21	6.30	5.59	4.41	3.29	1.90	0.94	0.19	−0.41	−0.473	−0.476	−0.476	−0.476
4.3	12.93	8.55	7.29	6.36	5.63	4.44	3.30	1.88	0.94	0.17	−0.41	−0.462	−0.465	−0.465	−0.465
4.4	13.13	8.65	7.36	6.41	5.68	4.46	3.30	1.87	0.92	0.16	−0.40	−0.453	−0.455	−0.455	−0.455
4.5	13.30	8.75	7.43	6.46	5.72	4.48	3.30	1.85	0.90	0.14	−0.40	−0.444	−0.444	−0.444	−0.444
4.6	13.49	8.85	7.50	6.52	5.76	4.50	3.30	1.84	0.88	0.13	−0.40	−0.435	−0.435	−0.435	−0.435
4.7	13.67	8.95	7.57	6.57	5.80	4.52	3.30	1.82	0.86	0.11	−0.39	−0.426	−0.426	−0.426	−0.426
4.8	13.85	9.04	7.64	6.63	5.84	4.54	3.30	1.80	0.84	0.09	−0.39	−0.417	−0.417	−0.417	−0.417
4.9	14.04	9.13	7.70	6.68	5.88	4.55	3.30	1.78	0.82	0.08	−0.38	−0.408	−0.408	−0.408	−0.408
5.0	14.22	9.22	7.77	6.73	5.92	4.57	3.30	1.77	0.80	0.06	−0.379	−0.400	−0.400	−0.400	−0.400
5.1	14.40	9.31	7.84	6.78	5.95	4.58	3.30	1.75	0.78	−0.05	−0.374	−0.392	−0.392	−0.392	−0.392
5.2	14.57	9.40	7.90	6.83	5.99	4.59	3.30	1.73	0.76	−0.03	−0.369	−0.385	−0.385	−0.385	−0.385
5.3	14.75	9.49	7.96	6.87	6.02	4.60	3.29	1.72	0.74	−0.02	−0.363	−0.377	−0.377	−0.377	−0.377
5.4	14.92	9.57	8.02	6.91	6.05	4.62	3.28	1.70	0.72	−0.00	−0.358	−0.370	−0.370	−0.370	−0.370
5.5	15.10	9.66	8.08	6.96	6.08	4.63	3.27	1.68	0.70	−0.01	−0.353	−0.364	−0.364	−0.364	−0.364
5.6	15.27	9.74	8.14	7.00	6.11	4.64	3.27	1.66	0.67	−0.03	−0.354	−0.357	−0.357	−0.357	−0.357
5.7	15.45	9.83	8.21	7.04	6.14	4.65	3.26	1.65	0.65	−0.04	−0.344	−0.351	−0.351	−0.351	−0.351
5.8	15.60	9.91	8.27	7.08	6.17	4.67	3.25	1.63	0.63	−0.05	−0.339	−0.345	−0.345	−0.345	−0.345
5.9	15.78	9.99	8.32	7.12	6.20	4.68	3.24	1.61	0.61	−0.06	−0.334	−0.339	−0.339	−0.339	−0.339
6.0	15.94	10.07	8.38	7.15	6.23	4.68	3.23	1.59	0.59	−0.07	−0.329	−0.333	−0.333	−0.333	−0.333
6.1	16.11	10.15	8.43	7.19	6.26	4.69	3.22	1.57	0.57	−0.08	−0.325	−0.328	−0.328	−0.328	−0.328
6.2	16.28	10.22	8.49	7.23	6.28	4.70	3.21	1.55	0.55	−0.09	−0.320	−0.323	−0.323	−0.323	−0.323
6.3	16.45	10.30	8.54	7.26	6.30	4.70	3.21	1.53	0.53	−0.10	−0.315	−0.317	−0.317	−0.317	−0.317
6.4	16.61	10.38	8.00	7.30	6.32	4.71	3.22	1.51	0.51	−0.11	−0.311	−0.313	−0.313	−0.313	−0.313

附表 2-2 两次不同重现期流量推求设计流量换算系数 $f(T_1/T_2)$ 值表

C_V \ T_1 / T_2 / f	5	6	7	8	9	10	12	15	17	20	25	30	33	40	50	100	300
T_2	2																
0.3	1.30	1.35	1.40	1.44	1.47	1.50	1.55	1.61	1.66	1.70	1.76	1.81	1.84	1.88	1.95	2.12	2.40
0.4	1.42	1.49	1.55	1.61	1.65	1.70	1.78	1.87	1.91	1.98	2.07	2.13	2.18	2.24	2.33	2.59	3.00
0.5	1.54	1.63	1.71	1.79	1.85	1.91	2.01	2.13	2.20	2.28	2.40	2.49	2.56	2.64	2.76	3.14	3.65
0.6	1.68	1.80	1.90	2.00	2.05	2.16	2.28	2.45	2.52	2.63	2.79	2.90	2.98	3.10	3.25	3.71	4.45
0.7	1.80	1.95	2.09	2.20	2.30	2.40	2.55	2.75	2.85	2.99	3.19	3.33	3.42	3.58	3.76	4.35	5.25
0.8	1.96	2.14	2.30	2.45	2.58	2.68	2.87	3.11	3.24	3.42	3.66	3.84	3.95	4.15	4.37	5.10	6.24
0.9	2.14	2.35	2.56	2.72	2.88	3.02	3.24	3.53	3.68	3.89	4.18	4.40	4.54	4.78	5.05	5.95	7.33
1.0	3.36	2.63	2.87	3.08	3.24	3.42	3.68	4.05	4.23	4.47	4.85	5.12	5.30	5.56	5.91	7.01	8.73
1.1	2.57	2.87	3.16	3.40	3.62	3.81	4.14	4.55	4.77	5.10	5.52	5.84	6.05	6.38	6.80	8.13	10.21
1.2	2.86	3.21	3.55	3.86	4.10	4.35	4.74	5.24	5.51	5.87	6.40	6.79	7.05	7.45	7.95	9.56	12.07
1.3	3.03	3.43	3.79	4.14	4.42	4.70	5.16	5.73	6.03	6.45	7.05	7.50	7.77	8.25	8.83	10.67	13.60
1.4	3.51	4.02	4.47	4.90	5.25	5.59	6.16	6.88	7.26	7.80	8.55	9.10	9.45	10.03	10.79	13.1	16.78
1.5	3.98	4.57	5.14	5.66	6.05	6.46	7.16	8.05	8.50	9.14	10.01	10.71	11.14	11.87	12.75	15.58	20.10
1.6	4.54	5.28	5.92	6.56	7.05	7.56	8.41	9.49	10.05	10.82	11.90	12.78	13.29	14.20	15.26	18.72	24.30
1.7	5.14	6.00	6.77	7.52	8.11	8.72	9.75	11.00	11.70	12.61	13.92	14.99	15.57	16.65	17.95	22.10	28.88
1.8	6.07	7.16	8.14	9.00	9.77	10.50	11.77	13.38	14.19	15.39	16.99	18.30	19.08	20.43	22.07	27.30	35.81
1.9	7.08	8.38	9.54	10.66	11.58	12.49	14.03	16.00	17.10	18.50	20.50	22.10	23.08	24.78	26.8	33.29	43.90
2.0	8.76	10.48	12.0	13.49	14.68	15.90	17.90	20.50	21.96	23.85	26.48	28.62	29.94	32.15	34.84	44.40	57.50
2.1	11.50	13.80	16.0	18.0	19.70	21.38	24.20	27.80	29.8	32.42	36.18	39.20	41.0	44.2	47.8	60.1	80.00
2.2	15.59	18.75	21.73	24.67	27.0	29.33	33.33	38.40	41.20	44.80	50.0	54.3	56.9	61.25	66.5	83.9	111.7
2.3	26.7	32.43	37.87	43.0	47.3	51.40	58.6	67.8	72.9	79.8	88.9	96.9	101.5	109.5	119.1	150.5	201.8
2.4	63.0	76.9	90.0	102.4	112.7	123.4	140.8	163.8	176.0	192.5	215.0	234.3	246	265.5	289.3	366	492

附表 2-3　T_2 = 3.3

T_1 / T_2 / C_V \ f	4	5	6	7	8	9	10	12	15	17	20	25	30	33	40	50	100	300
T_2	3.3																	
0.3	1.055	1.11	1.155	1.192	1.230	1.256	283	1.320	1.376	1.412	1.450	1.504	1.541	1.569	1.605	1.660	1.802	2.015
0.4	1.065	1.143	1.196	2.250	1.294	1.330	1.367	1.429	1.50	1.535	1.590	1.660	1.714	1.750	1.803	1.875	2.08	2.41
0.5	1.08	1.175	1.245	1.307	1.369	1.412	1.456	1.535	1.622	1.675	1.736	1.832	1.902	1.956	2.02	2.106	2.367	2.79
0.6	1.095	1.209	1.295	1.374	1.443	1.504	1.556	1.643	1.755	1.818	1.895	2.008	2.05	2.15	2.234	2.348	2.679	3.201
0.7	1.12	1.252	1.356	1.453	1.530	1.600	1.670	1.773	1.903	1.982	2.08	2.218	2.311	2.382	2.486	2.619	3.026	3.66
0.8	1.13	1.283	1.405	1.509	1.60	1.690	1.759	1.879	2.032	2.120	2.240	2.395	2.516	2.585	2.715	2.861	3.215	4.086
0.9	1.137	1.317	1.444	1.572	1.675	1.770	1.854	1.990	2.17	2.264	2.392	2.572	2.709	2.794	2.940	3.110	3.66	4.515
1.0	1.153	1.35	1.504	1.641	1.760	1.855	1.956	2.110	2.316	2.419	2.563	2.778	2.930	3.034	3.188	3.38	4.018	5.00
1.1	1.162	1.384	1.547	1.700	1.829	1.949	2.05	2.231	2.452	2.572	2.742	2.973	3.145	3.257	3.437	3.662	4.376	5.500
1.2	1.18	1.418	1.589	1.760	1.914	2.033	2.152	2.350	2.60	2.734	2.914	3.17	3.367	3.49	3.69	3.94	4.73	5.98
1.3	1.198	1.457	1.655	1.827	2.000	2.13	2.27	2.49	2.77	2.91	3.11	3.40	3.62	3.75	3.98	4.16	5.16	6.56
1.4	1.219	1.509	1.73	1.92	2.105	2.255	2.40	2.65	2.96	3.12	3.35	3.67	3.91	4.06	4.32	4.63	5.63	7.21
1.5	1.219	1.535	1.76	1.98	2.185	2.33	2.49	2.76	3.11	3.28	3.52	3.87	4.14	4.30	4.575	4.92	6.005	7.75
1.6	1.239	1.566	1.82	2.045	2.265	2.43	2.62	2.90	3.28	3.47	3.73	4.10	4.41	4.59	4.90	5.27	6.46	8.39
1.7	1.25	1.607	1.875	2.12	2.35	2.535	2.72	3.045	3.44	3.66	3.95	4.35	4.675	4.87	5.20	5.61	6.90	9.01
1.8	1.284	1.67	1.97	2.24	2.48	2.69	2.89	3.24	3.68	3.91	4.23	4.68	5.03	5.25	5.625	6.07	7.51	9.85
1.9	1.302	1.737	2.06	2.34	2.61	2.84	3.07	3.44	3.92	4.18	4.53	5.03	5.42	5.66	6.07	6.58	8.16	10.76
2.0	1.308	1.770	2.115	2.42	2.72	2.96	3.21	3.61	4.14	4.43	4.82	5.35	5.78	6.04	6.49	7.04	8.76	11.61
2.1	1.340	1.840	2.21	2.56	2.88	3.15	3.42	3.87	4.45	4.77	5.19	5.78	6.27	6.56	7.05	7.65	9.62	12.80
2.2	1.326	1.909	2.297	2.655	3.02	3.31	3.59	4.08	4.71	5.04	5.49	6.12	6.65	6.97	7.50	8.14	10.28	13.67
2.3	1.375	1.948	2.370	2.76	3.14	3.45	3.75	4.27	4.95	5.315	5.815	6.48	7.06	7.40	7.98	8.69	10.99	14.70
2.4	1.40	1.968	2.43	2.84	3.23	3.56	3.90	4.44	5.17	5.55	6.08	6.79	7.40	7.75	8.38	9.14	11.56	15.52
2.5	1.445	2.09	2.58	3.02	3.47	3.85	4.20	4.80	5.60	6.03	6.02	7.32	8.08	9.50	9.18	10.05	12.76	17.23
2.6	1.483	2.17	2.69	3.17	3.68	4.06	4.44	5.07	5.96	6.42	7.06	7.92	8.65	9.10	9.86	10.78	13.75	18.58
2.7	1.531	2.30	2.88	3.42	3.95	4.43	4.84	5.58	6.56	7.08	7.80	8.77	9.58	10.10	10.94	12.00	15.37	20.90
2.8	1.55	2.33	2.94	3.51	4.05	4.55	5.00	5.79	6.80	7.38	8.12	9.14	10.01	10.56	11.45	12.6	16.15	22.00
2.9	1.627	2.50	3.19	3.84	4.45	5.00	5.62	6.40	7.55	8.16	9.02	10.18	11.14	11.77	12.80	14.10	18.11	21.75
3.0	1.70	2.63	3.6	4.06	4.75	5.36	5.93	6.88	8.014	8.35	9.78	11.05	12.14	12.82	13.97	15.39	19.81	27.21

附表 2-4 $T_2=4$

C_V \ T_1 / T_2 / f	5	6	7	8	9	10	12	15	17	20	25	30	33	40	50	100	300
T_2	4																
0.3	1.052	1.095	1.13	1.165	1.191	1.218	1.251	1.305	1.34	1.373	1.426	1.461	1.487	1.521	1.574	1.713	1.910
0.4	1.067	1.125	1.76	1.219	1.251	1.285	1.344	1.412	1.445	1.496	1.563	1.614	1.647	1.698	1.765	1.957	2.268
0.5	1.090	1.155	1.212	1.269	1.310	1.350	1.423	1.504	1.552	1.610	1.70	1.765	1.813	1.870	1.95	2.185	2.584
0.6	1.104	1.182	1.254	1.317	1.373	1.420	1.50	1.603	1.659	1.730	1.834	1.913	1.96	2.040	2.112	2.445	2.93
0.7	1.116	1.210	1.295	1.365	1.426	1.488	1.580	1.698	1.770	1.852	1.976	2.062	2.125	2.215	2.335	2.70	3.26
0.8	1.137	1.245	1.336	1.420	1.496	1.556	1.664	1.802	1.878	1.985	2.12	2.23	2.29	2.405	2.53	2.96	3.62
0.9	1.158	1.270	1.384	1.474	1.555	1.632	1.752	1.910	1.99	2.105	2.26	2.38	2.46	2.59	2.74	3.22	3.97
1.0	1.170	1.304	1.423	1.526	1.606	1.696	1.830	2.01	2.095	2.22	2.41	2.54	2.63	2.76	2.93	3.48	4.33
1.1	1.19	1.33	1.463	1.574	1.676	1.764	1.918	2.11	2.21	2.36	2.56	2.71	2.80	2.95	3.15	3.76	4.74
1.2	1.203	1.348	1.493	1.623	1.725	1.825	1.99	2.20	2.32	2.47	2.69	2.85	2.96	3.13	3.34	4.01	5.07
1.3	1.215	1.381	1.525	1.688	1.775	1.89	2.08	2.31	2.43	2.60	2.84	3.02	3.13	3.32	3.55	4.30	5.475
1.4	1.238	1.416	1.576	1.726	1.85	1.97	2.17	2.43	2.56	2.75	3.01	3.21	3.33	3.51	3.80	4.62	5.92
1.5	1.259	1.446	1.625	1.791	1.915	2.045	2.26	2.55	2.69	2.89	3.17	3.39	3.53	3.75	4.03	4.93	6.36
1.6	1.264	1.471	1.650	1.826	1.965	2.107	2.34	2.64	2.80	3.01	3.31	3.56	3.70	3.96	4.25	5.21	6.78
1.7	1.286	1.50	1.692	1.88	2.03	2.18	2.43	2.75	2.93	3.15	3.47	3.74	3.89	4.17	4.48	5.52	7.22
1.8	1.30	1.535	1.742	1.927	2.09	2.25	2.52	2.87	3.04	3.29	3.64	3.92	4.08	4.38	4.73	5.85	7.68
1.9	1.334	1.58	1.796	2.01	2.18	2.35	2.65	23.01	3.22	3.49	3.87	4.17	4.35	4.67	5.05	6.27	8.27
2.0	1.352	1.62	1.852	2.08	2.265	2.45	2.766	3.17	3.39	3.68	4.08	4.42	4.62	4.96	5.38	6.70	8.88
2.1	1.373	1.65	1.91	2.15	2.35	2.55	2.89	3.32	3.56	3.87	4.31	4.67	4.89	5.27	5.71	7.17	9.56
2.2	1.410	1.69	1.97	2.22	2.43	2.65	3.01	3.47	3.72	4.04	4.51	4.90	5.13	5.52	6.00	7.56	10.1
2.3	1.416	1.72	2.01	2.28	2.51	2.73	3.11	3.60	3.87	4.23	4.71	5.14	5.38	5.80	6.32	7.99	10.70
2.4	1.405	1.736	2.03	2.31	2.54	2.78	3.17	3.69	3.96	4.33	4.85	5.29	5.54	5.98	6.53	8.26	11.10
2.5	1.446	1.785	2.09	2.40	2.66	2.91	3.32	3.87	4.18	4.58	5.14	5.60	5.88	6.35	6.96	8.84	11.01
2.6	1.461	1.814	2.14	2.48	2.74	2.99	3.44	4.02	4.33	4.75	5.34	5.83	6.14	6.64	7.27	9.26	12.53
2.7	1.50	1.877	2.235	2.58	2.89	3.16	3.64	4.28	4.63	5.10	5.73	6.26	6.60	7.15	7.85	10.01	13.65
2.8	1.504	1.895	2.265	2.61	2.93	3.23	3.74	4.39	4.76	5.24	5.89	6.46	6.81	7.38	8.12	10.42	14.19
2.9	1.543	1.996	2.36	2.74	3.085	3.405	3.95	4.65	5.03	5.56	6.275	6.87	7.27	7.389	8.70	11.17	15.28
3.0	1.546	1.975	2.39	2.79	3.15	3.49	4.65	4.79	5.20	5.76	6.50	7.14	7.55	8.21	9.05	11.66	16.02

附表 2-5　$T_2=5$

T_1 / T_2 / f / C_V	6	7	8	9	10	12	15	17	20	25	30	33	40	50	100	300
T_2	5															
0.3	1.04	1.07	1.11	1.13	1.16	1.19	1.24	1.27	1.31	1.36	1.39	1.41	1.45	1.50	1.63	1.84
0.4	1.05	1.09	1.13	1.16	1.19	1.25	1.31	1.35	1.39	1.45	1.50	1.53	1.58	1.64	1.82	2.11
0.5	1.06	1.11	1.16	1.20	1.24	1.30	1.38	1.43	1.48	1.56	1.62	1.66	1.72	1.79	2.04	2.38
0.6	1.07	1.14	1.19	1.25	1.29	1.36	1.45	1.50	1.57	1.66	1.73	1.78	1.85	1.94	2.22	2.65
0.7	1.08	1.16	1.22	1.28	1.33	1.42	1.52	1.58	1.66	1.77	1.85	1.90	1.99	2.09	2.42	2.92
0.8	1.09	1.17	1.25	1.32	1.37	1.46	1.58	1.65	1.75	1.87	1.96	2.01	2.11	2.23	2.61	3.18
0.9	1.10	1.20	1.27	1.35	1.41	1.51	1.65	1.72	1.82	1.95	2.06	2.12	2.23	2.36	2.71	3.43
1.0	1.11	1.22	1.30	1.37	1.45	1.58	1.71	1.79	1.90	2.06	2.17	2.25	2.36	2.51	2.98	3.70
1.1	1.12	1.23	1.32	1.41	1.48	1.61	1.77	1.86	1.98	2.15	2.27	2.35	2.48	2.65	3.16	3.98
1.2	1.12	1.24	1.35	1.43	1.52	1.66	1.83	1.93	2.05	2.23	2.37	2.46	2.60	2.78	3.34	4.22
1.3	1.14	1.25	1.37	1.46	1.56	1.71	1.90	2.00	2.14	2.34	2.48	2.57	2.73	2.92	3.54	4.51
1.4	1.14	1.27	1.40	1.50	1.59	1.76	1.96	2.07	2.22	2.43	2.59	2.69	2.86	3.07	3.73	4.77
1.5	1.15	1.29	1.42	1.52	1.62	1.80	2.02	2.14	2.29	2.52	2.70	2.80	2.98	3.21	3.92	5.05
1.6	1.16	1.30	1.45	1.55	1.67	1.85	2.09	2.21	2.38	2.62	2.82	2.93	3.13	3.36	4.13	5.36
1.7	1.17	1.32	1.46	1.58	1.70	1.89	2.14	2.28	2.46	2.71	2.91	3.03	3.24	3.49	4.29	5.62
1.8	1.18	1.34	1.48	1.61	1.73	1.94	2.20	2.34	2.53	2.80	3.02	3.14	3.37	3.64	4.50	5.90
1.9	1.19	1.35	1.50	1.63	1.76	1.98	2.26	2.41	2.61	2.90	3.12	3.26	3.50	3.79	4.70	6.19
2.0	1.20	1.37	1.54	1.68	1.81	2.04	2.34	2.50	2.72	3.02	3.27	3.42	3.67	3.98	4.95	6.56
2.1	1.20	1.38	1.57	1.71	1.86	2.10	2.42	2.59	2.82	3.14	3.41	3.57	3.84	4.16	5.23	6.96
2.2	1.20	1.40	1.58	1.73	1.88	2.14	2.46	2.64	2.88	3.21	3.49	3.65	3.93	4.27	5.38	7.17
2.3	1.22	1.42	1.61	1.77	1.93	2.19	2.54	2.73	2.99	3.33	3.67	3.80	4.10	4.46	5.63	7.55
2.4	1.22	1.43	1.62	1.79	1.96	2.23	2.60	2.79	3.05	3.42	3.72	3.90	4.22	4.59	5.87	7.81
2.5	1.23	1.45	1.66	1.84	2.01	2.30	2.68	2.90	3.17	3.55	3.86	4.07	4.40	4.82	6.10	8.25
2.6	1.24	1.47	1.70	1.87	2.05	2.35	2.77	2.97	3.26	3.66	3.99	4.21	4.55	4.97	6.35	8.58
2.7	1.25	1.49	1.72	1.93	2.11	2.43	2.85	3.08	3.40	3.82	4.17	4.40	4.77	5.23	6.69	9.10
2.8	1.26	1.51	1.74	1.95	2.14	2.48	2.92	3.16	3.49	3.92	4.30	4.53	4.91	5.40	6.93	9.44
2.9	1.28	1.53	1.78	2.00	2.21	2.56	3.02	3.27	3.61	4.07	4.46	4.72	5.12	5.64	7.24	9.93
3.0	1.28	1.54	1.80	2.04	2.25	2.62	3.10	3.36	3.72	4.21	4.62	4.88	5.31	5.85	7.54	10.35

附表 2-6　$T_2=6$

T_1 / T_2 / f / C_V	7	8	9	10	12	15	17	20	25	30	33	40	50	100	300
								6							
0.3	1.03	1.06	1.09	1.11	1.14	1.19	1.22	1.25	1.30	1.33	1.36	1.39	1.44	1.56	1.77
0.4	1.04	1.08	1.11	1.14	1.19	1.25	1.28	1.33	1.39	1.43	1.46	1.51	1.57	1.74	2.01
0.5	1.05	1.10	1.14	1.17	1.23	1.30	1.34	1.39	1.47	1.53	1.57	1.62	1.69	1.92	2.24
0.6	1.06	1.11	1.16	1.20	1.27	1.36	1.40	1.46	1.55	1.62	1.66	1.73	1.81	2.07	2.48
0.7	1.07	1.13	1.18	1.23	1.31	1.40	1.46	1.53	1.64	1.70	1.76	1.83	1.93	2.23	2.70
0.8	1.08	1.14	1.20	1.25	1.34	1.45	1.51	1.60	1.70	1.79	1.84	1.93	2.04	2.38	2.91
0.9	1.09	1.16	1.22	1.28	1.38	1.50	1.57	1.66	1.78	1.88	1.94	2.04	2.15	2.53	3.13
1.0	1.09	1.17	1.23	1.30	1.40	1.54	1.61	1.70	1.85	1.95	2.02	2.12	2.25	2.67	3.32
1.1	1.10	1.18	1.26	1.33	1.44	1.58	1.66	1.77	1.92	2.03	2.11	2.22	2.37	2.83	3.56
1.2	1.11	1.20	1.28	1.36	1.48	1.63	1.72	1.83	2.00	2.12	2.19	2.32	2.48	2.98	3.76
1.3	1.11	1.21	1.29	1.37	1.50	1.67	1.76	1.88	2.06	2.19	2.27	2.40	2.57	3.12	3.96
1.4	1.11	1.22	1.30	1.39	1.53	1.71	1.81	1.94	2.12	2.26	2.35	2.50	2.68	3.26	4.17
1.5	1.12	1.24	1.32	1.41	1.57	1.76	1.86	2.00	2.19	2.35	2.44	2.60	2.79	3.41	4.40
1.6	1.12	1.24	1.33	1.43	1.59	1.80	1.90	2.05	2.25	2.42	2.52	2.69	2.89	3.54	4.60
1.7	1.13	1.25	1.35	1.45	1.62	1.83	1.95	2.10	2.32	2.49	2.59	2.78	2.99	3.68	4.81
1.8	1.14	1.26	1.36	1.46	1.64	1.86	1.98	2.14	2.37	2.55	2.66	2.85	3.08	3.81	5.00
1.9	1.14	1.27	1.38	1.49	1.67	1.91	2.04	2.21	2.44	2.64	2.79	2.95	3.20	3.97	5.23
2.0	1.15	1.29	1.40	1.52	1.71	1.96	2.09	2.28	2.53	2.73	2.86	3.07	3.33	4.14	5.49
2.1	1.16	1.30	1.43	1.55	1.75	2.01	2.16	2.35	2.61	2.84	2.97	3.20	3.46	4.36	5.80
2.2	1.16	1.33	1.44	1.56	1.78	2.05	2.20	2.39	2.67	2.90	3.04	3.27	3.55	4.47	5.95
2.3	1.17	1.33	1.46	1.58	1.80	2.09	2.25	2.46	2.74	2.99	3.13	3.37	3.67	4.65	6.22
2.4	1.17	1.33	1.46	1.60	1.83	2.13	2.28	2.50	2.79	3.05	3.19	3.45	3.79	4.75	6.39
2.5	1.17	1.34	1.49	1.63	1.86	2.17	2.34	2.56	2.88	3.13	3.30	3.56	3.90	4.95	6.69
2.6	1.18	1.37	1.51	1.65	1.89	2.22	2.39	2.62	2.94	3.21	3.38	3.66	4.01	5.11	6.91
2.7	1.19	1.37	1.54	1.68	1.94	2.28	2.46	2.71	3.05	3.33	3.51	3.81	4.17	5.34	7.26
2.8	1.19	1.38	1.55	1.70	1.97	2.31	2.51	2.77	3.11	3.41	3.60	3.90	4.28	5.50	7.50
2.9	1.20	1.39	1.57	1.73	2.01	2.36	2.56	2.83	3.19	3.50	3.70	4.01	4.43	5.69	7.76
3.0	1.21	1.41	1.60	1.77	2.05	2.43	2.63	2.92	3.29	3.62	3.82	4.16	4.58	5.91	8.11

附表 2-7 $T_2=7$

C_V \ T_1	8	9	10	12	15	17	20	25	30	33	40	50	100	300
T_2	7													
f														
0.3	1.03	1.05	1.08	1.11	1.15	1.18	1.22	1.26	1.29	1.32	1.35	1.39	1.52	1.72
0.4	1.04	1.06	1.09	1.14	1.20	1.23	1.27	1.33	1.37	1.40	1.44	1.50	1.66	1.93
0.5	1.05	1.08	1.11	1.17	1.24	1.28	1.33	1.40	1.46	1.50	1.55	1.61	1.83	2.13
0.6	1.05	1.10	1.13	1.20	1.28	1.32	1.38	1.46	1.53	1.56	1.63	1.71	1.95	2.34
0.7	1.05	1.10	1.15	1.22	1.31	1.37	1.43	1.53	1.59	1.64	1.71	1.80	2.08	2.52
0.8	1.06	1.12	1.17	1.25	1.35	1.40	1.49	1.59	1.67	1.71	1.80	1.90	2.22	2.71
0.9	1.07	1.13	1.18	1.27	1.38	1.44	1.52	1.64	1.72	1.78	1.87	1.98	2.33	2.87
1.0	1.07	1.13	1.19	1.29	1.41	1.48	1.56	1.69	1.79	1.85	1.94	2.06	2.45	3.05
1.1	1.08	1.15	1.21	1.31	1.44	1.51	1.61	1.75	1.85	1.92	2.02	2.15	2.57	3.23
1.2	1.09	1.16	1.23	1.33	1.48	1.55	1.65	1.80	1.91	1.98	2.10	2.24	2.69	3.40
1.3	1.09	1.16	1.24	1.36	1.51	1.59	1.70	1.86	1.98	2.05	2.18	2.33	2.82	3.59
1.4	1.10	1.17	1.25	1.38	1.54	1.63	1.75	1.91	2.04	2.11	2.24	2.41	2.93	3.75
1.5	1.10	1.18	1.26	1.40	1.57	1.66	1.78	1.95	2.09	2.17	2.31	2.48	3.03	3.91
1.6	1.11	1.19	1.28	1.42	1.60	1.70	1.83	2.01	2.16	2.24	2.39	2.58	3.16	4.11
1.7	1.11	1.20	1.29	1.44	1.62	1.73	1.86	2.05	2.21	2.30	2.46	2.65	3.26	4.27
1.8	1.11	1.20	1.29	1.45	1.65	1.75	1.89	2.09	2.25	2.34	2.51	2.71	3.36	4.41
1.9	1.12	1.21	1.31	1.47	1.68	1.79	1.94	2.15	2.32	2.42	2.60	2.81	3.49	4.60
2.0	1.12	1.22	1.32	1.49	1.71	1.83	1.99	2.21	2.39	2.50	2.68	2.90	3.62	4.79
2.1	1.12	1.23	1.34	1.51	1.74	1.86	2.03	2.26	2.45	2.56	2.76	2.99	3.76	5.00
2.2	1.13	1.24	1.35	1.53	1.77	1.89	2.06	2.30	2.50	2.62	2.82	3.06	3.86	5.14
2.3	1.14	1.25	1.36	1.55	1.79	1.92	2.11	2.35	2.56	2.68	2.89	3.15	3.98	5.32
2.4	1.14	1.25	1.37	1.56	1.82	1.95	2.14	2.39	2.60	2.73	2.95	3.22	4.07	5.47
2.5	1.15	1.27	1.39	1.59	1.85	2.00	2.19	2.45	2.67	2.81	3.04	3.33	4.22	5.70
2.6	1.16	1.28	1.40	1.61	1.88	2.02	2.22	2.49	2.72	2.87	3.11	3.40	4.33	5.86
2.7	1.16	1.29	1.41	1.63	1.92	2.07	2.28	2.56	2.80	2.95	3.20	3.51	4.50	6.11
2.8	1.16	1.30	1.42	1.65	1.93	2.10	2.31	2.60	2.85	3.01	3.26	3.59	4.61	6.27
2.9	1.16	1.31	1.44	1.67	1.97	2.13	2.36	2.66	2.91	3.08	3.35	3.69	4.74	6.48
3.0	1.17	1.32	1.46	1.70	2.01	2.18	2.41	2.73	2.99	3.16	3.44	3.79	4.88	6.71

附表 2-8　$T_2=8$

T_1 / T_2 / C_V / f	9	10	12	15	17	20	25	30	33	40	50	100	300
T_2	8												
0.3	1.02	1.04	1.07	1.12	1.15	1.18	1.22	1.25	1.28	1.31	1.35	1.47	1.67
0.4	1.03	1.06	1.10	1.16	1.19	1.23	1.28	1.32	1.35	1.39	1.45	1.61	1.86
0.5	1.03	1.06	1.12	1.19	1.23	1.27	1.34	1.39	1.43	1.47	1.54	1.75	2.04
0.6	1.04	1.08	1.14	1.22	1.26	1.31	1.39	1.45	1.49	1.55	1.63	1.86	2.22
0.7	1.05	1.09	1.16	1.24	1.29	1.36	1.45	1.51	1.56	1.62	1.71	1.98	2.39
0.8	1.05	1.10	1.17	1.27	1.32	1.40	1.49	1.57	1.61	1.69	1.78	2.09	2.55
0.9	1.06	1.11	1.19	1.30	1.35	1.43	1.53	1.62	1.67	1.75	1.86	2.18	2.69
1.0	1.05	1.11	1.20	1.31	1.37	1.46	1.58	1.66	1.72	1.81	1.92	2.28	2.84
1.1	1.06	1.12	1.22	1.34	1.41	1.50	1.62	1.72	1.78	1.88	2.00	2.39	3.01
1.2	1.06	1.12	1.23	1.36	1.43	1.52	1.66	1.76	1.82	1.93	2.06	2.47	3.13
1.3	1.06	1.13	1.24	1.38	1.46	1.56	1.70	1.81	1.87	1.99	2.13	2.58	3.28
1.4	1.07	1.14	1.26	1.40	1.48	1.59	1.74	1.86	1.93	2.05	2.20	2.67	3.42
1.5	1.07	1.14	1.26	1.42	1.50	1.62	1.77	1.90	1.97	2.10	2.25	2.75	3.55
1.6	1.07	1.15	1.28	1.44	1.53	1.65	1.81	1.94	2.02	2.16	2.32	2.85	3.70
1.7	1.08	1.16	1.30	1.46	1.56	1.68	1.85	1.99	2.07	2.22	2.39	2.94	3.84
1.8	1.09	1.17	1.31	1.49	1.58	1.71	1.89	2.03	2.12	2.27	2.45	3.03	3.98
1.9	1.09	1.17	1.32	1.50	1.60	1.73	1.92	2.08	2.16	2.32	2.52	3.12	4.12
2.0	1.09	1.18	1.33	1.52	1.63	1.77	1.97	2.12	2.22	2.39	2.59	3.22	4.27
2.1	1.10	1.19	1.34	1.55	1.66	1.80	2.01	2.18	2.28	2.45	2.66	3.34	4.45
2.2	1.10	1.19	1.35	1.56	1.67	1.82	2.03	2.20	2.31	2.48	2.70	3.40	4.53
2.3	1.10	1.20	1.36	1.58	1.69	1.85	2.07	2.25	2.36	2.55	2.77	3.50	4.69
2.4	1.10	1.20	1.37	1.60	1.72	1.88	2.10	2.29	2.40	2.59	2.83	3.58	4.81
2.5	1.11	1.21	1.38	1.62	1.74	1.91	2.14	2.33	2.45	2.65	2.90	3.68	4.98
2.6	1.11	1.21	1.39	1.62	1.75	1.92	2.15	2.35	2.48	2.68	2.93	3.74	5.06
2.7	1.12	1.22	1.41	1.66	1.79	1.98	2.22	2.43	2.56	2.77	3.04	3.89	5.29
2.8	1.12	1.23	1.43	1.68	1.82	2.01	2.26	2.47	2.61	2.83	3.11	3.99	5.43
2.9	1.12	1.24	1.44	1.70	1.84	2.03	2.29	2.51	2.65	2.88	3.17	4.07	5.57
3.0	1.13	1.25	1.45	1.72	1.86	2.06	2.33	2.56	2.71	2.95	3.24	4.17	5.74

附表 2-9 $T_2=9、10$

C_V \ T_1	10	12	15	17	20	25	30	33	40	50	100	300	12	15	17	20	25	30	33	40	50	100	300
T_2 / f	9												10										
0.3	1.02	1.05	1.09	1.12	1.15	1.20	1.23	1.25	1.28	1.32	1.44	1.63	1.03	1.07	1.10	1.13	1.17	1.20	1.22	1.25	1.29	1.41	1.59
0.4	1.03	1.07	1.13	1.15	1.20	1.25	1.29	1.32	1.36	1.41	1.57	1.81	1.04	1.10	1.12	1.16	1.22	1.25	1.28	1.32	1.37	1.52	1.76
0.5	1.03	1.09	1.15	1.19	1.23	1.30	1.35	1.38	1.43	1.49	1.70	1.98	1.05	1.11	1.15	1.19	1.26	1.31	1.34	1.39	1.45	1.64	1.92
0.6	1.03	1.09	1.17	1.21	1.26	1.34	1.39	1.43	1.49	1.56	1.78	2.13	1.06	1.13	1.17	1.22	1.29	1.35	1.38	1.44	1.51	1.72	2.06
0.7	1.04	1.11	1.19	1.24	1.30	1.39	1.44	1.49	1.55	1.64	1.89	2.29	1.06	1.14	1.19	1.24	1.33	1.39	1.43	1.49	1.57	1.81	2.19
0.8	1.04	1.11	1.20	1.25	1.33	1.42	1.49	1.53	1.61	1.69	1.98	2.42	1.07	1.16	1.21	1.27	1.36	1.43	1.47	1.54	1.63	1.90	2.32
0.9	1.05	1.12	1.23	1.28	1.35	1.45	1.53	1.58	1.66	1.76	2.07	2.55	1.07	1.17	1.22	1.29	1.39	1.46	1.51	1.58	1.68	1.97	2.43
1.0	1.05	1.14	1.25	1.30	1.38	1.50	1.58	1.64	1.72	1.82	2.16	2.70	1.08	1.18	1.24	1.31	1.42	1.50	1.55	1.63	1.73	2.05	2.56
1.1	1.05	1.14	1.26	1.32	1.41	1.53	1.61	1.67	1.77	1.88	2.24	2.82	1.09	1.20	1.25	1.34	1.45	1.53	1.59	1.68	1.79	2.13	2.68
1.2	1.06	1.15	1.28	1.34	1.43	1.56	1.66	1.72	1.82	1.94	2.33	2.94	1.09	1.21	1.27	1.35	1.47	1.56	1.62	1.71	1.83	2.20	2.78
1.3	1.06	1.17	1.30	1.37	1.46	1.60	1.70	1.76	1.87	2.00	2.42	3.08	1.10	1.22	1.29	1.37	1.50	1.60	1.65	1.76	1.88	2.27	2.90
1.4	1.07	1.17	1.31	1.39	1.49	1.63	1.73	1.80	1.92	2.05	2.50	3.20	1.10	1.23	1.30	1.40	1.53	1.63	1.69	1.80	1.93	2.34	3.00
1.5	1.07	1.18	1.33	1.41	1.51	1.66	1.77	1.84	1.96	2.11	2.58	3.32	1.11	1.25	1.32	1.42	1.55	1.66	1.73	1.84	1.98	2.41	3.11
1.6	1.07	1.19	1.34	1.42	1.54	1.69	1.81	1.89	2.01	2.16	2.66	3.45	1.11	1.26	1.33	1.43	1.57	1.69	1.76	1.87	2.02	2.47	3.22
1.7	1.07	1.20	1.36	1.44	1.56	1.72	1.84	1.92	2.05	2.21	2.72	3.56	1.12	1.26	1.34	1.45	1.60	1.72	1.79	1.91	2.06	2.53	3.31
1.8	1.08	1.20	1.37	1.45	1.57	1.74	1.87	1.95	2.09	2.26	2.80	3.67	1.12	1.27	1.35	1.46	1.62	1.74	1.82	1.95	2.10	2.60	3.41
1.9	1.08	1.21	1.38	1.47	1.60	1.77	1.91	2.00	2.14	2.32	2.87	3.79	1.12	1.28	1.37	1.48	1.64	1.77	1.85	1.98	2.14	2.66	3.51
2.0	1.08	1.22	1.40	1.49	1.63	1.80	1.95	2.04	2.19	2.38	2.96	3.92	1.12	1.29	1.38	1.50	1.66	1.80	1.88	2.02	2.19	2.73	3.61
2.1	1.08	1.23	1.41	1.51	1.65	1.83	1.99	2.08	2.24	2.43	3.06	4.07	1.13	1.30	1.40	1.52	1.69	1.83	1.92	2.07	2.24	2.81	3.74
2.2	1.09	1.23	1.42	1.53	1.66	1.85	2.01	2.11	2.27	2.46	3.10	4.14	1.14	1.31	1.40	1.53	1.70	1.85	1.94	2.09	2.27	2.86	3.81
2.3	1.09	1.24	1.43	1.54	1.68	1.88	2.05	2.14	2.31	2.52	3.19	4.27	1.14	1.32	1.42	1.55	1.73	1.88	1.97	2.13	2.32	2.92	3.92
2.4	1.09	1.25	1.45	1.56	1.71	1.91	2.08	2.18	2.36	2.57	3.25	4.36	1.14	1.33	1.43	1.56	1.74	1.90	1.99	2.15	2.35	2.97	3.98
2.5	1.09	1.25	1.46	1.57	1.72	1.93	2.10	2.21	2.39	2.62	3.32	4.47	1.14	1.33	1.43	1.57	1.77	1.92	2.03	2.19	2.40	3.04	4.10
2.6	1.09	1.26	1.47	1.58	1.74	1.95	2.13	2.25	2.43	2.66	3.38	4.57	1.15	1.34	1.45	1.59	1.78	1.95	2.05	2.22	2.43	3.10	4.18
2.7	1.09	1.26	1.48	1.60	1.76	1.98	2.16	2.28	2.47	2.71	3.46	4.72	1.15	1.35	1.46	1.61	1.81	1.98	2.09	2.26	2.48	3.17	4.32
2.8	1.10	1.27	1.49	1.62	1.79	2.01	2.20	2.32	2.52	2.77	3.55	4.83	1.16	1.36	1.47	1.62	1.83	2.00	2.11	2.29	2.52	3.23	4.40
2.9	1.10	1.28	1.51	1.63	1.80	2.04	2.23	2.36	2.56	2.82	3.62	4.96	1.16	1.37	1.48	1.63	1.85	2.20	2.14	2.32	2.56	3.28	4.49
3.0	1.11	1.29	1.52	1.65	1.83	2.06	2.27	2.39	2.61	2.87	3.70	5.08	1.16	1.37	1.49	1.65	1.87	2.05	2.16	2.36	2.60	3.34	4.60

附表 2-10　T_2 = 12、15

C_V \ T_1	15	17	20	25	30	33	40	50	100	300	17	20	25	30	33	40	50	100	300
T_2	12										15								
f																			
0.3	1.04	1.07	1.10	1.14	1.17	1.19	1.22	1.26	1.37	1.55	1.03	1.05	1.09	1.12	1.14	1.17	1.21	1.31	1.49
0.4	1.05	1.08	1.11	1.16	1.20	1.22	1.26	1.31	1.46	1.69	1.03	1.06	1.11	1.14	1.17	1.20	1.25	1.39	1.61
0.5	1.06	1.09	1.13	1.19	1.24	1.27	1.31	1.37	1.56	1.82	1.03	1.07	1.13	1.17	1.20	1.24	1.30	1.47	1.72
0.6	1.07	1.10	1.15	1.22	1.28	1.31	1.36	1.43	1.63	1.95	1.03	1.08	1.14	1.19	1.22	1.27	1.34	1.52	1.83
0.7	1.07	1.12	1.17	1.25	1.30	1.34	1.40	1.48	1.71	2.06	1.04	1.09	1.16	1.21	1.25	1.30	1.37	1.59	1.92
0.8	1.08	1.13	1.19	1.28	1.34	1.38	1.44	1.52	1.78	2.17	1.04	1.10	1.18	1.24	1.27	1.33	1.41	1.64	2.01
0.9	1.09	1.14	1.20	1.29	1.36	1.40	1.48	1.56	1.84	2.27	1.04	1.10	1.19	1.25	1.29	1.35	1.43	1.69	2.08
1.0	1.10	1.15	1.21	1.32	1.39	1.44	1.51	1.60	1.90	2.37	1.04	1.11	1.20	1.27	1.31	1.38	1.46	1.73	2.16
1.1	1.10	1.15	1.23	1.33	1.41	1.46	1.54	1.64	1.96	2.47	1.05	1.12	1.21	1.28	1.33	1.40	1.49	1.78	2.24
1.2	1.11	1.16	1.24	1.35	1.43	1.49	1.57	1.68	2.01	2.54	1.05	1.12	1.22	1.29	1.34	1.42	1.52	1.82	2.30
1.3	1.11	1.17	1.25	1.37	1.45	1.51	1.60	1.71	2.07	2.63	1.05	1.13	1.23	1.31	1.35	1.44	1.54	1.86	2.37
1.4	1.12	1.18	1.27	1.39	1.48	1.53	1.63	1.75	2.13	2.72	1.06	1.13	1.24	1.33	1.37	1.46	1.57	1.91	2.41
1.5	1.12	1.19	1.28	1.40	1.50	1.56	1.66	1.78	2.17	2.81	1.06	1.14	1.25	1.33	1.38	1.48	1.59	1.94	2.50
1.6	1.13	1.20	1.29	1.42	1.52	1.58	1.69	1.81	2.23	2.89	1.06	1.14	1.25	1.35	1.40	1.50	1.61	1.97	2.56
1.7	1.13	1.20	1.30	1.43	1.54	1.60	1.71	1.84	2.27	2.96	1.06	1.15	1.26	1.36	1.41	1.51	1.63	2.01	2.63
1.8	1.14	1.21	1.31	1.44	1.55	1.62	1.74	1.88	2.32	3.05	1.06	1.15	1.27	1.37	1.42	1.53	1.65	2.04	2.69
1.9	1.14	1.22	1.32	1.46	1.58	1.64	1.77	1.91	2.37	3.12	1.07	1.16	1.28	1.38	1.44	1.55	1.68	2.08	2.74
2.0	1.15	1.23	1.33	1.48	1.60	1.67	1.80	1.95	2.43	3.21	1.07	1.16	1.29	1.39	1.46	1.57	1.70	2.11	2.80
2.1	1.15	1.23	1.34	1.49	1.62	1.70	1.83	1.98	2.49	3.31	1.07	1.17	1.30	1.14	1.48	1.59	1.72	2.16	2.88
2.2	1.15	1.24	1.35	1.50	1.63	1.71	1.84	1.99	2.52	3.35	1.07	1.17	1.30	1.41	1.48	1.59	1.73	2.18	2.91
2.3	1.16	1.25	1.36	1.52	1.65	1.73	1.87	2.03	2.57	3.44	1.07	1.17	1.31	1.43	1.50	1.61	1.75	2.22	2.97
2.4	1.16	1.25	1.37	1.53	1.67	1.75	1.89	2.06	2.60	3.50	1.08	1.18	1.31	1.43	1.50	1.62	1.77	2.24	3.00
2.5	1.17	1.26	1.38	1.55	1.68	1.77	1.91	2.09	2.66	3.59	1.08	1.18	1.32	1.44	1.52	1.64	1.79	2.28	3.08
2.6	1.17	1.26	1.39	1.56	1.70	1.79	1.94	2.12	2.70	3.65	1.08	1.18	1.33	1.45	1.53	1.63	1.81	2.30	3.12
2.7	1.17	1.27	1.40	1.57	1.72	1.81	1.96	2.15	2.75	3.75	1.08	1.19	1.34	1.46	1.54	1.67	1.83	2.34	3.18
2.8	1.18	1.28	1.41	1.58	1.73	1.83	1.98	2.17	2.79	3.80	1.08	1.20	1.35	1.47	1.55	1.68	1.85	2.38	3.24
2.9	1.18	1.28	1.41	1.59	1.75	1.84	2.00	2.21	2.83	3.87	1.08	1.20	1.35	1.48	1.56	1.70	1.87	2.40	3.28
3.0	1.18	1.28	1.42	1.60	1.76	1.86	2.03	2.23	2.88	3.96	1.09	1.20	1.36	1.49	1.57	1.71	1.89	2.43	3.34

附表 2-11 T_2 =17、20

T_1 / T_2 / f / C_V	20	25	30	33	40	50	100	300	25	30	33	40	50	100	300
T_2	17								20						
0.3	1.03	1.06	1.09	1.11	1.14	1.18	1.28	1.45	1.04	1.06	1.08	1.11	1.15	1.25	1.41
0.4	1.04	1.08	1.12	1.14	1.17	1.22	1.35	1.57	1.04	1.08	1.10	1.13	1.18	1.31	1.52
0.5	1.04	1.10	1.14	1.17	1.21	1.26	1.43	1.67	1.05	1.10	1.13	1.16	1.21	1.38	1.61
0.6	1.04	1.10	1.15	1.18	1.23	1.29	1.47	1.77	1.06	1.10	1.13	1.18	1.24	1.41	1.69
0.7	1.05	1.12	1.17	1.20	1.25	1.32	1.53	1.85	1.07	1.11	1.15	1.20	1.26	1.46	1.76
0.8	1.06	1.13	1.19	1.22	1.28	1.35	1.58	1.93	1.07	1.12	1.15	1.21	1.28	1.49	1.82
0.9	1.06	1.14	1.19	1.23	1.30	1.37	1.62	1.99	1.08	1.13	1.17	1.23	1.30	1.53	1.89
1.0	1.06	1.15	1.21	1.25	1.32	1.40	1.66	2.07	1.08	1.14	1.18	1.24	1.32	1.57	1.95
1.1	1.07	1.16	1.22	1.27	1.34	1.42	1.70	2.14	1.08	1.15	1.19	1.25	1.33	1.59	2.01
1.2	1.07	1.16	1.23	1.28	1.35	1.44	1.73	2.19	1.09	1.15	1.20	1.27	1.35	1.62	2.05
1.3	1.07	1.17	1.24	1.29	1.37	1.46	1.77	2.25	1.09	1.16	1.20	1.28	1.37	1.66	2.11
1.4	1.07	1.18	1.25	1.30	1.38	1.48	1.80	2.31	1.09	1.17	1.21	1.29	1.38	1.68	2.15
1.5	1.08	1.18	1.26	1.31	1.40	1.50	1.83	2.36	1.10	1.18	1.22	1.30	1.40	1.71	2.20
1.6	1.08	1.18	1.27	1.32	1.41	1.52	1.86	2.42	1.10	1.18	1.23	1.31	1.41	1.73	2.25
1.7	1.08	1.19	1.28	1.33	1.42	1.53	1.88	2.46	1.10	1.18	1.23	1.32	1.42	1.75	2.29
1.8	1.08	1.20	1.29	1.34	1.44	1.55	1.92	2.53	1.11	1.19	1.24	1.33	1.44	1.77	2.33
1.9	1.08	1.20	1.29	1.35	1.45	1.57	1.95	2.57	1.11	1.19	1.25	1.34	1.45	1.80	2.37
2.0	1.09	1.21	1.30	1.36	1.47	1.59	1.98	2.62	1.11	1.20	1.25	1.35	1.46	1.82	2.41
2.1	1.09	1.21	1.31	1.37	1.48	1.60	2.02	2.69	1.11	1.21	1.26	1.36	1.47	1.86	2.47
2.2	1.09	1.22	1.32	1.38	1.49	1.62	2.04	2.71	1.12	1.21	1.27	1.37	1.48	1.87	2.49
2.3	1.09	1.22	1.33	1.39	1.50	1.63	2.07	2.77	1.12	1.21	1.27	1.38	1.49	1.89	2.53
2.4	1.09	1.22	1.33	1.40	1.51	1.64	2.08	2.80	1.12	1.22	1.28	1.38	1.50	1.90	2.56
2.5	1.10	1.23	1.34	1.41	1.52	1.67	2.11	2.86	1.12	1.22	1.29	1.39	1.52	1.93	2.60
2.6	1.10	1.24	1.35	1.42	1.53	1.68	2.14	2.89	1.12	1.23	1.29	1.40	1.53	1.95	2.63
2.7	1.10	1.24	1.35	1.43	1.54	1.70	2.17	2.95	1.12	1.23	1.29	1.40	1.54	1.97	2.68
2.8	1.10	1.24	1.36	1.43	1.55	1.71	2.19	2.98	1.13	1.24	1.30	1.41	1.55	1.99	2.71
2.9	1.10	1.25	1.37	1.44	1.57	1.73	2.22	3.04	1.13	1.24	1.31	1.42	1.56	2.01	2.75
3.0	1.11	1.25	1.37	1.45	1.58	1.74	2.24	3.08	1.13	1.24	1.31	1.43	1.57	2.03	2.78

附表 2-12　T_2 = 25、30、33、40、50、100

C_V \ T_1	30	33	40	50	100	300	33	40	50	100	300	40	50	100	300	50	100	300	100	300	300
f \ T_2	25						30					33				40			50		100
0.3	1.02	1.04	1.07	1.07	1.20	1.36	1.02	1.04	1.08	1.17	1.33	1.02	1.06	1.15	1.30	1.03	1.13	1.27	1.09	1.23	1.13
0.4	1.03	1.05	1.09	1.09	1.25	1.345	1.02	1.05	1.09	1.21	1.41	1.03	1.07	1.19	1.38	1.04	1.15	1.34	1.11	1.29	1.16
0.5	1.04	1.07	1.10	1.10	1.30	1.52	1.03	1.06	1.10	1.26	1.47	1.03	1.08	1.22	1.43	1.04	1.19	1.38	1.11	1.32	1.16
0.6	1.04	1.07	1.11	1.11	1.33	1.60	1.03	1.07	1.12	1.28	1.58	1.04	1.09	1.25	1.50	1.05	1.20	1.43	1.14	1.37	1.20
0.7	1.04	1.07	1.12	1.12	1.36	1.65	1.03	1.07	1.13	1.31	1.59	1.04	1.10	1.27	1.53	1.05	1.22	1.47	1.15	1.10	1.24
0.8	1.05	1.08	1.13	1.13	1.40	1.70	1.03	1.08	1.14	1.33	1.62	1.05	1.10	1.29	1.58	1.05	1.23	1.50	1.17	1.13	1.22
0.9	1.05	1.09	1.14	1.14	1.42	1.75	1.03	1.09	1.15	1.35	1.67	1.05	1.11	1.31	1.61	1.06	1.25	1.54	1.17	1.15	1.23
1.0	1.05	1.09	1.15	1.15	1.45	1.80	1.04	1.09	1.16	1.37	1.71	1.05	1.11	1.33	1.65	1.06	1.26	1.57	1.19	1.48	1.24
1.1	1.06	1.10	1.16	1.16	1.47	1.85	1.04	1.09	1.17	1.39	1.75	1.06	1.13	1.35	1.69	1.07	1.27	1.60	1.19	1.50	1.26
1.2	1.06	1.10	1.17	1.17	1.49	1.89	1.04	1.10	1.17	1.40	1.78	1.06	1.13	1.36	1.71	1.07	1.28	1.62	1.20	1.52	1.26
1.3	1.06	1.10	1.17	1.17	1.51	1.93	1.04	1.10	1.18	1.42	1.81	1.06	1.14	1.38	1.77	1.07	1.29	1.65	1.21	1.51	1.27
1.4	1.07	1.11	1.18	1.18	1.53	1.97	1.04	1.11	1.19	1.44	1.85	1.06	1.14	1.40	1.78	1.07	1.30	1.67	1.22	1.56	1.28
1.5	1.07	1.11	1.18	1.18	1.55	2.00	1.04	1.11	1.19	1.45	1.87	1.07	1.15	1.40	1.80	1.08	1.31	1.69	1.22	1.58	1.29
1.6	1.07	1.12	1.19	1.19	1.57	2.04	1.04	1.11	1.19	1.46	1.90	1.07	1.15	1.41	1.83	1.08	1.32	1.71	1.23	1.59	1.30
1.7	1.07	1.12	1.20	1.20	1.59	2.07	1.04	1.11	1.20	1.47	1.93	1.07	1.15	1.42	1.85	1.08	1.33	1.73	1.23	1.61	1.31
1.8	1.08	1.12	1.20	1.20	1.60	2.11	1.04	1.12	1.21	1.49	1.96	1.07	1.16	1.43	1.88	1.08	1.34	1.75	1.24	1.63	1.31
1.9	1.08	1.13	1.21	1.21	1.62	2.14	1.04	1.12	1.21	1.50	1.98	1.07	1.16	1.44	1.90	1.08	1.34	1.77	1.24	1.64	1.32
2.0	1.08	1.13	1.21	1.21	1.64	2.17	1.05	1.12	1.22	1.52	2.01	1.08	1.17	1.45	1.92	1.08	1.35	1.79	1.25	1.65	1.33
2.1	1.09	1.13	1.22	1.22	1.66	2.22	1.05	1.13	1.22	1.54	2.04	1.08	1.17	1.47	1.95	1.08	1.37	1.81	1.26	1.67	1.33
2.2	1.09	1.14	1.22	1.22	1.68	2.23	1.05	1.13	1.23	1.54	2.05	1.08	1.17	1.48	1.96	1.08	1.37	1.82	1.26	1.68	1.33
2.3	1.09	1.14	1.23	1.23	1.70	2.27	1.05	1.13	1.23	1.55	2.08	1.08	1.17	1.49	1.99	1.09	1.38	1.84	1.26	1.69	1.34
2.4	1.09	1.14	1.23	1.23	1.70	2.29	1.05	1.13	1.23	1.56	2.10	1.08	1.18	1.49	2.00	1.09	1.38	1.85	1.27	1.70	1.34
2.5	1.09	1.15	1.24	1.24	1.72	2.32	1.05	1.14	1.24	1.58	2.13	1.08	1.18	1.50	2.02	1.10	1.39	1.88	1.27	1.71	1.35
2.6	1.09	1.15	1.25	1.25	1.74	2.35	1.05	1.14	1.25	1.59	2.15	1.08	1.18	1.51	2.04	1.10	1.39	1.89	1.27	1.72	1.35
2.7	1.09	1.15	1.25	1.25	1.75	2.38	1.05	1.15	1.26	1.60	2.18	1.09	1.19	1.52	2.07	1.10	1.40	1.91	1.28	1.74	1.36
2.8	1.10	1.16	1.25	1.25	1.77	2.41	1.06	1.15	1.26	1.61	2.20	1.09	1.19	1.53	2.08	1.10	1.41	1.92	1.28	1.75	1.36
2.9	1.10	1.16	1.26	1.26	1.78	2.44	1.06	1.15	1.27	1.62	2.22	1.09	1.20	1.54	2.10	1.10	1.42	1.93	1.28	1.76	1.37
3.0	1.10	1.16	1.26	1.26	1.79	2.46	1.06	1.15	1.27	1.63	2.24	1.09	1.20	1.55	2.12	1.10	1.42	1.95	1.29	1.77	1.37

附表 2-13 当 Cs 为平均数时皮尔逊Ⅲ型曲线纵坐标 K_P 表

C_V	$P\%$	0.33	1	2	2.5	3	3.3	4	5	5.88	6.67	8.34	10	11.1	12.5	14.3	16.6	20	25	30	50
	T / C_S	300	100	50	40	33	30	25	20	17	15	12	10	9	8	7	6	5	4	3.3	2.1
0.3	1.35	2.23	1.97	1.81	1.75	1.71	1.68	1.64	1.58	1.54	1.50	1.44	1.40	1.37	1.34	1.30	1.26	1.21	1.15	1.09	0.93
0.4	1.50	2.70	2.33	2.10	2.02	1.96	1.92	1.86	1.78	1.72	1.68	1.60	1.53	1.49	1.45	1.40	1.34	1.28	1.19	1.12	0.90
0.5	1.63	3.18	2.70	2.40	2.30	2.23	2.17	2.09	1.98	1.91	1.85	1.75	1.66	1.61	1.56	1.49	1.42	1.34	1.23	1.14	0.87
0.6	1.75	3.69	3.08	2.70	2.57	2.47	2.41	2.31	2.18	2.09	2.02	1.89	1.79	1.73	1.66	1.58	1.49	1.39	1.26	1.15	0.83
0.7	1.84	4.21	3.48	3.01	2.86	2.74	2.66	2.55	2.39	2.28	2.19	2.04	1.92	1.84	1.76	1.67	1.56	1.44	1.29	1.15	0.80
0.8	1.97	4.74	3.88	3.32	3.15	3.00	2.92	2.78	2.60	2.46	2.36	2.18	2.04	1.96	1.86	1.75	1.63	1.49	1.31	1.16	0.76
0.9	2.07	5.28	4.28	3.64	3.44	3.27	3.17	3.01	2.80	2.65	2.54	2.33	2.17	2.07	1.96	1.84	1.69	1.54	1.33	1.17	0.72
1.0	2.17	5.85	4.70	3.96	3.73	3.55	3.43	3.25	3.00	2.83	2.71	2.47	2.29	2.17	2.06	1.92	1.76	1.58	1.35	1.17	0.67
1.1	2.28	6.44	5.12	4.29	4.02	3.81	3.68	3.48	3.21	3.01	2.87	2.61	2.40	2.28	2.14	1.99	1.81	1.62	1.36	1.17	0.63
1.2	2.35	7.00	5.54	4.61	4.32	4.08	3.94	3.71	3.41	3.20	3.04	2.75	2.52	2.38	2.24	2.06	1.86	1.66	1.38	1.17	0.58
1.3	2.46	7.61	5.98	4.94	4.62	4.35	4.20	3.95	3.61	3.38	3.21	2.89	2.63	2.47	2.32	2.12	1.92	1.69	1.39	1.16	0.56
1.4	2.55	8.22	6.42	5.28	4.92	4.63	4.46	4.18	3.82	3.56	3.37	3.02	2.74	2.57	2.40	2.19	1.97	1.72	1.39	1.14	0.49
1.5	2.63	8.84	6.85	5.61	5.22	4.90	4.72	4.41	4.02	3.74	3.54	3.15	2.84	2.66	2.49	2.26	2.01	1.75	1.39	1.14	0.44
1.6	2.72	9.48	7.30	5.95	5.93	5.18	4.98	4.64	4.22	3.92	3.70	3.28	2.95	2.75	2.56	2.31	2.06	1.77	1.40	1.13	0.39
1.7	2.79	10.10	7.73	6.28	5.83	5.45	5.24	4.87	4.42	4.10	3.85	3.41	3.05	2.84	2.63	2.37	2.10	1.80	1.40	1.12	0.35
1.8	2.86	10.74	8.19	6.62	6.13	5.72	5.49	5.10	4.61	4.26	4.01	3.53	3.15	2.93	2.70	2.44	2.15	1.82	1.40	1.09	0.30
1.9	2.94	11.40	8.65	6.97	6.44	6.00	5.75	5.33	4.81	4.44	4.16	3.65	3.25	3.01	2.77	2.48	2.18	1.84	1.38	1.06	0.26
2.0	3.04	12.08	9.11	7.32	6.75	6.28	6.01	5.56	5.01	4.61	4.31	3.76	3.34	3.08	2.83	2.52	2.20	1.84	1.36	1.04	0.21
2.1	3.15	12.80	9.62	7.65	7.06	6.56	6.27	5.78	5.19	4.77	4.45	3.87	3.42	3.15	2.88	2.56	2.21	1.84	1.34	1.00	0.16
2.2	3.19	13.40	10.06	7.98	7.35	6.83	6.52	6.00	5.38	4.94	4.61	4.00	3.52	3.24	2.96	2.61	2.25	1.87	1.33	0.98	0.12
2.3	3.27	14.11	10.54	8.34	7.66	7.10	6.78	6.22	5.58	5.10	4.75	4.10	3.60	3.31	3.01	2.65	2.27	1.87	1.32	0.96	0.07
2.4	3.31	14.75	10.98	8.68	7.96	7.37	7.03	6.45	5.77	5.27	4.91	4.22	3.70	3.38	3.07	2.70	2.31	1.87	1.33	0.95	0.03
2.5	3.40	15.50	11.49	9.05	8.26	7.65	7.27	6.68	5.95	5.43	5.04	4.32	3.78	3.46	3.12	2.72	2.32	1.88	1.30	0.9	—
2.6	3.46	16.17	11.94	9.38	8.57	7.92	7.52	6.89	6.14	5.59	5.18	4.43	3.86	3.53	3.20	2.76	2.34	1.884	1.29	0.87	—
2.7	3.56	16.92	12.44	9.73	8.87	8.18	7.76	7.10	6.32	5.74	5.31	4.52	3.92	3.59	3.20	2.77	2.33	1.86	1.24	0.81	—
2.8	3.61	17.60	12.92	10.07	9.16	8.45	8.01	7.31	6.50	5.90	5.44	4.63	4.00	3.64	3.24	2.81	2.35	1.865	1.24	0.80	—
2.9	3.68	18.32	13.40	10.43	9.47	8.72	8.25	7.53	6.67	6.04	5.58	4.73	4.08	3.70	3.29	2.83	2.36	1.85	1.20	0.74	—
3.0	3.75	19.06	13.89	10.77	9.77	9.98	8.50	7.74	6.85	6.19	5.70	4.82	4.15	3.75	3.32	2.84	2.35	1.84	1.19	0.70	—

参考文献

[1] 国土资源部地质环境司，国务院法制办公室农业资源环保法制司，等．地质灾害防治条例释义［M］．北京：中国大地出版社，2004.
[2] 郑颖人，等．边坡与滑坡工程治理［M］．北京：人民交通出版社，2007.
[3] 铁道部工务局组织编写．路基（修订版）［M］．北京：中国铁道出版社，1995.
[4] 李功伯，谢建清．滑坡稳定性分析与工程治理［M］．北京：地震出版社，1997.
[5] 徐邦栋．滑坡分析与防治［M］．北京：中国铁道出版社，2001.
[6] 马永潮．滑坡整治及防护工程养护［M］．北京：中国铁道出版社，1996.
[7] 高金川，杜广印．岩土工程勘察与评价［M］．武汉：中国地质大学出版社，2003.
[8] 钱家欢，殷宗泽．土工原理与计算［M］．2版．北京：中国水利水电出版社，2000.
[9] 浙江金温铁道开发有限公司、西南交通大学．金温铁路路基地质灾害综合防治技术研究［M］．北京：中国铁道出版社，2003.
[10] 南京水利科学研究院土工研究所．土工试验技术手册［M］．北京：人民交通出版社，2003.
[11] 孔宪立．岩体工程地质及其灾害［M］．上海：同济大学出版社，1993.
[12] 中华人民共和国地质矿产行业标准．滑坡防治工程勘查规范（DZ/T 0218—2006）［S］．北京：中国标准出版社出版发行，2006.
[13] 郑瑜．国外微型桩发展概况［J］．港口工程，1990，(5)．
[14] 史佩栋，何开胜．小桩的起源、应用与发展［J］．岩土工程界，8（7~10）．
[15] R. Berardi. A design method for reticulated micropile structures in sliding slopes and excavations［J］. Earth Reinforcement, 1996.
[16] J. Erik Loehr, Dan A. Brown. A Method for Predicting Mobilization of Resistance for Micropiles Used in Slope Stabilization Applications. A report submitted to the joint ADSC/DFI Micropile Committee for review and comment, 2008.
[17] Las Vegas, Nevada. Micropile Design & Construction Seminar, 2008.
[18] J. Erik Loehr. Design of Micropiles for Slope Stabilization, 2008.
[19] Andrew Z. Load transfer in micropiles for slope stabilization from tests of large - scale physical models. University of Missouri - Columbia, 2006.
[20] 丁光文．微型桩处理滑坡的设计方法［J］．西部探矿工程，2001，(4)．
[21] 丁光文，王新．微型桩复合结构在滑坡整治中的应用［J］．岩土工程技术，2004，18(1)．
[22] 王恭先．滑坡防治工程措施的国内外现状［J］．中国地质灾害与防治学报，1998，9(1)．
[23] U. S. Department of Transportation Federal Highway Administration. Micropile Design and Construction Reference Manual, 2005.
[24] 中国工程建设标准化协会标准．岩土锚杆（索）技术规程（CECS22：2005）［S］．北京：中国建筑工业出版社，中国计划出版社，2005.

［25］中华人民共和国国家标准．锚杆喷射混凝土支护技术规范（GB 50086—2001）［S］．北京：中国计划出版社，2001.
［26］周德培，王唤龙，孙宏伟．微型桩组合抗滑结构及其设计理论［J］．岩石力学与工程学报，2009，28（7）．
［27］蒋楚生，周德培．微型桩抗滑复合结构设计理论探讨［J］．铁道工程学报，2009，(2)．
［28］冯君，等．微型桩体系加固顺层岩质边坡的内力计算模式［J］．岩土力学与工程学报，2006，25（2）．
［29］闫金凯，殷跃平，门玉明．微型桩单桩加固滑坡体的模型试验研究［J］．工程地质学报，2009，17（5）．
［30］闫金凯，殷跃平，门玉明．微型桩群桩受力分布规律及破坏模式的试验研究［J］．南水北调与水利科技，2010，8（1）．
［31］苏荣臻，鲁先龙．微型桩单桩水平及抗拔承载力试验研究［J］．常州工学院学报，2008，(21)．
［32］孙书伟．顺层高边坡开挖松动区研究及微型桩加固边坡的内力计算［D］．北京：铁道科学研究院，2006.
［33］孙忠弟主编．高等级公路下覆空洞勘探、危害程度评价及处治研究报告集［M］．北京：科学出版社，2000.
［34］耿玉岭、贾学民、李大鸣，等，高等级公路下伏采空区治理优化和治理效果评价研究［M］．北京：地震出版社，2007.
［35］王恭先，王应先，马惠民．滑坡防治100例［M］．北京：人民交通出版社，2008.
［36］李昭淑．陕西省泥石流灾害与防治［M］．西安：西安地图出版社，2002.
［37］中国科学院—水利部成都山地灾害与环境研究所．中国泥石流［M］．北京：商务印书馆，2000.
［38］王继康，黄荣鉴，丁秀燕．泥石流防治工程技术［M］．北京：中国铁道出版社，1996.
［39］潘懋，李铁锋．灾害地质学［M］．北京：北京工业大学出版社，2002.
［40］中国岩石力学与工程学会岩石锚固与注浆技术专业委员会．锚固与注浆技术手册［M］．北京：中国电力出版社，1999.
［41］张家明．西安地裂缝研究［M］．西安：西北大学出版社，1990.
［42］王景明，等．地裂缝及其灾害的理论与应用［M］．西安：陕西科学技术出版社，2000.
［43］李永善，等．西安地裂及渭河盆地活断层研究［M］．北京：地震出版社，1992.
［44］中国地质学会城市地质研究会．中国城市地质［M］．北京：中国大地出版社，2005.
［45］刘玉海，陈志新，倪万魁，赵法锁．大同城市地质研究［M］．西安：西安地图出版社，1995.
［46］门玉明，彭建兵，李寻昌．山西清徐县地裂缝灾害现状及类型分析［J］．工程地质学报，2007，15（4）：453～457.
［47］卢全中，彭建兵，范文，马润勇．陕西三原双槐树地裂缝的发育特征［J］．工程地质学报，2007，15（4）：458～462.

[48] 武强，姜振泉，李云龙．山西断陷盆地地裂缝灾害研究［M］．北京：地质出版社，2003.

[49] 索传郿，王德潜，刘祖植．西安地裂缝地面沉降与防治对策［J］．第四纪研究，2005，25（1）：23~28.

[50] 师亚芹．跨西安地裂缝建设一般建筑物的可能性探讨［J］．灾害学，2001，16（2）：76~81.

[51] 刘嘉斌，马跟良，苏岗，王运阁．燃气管道穿越地裂缝的处理［J］．煤气与热力，2002，22（3）224~226.

[52] 马广超．西安地裂缝对地下排水管道的破坏及防治［J］．灾害学，2005，20（3）：108~111.

[53] 尹光伟．地裂缝活动对燃气管道的破坏及建议采取的措施［J］．天然气与石油，2003，21（1）：1~3.

[54] 陕西省工程建设标准．西安地裂缝场地勘察与工程设计规程（DBJ 61-6—2006，J 10821—2006）．陕西省建设厅，陕西省质量技术监督局联合发布，2006.

[55] 高金川，等．西安地裂缝活动现状与防治对策［J］．勘察科学技术，1998，（6）：7~11.

[56] 陈志新．地裂缝成灾机理及防御对策［J］．西安工程学院学报，2002，（2）：17~20.

[57] 孔思丽．工程地质学［M］．重庆：重庆大学出版社，2001.

[58] 周必凡，等．泥石流防治指南［M］．北京：科学出版社，1991.

[59] 中国科学院成都山地灾害与环境研究所．泥石流研究与防治［M］．成都：四川科学技术出版社，1989.

[60] 费祥俊，舒安平．泥石流运动机理与灾害防治［M］．北京：清华大学出版社，2004.

[61] 泥石流灾害防治工程设计规范（DZ/T 0239—2004），中国地质调查局，2004.

[62] 崩塌、滑坡、泥石流监测规范（DZ/T 0221—2006）．中华人民共和国国土资源部，2006.

[63] 董颖，等．我国地质灾害监测技术方法［J］．中国地质灾害与防治学报，2002，13（1）:105~107.

[64] 二滩水电开发有限责任公司．岩土工程安全监测手册［M］．北京：中国水利水电出版社，1999.

[65] 地质灾害勘察与防治工程技术手册（第二卷）［M］．北京：地质出版社，2009.

[66] 中华人民共和国行业推荐性标准，公路工程概预算定额（JTG/TB 06-01—2007）［S］．北京：人民交通出版社，2007.

[67] 中华人民共和国行业推荐性标准，公路工程机械台班费用定额（JTG/TB 06—03—2007）［S］．北京：人民交通出版社，2007.

[68] 中华人民共和国行业推荐性标准，公路基本建设工程概算、预算编制办法（JTG/TB06-2007）［S］．北京：人民交通出版社，2007.

[69] 陕西省水利水电工程概预算编制办法及费用标准，陕西省水利厅，2000.

[70] 陕西省水利水电建筑工程概预算定额，陕西省水利厅，2000.

[71] 董颖，曲兴元. 编制地质灾害防治工程投资概算的体会和经验[J]. 中国地质灾害与防治学报，1998，9（1）：144 ~ 146.
[72] 中国地质环境监测院培训班讲义，地质灾害防治工程概预算的编制. 2004.
[73] 陈瑾. 地质灾害防治工程造价管理的探讨［J］. 甘肃科技，2008，24（24）：142 ~ 144.
[74] 励国良. 锚杆抗滑桩的设计计算及其试验验证［A］. 滑坡文集（第十集）［M］. 北京：中国铁道出版社，1993.
[75] Holzer T L. State and local response to damaging land subsidence in US urban areas［J］. Engineering Geology，1989，27：449 ~ 466.
[76] Sandoval J P，Bartlett S R. Land subsidence and earth fissuring on the central Arizona Project. Arizona［A］. Land Subsidence［M］. Oxfordshire：IAHS Press，200：249 ~ 260.
[77] 杨胜权. 贵州省岩溶塌陷的成因及防治对策［J］. 中国水土保持科学，2007，5（6）：38 ~ 42.
[78] 张书余. 地质灾害气象预报基础［M］. 北京：气象出版社，2005.
[79] 陈龙珠，等. 防灾工程学导论［M］. 北京：中国建筑工业出版社，2006.

后　　记

20 世纪 90 年代初，本人师从荆万魁教授，开始从事地质灾害治理工程设计的研究工作。硕士研究生毕业以后，在其后攻读博士学位和从事博士后研究工作的过程中，尽管还从事了其他方向的研究工作，但一直都把地质灾害治理工程设计作为自己的一个重要研究方向。在这近 20 年中，先后负责了多项地质灾害治理工程项目的可行性研究论证与施工图设计工作，也参加了许多地质灾害治理工程项目勘查及设计报告的评审，通过对这些工作的参与，深深体会到地质灾害治理设计工作的复杂性和综合性。首先，地质灾害因时、因地而变化多端，有些斜坡今天看来还是稳定的，也许明天一场暴雨后就成了灾害，如发生在 2003 年 8 月的宁陕县城泥石流，在本人当年 7 月份去宁陕调查时，县城周围还是满目青山，郁郁葱葱，可在 8 月 28～29 日的一场大暴雨过后，县城周围的山体发生了大面积的坡面泥石流，等到 9 月份再去看时，已是满目疮痍，惨不忍睹。不同地区的地质灾害有不同的特点，各地的地形地貌、地质构造、气象及水文地质条件、岩土体特征不同，地质灾害发生的机理和成灾过程也会有较大的差别，因此，地质灾害治理工程设计具有很强的个性，设计者必须在清楚灾害体特征、规模、成因的基础上，根据每个灾害体的特点单独进行设计，不能进行套图设计。这就需要设计人员不仅要掌握一定的地质基础知识和地质灾害知识，也要求他们有较深入的结构设计知识和对施工、概预算过程的了解，单有一方面的知识尚难以担当这项重任。

我常常对学生讲，工程设计更多的是一种创造，它是要在工程场地建造出原来没有的东西，因此，不同的设计者就会有不同的认识，不同的思路，审查者也会因个人的知识结构、喜好不同，提出不同的看法，这就要求设计者在设计初期，尽可能全面地掌握设计对象的信息，将方案考虑周全，并进行多方面的经济及技术比较，以使方案尽可能合理，可行，便于施工。因此，我们所做的任何一项工程设计，从开始进行到最终完成设计，往往都要经过反复的计算、比选，重要的项目，可能需要十多次甚至几十次的反复与调整，但当工程完成后，还常常在想、在问，还有没有更好的方案。这样做，是因为设计者要对工程终身负责，出现任何差错，我们都有难以脱身的责任。在任何工程中，设计人员都是最终的责任人，如果前期的勘查资料不充分，或认识有偏差，就会给设计造成困难甚至误导，甚至对工程埋下隐患。因此，设计人员必须对勘查结论是否正确，工作量是否满足设计要求等做出独立的判断，不能迁就。设计要实事求是，不能轻视。

近年来，本人参加了数十项地质灾害勘查、设计等项目的审查工作，总体感觉到地矿系统在地质灾害治理工程设计方面还处于起步阶段，我们的许多设计人员还需要更多的知识积累和工程实践的经验总结，才能胜任这项复杂的工作。近年来在地质灾害治理工程设计方面加入了一大批新人，但限于知识和经验，一些年轻的设计人员尚不能很好地把握这项工作，对一些复杂的设计工作不能正确对待，有时会把复杂问题简单化处理，如不经过方案的对比，就直接进入施工图设计；或勘查资料虽不能满足设计工作的需要，但仍然进行工程设计；或者是只注意了方案本身，而忽视了构造设计，这些都会影响到最终的施工图设计的合理性与经济性，有些甚至难以保证工程的安全性。

鉴于以上原因，本人想到为初涉地质灾害治理工程设计的年轻人提供一个较为系统的参考资料，为我国的地质灾害治理工作尽一份绵薄之力，为此从去年下半年起，组织我院几位从事过地质灾害治理工程勘查与设计的博士合作编著了这本书。在本书的编撰过程中，参考了大量的文献资料，可以说，这本书是许多从事地质灾害治理工程研究和设计的技术人员共同心血的结晶，这里凝聚了众多科技工作者和工程第一线人员的研究成果和智慧，对此向他们表示诚挚的谢意。

由于时间仓促，书中难免会有错误，作者对于一些问题的认识也可能不够全面，所以，诚挚地希望广大读者提出宝贵的意见和建议，以便我们在下一次印刷或再版时，改正其中的错误，弥补其中的不足。如有建议或意见请通过电子邮箱 dcmenym@ qq. com 告知作者，或将书面意见直接邮寄到：陕西省西安市雁塔路南段 126 号长安大学地质工程与测绘学院，门玉明收，邮政编码 710054。

能得到你们的帮助和指正，本人将不胜感激。

门玉明
2011 年 4 月于长安大学